Popliteratur 3.0

Gegenwartsliteratur –
Autoren und Debatten

Popliteratur 3.0

Soziale Medien und Gegenwartsliteratur

Herausgegeben von
Stephanie Catani und Christoph Kleinschmidt

DE GRUYTER

Die freie Verfügbarkeit der E-Book-Ausgabe dieser Publikation wurde durch 37 wissenschaftliche Bibliotheken und Initiativen ermöglicht, die die Open-Access-Transformation in der Deutschen Literaturwissenschaft fördern.

ISBN 978-3-11-079539-4
e-ISBN (PDF) 978-3-11-079542-4
e-ISBN (EPUB) 978-3-11-079550-9
ISSN 2567-1219
DOI https://doi.org/10.1515/9783110795424

Dieses Werk ist lizenziert unter der Creative Commons Namensnennung 4.0 International Lizenz. Weitere Informationen finden Sie unter https://creativecommons.org/licenses/by/4.0/.

Die Creative Commons-Lizenzbedingungen für die Weiterverwendung gelten nicht für Inhalte (wie Grafiken, Abbildungen, Fotos, Auszüge usw.), die nicht im Original der Open-Access-Publikation enthalten sind. Es kann eine weitere Genehmigung des Rechteinhabers erforderlich sein. Die Verpflichtung zur Recherche und Genehmigung liegt allein bei der Partei, die das Material weiterverwendet.

Library of Congress Control Number: 2023942997

Bibliografische Information der Deutschen Nationalbibliothek
Die Deutsche Nationalbibliothek verzeichnet diese Publikation in der Deutschen Nationalbibliografie; detaillierte bibliografische Daten sind im Internet über http://dnb.dnb.de abrufbar.

© 2024 bei den Autorinnen und Autoren, Zusammenstellung © 2024 Stephanie Catani und Christoph Kleinschmidt, publiziert von Walter de Gruyter GmbH, Berlin/Boston
Dieses Buch ist als Open-Access-Publikation verfügbar über www.degruyter.com.

Einbandabbildung: Hintergrund: Vladimir Ivankin/iStock/Getty Images Plus; Icon: Dilen_ua/iStock/Getty Images Plus
Satz: Integra Software Services Pvt. Ltd.
Druck und Bindung: CPI books GmbH, Leck

www.degruyter.com

Open-Access-Transformation in der Literaturwissenschaft

Open Access für exzellente Publikationen aus der Deutschen Literaturwissenschaft: Dank der Unterstützung von 37 wissenschaftlichen Bibliotheken und Initiativen können 2023 insgesamt neun literaturwissenschaftliche Neuerscheinungen transformiert und unmittelbar im Open Access veröffentlicht werden, ohne dass für Autorinnen und Autoren Publikationskosten entstehen.

Folgende Einrichtungen und Initiativen haben durch ihren Beitrag die Open-Access-Veröffentlichung dieses Titels ermöglicht:

Dachinitiative „Hochschule.digital Niedersachsen" des Landes Niedersachsen
Universitätsbibliothek Augsburg
Universitätsbibliothek Bayreuth
Staatsbibliothek zu Berlin – Preußischer Kulturbesitz
Universitätsbibliothek der Freien Universität Berlin
Universitätsbibliothek der Humboldt-Universität zu Berlin
Universität Bern
Universitätsbibliothek Bielefeld
Universitätsbibliothek Bochum
Universitäts- und Landesbibliothek Bonn
Universitätsbibliothek Braunschweig
Staats- und Universitätsbibliothek Bremen
Universitäts- und Landesbibliothek Darmstadt
Sächsische Landesbibliothek – Staats- und Universitätsbibliothek Dresden
Universitätsbibliothek Duisburg-Essen
Universitäts- und Landesbibliothek Düsseldorf
Universitätsbibliothek Johann Christian Senckenberg, Frankfurt a. M.
Universitätsbibliothek Freiburg
Niedersächsische Staats- und Universitätsbibliothek Göttingen
Fernuniversität Hagen, Universitätsbibliothek
Gottfried Wilhelm Leibniz Bibliothek – Niedersächsische Landesbibliothek, Hannover
Technische Informationsbibliothek (TIB) Hannover
Universitätsbibliothek Hildesheim
Universitätsbibliothek Kassel – Landesbibliothek und Murhardsche Bibliothek der Stadt Kassel
Universitäts- und Stadtbibliothek Köln
Université de Lausanne
Zentral- und Hochschulbibliothek Luzern
Universitätsbibliothek Marburg
Universitätsbibliothek der Ludwig-Maximilians-Universität München
Universitäts- und Landesbibliothek Münster
Bibliotheks- und Informationssystem (BIS) der Carl von Ossietzky Universität Oldenburg
Universitätsbibliothek Osnabrück
Universität Potsdam
Universitätsbibliothek Trier
Universitätsbibliothek Vechta
Herzog August Bibliothek Wolfenbüttel
Universitätsbibliothek Wuppertal
Zentralbibliothek Zürich

∂ Open Access. © 2024 bei den Autorinnen und Autoren, publiziert von De Gruyter. [(cc) BY] Dieses Werk ist lizenziert unter der Creative Commons Namensnennung 4.0 International Lizenz.
https://doi.org/10.1515/9783110795424-202

―――

*Bin okay in der Zeit! Werde wohl um
16:30 Uhr am Hbf Tübingen sein.
Könnte mich jemand abholen?
Das wäre lovely!! Best – Leif*

iMessage, 9. September 2021, 15:54 Uhr

Vorwort

Die in diesem Band versammelten Aufsätze gehen auf eine hybride Tagung zurück, die im September 2021 an der Universität Tübingen und unterstützt von der Fritz-Thyssen-Stiftung stattgefunden hat. Allen Beiträgerinnen und Beiträgern, besonders Leif Randt, der mit seinem Interview die Tagung um die Sicht der Akteure im gegenwärtigen Popliteraturbetrieb bereichert hat, gilt unser herzlicher Dank für die konstruktive, engagierte und produktive gemeinsame Diskussion im Rahmen der Tagung sowie für die geduldige Mitarbeit an dem vorliegenden Band. Die Tagung hätte nicht stattfinden können ohne die organisatorische und technische Unterstützung durch Alexandra Dempe und Kirsten Frank, die mit Umsicht, technischer Versiertheit und großem Engagement maßgeblich zum reibungslosen Ablauf der Veranstaltung beigetragen haben. Alexandra Dempe, Andreas Lugauer und Adeliya Sagitova haben mit großem Sachverstand die Redaktion der Beiträge sowie die Erstellung des Manuskripts begleitet. Marcus Böhm und Stella Diedrich haben als Lektor:innen den Band mit Geduld und einem grundsätzlichen Vertrauen in das gemeinsame Projekt mit auf den Weg gebracht. Ihnen und dem Verlag De Gruyter ist es zu verdanken, dass der Band nun als Open-Access-Publikation erscheinen kann.

Inhaltsverzeichnis

Vorwort —— IX

Stephanie Catani, Christoph Kleinschmidt
Popliteratur 3.0. Eine Positionsbestimmung —— 1

Jano Sobottka
Mindstate Malibu **– eine ‚Pop 3.0'-Anthologie —— 13**

Christoph Kleinschmidt
Popliterarische Krisennarrative analog/digital. Benjamin von Stuckrad-Barres *Soloalbum* und Julia Zanges *Realitätsgewitter* (mit einem Ausblick auf Leif Randts *Schimmernder Dunst über CobyCounty*) —— 25

Timo Sestu
Heterogenität und Weltaneignung. Rhizomatische Schreibweisen bei Rolf Dieter Brinkmann, Rainald Goetz und Jan Böhmermann —— 39

Karl Wolfgang Flender
DIE NEUEN ARCHIVISTEN. Algorithmische Aktualisierung popliterarischer Texte —— 53

Gerhard Kaiser
Smart New World **– Soziale Medien in dystopischen Texten der Gegenwartsliteratur —— 69**

Pola Groß, Hanna Hamel
Pop-Nachbarschaften 3.0: Stil und Milieu bei Joshua Groß, Christian Kracht und Sibylle Berg —— 87

Tanja Prokić
„There is no Alternative" – Die Poetik der Affekte in *Allegro Pastell* und *GRM. Brainfuck* —— 103

Katja Kauer
The Digital Other **als selbstobjektivierende Erzählinstanz in der Popliteratur —— 121**

Marvin Baudisch
Gelassen durch die Filterblase? Post-Pop, Postironie, PostPragmaticJoy: Zur ambivalenten Verhandlung digitaler Affektkultur in Leif Randts *Planet Magnon* **(2015) —— 133**

Jan Sinning
Popliteratur-Comics. Adoleszenz, Apokalypse und digitale Ästhetik in Lukas Jüligers Graphic Novels —— 149

Matthias Schaffrick
Popästhetik und Popularitätssehnsucht bei Rafael Horzon. Über Pop-Literatur, Moebel Horzon und Instagram —— 169

Christoph Jürgensen, Antonius Weixler
Das einfache wahre Abfotografieren der Welt? Popliteratur *goes* **Instagram am Beispiel von Christian Kracht und Lisa Krusche —— 185**

Caterina Richter
Found Poetry, **Popfeminismus und Medienironie. Lyrikbeiträge deutschsprachiger Autor:innen auf Instagram (Clemens Setz, Sibylle Berg, Stefanie Sargnagel, Cornelia Travnicek) —— 205**

Manuela Ruckdeschel
„Diese Empfindung ist clean". Digitale Lyrik als Reflexion auf soziale Medien und ihre Öffentlichkeitsfunktion —— 219

Jasmin Pfeiffer
„BIG BOOK HAUL BABY!" Literaturkritik auf YouTube —— 233

Christoph Kleinschmidt, Stephanie Catani
„Eher Plastik als Wald". *Gespräch mit Leif Randt über Popliteratur, Digitalisierung und postromantische Liebe* **—— 245**

Stephanie Catani, Christoph Kleinschmidt
Popliteratur 3.0. Eine Positionsbestimmung

Stand die dem Sammelband vorausgehende Tagung mit dem Titel „Popliteratur 3.0?" noch unter dem Vorbehalt der Frage, ob man überhaupt von einer dritten Phase der Popliteratur sprechen kann, so liegt deren Legitimation mittlerweile auf der Hand. Unbestritten lässt sich ein regelrechter Boom digital inspirierter Literatur beobachten, der mittlerweile diverse Forschungsarbeiten in den Literatur- und Medienwissenschaften angestoßen hat (vgl. Segeberg und Winko 2005; Schäfer 2013; Eick 2014; Bajohr 2016; Bülhoff 2018; Meyer 2019; Kreuzmair und Schumacher 2021; Bajohr und Gilbert 2021). Hinzu kommt, dass die Orientierung von Literatur auf die mediale Gegenwart ein zentrales Merkmal darstellt, das seit ihrem Aufkommen in den 1960er Jahren konstitutionell für die Popliteratur in Anschlag gebracht wurde. Klar dürfte aber auch sein, dass es sich bei dem Zusammenhang von Popliteratur und Digitalisierung nicht um ein Gleichungsverhältnis handelt. Auf Internetseiten und in den sozialen Medien finden sich auch literarische Experimente, die eher avantgardistisch als populär sind; umgekehrt erfüllt nicht jeder zeitgenössische Roman, der irgendwie auf die Digitalisierung rekurriert, auch das Label des Popliterarischen. Um diese Entwicklungen für die digitale Gegenwartsliteratur zu konturieren und um von einem signifikanten und nachhaltigen popliterarischen Paradigmenwechsel sprechen zu können (der zugleich den Anschluss an die früheren Phasen hält), bedarf es spezifischer Kriterien. Diese sollen im Folgenden in Auseinandersetzung mit einigen theoretischen Positionen und historischen Einordnungsversuchen sowie Beispielen aus der Popliteratur ausgeführt werden. Im Fokus stehen neben der Medialität 1. das Verhältnis von Subversion und Affirmation im Sinne einer Distinktionsfunktion von Pop gegenüber dem literarischen Kanon, 2. dessen Historisierung und Selbstzitation sowie 3. neue pop-ästhetische Verfahren.

Die etablierte Phaseneinteilung in Pop I und Pop II geht bekanntlich auf den Kulturtheoretiker Diedrich Diederichsen zurück. In seinem 1999 veröffentlichten Aufsatz „Ist was Pop?" diagnostiziert er für das zwanzigste Jahrhundert eine Entwicklung, „die man als die von Pop I (60er bis 80er, spezifischer Pop) zu Pop II (90er, allgemeiner Pop) bezeichnen könnte" (2013 [1999], 247). Wurde Pop I, so Diederichsen,

> meist als Gegenbegriff zu einem eher etablierten Kunstbegriff verwendet [...] [und] war immer in grenzüberschreitende Bewegungen verwickelt, [besteht] das Drama von Pop II [...] darin, daß kein Terrain sich gegen seine Invasion mehr sperrt. (247)

Mit anderen Worten: Aus einem Untergrund- wurde ein Mainstreamphänomen. Diederichsen macht für diese Entwicklung vor allem ein neues kulturelles Feld der 1990er Jahre verantwortlich, das sich durch drei Tendenzen auszeichne: eine pluralisierte Öffentlichkeit – gemeint ist hier vor allem das Fernsehen mit seinem Boom an Privatsendern –, eine verstärkte Durchlässigkeit zwischen den Formen dieser neuen Öffentlichkeit und den Pop-Kulturen – im Sinne einer Nachbarschaft von Nischenkulturen und Massenunterhaltung – und nicht zuletzt eine Pluralisierung und Überlagerung von Pop-Kulturen, d. h. eine Diversifizierung und sich immer schneller wandelnde Zugehörigkeit zu etwa Modestilen und Musikrichtungen. Die neue Öffentlichkeit, die hier als Resonanzraum für die Popkultur veranschlagt wird, beobachtet Diederichsen vor allem an den Formaten der Talkshows.

Allein dieser Umstand, dass heute kaum noch bekannte Sendungen wie *Vera am Mittag* oder *Arabella* zur Konturierung des Umfeldes von Pop II herangezogen werden können, deutet die Notwendigkeit an, die Phaseneinteilung weiterzudenken. Dabei verändert das Internet als aktuelles Leitmedium mit seinen Vernetzungsmöglichkeiten in den sozialen Medien das kulturelle Feld aufs Neue und damit die Konstituenten der Popkultur. Anbinden lässt sich die Konturierung von Pop III an jenen semantischen Kern von Pop, der als Kontinuitätsparadigma die ersten beiden Phasen durchzieht. Gemeint ist die von Diederichsen an anderer Stelle formulierte deskriptive Definition von Pop als eine Transformationsgeste (vgl. 2013 [1996], 188). Zeigt sich diese in Pop I noch als provokativer Akt der Grenzüberschreitung, so findet sie in Pop II als dynamisches Modell variierender popkultureller Stilgemeinschaften Ausdruck, die über eine Logik des Ein- und Ausschlusses funktioniert. In Pop III nun – das zeigen Pola Groß und Hanna Hamel in ihrem Beitrag zu diesem Sammelband – wird dieses Modell in eine simultane Ambivalenz überführt, indem offen zur Schau gestellte Stilnachbarschaften zugleich wieder einkassiert oder zumindest ästhetisch gebrochen werden. Der Blick auf die digitalen Netzwerke verdeutlicht zudem, dass sich diese popkulturellen Transformationsprozesse beschleunigen, wobei die Trennlinien und Überlagerungen nicht mehr zwischen Popkultur und TV-Öffentlichkeit verlaufen, sondern durch das allumfassende Medium Internet hindurchgehen. Dynamiken der Stilgemeinschaften vervielfältigen sich in den diversen Follower-Gruppen sozialer Netzwerke und lassen sich bis hin zur kleinsten popkulturellen Einheit im digitalen Zeitalter benennen, dem Click auf den Like-Button als standardisierte mediale Affirmationsgeste. „Zwar ist Pop als Pop II in alle öffentlichen Kommunikationsformen eingedrungen", schreibt Diederichsen 1999, „aber noch immer in der Form der Tendenz, nicht als neue Totalität" (258). Angesichts der Digitalisierung scheint sich genau dieser Schritt seit den 2000er Jahren auch noch zu vollziehen. Pop III als neue Totalität.

Einen solchen Gedanken des Universalismus findet man bereits, wenn man sich die bisher wenigen Versuche der Forschung anschaut, eine mögliche Pop III-Phase zu konturieren. Ein erster ist dem Aufsatz „Pop III. Das Ende der Kunst als Politikersatz" von Sami Khatib in der Zeitschrift *Style and the Family Tunes* von 2009 zu entnehmen. Darin geht es jedoch nicht um Digitalisierung, sondern um ein Weiterdenken der politischen Dimension von Diederichsens Thesen. Ausgehend von der Diagnose, dass der Popkultur mit der Verschiebung von Pop I zu Pop II die politische Widerstandkraft verloren gegangen sei, attestiert Khatib den Nullerjahren des einundzwanzigsten Jahrhunderts eine Dialektik dieser Entwicklung und definiert Pop III als „Umschlagsplatz eines neuen universalistischen Politikversprechens" (160). Gleichwohl Khatib den Unterschied etwa zur Funktion von Punk in der Frühphase und des Hip-Hop in der zweiten Phasen der Popkultur betont, bleibt wenig greifbar, was diesen Politikuniversalismus im Namen von Pop III heute konkret ausmachen soll. Welche Merkmale ein solcher zumindest aufweisen könnte, das skizziert JANO SOBOTTKA in seinem Aufsatz für diesen Sammelband. In Auseinandersetzung mit der 2018 herausgegebenen Pop III-Anthologie *Mindstate Malibu. Kritik ist auch nur eine Form des Eskapismus* diagnostiziert er das politische Kalkül aktueller popkultureller Praktiken in einer ‚Kritik durch Überaffirmation'. Indem Bildcodes und Schreibweisen der sozialen Medien im Besonderen und der medialen Öffentlichkeit im Allgemeinen aufgegriffen und gleichsam ästhetisch überinszeniert werden, zeigt sich im Namen der Popkultur eine Art affirmatives Problembewusstsein. Wo die Nutzung von Instagram, TikTok und Co. kein Provokationspotential mehr bietet, weil sie ubiquitär und Mainstream geworden ist, und eine medienpuristische Kritik popkulturell undenkbar wäre, schließt Pop III in seinem politischen Anspruch formal an die *Camp*-Ästhetik des 1990er Jahre-Pop an und praktiziert eine Kunst der Übertreibung mit den Mitteln der (sozialen) Medien selbst. Diese etwa von Moritz Baßler konstatierte Verwandtschaft von Camp und Pop, die „als Oszillieren zwischen Uneigentlichkeit (oft unter dem Label der ‚Ironie' verhandelt) und Eigentlichkeit" (2019, 89) zum Ausdruck kommt, zeigt sich auch im Beitrag von CATERINA RICHTER. Am Beispiel lyrischer, auf Instagram veröffentlichter Texte der Autor:innen Sibylle Berg, Stefanie Sargnagel, Clemens Setz und Cornelia Travnicek führt der Aufsatz vor, wie deren Postings die spezifische Mediensprache der sozialen Netzwerke einerseits stärken und als neue populäre Strategie sichtbar machen, andererseits bereits persiflieren und damit ironisch ihre Dynamiken vorführen. Medienkritik also qua Medien.

Ein zweiter Versuch, Pop III zu bestimmen, erfolgt über einen so genannten Retroeffekt. Wie der Titel „Pop III. Akademisierung, Musealisierung, Retro" einer 2014 an der Akademie der Künste in Wien veranstalteten Tagung zeigt, liegt der Akzent dabei vor allem auf dem, was Diederichsen am Ende seines Essays von 1999 fordert, nämlich einer Erforschung der Popkultur durch eine „Art Wissenschaft, die von Fans betrieben wird" (257). Tatsächlich ist Pop mittlerweile im akademischen Kanon angekommen. Davon zeugen zahlreiche Publikationen, insbesondere Handbücher und Einführungsbände (vgl. Hecken et al. 2015, Baßler und Schumacher 2019). Im Rahmen dieser Entwicklung offenbart sich ein ‚Selbsthistorischwerden' von Pop – ein Aspekt, den vor allem Niels Penke und Matthias Schaffrick in ihrem 2018 erschienenen Buch *Populäre Kulturen zur Einführung* betonen. Sie stellen dabei die Neuaneignung vergangener Pop-Phänomene im Sinne eines Recyclings heraus:

> [D]as kulturelle Gedächtnis des Pop [kennt] keine zeitliche Sequenzierung und kein historisches Nacheinander […]. Alles ist im medialen Archiv des Pop gleichzeitig greifbar und in diesem Sinne von der aktuellen Gegenwart gleichweit entfernt. Die technische Reproduzierbarkeit und Speicherbarkeit, die mit zur Ausbildung einer spezifischen Pop-Ästhetik beitragen, halten die Erzeugnisse ständig verfügbar, und der Zugang zu ihnen durch zumeist nur einen oder mehrere Klicks ist nicht historisch determiniert, sondern entspricht dem jeweiligen Stand der Technik. (136–137)

Wie ein solches Recyceln konkret aussehen kann, das zeigt MATTHIAS SCHAFFRICK in seinem Beitrag für diesen Band über den Autor und Möbeldesigner Raphael Horzon. Er nennt Horzon darin ein ‚Paradebeispiel' für Pop 3.0, weil dieser einerseits in seinen Publikationen *Das weisse Buch* (2010) und *Das neue Buch* (2020) popkulturelle Referenzen etwa auf die Beatles oder Christian Kracht einbringe und andererseits mit seinem Instagram-Auftritt ‚digitale Paratexte' erstelle, die eine parodistische Affirmation der neuen sozialen Medien dokumentierten. Zugleich radikalisiere Horzon die in der Popkultur immer schon angelegte Grenznivellierung von Kunst und Konsum und erweise sich damit als Vertreter der Postautonomie. Mit Pop III richtet sich der Blick akademisch oder künstlerisch also nicht nur auf das Populäre der Vergangenheit, sondern auch neues populäres Material wird gesichtet und erzeugt. Neben der Gegenwärtigkeit des Retro sorgt das Digitale für eine Zukunftsvision des Pop. Hiervon zeugen verschiedene andere zeitgenössische Romane wie etwa Sibylle Bergs dystopisches *GRM. Brainfuck* (2019) oder Leif Randts enigmatisches *Planet Magnon* (2015), in denen jeweils eine künstliche Intelligenz die politische Herrschaft übernimmt bzw. bereits ein Postinternetzeitalter entworfen wird. Mit Bergs Roman setzen sich die Beiträge von TANJA PROKIĆ und GERHARD KAISER auseinander, die ihm jeweils verschiedene Texte von Leif Randt gegenüberstellen. Im apokalyptischen Zukunftsentwurf Bergs habe, schlussfolgert Prokić, das für Pop II typische Differenzkriterium der Coolness ausgedient und wird vom diegetisch entfalteten Moment der Wut sowie dem ausgestellten Zynismus der Erzählinstanz abgelöst. Der Blick in die Zukunft geht dabei mit keinem Fortschrittsoptimismus einher: Während Randts Figuren das Digitale weitgehend kommentarlos in ihren Alltag integrieren, lesen Prokić wie Kaiser Bergs Roman als popliterarische Abrechnung mit einer posthumanen Welt, die den digitalen Kapitalismus feiert.

Unabhängig von dieser für Pop III konstitutiven Auseinandersetzung mit Aspekten der digitalen Gegenwart und Zukunft ließe sich die skizzierte Aneignung popliterarischer Stoffe etwa anhand von Christian Krachts 2021 erschienenem Roman *Eurotrash* festmachen, in dem der autofiktionale Ich-Erzähler eingangs einen einfachen Wollpullover erwirbt und sich dabei „auf anheimelnde Art authentisch" (12) erscheint. Diese Geste liest sich wie ein Abschied von der Popliteratur der 1990er Jahre, als deren Gründungsdokument Krachts erster Roman *Faserland* (1995) gilt, und zugleich als eine Neuverhandlung ihrer Insignien, insbesondere der berühmten Barbourjacke, die für Konsum und Oberfläche steht. Für derartige Rekombinationsverfahren lassen sich Schlagwörter wie Meta-Pop oder Post-Pop produktiv machen, die genau jenen spielerischen Umgang mit popkulturellen Versatzstücken bezeichnen, der die konstitutive Selbstreflexivität von Pop III ausmacht. Dass die Auseinandersetzung mit der eigenen Tradition intergenerationale Perspektiven zum Vorschein bringt, zeigen im vorliegenden Band drei Beiträge, die insgesamt Texte aus allen drei Phasen von Pop vergleichend in den Blick nehmen. So untersucht TIMO SESTU Tagebuch-Texte von Rolf Dieter Brinkmann, Rainald Goetz und Jan Böhmermann und führt aus, wie alle drei Texte eine popaffine rhizomatische Schreibweise vorführen, die ihrerseits intergenerationale Abgrenzungsverfahren sichtbar macht. Auch CHRISTOPH JÜRGENSEN und ANTONIUS WEIXLER kontrastieren mit ihrer Analyse der Social-Media-Porträts von Christian Kracht und Lisa Krusche einen programmatischen Pop II-Vertreter mit einer Autorin der Pop III-Generation. Jürgensen und Weixler zeigen, wie neben durchaus übereinstimmenden und poptypischen Strategien der Autorschaftsinszenierung (z. B. eine genretypische ‚markenkulturelle' und ‚mediensemiotische Oberflächlichkeit') eine signifikante Generationenkluft (*generational gap*) gerade dort zu beobachten ist, wo die Echokammer sozialer Medien referenzialisiert wird. Während Kracht seine ursprüngliche Social-Media-Ignoranz in einer „eingeübten Inszenierungsstrategie aus gleichzeitiger Anwesenheit und Abwesenheit" zitiere, fungieren für Krusche (und ihre Generation) soziale Medien längst selbstverständlich als „Apriori der Selbst- und Weltwahrnehmung". Wie radikal die Bezugnahme auf die eigenen Vorgänger mitunter aussehen kann, zeigt der Beitrag von KARL WOLFGANG FLENDER, der sich mit der 2010 von Mimi Cabell und Jason Huff veröffentlichten neuen Version von *American Psycho* (1991) beschäftigt – dem international vielleicht wichtigsten Vorbild für die deutsche Popliteratur der 1990er Jahre. Für ‚ihre' Version des Romans ersetzen die Autor:innen den ursprünglichen Romantext durch personalisierte Werbung, die beim Versenden des Romantexts via Mail algorithmisch über Werbebanner generiert wurde. Der derart re-inszenierte Text schlägt damit ein signifikantes Kapitel als ‚Archiv der Gegenwart' auf: Wenn im digitalen Zeitalter die Datenbank-Logik von Google und des ‚linguistic capitalism' auf Literatur projiziert wird, fungieren Algorithmen, so schlussfolgert Flender, als die eigentlich ‚neuen Archivisten' im Kontext einer Popliteratur 3.0.

Hier rücken nun drittens jene ästhetischen Verfahren in den Blick, durch die sich Pop III als neuer ästhetischer Modus auszeichnet. Anders als bei quantitativen Positionsbestimmungen, die Pop III „schlicht als die Zeit nach ‚Pop II'" (Berlich 2022, 27) definieren, geht es uns bei diesem Aspekt darum, qualitative Kriterien zu benennen. Wurde bereits für die Autor:innen der Pop II-Phase unterstellt, dass sie die Ironie-Schraube der Moderne weiterdrehen (vgl. z. B. Pordzik 2013), so lautet das Schlagwort der aktuellen Pop-Ästhetik ‚Hyperironie', das eng verwandt ist mit dem Konzept der Hyperreflexivität. Geprägt wurde der Begriff von Charlotte Krafft, die ihn explizit als ein „neues Phänomen der Popkultur" versteht, das nicht nur eine „Synthese bilden soll aus Ernst und herkömmlicher Ironie" (2018, 168), sondern sich auch in einer neuen „Haltung" bemerkbar mache, „die Produzenten und Rezipienten miteinander verbindet und eine neue Kommunikationsebene zwischen beiden eröffnet" (174). Spielt letztere auf die neuen Interaktionsmöglichkeiten an, die die sozialen Medien im Zusammenspiel von Künstler:innen und Follower:innen ermöglichen (vgl. hierzu auch Groß und Hamel 2022, 4–7), handelt es sich bei ersterem um ein medienunabhängiges, verfahrenstechnisches Mittel von Pop III. Wie produktiv sich Hyperironie und Hyperreflexivität ästhetisch wie analytisch erweisen, konnte schon in Bezug auf die popkulturelle Überaffirmation als Ausdruck von Kritik gezeigt werden. Im Hinblick auf aktuelle Tendenzen der Popliteratur dokumentieren dies darüber hinaus drei Beiträge dieses Sammelbandes. So zeichnet MARVIN BAUDISCH anhand von Leif Randts Roman *Planet Magnon* nach, wie dieser einen gelassenen Schwebezustand erzeugt, der Aufrichtigkeit und Ironie austariert. Baudisch schließt in seinen Überlegungen an Debatten über die Postironie und den von Randt geprägten Begriff der PostPragmaticJoy an (vgl. Plönges 2011; Randt 2014). Wie immer man dieses Phänomen auch bezeichnen mag: Es wird deutlich, dass für die zeitgenössische Popliteratur eben nicht das Schlagwort ‚irony is over' gilt, sondern dass in der Übertreibung der Ironie einerseits und in der paradoxen Verschränkung mit einer Achtsamkeits-Kultur andererseits neue literarische Verfahren ausgebildet werden. Wie dabei gerade auch die Digitalisierung zu veränderten Formen des popkulturellen Erzählens beiträgt, machen CHRISTOPH KLEINSCHMIDT und KATJA KAUER in ihren jeweiligen Beiträgen deutlich. Kleinschmidt zeichnet zunächst nach, wie sich die ablehnende Haltung gegenüber dem Internet und der E-Mail-Kommunikation in Benjamin von Stuckrad-Barres *Soloalbum* (1998) im Übergang zur Pop III-Phase verändert und wie in Julia Zanges *Realitätsgewitter* (2016) die sozialen Medien zu einem selbstverständlichen Bestandteil der Lebenswirklichkeit werden. Während für beide Romane aber noch das Krisennarrativ der Pop II-Phase dominant ist und zu strukturell ähnlichen Erzählweisen führt, zeigt ein Ausblick auf Leif Randts *Schimmernder Dunst über CobyCounty* (2012), wie dieser Roman die digitale Kommunikation nicht nur affirmativ einsetzt, sondern auch einen neuen Stil der Balance ausprägt. Kauer wiederum entwickelt in Auseinandersetzung mit dem ebenfalls von Leif Randt stammenden Roman *Allegro Pastell* (2020) den narratologischen Begriff des *Digital Other*. Er bezeichnet erzähltechnisch eine (eigentlich unmögliche) Kombination aus interner und externer Fokalisierung und medienästhetisch eine Literarisierung der Selfie-Kultur, bei der die Innenperspektive immer schon mit einer externen Sicht auf sich selbst gekoppelt ist. Literarisch schlägt sich das Andere im Eigenen in hyperreflexiven Schleifen nieder als ein permanentes fremdmonologischen Kreisen um sich selbst in seiner Außenwahrnehmung.

Die neuen ästhetischen Verfahren von Pop III gehen dabei über stilistische und erzählstrukturelle Neuerungen hinaus und verändern einen für Pop II noch geltenden konventionellen Text- und Literaturbegriff insofern, als soziale Medien nicht nur regelmäßig referenzialisiert, sondern als spezifisches Schreibverfahren im literarischen Erzählen abgebildet werden. Dazu gehören im Schriftbild abgesetzte Chatprotokolle, Tweets und Emojis, die als Piktogramme etwa in Leif Randts *Allegro Pastell* regelmäßig auftauchen. Berit Glanz' Roman *Pixeltänzer* (2019) hingegen setzt den Code als narratives Steuerungselement ein, dort zum Beispiel, wo Befehle aus verschiedenen Programmiersprachen als Kapitelüberschriften fungieren. Noch radikaler schreiben sich digitale Verfahren der sozialen Medien dem Erzählmodus in Juan S. Guses *Miami Punk* ein, der als popliterarische Collage unterschiedlichster Textformen (fiktive Dissertationen, Reiseberichte, seitenlange Counter-Strike-Berichte, Tagebucheinträge, Briefe, Tabellen) angelegt ist. Traditionelle literarische Verfahren werden hier endgültig herausgefordert, wenn über mehrere Seiten hinweg Worte ohne Leerzeichen und Satzzeichen aneinandergereiht werden, sich das Ganze aber nicht als Referenz auf den *Bewusstseinsstrom* der avantgardistischen Höhenkamm-Literatur erweist, sondern (sichtbar gemacht durch die Endung dotcom) als seitenlanger Link.

An die Seite dieser neuen Schreib- und Erzählverfahren treten veränderte mediale und digitale Erscheinungsformen von Literatur, deren Genese an Social-Media-Formate gekoppelt ist. Beispiele für popliterarisches Erzählen unter den digitalen Bedingungen sozialer Medien liefern die Beiträge von JASMIN PFEIFFER und MANUELA RUCKDESCHEL. So untersucht Pfeiffer verschiedene literaturkritische YouTube-Formate, stellt diese in einen popliterarischen Zusammenhang und entlarvt die ihnen eigene Inkonsistenz: Während die Inszenierungsstrategien der dargestellten ‚booktuber' innovative mediale Darstellungsverfahren bemühen, werde gleichzeitig ein konservatives Literaturverständnis bedient, das Literatur einmal mehr als Kulturgut (und nicht als Konsumgut) feiert. Ruckdeschel hingegen untersucht neueste digitale Lyrik- und Kurzprosa-Projekte auf Plattformen wie Facebook oder Twitter und liest Texte von Hannes Bajohr und Gregor Weichbrodt als subversive Interventionen in einem privatisierten, aber dennoch öffentlichen Kommunikationsraum. Ein weiterer Beitrag von JAN SINNING thematisiert mit den Graphic Novels des deutschen Comic-Künstlers Lukas Jüliger zwar keine auf Social Media veröffentlichten oder generierten Werke, stellt aber die popliterarischen Bezüge dieser multimedialen Textprodukte heraus. Der Beitrag untersucht die intermedialen Bezüge zwischen den narrativen Verfahren und der Ästhetik des Mediums Graphic Novel sowie deren visueller Inszenierung sozialer Medien im Bild-Text-Zusammenhang. Er zeigt abschließend, wie sich Motive und Narrationen von Coming-of-Age-Geschichten durch den Einfluss sozialer Medien verändern und wie sich eine dritte Phase der Popliteratur auch im Typus des bildgestützten Entwicklungs- und Adoleszenzromans manifestiert.

Wie in der Literaturwissenschaft eine Poptheorie 3.0 aussehen kann, die insgesamt auf digitalen Pop-Phänomenen der Gegenwart beruht, das deuten Moritz Baßler und Heinz Drügh in ihrer 2021 erschienenen *Gegenwartsästhetik* an. Beide sprechen darin zwar nicht explizit von Pop III, sehen durch die Digitalisierung jedoch einen „Paradigmenwechsel" (272) für die zeitgenössische Ästhetik, die sie wiederum popkulturell grundieren. Dazu gehören die Erweiterung der ästhetischen Urteilskategorien des Schönen und Erhabenen um etwa das ‚cute', ‚weirde', ‚nice', ‚Supergeile' oder Massenphänomene wie den *augmented reality*-Hype um das Spiel Pokémon Go. Eine wesentliche Rolle spielen im Rahmen ihrer Gegenwartsästhetik auch zeitgenössische Romane wie Leif Randts *Allegro Pastell*, Joshua Groß' *Flexen in Miami* (2020) oder Armen Avanessians *Miamification* (2017), deren gemeinsamer Nenner in der literarisch-ästhetischen Aneignung und komplexen Reflexion von Digitalisierung liege. Baßler und Drügh rücken diese popliterarischen Beispiele deutlich ab von solchen Gegenwartstexten wie Daniel Glattauers E-Mail-Roman *Gut gegen Nordwind* (2006) und formulieren normativ: „Ein bloß diegetisches ‚Erzählen von' [Digitalisierung, S.C. und C.K.] bliebe dabei ebenso unterkomplex wie die bloße Imitation medialer Formate" (2021, 282). Damit wird deutlich, dass das Label ‚Popliteratur' mittlerweile den Status eines Qualitätsmerkmals aufweist. Ablesbar ist dies nicht zuletzt an der wiederum von Baßler angestoßenen Midcult-Debatte, die nicht unerwähnt bleiben darf und in deren Rahmen Baßler ein Ungleichgewicht anprangert zwischen der moralischen Schwere zeitgenössischer Literatur bei gleichzeitiger Seichtheit ihrer literarischen Vermittlung. Aufhänger seines in der Zeitschrift *POP. Kultur und Kritik* erschienenen Essays ist dabei der Literatursuperstar Rupi Kaur, deren Instagram-Account mehr als vier Millionen Follower:innen aufweist, deren Texte jedoch – so Baßler – „triviale[r] Kitsch" (2021, 133) seien. Populäre Literatur, so könnte man es zusammenfassen, ist also nicht gleich Popliteratur. Es geht bei letzterer eben nicht nur um Subkultur, Massenorientierung, Markenkult und Alltagsschilderung, sondern im Zuge ihrer akademischen Nobilitierung immer auch um die

Frage, wie diese Themen verfahrenstechnisch umgesetzt sind. Die Geschichte der deutschsprachigen Popliteratur mit ihrer ersten Konjunkturwelle in den 1960er und 70er Jahren und ihrem zweiten Höhepunkt in den 1990er Jahren lässt sich damit auch über die jeweiligen ästhetischen Verfahren beschreiben, mit denen die Literatur auf populäre Formate reagiert. Ob avantgardistische Montage von Versatzstücken aus Illustriertenschmonzetten in Elfriede Jelineks *wir sind lockvögel baby* (1970), ob das intermediale Spiel mit Comicelementen bei Rolf Dieter Brinkmann oder die Peek & Cloppenburg-Werbeanzeige mit Christian Kracht und Benjamin von Stuckrad-Barre (1999): Die Popliteratur hat – um noch einmal Diederichsen zu zitieren –, nicht nur „eine positive Beziehung zur wahrnehmbaren Seite der sie umgebenden Welt, ihren Tönen und Bildern" (1996, 190), sondern sie erweist sich auch als äußerst kreativ darin, aus diesem Bezug komplexe ästhetische Gebilde zu schaffen. In der Sondierung der aktuellen Popliteratur 3.0 geht es daher darum zu fragen, auf welche Art und Weise sich zeitgenössische Popliteratur in den klassischen Buch-Formaten die Digitalisierung aneignet und wie umgekehrt die Popliteratur neue ästhetische Formen und Schreibweisen im Internet und in den sozialen Medien hervorbringt. Nicht zuletzt gilt es, die Fluchtlinien zu Pop I und II zu verfolgen und zu sondieren, wie deren Akteur:innen im Unterschied zur neuen Generation im Umfeld von Pop III agieren. Bei aller Legitimation, von einer neuen Phase der Popliteratur zu sprechen, sollten die Grenzen nicht zu scharf gezogen werden.

Literatur

Akademie der bildenden Künste Wien. „Pop III: Akademisierung, Musealisierung", Retro Tagung, 15.–17. Oktober 2014, Akademie der Künste, Wien.
Avanessian, Armen. *Miamification*. Berlin: Sternberg Press, 2017.
Bajohr, Hannes, und Annette Gilbert (Hg.). *Digitale Literatur II. Sonderband. TEXT + KRITIK. Zeitschrift für Literatur*. München: text + kritik, 2021.
Bajohr, Hannes (Hg.). *Code und Konzept. Literatur und das Digitale*. Berlin: Frohmann, 2016.
Baßler, Moritz, und Heinz Drügh. *Gegenwartsästhetik*. Konstanz: Konstanz University Press, 2021.
Baßler, Moritz, und Eckhard Schumacher. *Handbuch Literatur & Pop*. Berlin und Boston: De Gruyter, 2019.
Baßler, Moritz. „Camp: Susan Sontag". *Handbuch Literatur & Pop*. Berlin und Boston: De Gruyter, 2019. 84–95.
Baßler, Moritz. „Der neue Midcult. Vom Wandel populärer Leseschaften als Herausforderung der Kritik". *POP. Kultur und Kritik* 18 (2021): 132–149.
Berg, Sybille. *GRM. Brainfuck*. Köln: Kiepenheuer & Witsch, 2019.
Berlich, Sebastian: „Pop III: Eine Einführung". *Where Are We Now? Orientierungen nach der Postmoderne*. Hg. Sebastian Berlich, Holger Grevenbrock und Katharina Scheerer. Bielefeld: transcript, 2022. 127–144.
Bülhoff, Andreas. „Formate digitaler Umordnung. Literarische Praktiken zwischen Medienspezifik und Postdigitalität". *Praktiken medialer Transformation. Übersetzungen in und aus dem digitalen*

Raum. Hg. Johannes Schmid, Andreas Veits und Wiebke Vorrath. Bielefeld: transcript, 2018. 81–104.
Diederichsen, Diedrich. „Pop – deskriptiv, normativ, emphatisch (1996)". *Texte zur Theorie des Pop*. Hg. Charis Goer, Stefan Greif und Christoph Jacke. Stuttgart: Reclam, 2013. 185–195.
Diederichsen, Diedrich. „Ist was Pop? (1999)". *Texte zur Theorie des Pop*. Hg. Charis Goer, Stefan Greif und Christoph Jacke. Stuttgart: Reclam, 2013. 244–258.
Eick, Dennis. *Digitales Erzählen. Die Dramaturgie der Neuen Medien*. Konstanz: UVK Verlagsgesellschaft, 2014.
Ellis, Bret Easton. *American Psycho*. New York: Vintage, 1991.
Glanz, Berit. *Pixeltänzer*. Frankfurt a.M.: Schöffling & Co. Verlag, 2019.
Glattauer, Daniel. *Gut gegen Nordwind*. Leipzig: Goldmann, 2006.
Groß, Joshua, Johannes Hertwig, und Andy Kassir, Hg. *Mindstate Malibu. Kritik ist auch nur eine Form von Eskapismus*. Nürnberg: Starfruit Publications, 2018.
Groß, Joshua. *Flexen in Miami*. Berlin: Matthes & Seitz, 2020.
Groß, Pola, und Hanna Hamel. „Neue Nachbarschaften: Stil und Social Media in der Gegenwartsliteratur. Einleitung". *Sprache und Literatur* 51.125 (2022): 1–17.
Guse, Juan S. *Miami Punk*. Frankfurt a.M.: S. Fischer, 2019.
Hecken, Thomas, Marcus S. Kleiner, und André Menke (Hg.). *Popliteratur. Eine Einführung*. Stuttgart: J. B. Metzler, 2015.
Horzon, Rafael. *Das weisse Buch*. Frankfurt a.M.: Suhrkamp, 2010.
Horzon, Rafael. *Das neue Buch*. Frankfurt a.M.: Suhrkamp, 2020.
Jelinek, Elfriede. *wir sind lockvögel baby!* Reinbek bei Hamburg: Rowohlt, 1970.
Khatib, Sami. „Pop III. Das Ende der Kunst als Politik-Ersatz". *Style and the Family Tunes* 2.4 (2009): 154–159.
Kracht, Christian. *Faserland*. Köln: Kiepenheuer & Witsch, 1995.
Kracht, Christian. *Eurotrash*. Köln: Kiepenheuer & Witsch, 2021.
Krafft, Charlotte. „Utopie der ‚Hyperironie'". *Mindstate Malibu. Kritik ist auch nur eine Form von Eskapismus*. Hg. Joshua Groß, Johannes Hertwig und Andy Kassir in Zusammenarbeit mit dem Institut für moderne Kunst Nürnberg. Nürnberg: Starfruit Publications, 2018. 166–189.
Kreuzmair, Elias, und Eckhard Schumacher (Hg.). *Literatur nach der Digitalisierung: Zeitkonzepte und Gegenwartsdiagnosen*. Berlin und Boston: De Gruyter, 2021.
Meyer, Anne-Rose. *Internet – Literatur – Twitteratur. Erzählen und Lesen im Medienzeitalter, Perspektiven für Forschung und Unterricht*. Berlin: Peter Lang, 2019.
Penke, Niels, und Matthias Schaffrick. *Populäre Kulturen zur Einführung*. Hamburg: Junius, 2018.
Plönges, Sebastian. „Postironie als Entfaltung". *Medien & Bildung. Institutionelle Kontexte und kultureller Wandel*. Hg. Torsten Meyer, Wey-Han Tan, Christina Schwalbe und Ralf Appelt. Wiesbaden: VS Verlag für Sozialwissenschaften, 2011. 440–446.
Pordzik, Ralph. „Wenn die Ironie wild wird, oder: lesen lernen. Strukturen parasitärer Ironie in Christian Krachts ‚Imperium'". *Zeitschrift für Germanistik* 23.3 (2013): 547–591.
Randt, Leif. *Schimmernder Dunst über CobyCounty*. Köln: Kiepenheuer & Witsch, 2012.
Randt, Leif. „Post Pragmatic Joy (Theorie)". *BELLA triste* 39 (2014): 7–12.
Randt, Leif. *Planet Magnon*. Köln: Kiepenheuer & Witsch, 2015.
Randt, Leif. *Allegro Pastell*. Köln: Kiepenheuer & Witsch, 2020.

Schäfer, Jörgen. „Netzliteratur". *Handbuch Medien der Literatur*. Hg. Natalie Binczek, Till Dembeck und Jörgen Schäfer. Berlin und New York: De Gruyter, 2013. 481–501.
Segeberg, Harro, und Simone Winko. *Digitalität und Literalität. Zur Zukunft der Literatur*. München: Fink, 2005.
von Stuckrad-Barre, Benjamin. *Soloalbum*. Köln: Kiepenheuer & Witsch, 1998.
Zange, Julia. *Realitätsgewitter*. Berlin: Aufbau Verlag, 2016.

Jano Sobottka
Mindstate Malibu – eine ‚Pop 3.0'-Anthologie

1 Einleitendes

Als die Anthologie *Mindstate Malibu* 2018 erscheint, wird sie in der *SZ* von Felix Stephan in eine Reihe mit stilbildenden Sammelbänden der jüngeren deutschen Literaturgeschichte gestellt:

> In unregelmäßigen Abständen erscheinen in Deutschland Anthologien, in denen auf wenigen Seiten eine ganze Gegenwart zusammenfindet. Kurt Pinthus' Anthologie „Menschheitsdämmerung" aus dem Jahr 1919 war so ein Fall, Rolf Dieter Brinkmanns „Acid" aus dem Jahr 1975 [1. Ausgabe 1969, Hervorhebung J.S.] auch, zuletzt der Gesprächsband „Tristesse Royale" aus dem Jahr 1999. Und in diesem Jahr deutet vieles darauf hin, dass es sich mit dem Kompendium „Mindstate Malibu" ähnlich verhält. Der Band versammelt 21 Beiträge, von denen die Hälfte aussieht, als sei sie direkt aus dem Internet gefallen, und er trägt den Untertitel ‚Kritik ist auch nur eine Form von Eskapismus'. (2018)

Das Zitat erklärt, warum sich eine Verknüpfung von *Mindstate Malibu* mit dem Begriff ‚Pop 3.0' anbietet. Dem Text, der Essays, Interviews, Zeichnungen und Fotostrecken mit Abschriften von Social-Media-Plattformen kombiniert, wird hier zugesprochen, die Tradition einflussreicher und viel rezipierter Anthologie-Bände wie *Menschheitsdämmerung*, *ACID* und *Tristesse Royale* fortzusetzen. *ACID* und *Tristesse Royale* können darüber hinaus als typische Vertreter von Diedrich Diederichsens Begriffen Pop I und Pop II bezeichnet werden. So ist *ACID* ein Paradebeispiel für die Formation Pop I, die von Diederichsen so beschrieben wird:

> Damals stand Pop für den von der Jugend- und Gegenkulturen ins Auge gefassten Umbau der Welt, insbesondere für den von der herrschenden Wirtschaftsordnung verkraft- und verwertbaren Teil davon: sexuelle Befreiung, englischsprachige Internationalität, Zweifel an der protestantischen Arbeitsethik und den mit ihr verbundenen Disziplinarregimes [...]. (2013 [1999], 245)

Rolf Dieter Brinkmann und Ralf-Rainer Rygulla taten genau das: Sie kompilierten übersetzte englischsprachige Beat- und Undergroundliteratur der frühen und mittleren 1960er, dazu amerikanische Poptheorie, etwa von Leslie Fiedler, mit Comics, Songtexten, teils pornographischen Bildern sowie *cut-up*-Experimenten und ergänzten die Sammlung mit eigenen programmatischen Texten wie *Der Film in Worten*, in dem es heißt: „Diese Bewegung bedient sich der technischen Mittel je nach subjektiver Vorliebe, vollzieht und schafft ein Stückchen befreite Realität [...]" (Brinkmann 1983 [1969], 384). Ziel sei die Unterstützung der „Unterdrückten, Unterprivilegierten, Ausgeschlossenen und Außenseiter" (384). Jenes subversive Verständnis von Pop I sieht Peter Glaser bereits 1984 im Vorwort seiner Anthologie *Rawums* als gescheitertes Projekt an: „Die Methoden von Protest und Widerstand, die in den 70er Jahren entwickelt worden sind, sind unwirksam geworden" (2003 [1984], 12). Stattdessen verlange es nach „Strategien zwischen rabiater Ablehnung und offensiver Affirmation" (12). Nochmals fünfzehn Jahre später diskutieren fünf Schriftsteller im postmodern gebrochenen Gesprächsband *Tristesse Royale* über Luxusmarken, den Literaturbetrieb und politische Meinungen – doch von einer explizit artikulierten gegenkulturellen Haltung des Textes kann ebenso wenig die Rede sein wie von einer durchgängig nihilistisch-ablehnenden Haltung im Sinne von *Rawums*.[1] Geblieben ist der dort bereits angedachte Aspekt offensiver Affirmation. *Tristesse Royale* agiert mit Diederichsen in einem Umfeld von Pop II, in dem Subkulturen und pop-politisches Engagement bereits Element der „Bedeutungsproduktion [...] als Rohstoff des Marktes" (2013 [1999], 258) seien. Dabei ist auch *Tristesse Royale* durchaus ein kritischer Text – aber eher in Form einer Sprachkritik an überstrapazierten Slogans, Sprüchen und Sprachklischees.[2]

Die von Felix Stephan vorgeschlagene Eingliederung von *Mindstate Malibu* in das Paradigma popliterarischer Schlüsseltexte entspricht, wie zu sehen sein wird, dem selbst formulierten Anspruch des Bandes. Der programmatische Teil der Anthologie verspricht, wie in den 1960ern *ACID*, antikapitalistisch und gesellschaftskritisch zu sein, und ist sich gleichzeitig den Prämissen von *Tristesse Royale* und Pop II bewusst – das macht bereits der Untertitel deutlich: „Kritik ist auch nur eine Form von Eskapismus". Die Ausübung von (politischer) Kritik sei, so wird hier suggeriert, auf einem direkten Weg gar nicht mehr möglich. Darüber hinaus agiert der Band nicht nur mit dem Wissen, sich in einer nunmehr digitalisierten Welt zu befinden, sondern schafft Querverbindungen zu den sozialen Netzwerken.

Im Folgenden wird zunächst das gesellschaftskritische Programm, das *Mindstate Malibu* formuliert, skizziert und dabei die Frage gestellt, wie sich der Text zu den Begriffen Pop I, Pop II und einem möglichen neuen Pop 3.0-Begriff verhält. Im Anschluss wird ein Schlaglicht auf die Umsetzung dieses Programms geworfen.

---

[1] Dirk Frank weist jedoch darauf hin, dass z. B. mit Alexander von Schöneburgs ironischem Wunsch nach einer Kriegseuphorie wie im Jahr 1914 durchaus Aspekte einer an popliterarische Texte der 1980er erinnernden „gegengegenkulturellen" Haltung im Text enthalten seien (vgl. 2003, 230; Bessing et al. 1999, 138).
[2] Frank beschreibt den Kritik-Aspekt in *Tristesse Royale* wie folgt: „Stuckrad-Barres Diskurskritik trifft hier auf Krachts Mehrdeutigkeitskalkül [...]" (2003, 229).

2 Programmatik: Wie verhält sich *Mindstate Malibu* zu Diederichsens Popbegriffen?

Zu dieser Leitfrage positioniert sich insbesondere der auch als Vorwort zu verstehende Beitrag von Johannes Hertwig. Der gemeinsame Nenner aller Beitragenden, so Hertwig, sei der titelgebende ‚Mindstate Malibu':

> Es ist dieser Mindstate, der alle in dieser Anthologie versammelten Menschen eint, so unterschiedlich die Ergebnisse sind. Mindstate Malibu ist die Suche nach einer Form, Gegenwart zu beschreiben, zu analysieren und zu kritisieren. (2018, 19)

Der ‚Mindstate Malibu' kann als subversives Popverständnis umschrieben werden. Der als neoliberal beschriebenen Gesellschaft soll durch Überaffirmation der Spiegel vorgehalten werden. Insbesondere die individuelle Selbstoptimierung wird in *Mindstate Malibu* als zu bekämpfende Position benannt. Im Fokus steht nicht mehr das für ‚Pop I' von Diederichsen genannte foucaultsche Disziplinarregime, sondern Deleuzes Kontrollregime:

> In den Disziplinargesellschaften hörte man nie auf anzufangen (von der Schule in die Kaserne, von der Kaserne in die Fabrik), während man in den Kontrollgesellschaften nie mit irgend etwas fertig wird. (1993 [1990], 257)

Der Begriff zielt auf ständige Weiterbildung, Selbstkontrolle und numerische Vergleichbarkeit ab.[3] Deleuzes Zentralmetapher des Surfens für das fluide, sich zwangsweise ständig in Bewegung befindliche Subjekt in der Kontrollgesellschaft[4] findet in *Mindstate Malibu* ihren Widerhall im omnipräsenten „Grinden". Dieses Kunstwort kann mit einem temporären Zustand elegant umgesetzter Höchstleistung umschrieben werden. Ein Grind, so Hertwig, „beginnt mit einem Ziel. Und endet, wenn es erreicht ist. Dabei ist nicht entscheidend, ob die Arbeit besonders hart ist, sondern wie smart man sie angeht" (2018, 21).[5] Auch andere wiederkehrende Metaphern und Bildelemente aktualisieren in *Mindstate Malibu* das Surfen als Bild eines entfesselten Kapitalismus und spielen dabei gleichzeitig auf das digitale Surfen im Internet an. Darunter fällt nicht zuletzt der in einem Interview ausführlich besprochene Song „Grinden mit Delphinen" von MC Smook, in dem der eben skizzierte Zustand

---

3 In den Pop-Diskurs wurde der Begriff nicht zuletzt durch Tom Holerts und Mark Terkessidis' Band *Mainstream der Minderheiten. Pop in der Kontrollgesellschaft* (1996) eingebracht.
4 „Überall hat das Surfen", so Deleuze, „schon die alten Sportarten abgelöst" (1993 [1990], 258).
5 Hertwig scheint hier auf einen im Bereich des Motivationscoachings klassisch gewordenen Spruch („Du kannst die Wellen nicht stoppen, aber du kannst lernen zu surfen".) von Jon Kabat-Zinn anzuspielen.

mit dem im Video gezeigten wortwörtlichen Surfen auf Delphinen eine ironische Bildlichkeit gewinnt. Auch das im Titel vorkommende und durch das Cover (Palmen im 80er-Neonlicht) akzentuierte Wort „Malibu" konnotiert den Wassersport Surfen. Wenn damit Kontrollgesellschaft, Neoliberalismus und Kapitalismus als diejenigen Aspekte herausgearbeitet wurden, gegen die sich der Band konzeptionell positioniert, ist der nächste Schritt, nach den Gegenmaßnahmen zu fragen, die der Text anbietet.

Eine direkte Kritik sei wenig zielführend, schließlich werde, so Hertwig, die Kritik selbst schon systemisch integriert: „Diese Grind-Gang weiß, dass der Neoliberalismus die Ablehnung, die ihm entgegenschlägt bereits mitdenkt, und nur aus sich selbst heraus geschlagen werden kann" (19). Das, so Hertwig weiter, „Anti, seine Abgrenzungsmechanismen und Gegenkulturen [sind] selbst Teil des Spiels geworden. Sie wurden domestiziert, zu einer Art Haustier gemacht, das ab und an kläfft, aber schön auf dem Grundstück bleibt" (34).[6] Auch wenn die Anthologie auf keiner Seite direkt die Pop I/Pop II-Unterscheidung benennt oder zitiert,[7] ist Diederichsens Einordnung an Argumentationen wie die von der Kritik als domestiziertes Haustier anschließbar. Als Beispiel für die systemische Unterwanderung von Systemkritik benennt Diederichsen analog dazu TV-Talkshows und deren Tendenz, zwar minoritäre Stimmen zu Gehör zu bringen, aber sie gleichzeitig kleinzuhalten:

> Bei Pop-Kulturen geht/ging es immer [...] um die Durchsetzung der von den Beteiligten als ‚selbstentwickelte', autochtone und angemessener empfundenen Sprechweisen. Diese scheinen heute in ihrer Vielfalt allgegenwärtig, werden aber als in letzter Instanz einverstandene Mehrheit in den vielen Sendungen inszeniert, wo die Leute reden, wie ihnen der Schnabel gewachsen ist. (2013 [1999], 254)

---

[6] Kurz vor dem Erscheinen des Sammelbandes wurde für die Titelgeschichte der Zeitschrift SPEX (Nr. 381) ein sehr ähnliches Bild gewählt, das ebenfalls ‚die Kritik' als ein auf dem eigenen Grundstück domestizierter Akteur inszeniert: ein Gartenzwerg mit einer Kaffeetasse als Kopfbedeckung begleitet von der Bildunterschrift „ANTi Hauptsache dagegen."

[7] Allerdings geht Charlotte Krafft in ihrem Beitrag (166–189) ausführlich auf Diederichsens Unterscheidung zwischen Ironie I bis III ein. Diederichsens Formen der Ironie fallen zwar mit bestimmten Aspekten der nummerierten Pop-Einteilung zusammen (etwa Ironie I und Pop I), sind aber keineswegs deckungsgleich. So sei für die Formation von Pop II die Ironie III prägend, die sich von politischem Aktivismus distanziere: „[S]chon genau das meinen, was man sagt, aber nicht ganz so ernst. Dies nun aber gerade nicht aus Anerkennung der Unabschließbarkeit und Nichtendgültigkeit des eigenen Vokabulars, sondern im Gegenteil aus Resignation vor gerade der Endgültigkeit und Abgeschlossenheit der Unmöglichkeit jedes politischen Handelns, das sich noch auf Werte jenseits der Ökonomie beruft". Diederichsens Beitrag von 2000 wird hier zitiert nach Christoph Rauen (2010, 118).

Das ist letztlich etwas, was bereits in *Tristesse Royale* mitgedacht wurde: Um formelhaft eingesetzte und ideologisch aufgeladene Sprachphrasen als solche zu entlarven, müssen sie bis zur Kenntlichkeit, etwa in popliterarischen Arbeiten, wiederholt werden. Im ersten Schritt geht *Mindstate Malibu* hier mit:

> Die Grind-Gang hält dieser, unserer Welt einen überperfekten Spiegel vor, der dazu einlädt, ihn gleich wieder lustvoll zu zerstören, um die Mechanismen und die Inszenierungen des dahinter gelegenen Wunderlandes zu sehen. Andy Kassier dekonstruiert seinen Rich-Kid-Jet-Set-Insta-Influencer-Lifestyle genüsslich selbst, bei Bibi, Julian Bam, Caro Daur und Konsorten dauert es etwas länger, um den ruhenden Ball und den Wirklichkeitsverlust zu finden. (Hertwig 2018, 26)

Anders als bei der exklusiven Runde von 1999 im Hotel Adlon ist nun eine Einladung zum Mitmachen angeschlossen. Die hier vorgeschlagene Methode ist demnach nicht nur die Erzeugung eines übertriebenen, ironischen Zerrbilds der Wirklichkeit, sondern im Idealfall dessen erfolgreiche und vor allem gemeinsame Dekonstruktion.

Der im Zitat angesprochene Andy Kassier ist dafür ein gutes Beispiel. Sein in einer Fotostrecke inszenierter Dandy ist mehr als eine bildgewordene Version von Christian Krachts Dandyfigur aus *Faserland*. Arbeitete sich Krachts selbstzerstörerische, kaputte Figur kritisch am Stereotyp ab, überführen Andy Kassiers Bilder einen aktualisierten, geglätteten Stereotyp des Dandys in einen kommunikativen Kontext. Auf den Fotos ist Kassier jeweils so inszeniert, dass es sich auf den ersten Blick um Illustrationen eines erfolgreichen Jungunternehmers während oder nach der Arbeit handeln könnte, wie sie sich im Magazin *Business Punk* oder entsprechenden Instagramkanälen (vgl. Holweck 2021, 131) finden lassen. Doch die ausgestellten Motive (etwa teure Kleidung, Luxusprodukte, Virilität und Hochglanzkulissen) sind auf den Bildern so stark verdichtet, dass ein humoristischer Effekt entsteht. Der kooperative Aspekt kommt über die englischen Bildunterschriften – kurze Motivationssprüche oder Hashtags aus dem Life-Coaching-Bereich – hinzu. Die austauschbaren Unterschriften animieren dazu, die Bilder zu teilen, sie als Meme mit eigenen Sprüchen aus dem Bereich der Motivationsprosa zu versehen und somit Sprachkritik zu betreiben. Auch Kassier selbst, so Katja Holweck, „verbreitet die im Band abgedruckten Aufnahmen via Instagram [und] erreicht damit insbesondere ein junges, formbares Publikum" (2021, 131). Das Publikum wird demnach entweder durch eine unreflektierte Verbreitung der Parodie entlarvt oder kann sich über die Verbreitung und Variation der Bildunterschriften selbst an der subversiven Kunstaktion beteiligen.

Die Beitragenden in *Mindstate Malibu* haben demnach eine versteckte Form der Politisierung von künstlerischem Handeln im Sinn, die mit einem davon nicht zu trennenden Aufruf zum Mitmachen im sozialen Netzwerk verbunden ist. Hertwig präzisiert die Rolle des gemeinsamen Handelns:

> Es geht darum, ebenso dezentral zu agieren wie ein Netzwerk, und als Bewegung so viele Teilöffentlichkeiten mit Inhalten zu fluten, bis eine kritische Masse erreicht ist. Es geht darum, die Mechanismen des Gegners zu adaptieren, sie so sichtbar zu machen wie Fingerabdruckpulver, und Hinweise zu geben, wie man sie unterlaufen kann. (2018, 35)

Innerhalb dieses Zitats sei insbesondere auf die Worte „Bewegung" und „Netzwerk" verwiesen. Sie betonen die Notwendigkeit zur Bildung einer ebenso offenen wie losen Gemeinschaft, Charlotte Krafft spricht von einem „locker fransige[n] Kollektiv" (2018, 186), die im Internet pop-politisch handelt. Umgekehrt können in diesem Kollektiv nicht nur die eigenen Follower, sondern zeitweise auch genau die Personen vertreten sein, gegen die sich die Kritik richtet. Ein Beispiel ist die bereits beschriebene, nicht-ironische Weitergabe von Kassiers Fotos im Internet als ernsthafte Artefakte eines „sich der Oberfläche und des Materialismus verschreibende[n] Lebensstils" (Holweck 2021, 131). Besonders gut sichtbar wird die Integration der Kritisierten in der Kontaktaufnahme von Dax Werner zum Motivations- und Verkaufscoach Dirk Kreuter, die Fabian Schäfer in seinem Beitrag zeigt:

> Dass die fiktive Persona Dax Werner und die vom ihm persiflierten Personen nicht nur einseitig über den anderen reden, sondern sporadisch auch miteinander, kann als Erfolg von Dax Werner *tweet game* gewertet werden. So ließ Dirk Kreuters Antwort auf seinen Tweet: „lieber @dirkkreuter ich wünsche dir einne sehr sehr geile #kw30 und hoffe du hattest einen guten rutsch! FETTE BEUTE dein WERNERS" nicht lange auf sich warten. „Dankeschön lieber Dax auch dir eine #KW30 mit viel #FetteBeute". (2018, 233)

Hier gelingt die Kopie des Sprachcodes[8] so gut, dass es zu einer Interaktion kommt und der Persiflierte selbst zur Verbreitung der Satire beiträgt.

Damit ist die neue popliterarische Methode von *Mindstate Malibu* in ihren Grundzügen beschrieben. Im nächsten Schritt wäre nach dem Ziel zu fragen. Doch wie bei der ironischen Verwendung des Begriffs ‚Grind' gesehen, ist ein ‚konkretes Ziel' bereits einer der Punkte, die es nach Ansicht der Beitragenden zu überwinden gilt. Das macht auch Schäfer in seiner Einordnung von Dax Werners Umgang mit dem Motivationscoach deutlich:

> Dax [zeigt] ironisch auf, wie das Denken dieses Milieus völlig von einem nichtssagenden, aber hochgradig ideologischen, abschließenden Vokabular durchdrungen ist, das die Menschen anpeitschen soll, immer besser zu performen und gesetzte Goals zu achieven. (2018, 232)

---

[8] Auf dem inzwischen inaktiven Twitter-Account von Dirk Kreuter finden sich viele der in *Mindstate Malibu* ironisch verwendeten Begriffe als gängige Hashtags (#Mindset #erfolg #ziele) wieder.

Statt von einem konkreten Ziel kann eher von einem globalen Anliegen des Sammelbandes gesprochen werden – und zwar die Schaffung eines gemeinsamen Denkfreiraums. Dax Werner äußert sich dazu in einem Interview-Beitrag des Sammelbands: „Erst mal alles wegaffirmieren", das wäre die Methode, „dann in Ruhe weiterschauen" (Werner und Startup Claus 2018, 114), dies der geschaffene Freiraum. Leif Randt formuliert im Interview mit Joshua Groß ein ähnliches Vorhaben, indem er eine der PostPragmaticJoy-Regeln,[9] die er für seinen Roman *Planet Magnon* entwickelt hat, als „für die Gegenwart akut anwendbar" (136) bezeichnet: „Schätze den Moment, versuche ausgewogene Entscheidungen zu treffen, betrachte dich von Außen" (136).

Dieser Wunsch ist kompatibel mit Sami Khatibs 2009 skizzierten Verständnis von Pop III: „Wir [sollten] heute nicht nur auf den Bühnen des Pop II nach kritischen Agit-Pop-Ansätzen Ausschau halten, um dann enttäuscht festzustellen, dass wirklich kritische Versuche nur im Zeitalter von Pop I funktionierten" (158). Ein künstlerischer Ausdruck im Sinne von Pop III wäre es, sich „[v]ielmehr [...] dem (politischen) Sinnstiftungsversprechen von Pop radikal zu entziehen" (158). Pop solle nach Khatib nicht zu deutlich politische Forderungen formulieren, sondern dazu beitragen, dass bestehende (Subjekt-)Positionen unterlaufen werden. So könne „Zeit und Raum für ein neues universalistisches Politikversprechen" (158) gewonnen werden. Khatibs Entwurf für Pop III akzentuiert somit den politischen Gemeinschaftsgeist. Charlotte Krafft bezieht dieses Anliegen in *Mindstate Malibu* konkret auf eine Netzgemeinschaft. Sie postuliert die Herstellung eines

> ,Wir[s]', das laut Diederichsen schon lange verloren und vergessen ist. Nun, Didi, dann schau mal her: Die Hyperironie schafft es, euer ,Wir' wiederzubeleben. Sie basiert sogar auf einem fundamentalen starken Zusammengehörigkeitsgefühl, einer umfassenden Solidarität. (2018, 186)[10]

Zusammenfassend macht der Sammelband *Mindstate Malibu* also ein eigenständiges, aber nicht traditionsloses Angebot, Pop und Kritik zusammenzudenken, das als Pop 3.0 bezeichnet werden könnte. Im Detail sollen dabei Kunstwerke mit versteckter politischer Agenda (hier: Kapitalismuskritik und Kritik am Neolibera-

---

9 Dabei handelt es sich um eine Mischung aus Achtsamkeits-Ratgeber-Parodie und vorgeführter Dialektik, wie der Interviewer Joshua Groß feststellt: „[A]usgeklügelte Handlungsgrundlagen, die es ermöglichen, real existierende Widersprüche in einem performativen Schwebezustand zu vereinen" (Randt 2018, 135).
10 Krafft möchte mit dem Begriff der Hyperironie die von Diederichsen genannten Formen der Ironie (I bis III) überwinden. ,Hyperironie' wird als die utopische „Idealvorstellung von der ,Synthese ästhetizistisch-individualistischer und sozial-aktivistischer Elemente', wie Diedrich Diederichsen es ausdrückt" (2018, 187) beschrieben. Das Bestreben, Widersprüche performativ aufzulösen, erinnert an den PostPragmaticJoy-Begriff Leif Randts.

lismus, aber auch das Einstehen für feministische Positionen) entstehen. Diese Kunstwerke arbeiten methodisch mit subversiver (Sprach-)Kritik, etwa durch eine überaffirmierende Wiederholung von Wellness- und Coachingvokabular. Mitgedacht ist hier stets eine Einladung, sich (online) an diesem Handeln zu beteiligen und gemeinsam ein soziales Netzwerk zu bilden.

Nachdem nun das Programm abgesteckt wurde, soll abschließend noch ein kursorischer Blick auf die Umsetzung geworfen werden.

3 Anmerkungen zur Umsetzung und Beispiele

Zunächst stellt sich die Frage, wie sich das versprochene Interaktionsangebot überhaupt realisieren lässt, schließlich kann es, so Katja Holweck, im „Medium des Buchs zu keiner Interaktion zwischen Künstler und Publikum kommen" (2021, 123). Anders als etwa die Anthologie Von *ACID nach ADLON* von 1999, der eine CD mit Sounddateien und eine Sammlung an Links beigelegt waren, versucht *Mindstate Malibu* gar nicht erst, Intermedialität mit interaktiven Internetseiten oder Hyperlinkstrukturen zu inszenieren. Den Rezipient:innen wird zugetraut, selbst auf die Spuren der Beteiligten zu kommen. „Über die Internetpräsenz eines Großteils der Beitragenden", so Holweck, „sind [...] eine Weiterverfolgung deren künstlerischen Schaffens, ein digitales In-Verbindung-Treten und somit Anschlusskommunikation möglich" (123).

Demgegenüber steht jedoch die Beobachtung, dass sich das Kollektiv in *Mindstate Malibu* als weitestgehend geschlossene Szene inszeniert. Dies wird vor allem im Kontrast zu *ACID* deutlich. In *ACID* gab es zwei Herausgeber, die aus einer unübersichtlichen Menge an Kleinstveröffentlichungen und Zeitschriften eine Szene rekonstruierten. Bei *Mindstate Malibu* haben die eingeladenen Künstler:innen jedoch in vielen Fällen zum Bandkonzept passende Inhalte neu erstellt. Nur bei etwa einem Drittel der Beiträge handelt es sich um Internetcontent, der schon im Vorfeld erschienen war und nun für den Druck freigegeben wurde.[11] Einem Definitionsversuch der Gattung Anthologie von Jan Papiór entspricht *Mindstate Malibu* aufgrund dieser Beobachtung nur in Teilen. Einer Anthologie liege laut Papiór nämlich „die fundamentale Annahme zu Grunde, dass früher veröffentlichte Texte (die vom

---

[11] Gemäß der Recherche zu diesem Band und dem Abbildungsverzeichnis wurden acht der 22 eigenständigen Beiträge zuvor bereits in anderer Form veröffentlicht. Im Detail sind das die als „Anzeige" eingeordnete und nicht im Inhaltsverzeichnis gelistete Fotostrecke von Raphael Horzon (162–165), die Instagram-Performances von Andy Kassier (68–95) und Signe Pierce (192–209), die (Foto-)Kunstwerke Jenny Schäfers (116–131), Kurt Prödels Twitter-Nachrichten (236–247), die Zeichnungen von Karin Kolb (288–299) und die gesammelten Tweets verschiedener Künstler:innen (6–15; 310–317).

Verfasser als geschlossene Einheit konzipiert wurden) neben andere Texte gestellt werden und einen neuen Zusammenhang bilden" (2004, 37). Anders als *ACID* stellt der Sammelband *Mindstate Malibu* keine neuen Gemeinsamkeiten zwischen den Beiträgen her, sondern weist auf die ohnehin bestehenden Vernetzungen zwischen den Akteur:innen hin. Der Sammelband schafft damit eher den Eindruck, er leiste die programmatische Konstitution einer überschaubaren Szene, die von Moritz Baßler als „Randt-Miami-Malibu-Komplex" (2021, 148) bezeichnet wird, und betreibe nur in zweiter Instanz die Blütenlese einer schon vorab im Sinne von Pop 3.0 agierenden Netzwelt. Mit Andreas Reckwitz könnte hier die Frage gestellt werden, ob die anvisierte Einladung, sich an einem ‚sozialen Netzwerk' zu beteiligen, „das keine festen Außengrenzen besitzt, sondern unabschließbar ist" (2017, 262–263), stattdessen in der Selbstvorstellung einer deutlich homogeneren und abgeschlosseneren ‚Neogemeinschaft' (vgl. 264) mündet.

Zur engen Verbindung der Beiträge passt auch das Layout. Während in *ACID* das Prinzip möglichst harter Schnitte und *cut-up* Anmutungen dominierte, werden die Beiträge hier sehr homogen präsentiert. Sie haben pinke Überschriften, sind durch blau-pinke Doppelseiten voneinander getrennt und auch Schriftart sowie Schriftgröße bleiben konstant. Gleiches gilt für die typographisch einheitliche Einbettung der Twitter- und WhatsApp-Verläufe. Dazu kommt, dass die Beitragenden namentlich häufig auch in den jeweils anderen Texten aus *Mindstate Malibu* erwähnt werden oder sogar daran beteiligt sind. Im Ergebnis ergibt sich das Bild einer vor allem miteinander vernetzten Szene, das im Kontrast zum angestrebten „Leitfaden für [...] die Explorer, die Content Creator [...] [u]nd alle, die es werden wollen", steht, den der Umschlag des Bandes verspricht.

Es gibt jedoch auch Passagen innerhalb des Sammelbandes, die das Programm anschaulich umsetzen. Dies betrifft, ganz im Einklang mit der digitalen Affinität von Pop 3.0, vor allem die dort gezeigten oder erklärten Social-Media-Performances. Erstes Beispiel einer „Avantgarde, die den angesammelten Datenhaufen als Ausgangsbasis nutzt" (Hertwig 2018, 18) ist die erwähnte Instagram-Persona von Andy Kassier mit ihren zwei Ebenen der Anschlusskommunikation: die Variation der Inhalte durch jene User:innen, die den doppelten Boden erkannt haben, und die unwissentliche Weiterverbreitung im Internet durch diejenigen, die persifliert werden. „[J]eder Post" von Kassier kann damit als „eine Signalrakete [...] im Traffic-Treibsand sozialer Netzwerke" (18) verstanden werden und zeigt, dass die Beitragenden von *Mindstate Malibu* Aufmerksamkeitsprozesse auf Social-Media-Plattformen nicht nur analysieren, sondern auch selbst bedienen können.

Beim Konzept der argentinische Aktionskünstlerin Amalia Ulmann, auf die Anika Meier in ihrem Beitrag eingeht, war es im Gegensatz zu Kassiers Posts eminent wichtig, dass die Täuschung von keiner Seite als solche erkannt werden konnte. Ulmann verschwieg selbst engeren Bekannten, dass die persönlichen Veränderungen, die sie 2014 in einem Zeitraum über fünf Monate auf ihrem Instagramprofil dokumentierte, Fakes waren:

> Amalia Ulman, die Künstlerin, performte mit, und zwar genau das, was sie zuvor in den sozialen Medien als weibliche Stereotype, als vermeintlich authentisch ausgemacht hatte: das *cute* Tumblr Girl, das sich bei Urban Outfitters einkleidet und ein bisschen langweilig ist. Das *hot babe* mit Sugar Daddy. Das Mädchen von Instagram, das auf Superfood und Yoga steht. (Meier 2018, 64)

Zu einem besonders passenden Beispiel innerhalb von *Mindstate Malibu* wird Ulmanns Projekt durch den Einbezug einer „geschenkten" Community. Der niederländische Künstler Constant Dullaart hatte Ulmann 100.000 schweigende Follower geschenkt – und ihr damit eine ungleich höhere Start-Aufmerksamkeit auf Instagram beschert. Die von Hertwig für erfolgreiche Kritik geforderte „kritische Masse" (Meier 2018, 35) war also hier schnell erreicht. Das Nachleben von Ulmanns Performance in Dokumentarfilmen, Wissenschaftsbetrieb und Museen kann als Beleg dafür gelten, wie öffentlichkeitswirksam Ulmanns Form der Kritik war.

Ein letztes Beispiel ist Signe Pierces Projekt *Big Sister*. Pierce, von der auch das Coverfoto von *Mindstate Malibu* stammt, möchte laut Marie Kaiser „das Idealbild des weiblichen Sexobjekts bei Instagram unterwandern – indem sie es bedient" (2019). Das entspricht in Reinform der Leitidee von *Mindstate Malibu* – Kritik durch Überaffirmation. Ihre Fotos inszenieren dabei auch auf Ebene der Bildkonzeption, etwa über ‚Mise-en-abyme'-Verschachtelungen Kritik am Beobachter:innenstatus (Pierce 2018, 207).

Somit lässt sich abschließend festhalten, dass für die programmatisch geforderte Verbindung von Pop, Kritik und sozialem Netzwerk, die hier als Pop 3.0 bezeichnet wird, insbesondere im Bereich der Social-Media-Performances in *Mindstate Malibu* passende Beispiele zu finden sind.

Literatur

Baßler, Moritz. „Der neue Midcult. Vom Wandel populärer Leseschaften als Herausforderung der Kritik". *Pop* 10 (2021): 132–149.

Bessing, Joachim, Christian Kracht, Eckhart Nickel, Alexander von Schönburg, und Benjamin von Stuckrad-Barre. *Tristesse Royale*. Köln: Kiepenheuer und Witsch, 1999.

Brinkmann, Rolf Dieter, und Ralf-Rainer Rygulla (Hg.). *ACID. Neue amerikanische Szene*. 1969. Reinbek bei Hamburg: Rowohlt, 1983.

Deleuze, Gilles. „Postskriptum über die Kontrollgesellschaft". *Unterhandlungen (1972–1990)*. 1990. Frankfurt a.M.: Suhrkamp, 1993. 254–262.

Diederichsen, Diedrich. „Ist was Pop? (1999)". *Texte zur Theorie des Pop*. Hg. Charis Goer, Stephan Greif und Christoph Jacke. Stuttgart: Reclam, 2013. 244–259.

Frank, Dirk. „Die Nachfahren der ‚Gegengegenkultur'. Die Geburt der „Tristesse Royale" aus dem Geiste der achtziger Jahre". *Pop-Literatur*. Hg. Heinz-Ludwig Arnold. München: text+kritik, 2003. 218–233.

Glaser, Peter (Hg.). *Rawums. Texte zum Thema*. 1984. Köln: Kiepenheuer und Witsch, 2003.

Groß, Joshua, Johannes Hertwig, und Andy Kassier (Hg.). *Mindstate Malibu. Kritik ist auch nur eine Form von Eskapismus*. Nürnberg: Starfruit, 2018.

Hertwig, Johannes. „Grinden wie Delphine im Interwebs". *Mindstate Malibu. Kritik ist auch nur eine Form von Eskapismus*. Hg. Joshua Groß, Johannes Hertwig und Andy Kassier. Nürnberg: Starfruit, 2018.16–39.

Holert, Tom, und Mark Terkessidis. *Mainstream der Minderheiten: Pop in der Kontrollgesellschaft*. Berlin: Ed. ID-Archiv, 1996.

Holweck, Katja. „Zum Konnex von Kapitalismus und Kritik in der Anthologie Mindstate Malibu (2018)." *Literarische Perspektiven auf den Kapitalismus. Fallbeispiele aus dem 21. Jahrhundert*. Hg. Annika Gonnermann, Sina Schuhmaier und Lisa Schwander. Tübingen: Narr Francke Attempto, 2021. 115–138.

Kaiser, Marie. „Instagram-Künstlerin Signe Pierce. Technofeminismus von der Daten-Domina". *Deutschlandfunk*, 21. Mai 2019. www.deutschlandfunk.de/instagram-kuenstlerin-signe-pierce-technofeminismus-von-der-100.html (28. Januar 2022).

Kassier, Andy. „Success is just a smile away". *Mindstate Malibu. Kritik ist auch nur eine Form von Eskapismus*. Hg. Joshua Groß, Johannes Hertwig und Andy Kassier. Nürnberg: Starfruit, 2018. 68–97.

Khatib, Sami. „This ain't Pop III. Das Ende der Kunst als Politik-Ersatz". *Style & The Family Tunes* 2.4 (2009): 154–159.

Kolb, Karin. „CGI". *Mindstate Malibu. Kritik ist auch nur eine Form von Eskapismus*. Hg. Joshua Groß, Johannes Hertwig und Andy Kassier. Nürnberg: Starfruit, 2018. 288–299.

Krafft, Charlotte. „Utopie der ‚Hyperironie'". *Mindstate Malibu. Kritik ist auch nur eine Form von Eskapismus*. Hg. Joshua Groß, Johannes Hertwig und Andy Kassier. Nürnberg: Starfruit, 2018. 166–191.

Meier, Anika. „Instagram or it didn't happen". *Mindstate Malibu. Kritik ist auch nur eine Form von Eskapismus*. Hg. Joshua Groß, Johannes Hertwig und Andy Kassier. Nürnberg: Starfruit, 2018. 56–67.

Papiór, Jan. „Anthologien sind Textsammlungen und Vermittlungsmedium". *Studien zur Deutschkunde* 28 (2004): 35–55.

Pierce, Signe. „Deep Space Reality". *Mindstate Malibu. Kritik ist auch nur eine Form von Eskapismus*. Hg. Joshua Groß, Johannes Hertwig und Andy Kassier. Nürnberg: Starfruit, 2018. 192–209.

Prödel, Kurt. „Voltaren 10/10". *Mindstate Malibu. Kritik ist auch nur eine Form von Eskapismus*. Hg. Joshua Groß, Johannes Hertwig und Andy Kassier. Nürnberg: Starfruit, 2018. 236–247.

Randt, Leif. „10% Idealismus (Interview)". *Mindstate Malibu. Kritik ist auch nur eine Form von Eskapismus*. Hg. Joshua Groß, Johannes Hertwig und Andy Kassier. Nürnberg: Starfruit, 2018. 132–141.

Rauen, Christoph. *Pop und Ironie. Popdiskurs und Popliteratur um 1980 und 2000*. Berlin und New York: De Gruyter, 2010.

Reckwitz, Andreas. *Die Gesellschaft der Singularitäten. Zum Strukturwandel der Moderne*. Berlin: Suhrkamp, 2017.

Schäfer, Fabian. „All in the game, yo!" *Mindstate Malibu. Kritik ist auch nur eine Form von Eskapismus.* Hg. Joshua Groß, Johannes Hertwig und Andy Kassier. Nürnberg: Starfruit, 2018. 224–235.

Schäfer, Jenny. „Fortschritt ist auch nur eine Form von Eskapismus I". *Mindstate Malibu. Kritik ist auch nur eine Form von Eskapismus.* Hg. Joshua Groß, Johannes Hertwig und Andy Kassier. Nürnberg: Starfruit, 2018. 116–131.

Stephan, Felix. „Performance am Limit". *Süddeutsche Zeitung*, 26. November. 2018. https://www.sueddeutsche.de/kultur/literatur-und-internet-performance-am-limit-1.4217249 (17. Januar 2022).

Werner, Dax, und Startup Claus. „Erst mal alles wegaffirmieren (Interview)". *Mindstate Malibu. Kritik ist auch nur eine Form von Eskapismus.* Hg. Joshua Groß, Johannes Hertwig und Andy Kassier. Nürnberg: Starfruit, 2018. 106–115.

Christoph Kleinschmidt
Popliterarische Krisennarrative analog/digital
Benjamin von Stuckrad-Barres *Soloalbum* und Julia Zanges *Realitätsgewitter* (mit einem Ausblick auf Leif Randts *Schimmernder Dunst über CobyCounty*)

Eines der zentralen Themen der 1990er-Jahre-Popliteratur stellt das Ich in der Krise dar. Ob im Hinblick auf den engeren Freundes- und Familienkreis oder die Gesellschaft als Ganzes: Die in den Romanen der zweiten Popwelle konstruierten Ich-Erzählinstanzen verkörpern ebenso narzisstische wie prekäre Identitäten, deren Relation zu ihrem Umfeld in eine Schieflage gerät (vgl. u. a. Mehrfort 2006; Malecha 2008). Diese Subjektkrisen – so die These dieses Beitrags – erweisen sich immer auch als Medienkrisen. Zum einen zeigt sich dies im weiten medialen Sinne als Eskalation der Verständigung, und zwar nicht nur in erzählten Handlungsmomenten gestörter Kommunikation, sondern auch im Modus unmöglicher Narration, bei der die zumeist im Präsens vermittelten, Mündlichkeit imitierenden Erzählsituationen im Widerspruch zum gleichzeitigen Agieren der Protagonist:innen stehen. Zum anderen verhandelt die Popliteratur Medienkrisen im engeren Sinne, denn von den Suaden der Gegenwarts-Chronist:innen bleiben auch die jeweils dominanten Medien nicht verschont. In Benjamin von Stuckrad-Barres Roman *Soloalbum* (1998), der im Fokus dieses Beitrags steht, ist ein breites Medienspektakel angelegt, das vom strukturbildenden Bezug zur Popmusik bis zum Werbeplakat, vom Radio über das Fernsehen bis zur Bildzeitung reicht, und dessen diverse Formate einer schonungslosen Abrechnung unterzogen werden. Dabei darf man die Literarisierung von Medienkrisen nicht mit einer grundsätzlichen Medienkritik verwechseln, denn die Öffnung der Popliteratur hin zur „Massenkultur" (Fiedler 2013 [1968], 86) stellt eines ihrer wesentlichen Distinktionsmerkmale dar. Allein die Tatsache, dass populäre Medien zum ästhetischen Thema gemacht werden, erweitert den Radius dessen, was als literarisch salonfähig gilt. Sind es in den popliterarischen Anfängen der 1960er Jahre etwa bei Rolf Dieter Brinkmann und Elfriede Jelinek Comics und Zeitschriften (Pop I), die die mediale Matrix bilden, so fungiert als medialer Bezugspunkt der zweiten Phase in den 1990er Jahren vor allem das Fernsehen (Pop II), das nun wiederum in der aktuellen Konjunktur der Popliteratur (Pop III) durch das Internet als Agent von Gegenwärtigkeit abgelöst wird. Im Übergang der zweiten zur dritten Phase zeigt sich wiederum eine Fortsetzung des Krisennarrativs unter den veränderten Bedingungen sozialer Medien. Stellvertretend hierfür steht Julia

Zanges Roman *Realitätsgewitter* (2016) als zweiter in diesem Beitrag diskutierte Text, der sich explizit in den Traditionsrahmen der Popliteratur der 1990er Jahre einschreibt, zugleich jedoch motivisch den Schritt vom analogen ins digitale Zeitalter geht. Das lässt sich vor allem daran zeigen, dass die Medienwelt gegenüber Stuckrad-Barres *Soloalbum* eine radikale Veränderung erfahren hat und anstelle von TV- und Printmedien die Handykommunikation und mit ihr Apps wie Facebook, Instagram und Tinder im Fokus stehen. Worin sich die Figurenzeichnung beider Romane aber ähnelt und was den konkreten Vergleichspunkt der Texte von Stuckrad-Barre und Zange bildet, das sind die scheiternden oder nicht gelingen wollenden Liebesbeziehungen als Kernmerkmal popliterarischer Krisennarrative. Wo die Mediendispositive analog/digital Marker der Diskontinuität bilden, zeigt sich in der Verschränkung von Emotions- und Kommunikationscode ein Kontinuum der Popliteratur.

1 Schlussmachen per Fax als Skandalon. Die Mediennostalgie von *Soloalbum*

Benjamin von Stuckrad-Barres *Soloalbum* beginnt mit einem fulminanten Auftakt, dem eine verweigerte Kommunikation zugrunde liegt. Weil der namenlose Ich-Erzähler tagelang nicht erreichbar war, brechen Feuerwehrleute seine Wohnungstür auf. Tränenaufgelöst steht neben ihnen Isabell, eine Freundin des Protagonisten, die glaubt, er habe sich etwas angetan. Diese Eingangsszene erweist sich als symptomatisch für das Beziehungsdilemma des Romans, bei dem Nähe und Distanz nie in einem Gleichgewicht stehen. Zudem verkehrt der Auftakt die Genderrollen des eigentlichen Erzählanlasses. Dieser besteht im Schlussmachen von Katharina, mit der der Erzähler zwei Jahre lang eine Beziehung geführt hat, und die ihrerseits das persönliche Gespräch verweigert, indem sie für die Trennung einen ungewöhnlichen Weg wählt, an dem sich die Medienkrise des Romans entzündet:

> Per Fax ist natürlich gemein. Dafür hatte ich das Ding nun wirklich nicht angeschafft. Bei aller Geringschätzung meine ich auch, man hat schon das Anrecht auf eine staatstragende Beendigungszeremonie mit Heulen und Umarmen und allem. Oder wenigstens ein Brief. Aber doch kein Fax! (1998, 18)

Noch vor der berüchtigten ‚Schlussmach-SMS' steht die Nutzung des Faxgeräts für eine Stilfrage und dokumentiert die Unpersönlichkeit, mit der eine Paarbeziehung ihr unschönes Ende erfährt. Im Unterschied zum Handy steht das Fax eher für das Gegenteil von Sinnlichkeit, nämlich für eine Geschäftsbeziehung im Sinne einer technischen Übertragbarkeit offizieller Dokumente. Gerade in dieser Defunktionalisierung eines Mediums für den Zweck der persönlichen Kommunikation liegt die Ursache für den empfundenen Schmerz des Protagonisten. Dieser sitzt so tief, dass er noch am Schluss von *Soloalbum*, nach einer immerhin ein Jahr umfassenden Trennungsphase, auf diesen Umstand zurückkommt:

> Sie soll mir einmal, zweimal ins Gesicht sagen, daß sie mich nie wieder sehen will. Das soll sie erst mal machen. Das hat sie noch nicht gemacht, obwohl wir schon mehr als ein Jahr auseinander sind. Nur per Fax, und danach am Telefon. Naja, da muß man ja nichts zu sagen. Ich will es live HÖREN, sie dabei SEHEN. Das ist sie mir schuldig. (1998, 190)

Dass der Erzähler die Art und Weise der Trennung, nämlich ihre Medienwahl, anhaltend als Kränkung erfährt, macht deutlich, dass keinesfalls von einem „Reifeprozess" (Gast 2014) oder gar generisch von einem „Adoleszenzroman" (Wagner 2007, 381) gesprochen werden kann. Zwar findet mit dem Wegzug aus Hamburg eine äußerliche Veränderung statt, und zudem suggeriert die Untergliederung des Romans in eine A- und B-Seite, dass sich das Blatt wendet. Aber bezogen auf die psychische Disposition des Protagonisten bleibt offen, wie er zukünftig mit dem Verlassensein umgehen wird. Wie Moritz Baßler zeigt, funktioniert der Roman ohnehin nicht über eine lineare Struktur, sondern im Sinne einer „Kette weitgehend nebengeordneter Routines" (2019, 526), was die permanenten Gefühlsschwankungen und Rückfälle erklärt, die der Erzähler durchlebt. Selbst das mit Freunden besuchte Oasis-Konzert als Finale von *Soloalbum*, das das Potential einer kathartischen Kollektivverfahren hätte, die genau ein solches Live-Erlebnis bereithält, das Katharina dem Erzähler verwehrt, bleibt in seiner Wirkung indifferent. Insofern gilt auch für die Beantwortung der Frage, ob es dem Protagonisten gelingt, den Liebeskummer zu verarbeiten, was der „beste LP-Titel aller Zeiten" – so die letzte Überlegung des Erzählers – in seiner Paradoxie zum Ausdruck bringt: „Definitely Maybe" (von Stuckrad-Barre 1998, 245).

Diese Verschränkung von Musik- und Liebesdiskurs, gewissermaßen zweier emotionaler Mediendispositive, wird im Roman immer wieder evoziert, so zum Beispiel wenn der Protagonist Katharina mit seiner „bisher erfolgreichsten Platte" vergleicht und damit erklärt, warum er von ihr „nicht los kommt": „Man setzt einmal eine Marke, und dann wird alles Nachfolgende sich daran messen müssen. So ist es in der Musik, so ist es in der Liebe" (202). Zugegeben scheint diese Gleichsetzung allzu platt; Stuckrad-Barres *Soloalbum* wurde deshalb auch vorgeworfen, es bediene im Hinblick auf den Liebesdiskurs „Klischees und triviale Feststellungen" (Schütte 2003, 312). Dem ist allerdings entgegenzuhalten, dass sich das Erzählverfahren des Romans als eine „Rede[] in Anführungszeichen" (Baßler 2019, 536) erweist, durch die die verwendeten Diskurspartikel der Liebessemantik als Floskeln einsichtig werden. Im Hinblick auf das Krisennarrativ hat die Kombination von Leiden und Reflektieren die Funktion, eine Figur zu zeichnen, die zu sich selbst in Distanz steht und zugleich nicht aus sich herauskommt. Mit Niklas Luhmann gesprochen, weiß der Ich-Erzähler um die ‚Codierung von Intimität', durchschaut also den romantischen Liebesdiskurs, in dem er agiert, ist aber nicht in der Lage, sich davon zu lösen. Er präsentiert sich als involvierter Betrachter seiner eigenen Liebe als Passion. „Ich verhalte mich, wie sich ein verliebter, verlassener Idiot eben verhält" (von Stuckrad-Barre 1998, 103), artikuliert er an einer Stelle, und an einer anderen bezeichnet er sich als „Mitglied im Club der gebrochenen Herzen" (39), dem der Liebeskummer wie eine „Ikea-Bauanleitung" (39) erscheint. Um keine Missverständnisse aufkommen zu lassen: Die „individuelle Einzigartigkeit" (Luhmann 1982, 167), die Katharina für ihn darstellt, zeigt sich beim Erzähler vor allem motiviert durch die Trennung. Sie ist nicht im Zusammensein begründet. Im Gegenteil durchzieht den Roman ein Beziehungsverständnis, das gerade in der Selbstverwirklichung beider Partner:innen einen Hindernisgrund für die Dauerhaftigkeit von Liebesbeziehungen erkennt und zudem das sexuelle Ausleben im Fremdgehen einschließt.

Während der Roman also eine Entkoppelung von Emotionen und Sexualität propagiert (vgl. Nürnberg 2008, 44) und sie in einer für die Popliteratur typischen pornographischen Sprache ausdrückt – „Ficken, das musste sein" (von Stuckrad-Barre 1998, 129) –, erweist sich der Erzähler bezogen auf seine Medienpräferenz durchaus als Romantiker bzw. Nostalgiker. Wie schon im Eingangszitat erkennbar, geht es ihm nicht *per se* um das Schlussmachen per Schrift, sondern er würde durchaus auch einen Brief als Trennungsmedium akzeptieren. Das hängt zum einen damit zusammen, dass dieser in seiner kulturellen Tradition eine längere Erklärung verlangt im Unterschied zur Lakonik, mit der Katharina das Ende der Beziehung auf einer einzigen Faxseite unterbringt. Zum anderen transportiert ein Brief – folgt man Michel Foucault – „echte Spuren des abwesenden Freundes, echte Zeichen" (2007 [1983], 148). Zwar kann auch ein Fax handschriftlich geschrieben sein, aber die technische Übertragung bedeutet immer eine Kopie des Originals. Ganz ähnlich wie Foucault den Brief im Sinne eines „Verhältnisses von Angesicht zu Angesicht" (148) versteht, äußert auch der Ich-Erzähler in *Soloalbum* bei der Lektüre früherer Briefe von Katharina: „Ihre Schrift zu lesen, heißt ihr Gesicht zu sehen" (von Stuckrad-Barre 1998, 88). Hinter der Mediennostalgie steckt offensichtlich ein Bedürfnis nach Unmittelbarkeit. Dort, wo die Partnerin nicht direkt anwesend sein kann, sollen es zumindest echte Spuren ihrer selbst sein, die diese Nähe gewährleisten. Dass darin eine Paradoxie liegt, welche die Abwesenheit zur Voraussetzung der medialen Nähe macht, darauf weist Frank Degler hin und legt überzeugend dar, wie sich Stuckrad-Barres Roman in die literarische Tradition des Briefromans einschreibt. Auch wenn das Erzählen in *Soloalbum* selbst Mündlichkeit suggeriert und die eigene schriftmediale Verfasstheit (als Roman) nicht reflektiert, rückt der Text über den Topos des männlichen Liebeskummers in die Nähe von Johann Wolfgang Goethes *Die Leiden des jungen Werthers* (vgl. Degler 2009, 73–77). Damit spricht aus ihm eine Affinität zur Buchkultur, also zu einer traditionellen analogen Medienwelt, deren Umgang spezifischen Bedingungen unterliegt, von denen besonders die verlangsamte Art der Kommunikation akzentuiert wird: „[I]ch bin froh, daß ich keine e-mails verschicken kann. Das Korrektiv der Verzögerung ist wichtig. Noch einmal eine Nacht darüber schlafen oder einen Tag" (von Stuckrad-Barre 1998, 78).

Gerade an einer solchen medialen Selbstverortung des Erzählers lässt sich der kategoriale Unterschied von Pop II zu Pop III festmachen. Denn während in der aktuellen Popliteratur der 2010er/2020er Jahre (Pop III) digitale Medien selbstverständlich zum diegetischen Inventar der Literatur gehören und es vielfältige Versuche der strukturellen Annäherung gibt – ähnlich zur formalen LP-Ästhetik von *Soloalbum* –, spielen digitale Medien in Pop II nur eine untergeordnete Rolle. In Christian Krachts *Faserland* (1995) etwa fehlen sie – mit Ausnahme eines Autotelefons – ganz. Und selbst ein frühes popliterarisches Internetexperiment wie Rainald Goetz' Blog *Abfall für alle* von 1998 hat schnell seinen Weg ins favorisierte Buchmedium mit dem klassischen paratextuellen Untertitel *Roman eines Jahres* gefunden. Die geringe Relevanz der Digitalkultur für Pop II hat dabei nicht nur historische Gründe. Denn selbst in Christian Krachts 2021 erschienenem *Eurotrash*, das sich als ironische Hommage an *Faserland* gibt, kommen Handys und E-Mails, geschweige denn soziale Medien kaum bzw. gar nicht vor. Bei aller intermedialen Öffnung der Pop II-Literatur für die Musik und bei aller mittlerweile professionellen Inszenierung der Pop II-Autor:innen auf Instagram als dem aktuell primären Social-Media-Format der Popliterat:innen scheint sie aus heutiger Sicht im Hinblick auf die Digitalisierung als medienkonservativ. Explizit äußert der Erzähler in *Soloalbum* denn auch „eine Abneigung gegen das Medium" Internet und seine „nimmermüden Fürsprecher": „Ich hasse es […], wenn Menschen mir vom Internet vorschwärmen, nichts ist schlimmer" (von Stuckrad-Barre 1998, 241). Anders als beim hemmungslosen Fernsehkonsum, bei dem von SAT. 1 bis VIVA, von der Nachmittagstalkshow bis zur Daily Soap, von Günther Jauch bis Alfred Biolek, die Sender, Programmformate und ihre Akteur:innen schonungslos einer Hasstirade unterzogen werden, nicht aber das Medium an sich in Frage steht, liegt in *Soloalbum* der Fokus der Kritik am Internet auf seinen grundlegenden Kommunikationsbedingungen. Das hat zum einen damit zu tun, dass das Internet Ende der 1990er Jahre allererst als Massenmedium etabliert und – wie immer in der Geschichte von Medieninnovationen – dabei von Grundsatzdiskussionen über das Für und Wider begleitet wurde. Im Roman werden diese Argumente in einer parodistischen Szene aufgenommen und überpointiert. Angelockt von ein wenig Geld nimmt der Protagonist an einer „Hausfrauen-Diskussion übers Internet" teil, wo er völlig beliebige Ansichten von sich gibt, während alle anderen peinlich schweigen:

> Das ist eine Chance, aber auch eine Gefahr. Ich habe Angst, daß die Bücher sterben, die man anfassen kann. Wissen Sie, dieses haptische Erleben, das ist mir wichtig. Aber die Möglichkeiten sind schon doll. Nur ist ja auch das Mißbrauchspotential wahnsinnig groß, nich, also da kann man ja dann von zu Hause aus Banken ausrauben. Und die Jugendlichen sitzen noch mehr vor der Flimmerkiste, das ist dann halt die Kehrseite der Medaille. (113)

Auch wenn die Floskeln in diesem Passus scheinbar gar keine eigene Haltung zum Ausdruck bringen und zudem die Verteidigung des Buchmediums allzu unmotiviert daherkommt, kann das nicht darüber hinwegtäuschen, dass der Roman eine Präferenz für analoge Medien aufweist. Die einzige Internetseite, die der Protagonist besucht und für gut befindet, stellt bezeichnenderweise die offizielle Oasis-Homepage dar. Und während der Roman durch technische und kulturelle Veränderungen – das Faxgerät hat längst ausgedient, Fernsehformate wie den Biolek-Talk gibt es nicht mehr, und selbst die Bildzeitung verzichtet auf das ‚Seite-1-Girl' – mittlerweile tatsächlich als Medienarchiv der 1990er Jahre lesbar ist (vgl. Baßler 2002), hat die zitierte Domain http://www.oasisinet.com (vgl. von Stuckrad-Barre 1998, 241) bis heute ihre Gültigkeit. Durch YouTube und andere Internetdienste bleibt der analoge Medienkosmos von *Soloalbum* damit recherchierbar, wodurch Pop II quasi in Pop III fortlebt (vgl. Penke und Schaffrick 2018, 136–137). Ironischerweise ist es das verhasste Medium Internet, das *Soloalbum* zu anhaltender Aktualität verhilft.

2 Gefühlsdialektik und fluide Aufmerksamkeit-Dispositive. Die Funktion sozialer Medien in Julia Zanges *Realitätsgewitter*

Dass auch die digitalen Medien nicht vor persönlichen Bedrängnissen schützen und dass mitunter die Verbindung von Liebes- und Medienkrise in ihrer paradoxen Relation von Nähe und Distanz noch einmal eine neue Dynamik entfalten kann, das stellt achtzehn Jahre nach Erscheinen von Stuckrad-Barres *Soloalbum* Julia Zanges *Realitätsgewitter* (2016) unter Beweis. Kurz vor dem Ende des Romans, in einer für die deutschsprachige Gegenwartsliteratur zum Topos der Sinnsuche und Selbstfindung gewordenen Reise auf eine Nordseeinsel, stellt die Protagonistin Marla einen Vergleich an, der den Roman explizit in die Tradition der Popliteratur einschreibt.

> Ich kaufe mir ein Matjesbrötchen beim Gosch-Imbiss, setze mich auf den schmutzigen Asphaltboden in die pralle Sonne und muss kurz lächeln, weil mir einfällt, dass der Schriftsteller Christian Kracht auch mal nach Sylt gefahren ist und bei Gosch saß, da war das allerdings noch etwas Exklusives, jetzt essen an den größeren Hauptbahnhöfen alle Gosch-Fisch im Aufbackbrötchen. Das war wohl auch die Zeit damals, als Lindt Schokolade etwas Besonderes war. Die haben jetzt eine Emoji-Schokoladen-Edition, die immer direkt an den Supermarktkassen liegt. (129)

Dieser Passus markiert mehr als nur eine „Faserland-Nostalgie" (Metz 2018, 290), denn mit der Beschreibung der Emoji-Werbestrategie zeigt er die Ausdehnung der Markenästhetik auf die sozialen Medien an, die als charakteristisches Merkmal der Pop III-Literatur gelten kann. Während für *Soloalbum* als Leit- (und Leid-)Medium der Fernseher fungiert, vor dem sich der Erzähler tagelang von der Außenwelt zurückzieht, verfügt die Protagonistin von *Realitätsgewitter* über gar kein TV-Gerät mehr und lebt im Gegenteil eine Fülle sozialer Kontakte aus. Dementsprechend besteht der digitale Medienkosmos des Romans aus iPhone und MacBook, aus WhatsApp, Facebook und Tinder, aus Google, YouTube und Skype, aus Pokémon Go, Uber und PayPal. Worin sich *Realitätsgewitter* allerdings generisch noch in der Pop II-Literatur bewegt, das ist in der grundsätzlichen Erzählweise einer krisenhaften Ich-Perspektive, die im typischen präsentischen Erlebnismodus Gegenwart beschreibt. Die nicht nur über ihren Titel radikalisierte ‚Zeitzeugenschaft' von *Realitätsgewitter* fokussiert dabei auf das Berliner Milieu der Freelancer:innen, Avantgarde-Künstler:innen, Großstadtnomad:innen und Kulturschaffenden. Das Spektrum historischer Persönlichkeiten und realweltlicher Bezüge, die der Roman herstellt, reicht von Angela Merkel bis Nicole Kidman, von Barack Obama bis Udo Lindeberg, beinhaltet Zeitschriften und Marken wie *Spiegel*, *Focus*, Zalando, McDonald's, Ritter Sport oder Primark, aber auch politische Ereignisse wie den Brexit oder den Terroranschlag von Nizza. Nicht zuletzt verbindet der Roman auf für die Popliteratur typische Weise *high* und *low culture*, indem etwa die Lektüre von Gedichten der Schriftstellerin Marie von Ebner-Eschenbach im gleichen Atemzug genannt wird wie das Durchblättern der *Vogue*. In Analogie zu *Soloalbum* arbeitet die Protagonistin darüber hinaus zwischenzeitlich für ein Modemagazin, und auch die Titel einzelner Kapitel wie etwa „Moonriver" orientieren sich an Songs der Popmusik. Ähnlich wie der Protagonist von Stuckrad-Barres Roman durchlebt Marla eine Phase tiefer emotionaler Verletztheit, verfällt in Depressionen und kreist permanent um das eigene Ich. Allerdings liegt dem Plot keine Trennung zugrunde, vielmehr gelingt es der Protagonistin nicht, emotional tiefergehende (Paar-)Beziehungen aufzubauen. Das dem Roman vorangestellte Motto eines Facebook-Posts „The misappropriation of attention as care is a major existential problem of our time" (6) zeigt dabei genau das zentrale Verwechslungspotential im Zeitalter omnipräsenter digitaler Sichtbarkeit an, das für Marla zum existentiellen Problem wird, da sie mehrfach Suizidgedanken befallen. Was sie sucht, ist emotionale Fürsorge, was sie bekommt, sind kurzzeitige sexuelle Aufmerksamkeiten. Symptomatisch steht hierfür die Gelegenheitsbeziehung mit Ben, der Marla immer nur für zwei Stunden Kontaktzeit einräumt und nach ihrem Sexdate das Bett neu bezieht. Bei einem ihrer Treffen nimmt Marla eine Embryostellung unter seiner Bettdecke ein und drückt damit ein tiefes Bedürfnis nach Geborgenheit aus, was Ben jedoch nur als „creepy" (76) kommentiert. Marla, die über Gesten emotionaler Zuneigung wie das Streichen über die Haare oder das Aneinanderreiben der Wangen Bens Nähe sucht, wird von ihm sogar als „Pervert!" (76) diskreditiert. Strukturell zeigt sich die Kurzlebigkeit der Beziehungen dadurch, dass fast jedes Kapitel der ersten Romanhälfte eine neue Begegnung bereithält. Vom One-Night-Stand bis zur anonymen Silvesterparty mit drei Fremden – in der weitgehend heterosexuellen Ordnung des Romans finden reihenweise Treffen Marlas mit ihr bekannten oder unbekannten Männern statt, wobei das Karussell der Dates durch die sozialen Medien in Gang gehalten wird. Charakteristisch erweist sich dabei ein Umschlag von Nähe und Distanz, der sich zwischen ‚realer' und ‚digitaler' Präsenz ergibt. Wenn etwa Marla in einem Club zugerufen wird: „Hey, I know you", und sie entgegnet „Mhhh. Maybe from the internet?" (15), dann findet hier ein Clash zweier Wahrnehmungsbereiche statt. Diese werden vom Roman jedoch nicht gegeneinander ausgespielt, sondern als gleichberechtigte Seinsmodi aufgefasst (vgl. Schumacher 2021, 9). Zwar gibt es Szenen, die eine Kritik am Narzissmus der eigenen Online-Profile suggerieren, wie jene, in der Marla mit dem eben erst kennengelernten Dylan auf dem Sofa sitzt und sie gemeinsam seinen Instagram-Account anschauen, aber diesen sind solche Passagen entgegenzusetzen, in denen digitale Medien die Möglichkeit bieten, soziale Leerstellen auszufüllen: „Als ich merke, dass sich niemand am Tisch mehr um mich kümmert, hole ich mein iPhone raus und schreibe wahllos ein paar Facebook-Messages" (Zange 2016, 57). Dementsprechend zeugt *Realitätsgewitter* – wie Elias Kreuzmeier betont – von einer „ambivalente[n] Haltung" (2021, 38) gegenüber sozialen Medien, die „jenseits von simpler Medienkritik" (39) angesiedelt ist.

 Ähnlich verhält es sich mit dem im Roman verhandelten Liebesdiskurs. So scheint die Verbindung der Austauschbarkeit von Beziehungen mit den digitalen Kommunikationskanälen zunächst wie eine literarische Bestätigung der kritischen Gegenwartsdiagnose, die die Soziologin Eva Illouz als Neucodierung der Liebe aufstellt. In *Warum Liebe endet* (2018) entwirft sie einen Zusammenhang zwischen der Marktlogik des Kapitalismus, digitaler Technik und der Unfähigkeit, längerfristige Bindungen einzugehen. Seinen Ausdruck finde dieser Konnex in einer negativen Freiheit im Sinne einer potentiell unendlichen Wahlmöglichkeit von Partner:innen, die etwa durch Dating-Apps bestehe. Was unsere „hyperkonnektive Moderne" (2018, 40) auszeichne, sei eine „Kultur der Lieblosigkeit" (47), die vor allem bei Frauen – so die genderspezifische Diagnose von Illouz – zu einer Verunsicherung führe, während Männer von der Unverbindlichkeit negativer Bindungen profitieren würden. Nicht nur angesichts von Marlas „tiefe[r] Traurigkeit" (Zange 2016, 12) nach den Besuchen bei Ben scheint der Gendergap im Roman seine Bestätigung zu finden. Betrachtet man allerdings den Text in seiner Entwicklung, dann muss man feststellen, dass Marla – anders als der Protagonist von Stuckrad-Barres *Soloalbum* – ihre Unsicherheit überwindet. Mit dem auf Sylt über Tinder kennengelernten Ole geht sie gerade keine sexuelle Beziehung ein und schafft es in der Folge sogar, ihren Nihilismus zu überwinden. Vor allem aber trifft die bei Illouz anklingende konservative Medienkritik auf *Realitätsgewitter* nicht zu. Soziale Medien sind im Roman gerade nicht der Grund für die Krise der Protagonistin, sondern als selbstverständlicher Bestandteil der Lebensrealität urbaner Gegenwärtigkeit ein Modus, in dem diese eben auch ihren Ausdruck findet. Wenn etwa von „iPhone-Identität" (51) die Rede ist oder wenn Marla das Vibrieren ihres Handys als Körperkontakt empfindet und Siri ihren Liebeskummer berichtet, dann sind das keine ironischen Übertreibungen, sondern habituelle Selbstverständlichkeiten einer *digital native*. Mehr noch und alles entscheidend: *Realitätsgewitter* verortet die Ursachen der Krise seiner Protagonistin in der analogen Welt. Im Stile eines psychologischen Romans führt Marlas Weg nämlich zurück in die Umgebung ihrer Kindheit, da sie im zweiten Romanteil anlässlich des 90. Geburtstages ihrer Großmutter das Elternhaus in der westdeutschen Provinz besucht. Das Treffen hält Insignien der vordigitalen Zeit wie Ölgemälde, alte Fotografien oder *Meyers Konversationslexikon* bereit, offenbart aber vor allem eine katastrophische Familienkonstellation, die ihren Höhepunkt darin findet, dass Marla ihre Mutter ohrfeigt und diese ihre Tochter eine „Prostituierte" (117) nennt. Auslöser für den Streit ist ein Essigbaum, den Marla vor Jahren im elterlichen Garten gepflanzt hat, den sie bei ihrem Besuch aber nicht mehr finden kann. Sein Entfernen durch die Eltern steht symbolisch für eine familiäre Zerrüttung und eine von Marla empfundene fehlende emotionale Zuneigung. Dass tatsächlich zwischen ihr und der Mutter eine irreversible emotionale Störung vorliegt, lässt sich an deren Äußerung erkennen, „auf der Ebene von Gefühlen" mit Marla „keine Zweiergespräche [...] führen" zu wollen: „Ich kann inhaltlich nicht mit dir reden, Marla. Wenn du mit mir etwas Tiefergehendes besprechen möchtest, können wir das gerne mit einem Psychologen oder Mediator machen" (116). Auch im Kontext der familiären Sphäre liegt also eine verweigerte Kommunikation vor. Das Krisennarrativ, wie es in der ersten Romanhälfte entfaltet wurde, verschiebt sich damit von der Ebene kurzweiliger amouröser Affären auf den Mangel mütterlicher Liebe. Während damit einerseits die Ursache für die Bindungsstörung von Marla offenliegt, markiert ihre nächtliche Flucht aus dem Elternhaus andererseits einen strukturellen wie psychologischen Wendepunkt für den Roman. Dieser findet seine mediale Analogie darin, dass Marla eine Distanz zu den Fotografien ihrer Kindheit erfährt – „Ich bin noch auf den Fotos zu erkennen, aber gleichzeitig bin ich auch ein anderes Kind: Es sieht aus, als würde ich verschwinden" (107) – und umgekehrt ihr

Handy als Medium der Selbstvergewisserung benutzt, indem sie es während ihres Aufenthaltes ausschließlich dazu verwendet, ein Selfie von sich zu machen. Wo die analoge Welt nicht mehr als Fluchtpunkt fungiert, bietet ihr die digitale Welt einen Ort der Sicherheit.

Ein solches Ankommen (im Digitalen) lässt sich im Hinblick auf den Ausgang des Romans auch für Marlas emotionale Verfasstheit konstatieren. Marla nennt dies dialektisch ein „Gefühl 3", das „wie ein kitschiger Facebook-Eintrag" klingt, aber durchaus ernsthaft eine Offenheit für „andere Menschen" meint: „Auf der Höhe des Herzens gibt es jetzt eine Verbindung, ein Einverständnis. Vielleicht kann man erst mit jemandem befreundet sein, wenn man den Falter von seinem Herzen entfernt hat" (152). Dieser Falter lässt sich unschwer als die Belastung der Vergangenheit identifizieren, die Marla abstreift, um offen zu sein für ein Leben im Hier und Jetzt. Was sie zuvor als Defizit empfunden hat, „das Gefühl, [...] nur aus Gegenwart [zu] besteh[n]" (89), kehrt sich nun in eine positive Empfindung. Parallel dazu tritt an die Stelle der Ursprungsfamilie ihre Mitbewohnerin Jenna, die Marla nach ihrer Rückkehr umarmt und ihr etwas kocht und damit die Funktion familiärer Fürsorge übernimmt, die aber – und das ist entscheidend – nichts mehr mit dem elterlichen Kosmos zu tun hat. Ihr Kommentar auf den Anruf von Marlas Büro: „I mean, sie haben am Festnetz angerufen" (151, Herv. i. O.) liest sich in diesem Sinne als ein Abgesang auf die antiquierte Form der Kontaktaufnahme vor der Digitalisierung. Insgesamt lässt sich für Julia Zanges *Realitätsgewitter* diagnostizieren, dass der Roman zwar eine Ambivalenz gegenüber den sozialen Medien vermittelt, in der Entwicklung und Überwindung seines Krisennarrativs aber eines nicht mehr zulässt: ein Zurück ins analoge Zeitalter.

3 Ausblick – Vom Ende des Krisennarrativs in Pop III

Sowohl in *Soloalbum* als auch in *Realitätsgewitter* findet sich eine enge Kopplung krisenhafter Identitäts- und Mediendiskurse. Während der Ich-Erzähler in Benjamin von Stuckrad-Barres Roman über das Schlussmachen seiner Freundin per Fax nicht hinweg kommt und sich insgesamt als Mediennostalgiker erweist, kehrt die Protagonistin von Julia Zanges Roman der Generation ihrer Eltern und deren analoger Medienwelt den Rücken zu. Gleichwohl sich auch in diesem Roman vor allem im habituellen Umgang der *digital natives* miteinander kritische Zwischentöne gegenüber den sozialen Medien und ihren zum Teil a-sozialen Folgen mischen, bleibt der Prozess der Digitalisierung unumkehrbar. Ordnet man diese Befunde in den größeren Zusammenhang der Popliteraturgeschichte ein, dann lässt sich sagen, dass sich *Realitätsgewitter* aus den motivischen Zusammenhängen der Pop II-Literatur speist und deren Narrative der Krise noch einmal radikal für das Zeitalter des Internets durchspielt, zum Schluss aber eine sich selbst akzeptierende Identität konturiert.

Um zumindest anzudeuten, inwiefern für die genuine Pop III-Literatur nicht nur die Integration digitaler Medien selbstverständlich, sondern auch die Ästhetik der Krise in einen neuen Modus des Gleichgewichts eingeebnet wird, sei mit Leif Randt knapp auf den einflussreichsten Vertreter der dritten Popliteraturgeneration verwiesen. Dessen 2011 erschienener Roman *Schimmernder Dunst über CobyCounty* weist mit der Evakuierung des titelgebenden Küstenortes aufgrund eines drohenden Sturms zwar äußerlich noch ein Krisenmotiv auf, dieses bildet aber nur noch eine vage Leerhülse, weil es folgenlos bleibt. Besonders deutlich lässt sich die ästhetische Weiterentwicklung der Popliteratur bei Randt im Hinblick auf den Liebesdiskurs beobachten. Wie eine intertextuelle Anspielung auf die Faxszene aus *Soloalbum* wird nämlich auch in *Schimmernder Dunst über CobyCounty* mithilfe eines Mediums schlussgemacht. Nach zwei Jahren der Paarbeziehung heißt es lakonisch in einer SMS von Carla an den Ich-Erzähler und Protagonisten Wim:

> ‚Ich habe versucht es anzudeuten. Jetzt weiß ich es sicher. Mit einem Jungen namens Dustin fängt für mich eine neue Zeitspanne an. Das wird besser für uns beide sein. Ich bleibe dein Vertraute. In allgemeiner Liebe. *C.' (65)

Gemäß den Codes der Beziehungsführung – „Heute leben Carla und ich unsere erwachsen gewordene Liebe via Shortmessages aus. Wir waren noch nie gut im Telefonieren" (20) –, markiert die Trennung per SMS nicht mehr das mediendispositive Skandalon und stürzt den Protagonisten Wim auch nicht mehr in tiefe Verzweiflung. Zwar werden noch „Klischees romantischer Liebe" aufgerufen wie „Tränen, Rückzug ins Alleinsein mit Pizza und Fernsehkonsum" (Frank und Kleinschmidt 2022) –, diese dauern aber nicht länger als einen Abend und sind mit dem Eingeständnis verbunden, einen „der schönsten Zustände seit Wochen" (Randt 2012, 68) zu erleben. Wenn der Protagonist dann noch eine neue Carla kennenlernt und diese „Carla 2" nennt, wird mehr als deutlich, dass die Einzigartigkeit der Partnerin als Konzept romantischer Liebe, dem *Soloalbum* und *Realitätsgewitter* verpflichtet sind und das die Ursache für das Leiden der Protagonist:innen darstellt, in *Schimmernder Dunst über CobyCounty* seine Ablösung zugunsten einer postromantischen Beziehungspluralität erfährt. Diese wird nicht – wie in den Studien von Eva Illouz – als ein Defizit der Gegenwart verstanden, an dem die sozialen Medien eine Mitschuld tragen, vielmehr erlaubt sie ein neues Austarieren von Selbstentwurf und Partnerschaftlichkeit, das sich mithilfe digitaler Kommunikation als *modus vivendi* organisieren lässt. Dass dieses Ausbalancieren von Nähe und Distanz kein bloß punktuelles Motiv bleibt, sondern zu einem neuen popliterarischen Konzept avanciert, beweist Leif Randt mit seinem vierten Roman *Allegro Pastell*, der als „Germany's next Lovestory" (2020) – so der ebenso effekthascherische wie treffende Blurb – das Verhältnis von digitalen Medien und Liebesdiskurs literarisch vollständig ausarbeitet. Im Hinblick auf die Veränderung der Popliteratur lässt sich damit ein Prozess beobachten, der von der Skepsis (*Soloalbum*) über eine Ambivalenz und Akzeptanz (*Realitätsgewitter*) bis hin zur Unhintergehbarkeit der sozialen Medien (*CobyCounty*, *Allegro Pastell*) reicht und schließlich das popliterarische Ich aus seinem krisenhaften Selbstmitleid herausführt. Mit Leif Randt ist die Popliteratur in einer digitalen Gegenwart angekommen, in der die neuen Formen der Kommunikation nicht nur selbstverständlich geworden sind, sondern in der auch die Chancen ausgelotet werden, die die Digitalisierung für die Literatur, für einen selbst und für den sozialen Umgang miteinander bereithält.

Literatur

Baßler, Moritz. *Der deutsche Pop-Roman. Die neuen Archivisten*. München: C.H. Beck, 2002.
Baßler, Moritz. „Benjamin v. Stuckrad-Barre: Soloalbum (1998)". *Handbuch Literatur & Pop*. Hg. Moritz Baßler und Eckhard Schumacher. Berlin und Boston: De Gruyter, 2019. 524–537.
Degler, Frank. „Selbstbezüglichkeit. Sex und Gender in Relax und Soloalbum". *Pop und Männlichkeit. Zwei Phänomene in prekärer Wechselwirkung?* Hg. Katja Kauer. Berlin: Frank & Timme, 2009. 71–87.
Fiedler, Leslie A. „Überquert die Grenze, schließt den Graben! (1968)". *Texte zur Theorie des Pop*. Hg. Charis Goer, Stefan Greif und Christoph Jacke. Stuttgart: Reclam, 2013. 79–99.
Foucault, Michel. „Über sich selbst schreiben (1983)". *Ästhetik der Existenz. Schriften zur Lebenskunst*. Frankfurt a.M.: Suhrkamp, 2007. 137–154.
Frank, Kirsten, und Christoph Kleinschmidt. „Leif Randt". *Kritisches Lexikon zur deutschsprachigen Gegenwartsliteratur (KLG)*. http://www.munzinger.de/document/16000005059. München: Richard Boorberg, 2022 (9. September 2022).
Gast, Nicole. *Erwachsenwerden im deutschen Pop-Roman. Der Reifeprozess der Protagonisten in Faserland, Soloalbum & Co*. Hamburg: disserta Verlag, 2014.
Illouz, Eva. *Warum Liebe endet. Eine Soziologie negativer Beziehungen*. Übers. Michael Adrian. Frankfurt a.M.: Suhrkamp, 2018.
Kreuzmeier, Elias. „Die Zukunft der Gesellschaft (Berlin, Miami). Über die Literatur der ‚digitalen Gesellschaft'". *TEXT+KRITIK Sonderband. Digitale Literatur II*. Hg. Hannes Bajohr und Annette Gilbert. München: Richard Boorberg Verlag, 2021. 35–46.
Luhmann, Niklas. *Liebe als Passion. Zur Codierung von Intimität*. Frankfurt a.M.: Suhrkamp, 1982.
Malecha, Tom. *Ich bin viele. Identitäten in der Popliteratur*. Saarbrücken: Akademikerverlag, 2008.
Mehrfort, Sandra. „Ich-Konstruktionen in der Popliteratur – Christian Krachts Faserland (1995), Alexa Hennig von Langes Relax (1997) und Benjamin von Stuckrad-Barres Soloalbum (1998)". *Individualität als Herausforderung. Identitätskonstruktionen in der Literatur der Moderne (1770–2006)*. Hg. Jutta Schlich und Sandra Mehrfort. Heidelberg: Winter, 2006. 181–205.

Metz, Bernhard. „'…mehr als ein Text!' Bücher, Buchgestaltung und Typographie bei Christian Kracht". *Christian Kracht revisited. Irritation und Rezeption*. Hg. Matthias N. Lorenz und Christine Rinker. Berlin: Frank & Timme, 2018. 263–330.

Nürnberg, Sylvia: „Benjamin v. Stuckrad-Barre: Soloalbum – Die Überschreitung der romantischen Liebessemantik". *Mauerschau* 1.1 (2008): 30–47.

Penke, Niels, und Matthias Schaffrick. *Populäre Kulturen zur Einführung*. Hamburg: Junius, 2018.

Randt, Leif. *Schimmernder Dunst über CobyCounty*. Roman. Köln: Kiepenheuer & Witsch, 2012.

Randt, Leif. *Allegro Pastell*. Roman. Köln: Kiepenheuer & Witsch, 2020.

Schumacher, Eckhard. „Gegenwartsvergegenwärtigung. Über Zeitdiagnosen, literarische Verfahren und Soziale Medien". *Literatur nach der Digitalisierung: Zeitkonzepte und Gegenwartsdiagnosen*. Hg. Elias Kreuzmeier und Eckhard Schumacher. Berlin und Boston: De Gruyter, 2021. 1–31.

Schütte, Uwe. „Benjamin von Stuckrad-Barre: Soloalbum". *Interpretationen. Romane des 20. Jahrhunderts*, Bd. 3. Stuttgart: Reclam, 2003. 309–319.

von Stuckrad-Barre, Benjamin. *Soloalbum*. Roman. Köln: Kiepenheuer & Witsch, 1998.

Wagner, Annette. *Postmoderne im Adoleszenzroman der Gegenwart. Studien zu Bret Easton Ellis, Douglas Coupland, Benjamin von Stuckrad-Barre und Alexa Hennig von Lange*. Frankfurt a.M.: Peter Lang, 2007.

Zange, Julia. *Realitätsgewitter*. Roman. Berlin: Aufbau Verlag, 2016.

Timo Sestu
Heterogenität und Weltaneignung
Rhizomatische Schreibweisen bei Rolf Dieter Brinkmann, Rainald Goetz und Jan Böhmermann

Der Satiriker Jan Böhmermann veröffentlichte im Jahr 2020 gesammelte Tweets aus den Jahren 2009–2020 unter dem Titel *gefolgt von niemandem, dem du folgst* (Böhmermann 2020). Bereits zuvor sind Tweets – und andere Formate der Kommunikation in sozialen Medien – in Buchveröffentlichungen integriert oder erzählerisch genutzt worden, in größeren Verlagen sind aber Projekte in der Radikalität, wie sie im sogenannten *twitter-tagebuch* Böhmermanns vorliegt, eher selten.[1]

Die Form des Tagebuchs ist dabei, folgt man Holger Schulze, nicht zufällig gewählt, sondern war immer schon der Ort für „das zweifelnde Grübeln, das Festhalten von Fundstücken, Szenerien und Porträts, nur scheinbar willkürlich, von wackligen Argumentationsketten und angestrengten Maximen" (2020, 51). Böhmermanns Tweet-Sammlung lässt sich darum gut mit weiteren tagebuchähnlichen Texten vergleichen, die vor dem Hintergrund einer versuchsweise eingeführten Popliteratur 3.0 den Phasen Pop I und Pop II zuzuordnen sein sollten. Das ist zum einen der collagierte, sich selbst als Tagebuch ausweisende Text *Erkundungen für die Präzisierung des Gefühls für einen Aufstand ...* aus dem Jahr 1971/1973, erschienen 1987, von Rolf Dieter Brinkmann und zum anderen Rainald Goetz' Blog-Roman *Abfall für alle*, ab 1998 sukzessive im Internet und 1999 als Buch erschienen.

In den drei genannten Texten handelt es sich, so die These, auf je spezifische Weise um Formen von (popliterarischen) Weltaneignungen, die gerade aufgrund ihrer Heterogenität bemerkenswert sind. Heterogen sind sie zum einen aufgrund der Vielfalt der verhandelten Diskurse, die von Alltagserfahrungen, über das Notieren zeithistorischer Ereignisse und politischer Kommentare bis zur ästhetischen Selbstreflexion der jeweiligen Form reichen. Zum anderen äußert sich die Heterogenität durch die Auswahl der Materialien, ganz konkret an der Oberfläche des Textes durch das Zusammenwirken von Text und Bild sowie durch verschiedene Ebenen von Text, etwa Zitate, Randglossen, Rahmungen etc. Die genannten Texte werden damit als Rhizome beschreibbar, d. h. in Hinblick auf die Mannigfaltigkeit der in ihnen verhandelten Themen, ihre Heterogenität und die Konnexion aller Materialien untereinander (Deleuze und Guattari 1992, 16–19). Die Texte aus dieser Perspek-

---

[1] Zu den Gründen hierfür vgl. Frohmann 2021, zum Verhältnis von Plattformliteratur und Buchformat vgl. für Instagram zudem Penke 2021, 103 bzw. für Twitter Glanz 2021, 109.

tive zueinander ins Verhältnis zu setzen, erscheint vielsprechend, da Heterogenität der Materialien und ihre rhizomatische Verknüpfung sowohl für die Popliteratur in Anspruch genommen werden könnte[2] als auch unter dem Stichwort *Ubiquitäre Literatur* eng mit dem Schreiben in sozialen Medien verknüpft ist (Schulze 2020).

1 Rolf Dieter Brinkmann, *Erkundungen* (1987)

Bereits der Titel des 1987 erschienenen Materialbandes *Erkundungen für die Präzisierung des Gefühls für einen Aufstand: Träume Aufstände/Gewalt/Morde: REISE ZEIT MAGAZIN. Die Story ist schnell erzählt. (Tagebuch)* legt über den schillernden Charakter dieses Buches beredtes Zeugnis ab. Dass es sich auch, aber womöglich nicht in erster Linie, um ein Tagebuch handelt, deutet die bereits zurückhaltend in Klammern gesetzte Gattungsbezeichnung an. Über das im Titel aufgenommene Wort „Magazin" ist neben dem Tagebuch auch das Medium Zeitschrift genannt, das Brinkmann durch seine Collagetechnik fortlaufend zitiert.

Wie seine Witwe Maleen Brinkmann in dem posthum erschienenen Band in einer editorischen Notiz hervorhebt, ging es Brinkmann mit seinen Notizen darum, Material für einen zweiten Roman nach dem 1968 erschienenen *Keiner weiß mehr* zu sammeln (Brinkmann 1987, 411 unpag.). Brinkmann collagiert Überschriften und Artikelspalten aus Zeitungen, Fotografien, Schreibmaschinentexte und Briefe zu einem eigenwilligen Konvolut, das er zudem mit handschriftlichen Kommentaren, Unter- und Durchstreichungen ergänzt. Wie Sascha Seiler betont, verwendet „Brinkmann [...] die Collage, um das Fragmentarische und Zersplitterte im sozialen Raum, in dem er sich bewegt, in eine literarische Form zu bringen" (2006, 179). Dabei werden allerdings die einzelnen Teile der Collage keinem größeren Ganzen untergeordnet, sondern bleiben allenfalls lose aufeinander bezogen. Das Rhizomatische dieser Schreibweise wurde entsprechend in der Forschung schon bemerkt:

> Brinkmanns Schreiben ist so über weite Strecken durch abrupte Brüche und Wechsel, durch ein stakkatohaftes Durcheinanderjagen gekennzeichnet. Jenseits kompositorischer Stringenz, auktorialer Übersicht und Engführung, gleicht Brinkmanns Schreiben einem eruptiven Ausstoßen und Einbrennen, einem Sudeln und Einritzen.[3]

Die Nebeneinanderordnung von heterogenem Material und die daraus resultierende Simultanität textueller und visueller Elemente macht die Lektüre der *Er-*

---

2 Etwa über das Interesse an Listen und Katalogen, vgl. hierzu Baßler 2002, 186; Baßler 2019.
3 Herrmann 1999, 238. Der Begriff des Sudelns stellt wiederum eine gedankliche Verbindung zu Georg Christoph Lichtenbergs *Sudelbüchern* her.

kundungen zu einem herausfordernden Unterfangen. So ist immer wieder unklar, wo Texte, die sich über mehrere Seiten erstrecken, anschließen.[4] Ein Beispiel wäre der dreispaltige Text auf den Seiten 57 und 58 (vgl. Abbs. 1 und 2).

Hier befinden sich auf Vorder- und Rückseite des entsprechenden Blattes drei Spalten von unterschiedlicher Breite. Dabei schließt allerdings die zweite Spalte auf der Vorderseite (S. 57) nicht an die erste Spalte an, denn diese endet mit den Worten „[…] über der Reparaturwerk-" (Brinkmann 1987, 57) in der letzten Zeile. Dieser Text wird auf der nächsten Seite in der ersten Spalte fortgesetzt: „statt/ich stieg eine äußerst schmale und steile Treppe […]" (58). Bei genauerem Hinsehen zeigt sich mithin, dass die linke Spalte der nächsten Seite an die linke Spalte der vorhergehenden anschließt, die mittlere an die mittlere, und die rechte an die rechte. Das hat zur Folge, dass man zum Lesen öfter vor- und zurückblättern muss. An anderer Stelle werden auf diese Weise auch weiträumige Rückblätter-Aktionen notwendig, wenn eine solche mehrspaltige Aneinanderreihung einen größeren Umfang einnimmt. Die drei Spalten auf den Seiten 57 und 58 stehen dabei insofern in einem Verhältnis zueinander, als sie verschiedene Darstellungsmodi (Autobiografie, literarischer Dialog, Reportage) auf engem Raum aufeinander beziehen (vgl. Siegel 2015, 115). Auf der linken Seite werden ein Stadtrundgang unternommen und die dort wahrgenommenen und fotografierten Szenen beschrieben. „Um anzufangen mache ich die Fotografen-Tour durch zerfallne Teile der Stadt, schoß 60 Bilder mit der Instamatic Schwarz/weiß" (Brinkmann 1987, 57). Die vierundzwanzig Fotos, die sich auf den folgenden Seiten anschließen, zeigen zum Teil Motive einer zerfallenen Stadt, greifen aber die konkreten Beschreibungen von Szenerien nicht weiter auf. Das Ende der dritten Spalte auf S. 58 greift den Stadtrundgang dann doch wieder auf, nachdem auch die Fotografie thematisch weitergeführt wurde. „Von dem Gang durch die Stadt völlig am ganzen Körper zugepanzert/ […] / zu starkes abwehrendes Sträuben gegenüber dem, was ich gesehen habe?" (58).

Deutlich wird hier, wie Weltaneignung über die simultane Bereitstellung auch heterogener Schreibweisen organisiert wird. „Schreiben erweist sich dann als all dies: als ein Durchwandern all dieser dem Schreiben vorangehenden oder es vorbereitenden Zonen, Sphären, Bereiche" (Siegel 2015, 115).

---

4 Vgl. dazu auch Schrumpf, die die „Lesbarkeit" der Materialbände Brinkmanns allerdings stark aus einer pragmatischen Perspektive beurteilt: „‚Materialband'-Lektüre unterscheidet sich von herkömmlicher Lektüre: im Zeichencharakter, in ihrer Dauer, in der Rezeptionsästhetik, in ihrer Semantik und in der Offenheit des Lektüre-Ergebnisses" (2010, 206). Das unterscheidet aber freilich jede (schwierige) Lektüre eines literarischen Textes von anderen Textsorten. Gleichwohl ist die Aufforderung zu „mühevoller Lektürearbeit, die einen jeweiligen Gesamttext in immer neuen Anläufen aus Textsegmenten zusammensetzt" (208) mit Nachdruck zu bekräftigen.

Abbs. 1 und 2: R.D. Brinkmann: *Erkundungen für die Präzisierung des Gefühls für einen Aufstand [...]*, S. 57 und 58. Scan der Vorder- und Rückseite.

Auch Fotografien, Überschriften und Artikelspalten werden als Erzählanlässe genutzt: So werden auf der unpaginierten Seite 78 die Überschriften „Too complicated for words" und „Money" zusammen mit zwei Fotografien zu einem kurzen Text bearbeitet. Die eine Fotografie, die zwischen die beiden Überschriften montiert ist, zeigt einen weißen Mann im Anzug, der eine schwarze Person mit nacktem Oberkörper gegen eine Wand drückt und zugleich mit einem Revolver bedroht. Die andere Fotografie zeigt eine Rauchwolke, wie sie bei einem Vulkanausbruch zu sehen sein könnte. Aus dem Wort- und Bildmaterial gestaltet Brinkmann nun folgenden Satz, der am unteren Rand der Seite maschinenschriftlich notiert ist: „: zu kompliziert für Worte ‚Give Me Your Money' oder sonst schlage ich die Scheiße aus dir raus und da war so eine dampfende weiße Eruption in der Luft" (Brinkmann 1987, 78). Der dem Satz vorangehende Doppelpunkt weist bereits darauf hin, dass hier die verschiedenen Elemente zu einer Synthese zusammengeführt werden. Zugleich wird erst durch das Bildmaterial ersichtlich, dass die „weiße Eruption in der Luft" zwar einerseits auf die Rauchwolke rekurriert, andererseits auch das latent rassistische Bildmotiv kommentiert. Wie schon Michael Strauch zur Komposition der gesamten Seite gezeigt hat (1998, 88–92), lässt sich hier exemplarisch Brinkmanns Umgang mit Heterogenität und Weltwahrnehmung aufzeigen, nämlich dass „einerseits die Wort- und Bilderflut der Presse als chaotisches Ganzes vergegenwärtigt [wird], andererseits einzelne Motivketten zu viel- und dann auch wieder nichts-sagenden Wort-Bild-Spielen zusammen[ge]setzt" werden (92). Die Erzählanlässe ergeben sich dabei gerade aus der eigenwilligen Komposition der Wirklichkeitsmaterialien.

Dabei changiert – wenn man die Editionsgeschichte der *Erkundungen* unberücksichtigt lässt – die Form zugleich zwischen Tagebuch und Roman, sodass die Romananfänge wiederum als Teil einer übergeordneten Fiktion verstanden werden könnten. Entsprechend betont Matthias Bickenbach:

> In einer Lektüre, die Autobiographie und Roman als wechselseitige Infragestellung der Möglichkeit dieser Schreibweisen reflektiert, bildet *Erkundungen* nicht nur ein durch die Montage von Bild und Textmaterial der Zeit innovatives Konzept autobiographischen Schreibens, sondern eine die Möglichkeiten und Grenzen dieser literarischen Schreibweisen umfassendes Konzept, das die vermeintlich trennbaren Pole von authentisch und fiktional unterläuft, um eine neue Form der Literatur zu erkunden. (2020, 253)

Diese neue Form schließt dabei selbst an Schreibweisen der historischen Avantgarden an und stellt die Popliteratur in eine Reihe neoavantgardistischer Strömungen nach 1945. Als bestimmende Merkmale für diese Qualifizierung können dabei ästhetische Verfahren des Umgangs mit Wirklichkeitsmaterialien, die Sprengung von Gattungskonventionen und die Überschreitung von Grenzen einzelner Künste sowie die Aufhebung der Trennung zwischen Hoch- und Populärkultur respektive Lebenswelt genannt werden (vgl. Kaulen 2009, 259–260).

2 Rainald Goetz, *Abfall für alle* (1999)

Rainald Goetz' als ‚Roman eines Jahres' publiziertes Blogtagebuch *Abfall für alle* erschien 1999 und versammelt die zuvor im Internet veröffentlichten Blog-Einträge, die unter der Domain www.rainaldgoetz.de abrufbar waren. Dieses Projekt ist eingeordnet in das mehrbändige Schreibprojekt *Heute Morgen*, dessen Werkstruktur durch die Rekonstellation der verschiedenen Teilbände immer wieder Änderungen unterworfen war (vgl. hierzu Hintze 2020). Bei dessen Erscheinen im Jahr 1999 entstanden ‚soziale Medien' gerade erst, die heute maßgeblichen Plattformen Facebook (gegründet 2004), Twitter (2006) und Instagram (2010) gab es noch nicht. Neben dem schon für Brinkmann entscheidenden Medium Zeitung, ist es für Goetz vor allem das Fernsehen, das als Leitmedium dient. Der Bezug auf das Fernsehen ist dabei ein Merkmal, das für Pop II signifikant ist (vgl. Diederichsen 1999, 275–277).[5]

Wie auch bei Brinkmann wird bei Goetz, vermittelt durch das ausgewählte Material, eine Vielzahl von heterogenen Themen verhandelt. Da Goetz aber erstens das Material in einem Blog präsentiert und so eine Transformation des Materials stattfinden muss, bei dem es seine visuellen Qualitäten einbüßt, und zweitens mit dem Fernsehen auch bewegte Bilder verarbeitet werden, die sich in der Buchform nicht collagierend abbilden lassen, nimmt sich der Text auf der visuellen Ebene weniger heterogen aus. Gleichzeitig fallen „mediale Rückkopplungseffekte" (Ortlieb 2018, 278) ins Auge, etwa dann, wenn Goetz auf das Fernsehprogramm Bezug nimmt und sich die wahrgenommene Sendung auch auf die Schreibweise auswirkt.[6]

> 1957.
> 1958
> 1959.57
> 1959.58
> 1959.59.
> 2000. Guten Abend, meine Damen und Herren. Akzentverschiebung. Selbstkritik. Appell. Minutenlanger Beifall. (Goetz 1999, 392)

Der Beitrag mit dem Datum „7.6.98" beginnt mit einer Abfolge von vierstelligen Ziffern, die untereinandergeschrieben sind. Aus der Lektüre ist klar, dass es sich um Uhrzeiten handelt, die aber nur selten – wie hier – um eine sekundengenaue Angabe ergänzt werden. Durch die Strukturierung der Uhrzeit mit dem punktgenauen Ende 2000 (mithin 20 Uhr) und die nachfolgende Formulierung „Guten Abend, meine Damen und Herren"[7] wird deutlich, dass Goetz offenbar die Tagesschau zitiert, und tatsächlich sind die weiteren Begriffe aus dem ersten Beitrag der Tagesschau entnommen, in dem es darum geht, dass DIE GRÜNEN im sogenannten Bonner Programm einige Positionen modifiziert bzw. abgeschwächt haben, um sich koalitionsbereit zu zeigen. Entsprechend der Aufzeichnung der

---

[5] Für Goetz spielt das Fernsehen dabei eine entscheidende Rolle als öffentlicher Raum: „Dann: daß ich doch nicht immerzu übers Fernsehen schreiben kann. Dann: wieso denn nicht. Für mich ist das Fernsehen so was, wie für andere die Natur. Was Großartiges, Herrliches, Geheimnisvolles, was Unerschöpfliches, längst noch nicht wirklich Erzähltes, befriedigend Erfaßtes usw. […] Das Fernsehen ist DER öffentliche Raum überhaupt, über allen, für alle, das Firmament" (1999, 119–120). Vgl. hierzu auch Schumacher 2003b.

[6] Zuletzt hat Thomas Küpper (2019, 111) das ‚Zappen' im Fernsehprogramm mit der Möglichkeit einer nichtlinearen Lektüre von *Abfall für alle* verglichen. Vgl. hierzu auch Schulz 2015, 394–395.

[7] Damit zitiert Goetz bezeichnenderweise den Teil des Fernsehens, den Diederichsen explizit als Teil der alten Öffentlichkeit, dem „mit Pop verwandten Typus von Öffentlichkeit" der TV-Shows gegenüberstellt (Diederichsen 1999, 276).

unmittelbaren Gegenwart wird am 27. September dann auch die Wahl kommentiert: „1743. Also, was ist jetzt? / 1800. Prognose. C 36 / S 41 / G 6 / F 6 / P 5" (612).

Die Aufzeichnung unmittelbarer Gegenwart hat jedoch nicht nur eine intermediale, inhaltliche Dimension, sondern auch eine ästhetisch, selbstreflexive, in dem der Text durch die Angabe von sekundengenauen Zeitpunkten („1959.57 / 1959.58 / [...]") immer wieder auf die Unmittelbarkeit und Aktualität seiner eigenen Weltwahrnehmung verweist. Damit schließt Goetz auch an Brinkmanns Konzeption einer radikal gegenwartsfixierten Schreibweise an (vgl. Schumacher 2003a, 126).

Schreibanlässe sind neben persönlichen Erlebnissen auch immer wieder gesellschaftliche oder politische Ereignisse. *Abfall für alle* wurde entsprechend auch als eine Form autofiktionalen Schreibens diskutiert, mithin als „Schwebezustand zwischen dem Fiktiven und Lebenswirklichen" (Kreknin 2011, 155). Die Form folgt dabei allerdings gerade nicht dem von Goetz so bezeichneten „formalen Idealen der Erzählung", nämlich „die experimentelle, antinarrative und zersprengte Wahrnehmungsseite der Realitätserfahrung in sich zu verbergen" (Goetz 1999, 787). Vielmehr stellt der Text, als Erzählung bzw. Roman gelesen, das Bruchstückhafte und Heterogene dieser Weltwahrnehmung aus.

Zugleich fungiert der Text aber auch als ordnendes Instrument dieser heterogenen Weltbezüge, indem sie immer wieder durch in Versalien gedruckte Substantive kommentiert werden. Bestimmte Substantive (z. B. DEKONSPIRATIONE; JAHRZEHNT DER SCHÖNEN FRAUEN; PRAXIS) weisen einzelne Texte als Bausteine immer wieder spezifischen Projekten zu. So nimmt Goetz etwa die Texte zu seiner Poetikvorlesung stets an den Dienstagen mit in *Abfall für alle* auf, an denen er die entsprechende Vorlesung gehalten hat (vgl. Hintze 2020, 110–111). Goetz nutzt sein Tagebuch zudem explizit auch als Ideensammlung zur Erzählung *Dekonspiratione*, die den Abschluss des fünfbändigen *Heute Morgen*-Projekts bilden soll: „Das heißt, daß also doch auch zumindest die Arbeit an DEKONSPIRATIONE mit vorkommen muß" (Goetz 1999, 111). Zugleich weist Goetz' Erzählung mit ihrem selbstreferentiellen Schlusskapitel („1336. Selbstreferenz", Goetz 2000, 193) auch zurück auf *Abfall für alle*, indem der von dort bekannte „ZIFFERNWAHNSINN" (Goetz 1999, 14) die letzten Seiten strukturiert. Die als Zwischenüberschrift eingesetzte Abfolge „5.5.5." (Goetz 2000, 201) verweist sogar direkt auf den *Roman eines Jahres*, und zwar auf die Stelle, wo sich *Dekonspiratione* (vorerst) als nicht „abzufangen, einzufangen, zu domestizieren und zu bändigen" (Goetz 1999, 597) herausstellt.

Ähnlich wie bei Brinkmann provoziert auch bei Goetz die mediale Form fiktionalisierende Einschübe. Das lässt sich am deutlichsten an dem Umgang mit den Datumsangaben zeigen, wenn Goetz etwa einmal schreibt: „1943 wieder daheim – mitten im Krieg" (Goetz 1999, 24) oder an anderer Stelle „1914. Es ist vollbracht. Der

Krieg beginnt" (373). Hierdurch wird mithilfe des umdeutenden Einbezugs der Uhrzeit das Format des Blogs einerseits ironisch kommentiert und andererseits ein Hintergrund des Schreibens eröffnet, der über die Dimension individueller Erfahrungen hinausweist.

3 Jan Böhmermann, *twitter-tagebuch* (2020)

2020 veröffentlichte Jan Böhmermann eine Auswahl seiner Tweets aus den Jahren 2009 bis 2020 unter dem Titel *gefolgt von niemandem, dem du folgst*. Bereits der Titel weist auf das soziale Medium Twitter hin, allerdings mit einer ironischen Verkehrung, denn die Aussage „gefolgt von niemandem, dem du folgst" stellt gleich schon eine Asymmetrie innerhalb des Mediums vor, die sich von der Vernetzung, wie sie etwa bei Facebook stattfindet, unterscheidet. Während bei Facebook ‚Freundschaften' ein Netz aus wechselseitigen Beziehungen formen, ist das ‚Folgen' bei Twitter nicht notwendigerweise damit verbunden, von der:dem Gefolgten auch selbst ‚gefolgt' zu werden. Der Titel des Twitter-Tagebuchs schlägt damit einen ironischen Ton an, denn der Account @janboehm ist bzw. wird in der Zeit dieser Chronik zu einem, dem eben Menschen auch aus dem jeweils eigenen Umfeld folgen. In der letzten abgedruckten Status-Meldung vom 29. Februar 2020 hat @janboehm 2,2 Millionen Follower und folgt selbst 1.504 anderen Accounts (Böhmermann 2020, 461). Im Vergleich dazu hat der Account am 26. Januar 2009 22 Follower und folgt selbst fünf anderen Accounts (14). Der Titel *gefolgt von niemandem, dem du folgst* bezieht sich damit eher auf die Vielzahl der Follower, die an Böhmermanns Diskurs-Beiträgen partizipieren, indem er die Sicht Böhmermanns auf die Mehrheit seiner Follower ohne eigene große Reichweite reflektiert.

In seinem Vorwort hebt Böhmermann hervor, dass Twitter im Vergleich zu anderen sozialen Medien einen großen Einfluss auf die öffentliche Debatte habe, da es die Plattform für die sei, „die das Sagen haben oder es gerne hätten. Die Plattform vernetzt alle relevanten politischen kulturellen und gesellschaftlichen Wortführer*innen und Gruppen, macht sie sichtbar und sorgt dafür, dass sie miteinander in Kontakt treten" (6). Was das Vorwort nicht explizit macht, was aber die Konsequenz ist, wenn man dieser These zustimmt, ist, dass Jan Böhmermann selbst als Teilnehmer dieses gesellschaftlichen Diskurses eine herausgehobene Stellung einnimmt wie sonst nur Fußballer, Medien wie die Tagesschau, *DER SPIEGEL*, *DIE ZEIT* oder Heidi Klum.

Das, was in dieser Twitter-Chronik ausgewählt und als Buch veröffentlicht wurde, wurde anschließend aus dem Diskursraum Twitter gelöscht und ist nur noch in der Buchform als „der bestmögliche Versuch einer Erzählung des vergangenen Jahrzehnts" verfügbar (8). Die Rede von der „Erzählung des vergangenen Jahrzehnts" erinnert an den Untertitel von *Abfall für alle*, nämlich *Roman eines Jahres*. Allerdings handelt es sich hierbei anders als bei Goetz nicht um die Erzählung des eigenen Erlebnisraumes und individueller Erfahrungen, sondern von vornherein um Erzählungen von überwiegend kollektiver Bedeutung, was durch die einordnenden Marginalien unterstrichen wird.

Die versammelten Tweets sind alle einigermaßen gleichförmig untereinander geordnet, und wenn man Böhmermanns *twitter-tagebuch* in eine Pop-Genealogie einreihen möchte, dann könnte man vielleicht sagen, dass es sich um eine Liste handelt.[8] Diedrich Diederichsen hat in seinem Aufsatz „Liste und Intensität" das gemeinsame Interesse von Pop I und Pop II an Listen aufgezeigt: In den 1950er und 1960er Jahren waren sie vor allem Medien der Utopie, in denen man (vergleichbar mit einem Wunschzettel oder einer Einkaufsliste) politische Forderungen erheben konnte (2006, 114), aber auch „Substrate von Alltagserfahrung" oder „Mittel der Profanisierung" (111). In Pop II sind es dann Rankings und das Auflisten von Eigennamen als Ausweis von Authentizität. Man könnte nun hier anschließen und sagen: In einer durch soziale Medien geprägten Popliteratur 3.0 erweist sich das Erzählen selbst als listenförmig, weil diese Form medial induziert wird. Gleichzeitig radikalisiert sich das, was die Listenform Diederichsen zufolge schon bei Pop I und II leisten konnte, nämlich das „Prinzip der Indexikalität umzudrehen. Statt Found Objects in den Text hineinzumontieren, montiert sich der Text in die reale Welt, dorthin, wo im Prinzip Juristen und die Straßenverkehrsordnung zuständig sind" (122; vgl. zudem Baßler 2002, 94–102; Wegmann 2012).

Es erscheint mir einleuchtend zu behaupten, dass gerade soziale Medien die Unterscheidung zwischen Text und realer Welt fortwährend unterlaufen bzw. eine solche Unterscheidung inzwischen obsolet gemacht haben. Vielmehr *ist* Text konstitutiver Bestandteil der realen Welt und die häufig beschworene Realität außerhalb sozialer Medien womöglich gar nicht so real. Vielmehr wird Text selbst allerorten zum *found object* einer oder besser diverser realer Welten.

---

8 Gerade Rainald Goetz schließt hier aber auch andere, nicht popliterarische Traditionen an, etwa an Jean Paul und Georg Christoph Lichtenberg, vgl. Rick 2019, 432–437. Zu Formen und Funktionen von Listen und Aufzählungen in der Literatur – jenseits einer popliterarischen Verengung – vgl. Mainberger 2003. Dabei verdankt Heterogenität seine Erzählbarkeit mitunter gerade der Möglichkeit der Aufzählung, das heißt der formalen Zueinanderordnung auch ohne erzähllogische Kontinuität: „Erzählen steht in enger Beziehung zum Aufzählen, insofern die Geschichten im Plural gern als Sammlungen auftreten. Die lose Kette, die Reihe, der Kranz, der Zyklus sind ihre größere Form, und die gewährt alle Möglichkeiten vom heterogenen Sammelsurium des Geschichtenvorrats bis zur subtil vielbezüglichen und doch zwanglosen Zusammengehörigkeit" (Mainberger 2003, 237).

Deutlich wird im Vergleich, dass Böhmermanns *gefolgt von niemandem, dem du folgst* zunächst weniger hermetisch ist; obwohl das Material der einzelnen sehr kurzen Texte sehr heterogen ist. Das hat verschiedene Gründe: Zunächst verfolgen die Leser:innen eben keine Diskurskritik (wie sie Brinkmann oder Goetz betreiben), sondern beobachten einen Ausschnitt des Diskurses selbst (teils mit den Antworten und Vorlagen). Zugleich sind einem zeitgenössischen Leser die Personen, Ereignisse, Fernseh-Sendungen und medialen Bilder natürlich viel zugänglicher als bei Brinkmanns Collage.[9] Das hat freilich auch damit zu tun, dass alle Informationen, die Leser:innen zu weiterer Recherche auffordern könnten, in den Marginalien erklärt sind. Namedropping wird mithin nicht mehr als exkludierende Strategie genutzt, sondern bezieht auch all diejenigen ein, die z. B. nicht wissen, dass Sigmar Gabriel 2017 Außenminister ist (Böhmermann 2020, 291), oder dass sich hinter dem Kürzel @sasa_s der Schriftsteller Saša Stanišić verbirgt (334). Dass dieses Wissen in der Buchform der Tweetsammlung aufgeführt wird, zeigt, wie viel Kontextwissen auf der sozialen Plattform Twitter mitunter erforderlich ist. So erscheint das *twitter-tagebuch* letztlich als kaum weniger elitär als die exklusiven Texte von Rainald Goetz und Rolf Dieter Brinkmann, denn außerhalb der Twitter-Bubble haben bestimmte Diskurse ja nicht bzw. nicht immer stattgefunden und es gibt eben kein kollektives Wissen, mit dem man als Leser:in daran stets anschließen könnte. Natürlich wird einem die Wahl eines neuen Papstes oder der Gewinn der Fußball-Weltmeisterschaft 2014 etwas sagen, aber exklusiv sind dann eben die Diskurse, in denen es etwa um den Tweet von @realDonaldTrump geht: „Despite the constant negative press covfefe" und die Twitter-Community diese Formulierung aufgriff, unter anderem Böhmermann mit dem Tweet: „Es steckt viel Spaß in covfefe" und „Maybe he has got a covfefe. Can someone check in on him" (292–293).

Zudem lässt sich leicht erkennen, wie wenig das Buch dazu geeignet ist, das Medium Twitter abzubilden, eben weil kein Zugriff auf andere Profile möglich ist, Hashtags nicht angeklickt werden können etc. Und zugleich hat Böhmermann sein Twitter-Profil mit Erscheinen des Buchs bereinigt. Die im Buch veröffentlichten Tweets hängen mit der Social-Media-Plattform nurmehr lose zusammen bzw. bezeichnen gar eine Leerstelle auf Twitter selbst. Sie ähneln darin den Zeitungsausschnitten Brinkmanns, allerdings mit dem Unterschied, dass Brinkmann seinen Ausschnitt nicht aus der Gesamtheit aller Exemplare einer Zeitungsausgabe entnimmt, wohl aber seinem Zeitungsexemplar eben diese Leerstelle zufügt.

---

9 Dort müssten Leser:innen die Kontexte ja überhaupt erst (für sich) rekonstruieren. Und sie sind auch zugänglicher als bei Rainald Goetz, weil zeitgenössische Leser:innen dort vielleicht die aufgerufenen Namen kennen, die jeweilige Fernsehsendung aber entweder nie gesehen haben oder entsprechende Folgen nur oder auch eben nicht als YouTube-Konserve kennen: Dieter Bohlen bei Biolek; Günther Jauch bei Harald Schmidt, s. Goetz 1999, 15.

4 Fazit

In der erprobten Genealogie von Pop I bis 3.0 haben sich wenigstens drei Aspekte gezeigt, die Popliteratur und das Schreiben in sozialen Medien miteinander in Verbindung bringen:

Der erste Aspekt ist die Nutzung und die literarische Auswertung von Medien. Bei Brinkmann sind es Medien und mediale Bilder und Texte, die tatsächlich Erzählanlässe bieten sollen, indem sie unmittelbare Gegenwartserfahrung in Sprache überführen und dabei auch der Heterogenität dieser Erfahrungen Rechnung tragen. Rainald Goetz wiederum verfährt ähnlich, indem er aus Alltagserfahrungen, Fernsehsendungen, Zeitungstexten, Telefonaten, Gesprächen das sprachliche Material für diverse literarische Texte sammelt und sie innerhalb des Materialbands *Abfall für alle* bzw. im Blog bereits bestimmten Projekten zuweist. Im Gegensatz zu Brinkmann ist zwischen den verschiedenen Materialstufen (Zitat oder Kommentar/ eigener Text) keine materiale, qualifizierende Unterscheidung mehr möglich. Erst in der Lektüre unterscheiden sie sich.

Der Umgang mit Heterogenität ist entsprechend als zweiter Aspekt zu nennen: alle Texte gehen – auf jeweils sehr verschiedene Weise – mit der Heterogenität von Weltwahrnehmung um. Dies führt auch in Bezug auf Jan Böhmermann noch einmal zu einer neuen Beobachtung, die vielleicht für das Verhältnis von sozialen Medien und Gegenwartsliteratur entscheidend sein könnte: Das, was in dem Band *gefolgt von niemandem, dem du folgst* präsentiert wird, zeigt sich immer schon im Modus des Zitats. Auch die Texte, mit denen Böhmermann andere Texte, Bilder, Memes etc. kommentiert, präsentieren sich in dem Band als Vorgefundenes: sie werden mit Datum und Uhrzeit wiedergegeben, teilweise mit Angaben zu den Verfasser:innen. Dagegen spielt die Unterscheidung zwischen dem heterogenen Fremdmaterial und der eigenen Bearbeitung dieses Materials nur noch eine untergeordnete Rolle. Dies liegt daran, dass all das Disparate, Heterogene, das hier gewissenhaft zusammengesammelt wurde, ja bereits einmal durch die Plattform Twitter formal vereinheitlicht wurde und sich uns jetzt merkwürdig homogen präsentiert.

Der dritte Aspekt, der für die untersuchten Texte in Anschlag gebracht werden kann, ist der einer Ästhetik des stetigen Neuansetzens. Dieser ist einer popliterarischen Fokussierung auf die unmittelbare Gegenwart geschuldet (Schumacher 2003a, 12–14), die sich jeweils spezifisch bei Brinkmann, Goetz und Böhmermann medial äußert. So erklären sich bei Brinkmann auch die im Verlauf der *Erkundungen* stets neu ansetzenden Romananfänge, aber auch die Gleichzeitigkeit verschiedener Schreibprojekte bei Rainald Goetz, denen immer wieder neues Material, das in *Abfall für alle* quasi tagesaktuell gesammelt wird, zugewiesen wird.

In Bezug auf Böhmermanns *twitter-tagebuch* wird man vermutlich nicht zwangsläufig von einer schriftstellerischen Intention ausgehen, es liegt aber auch in der Natur der Aktualität von Pop, dass Literaturwissenschaftler:innen hier zögern. So knüpfen auch Pop-Schreibweisen der 1960er und 1990er Jahre an journalistische Formen an und werden im literarischen Feld entsprechend abgewertet (Schumacher 2003a, 40–41).

Dabei sind die versammelten Tweets in ihrer Gesamtheit durchaus all das, woraus Literatur gemacht ist: sie sind politische Aussagen oder alltägliche, komische, ernste, satirische, kritische, affirmative oder Nonsens-Aussagen, sie beziehen sich auf gesellschaftliche Themen oder die Formen ihrer Verhandlung.

Während Brinkmann und Goetz uns zeigen, wie sie mit der Fülle (oder Armut) ihres Materials selbst nicht zurande kommen, wie sich in der Schnipselarbeit Brinkmanns das Scheitern am Roman gewissermaßen performativ in Szene setzt bzw. bei Goetz der Versuch im Vordergrund steht, dem (mit Diedrich Diederichsen gesprochen) „ewigen Präsens der sich abwechselnden Kulturangebote" überhaupt „eine Geschichte abzuringen" (2006, 123), präsentiert sich Böhmermanns Buch vor allem als Erfolgsstory wachsender Followerzahlen. Die Erzählung eines Jahrzehnts entpuppt sich, so gesehen, allenfalls als Einladung in die ganz persönliche Filterblase des Jan Böhmermann, in der es letztlich nur eines gibt, das unhinterfragt bleibt: er selbst. Medienkritisch gewendet ist der Band damit womöglich die gegenwärtigste literarische Verhandlung dessen, was soziale Medien sind; eine Erzählung, die sich aus sozialen Medien generiert, von ihnen handelt, ohne selbst etwas anderes zu sein.

Literatur

Baßler, Moritz. *Der deutsche Pop-Roman: Die neuen Archivisten*. München: C. H. Beck, 2002.
Baßler, Moritz. „Katalog- und Montageverfahren: Sammeln und Generieren". *Handbuch Literatur & Pop*. Hg. Moritz Baßler und Eckhard Schumacher. Berlin und Boston: De Gruyter, 2019. 184–198.
Bickenbach, Matthias. „Erkundungen für die Präzisierung des Gefühls [...] (Tagebuch) (1987)". *Brinkmann-Handbuch: Leben – Werk – Wirkung*. Hg. Markus Fauser, Dirk Niefanger und Sibylle Schönborn. Berlin: J. B. Metzler, 2020. 251–258.
Böhmermann, Jan. *gefolgt von niemandem, dem du folgst: twitter-tagebuch 2009–2020*. Köln: Kiepenheuer & Witsch, 2020.
Brinkmann, Rolf Dieter. *Erkundungen für die Präzisierung des Gefühls für einen Aufstand: Träume Aufstände/Gewalt/Morde: REISE ZEIT MAGAZIN. Die Story ist schnell erzählt. (Tagebuch)*. Reinbek bei Hamburg: Rowohlt, 1987.
Deleuze, Gilles, und Félix Guattari. *Tausend Plateaus: Kapitalismus und Schizophrenie II*. Berlin: Merve, 1992.
Diederichsen, Diedrich. „Ist was Pop?". *Der lange Weg nach Mitte. Der Sound und die Stadt*. Hg. Diedrich Diederichsen. Köln: Kiepenheuer & Witsch, 1999. 272–286.

Diederichsen, Diedrich. „Liste und Intensität". *Abfälle: Stoff- und Materialpräsentation in der deutschen Pop-Literatur der 60er Jahre*. Hg. Dirck Linck und Gert Mattenklott. Hannover: Wehrhahn, 2006. 107–123.

Frohmann, Christiane. „Vom Verlegen: Ein Wirkstättenbericht". *Digitale Literatur II*. Hg. Hannes Bajohr und Annette Gilbert. München: edition text+kritik, 2021. 186–197.

Glanz, Berit. „»Bin ich das Arschloch hier?«: Wie Reddit und Twitter neue literarische Schreibweisen hervorbringen". *Digitale Literatur II*. Hg. Hannes Bajohr und Annette Gilbert. München: edition text+kritik, 2021. 106–117.

Goetz, Rainald. *Abfall für alle: Roman eines Jahres*. Frankfurt a.M.: Suhrkamp, 1999.

Goetz, Rainald. *Dekonspiratione. Erzählung*. Frankfurt a.M.: Suhrkamp. 2000.

Herrmann, Karsten. *Bewußtseinserkundungen im »Angst- und Todesuniversum«: Rolf Dieter Brinkmanns Collagebücher*. Bielefeld: Aisthesis, 1999.

Hintze, Lena. *Werk ist Weltform: Rainald Goetz' Buchkomplex »Heute Morgen«*. Bielefeld: transcript, 2020.

Kaulen, Heinrich. „Art. Pop-Literatur". *Metzler Lexikon Avantgarde*. Hg. Hubert van den Berg und Walter Fähnders. Stuttgart: Metzler, 2009. 258–260.

Küpper, Thomas. „Blättern und Zapping als Möglichkeiten des ziellosen Gleitens". *Christof Hamann: Gehen, Stolpern, Schreiben*. Hg. Andreas Erb. Bielefeld: Aisthesis, 2019. 107–118.

Kreknin, Innokentij. „Das Licht und das Ich: Identität, Fiktionalität und Referentialität in den Internet-Schriften von Rainald Goetz". *Poetik der Oberfläche: Die deutschsprachige Popliteratur der 1990er Jahre*. Hg. Olaf Grabienski, Till Huber und Jan-Noël Thon. Berlin und Boston: De Gruyter, 2011. 143–164.

Mainberger, Sabine. *Die Kunst des Aufzählens: Elemente zu einer Poetik des Enumerativen*. Berlin und New York: De Gruyter, 2003.

Ortlieb, Cornelia. *Popmusikliteratur*. Hannover: Wehrhahn, 2018.

Penke, Niels. „Populäre Schreibweisen: Instapoetry und Fan-Fiction". *Digitale Literatur II*. Hg. Hannes Bajohr und Annette Gilbert. München: edition text+kritik, 2021. 91–105.

Rick, Anna. „Sudeln und Bloggen: Georg Christoph Lichtenbergs Sudelbücher/Rainald Goetz' Abfall für alle/Wolfgang Herrndorfs Arbeit und Struktur". *Von der Idee zum Medium: Resonanzfelder zwischen Aufklärung und Gegenwart: Resonanzfelder zwischen Aufklärung und Gegenwart*. Hg. Felix Lenz und Christine Schramm. Paderborn: Wilhelm Fink, 2019. 417–440.

Schrumpf, Anita-Mathilde. „Wie lesbar sind Brinkmanns ‚Materialbände' für die Literaturwissenschaft?". *Rolf Dieter Brinkmann: Neue Perspektiven: Orte – Helden – Körper*. Hg. Thomas Boyken, Ina Cappelmann und Uwe Schwagmeier. München: Wilhelm Fink, 2010. 193–208.

Schulz, Christoph Benjamin. *Poetiken des Blätterns*. Hildesheim, Zürich und New York: Georg Olms, 2015.

Schulze, Holger. *Ubiquitäre Literatur: Eine Partikelpoetik*. Berlin: Matthes & Seitz, 2020.

Schumacher, Eckhard. *Gerade Eben Jetzt: Schreibweisen der Gegenwart*. Frankfurt a.M.: Suhrkamp, 2003a.

Schumacher, Eckhard. „»Das Populäre. Was heißt denn das?« Rainald Goetz' »Abfall für alle«". *Popliteratur*. Hg. Heinz Ludwig Arnold und Jörgen Schäfer. München: edition text+kritik, 2003b. 158–171.

Seiler, Sascha. *»Das einfache wahre Abschreiben der Welt«: Pop-Diskurse in der deutschen Literatur nach 1960*. Göttingen: Vandenhoeck & Ruprecht, 2006.

Siegel, Elke. „‚Time Magazin too': Rolf Dieter Brinkmanns Erkundungen für die Präzisierung des Gefühls für einen Aufstand". *Die amerikanischen Götter: Transatlantische Prozesse in der deutschsprachigen Literatur und Popkultur seit 1945*. Hg. Stefan Höppner und Jörg Kreienbrock. Berlin und Boston: De Gruyter, 2015. 107–128.

Strauch, Michael. *Rolf Dieter Brinkmann: Studie zur Text-Bild-Montagetechnik*. Tübingen: Stauffenburg, 1998.

Wegmann, Thomas. „So oder so. Die Liste als ästhetische Kippfigur". *„High" und „low". Zur Interferenz von Hoch- und Populärkultur in der Gegenwartsliteratur*. Hg. Thomas Wegmann und Norbert Christian Wolf. Berlin und Boston: De Gruyter, 2012. 217–231.

Karl Wolfgang Flender
DIE NEUEN ARCHIVISTEN
Algorithmische Aktualisierung popliterarischer Texte

1 Einleitung

„ABANDON ALL HOPE YE WHO ENTER HERE", sind die ersten, Dante zitierenden, Worte in Bret Easton Ellis' berühmt-berüchtigtem Roman *American Psycho*, in dem der markenfixierte New Yorker Investmentbanker und Yuppie Patrick Bateman zum perversen Massenmörder wird (1991, 3). Der Beginn der gleichnamigen 2012er-Version des Buches, erschienen beim Verlagskollektiv TRAUMAWIEN und laut Cover ebenfalls von Ellis verfasst, ist dagegen gänzlich weiß – bis auf die Kapitelüberschrift „April Fools" und drei Fußnoten, die im luftleeren Raum schweben. Die erste der Fußnoten lautet: „Crest(r) Whitestrips Coupon, Save $10 Now on Crest(r) Whitestrips. Get Whiter Teeth for the Holidays! Coupons.3DWhite.com/Whitestrips!" (Cabell und Huff 2012, 3).

Auf den ersten Blick scheint man es bei dem Buch mit einer missglückten Raubkopie zu tun zu haben, durchsetzt von Werbung, einem „Spambook" quasi. Cover, Schmutztitel und Satz imitieren in Design und Typographie die Aufmachung des Originals, auch die Kapitelüberschriften sind identisch – doch auch die restlichen der 408 Seiten der 2012er-Version sind bis auf Konstellationen von Fußnoten, in denen Werbetexte auftauchen, ebenfalls gänzlich weiß (vgl. Abbs. 1 und 2).

Auf den zweiten Blick stellt sich *American Psycho* (2012) als Ergebnis einer kreativen Zweckentfremdung von Google Mail (Gmail) heraus, des mit heute 1,5 Milliarden User:innen meistgenutzten E-Mail-Dienstleisters der Welt (Statista 2018): Für ihre experimentelle Bearbeitung von *American Psycho* schickten die Autor:innen Mimi Cabell und Jason Huff den Text von Ellis' Roman Seite für Seite zwischen zwei Gmail-Accounts hin und her und speicherten jeweils den Text der Werbebanner, die seitlich in der Benutzeroberfläche des Mailprogramms angezeigt wurden. Diese sogenannten „relational ads" beziehen sich direkt auf den Inhalt der Mails, da man sich mit der Anmeldung bei Gmail einverstanden erklärt, dass alle ein- und ausgehenden Mails von Algorithmen analysiert werden und auf dieser Basis personalisierte Werbung geschaltet wird. In einer Live-Auktion werden dafür in Sekundenbruchteilen die im E-Mail-Text identifizierten Keywörter zwischen Werbekund:innen versteigert, die bei Googles Werbedienst AdWords ihre Anzeigen samt Höchstgeboten für passende Keywörter hinterlegt haben. Geht es nach einem Beispiel, das Google auf seiner Erklärseite anführt, werden im Zusammenhang mit einer E-Mail über Kameras etwa Werbeanzeigen eines lokalen Fotogeschäfts eingeblendet.

Open Access. © 2024 bei den Autorinnen und Autoren, publiziert von De Gruyter. Dieses Werk ist lizenziert unter der Creative Commons Namensnennung 4.0 International Lizenz.
https://doi.org/10.1515/9783110795424-005

Abbs. 1 und 2: Vergleich von Seite 3 in Cabell und Huff 2012 und Ellis 1991.

Anschließend annotierten Cabell und Huff den Originaltext mit den Werbebannern – sie setzten die Fußnoten jeweils an den Textstellen, die vermutlich die Werbung ausgelöst hatten – und entfernten den Romantext. Im Text von *American Psycho* (2012) sind damit verschiedene Prozesse des Lesens und Schreibens konstelliert, die Leser:innen dechiffrieren müssen: Googles Algorithmus hat Seite für Seite den Originaltext „gelesen" (Input) und die Werbebanner „geschrieben" (Output). Cabell und Huff lassen diesen Output im Abgleich mit dem Originaltext und platzierten die Werbung. Vergleicht man nun als Leser:in selbst den neu entstandenen Text mit dem „originalen" *American Psycho*,[1] liest man wiederum indi-

---

[1] Dieser Vergleich wird den Leser:innen durch die online verfügbare PDF-Version des Buchs erleichtert, in dem der Originaltext nicht gelöscht, sondern nur geweißt ist, und leicht wieder sichtbar gemacht werden kann. https://web.archive.org/web/20180826232026/http://traumawien.at/prints/american-psycho/american_psycho_content.pdf (15. März 2022).

rekt den Algorithmus und zugleich eine Übersetzung des für seine Darstellung der 1980er-Konsumkultur berühmten Romans in eine Gegenwart, deren Konsumkultur maßgeblich von Online-Werbung beeinflusst ist.

Legt man beide Bücher derart nebeneinander und liest sie methodisch im Abgleich, wie dies im Folgenden geschehen soll, entpuppt sich *American Psycho* (2012) als pointiertes Beispiel für die Entstehung einer Popliteratur 3.0: einer neuen Generation der Popliteratur, welche mit der Digitalisierung deshalb eine Konjunktur erfährt, weil sich ihr ein neuer Pool medialer Spielräume eröffnet. Dabei, so die These des folgenden Textes, werden zentrale Charakteristika der Popliteratur, nämlich jene von Moritz Baßler (2002) beschriebene Archivierung der Gegenwartskultur sowie der bewusste Umgang mit Marken und Konsumprodukten, entscheidend modifiziert.[2]

2 Literarisches Product-Placement und algorithmische Aktualisierung

Zunächst ist beim Lesen erstaunlich, wie oft die geschaltete Werbung ins Schwarze trifft: Wenn seitenlang die Kleidung von Batemans Konkurrenten beschrieben wird, findet sich Werbung für Kleidung („Dress Shirt – SALE $29.89 / 60% OFF Robert Talbott / Dress like a secret agent / Joseph Bank Mens Shirts / R Laurens: Secret Sale"), High-End-Audio-Equipment wird angepriesen, sobald Bateman Musik abspielt, eine zweiseitige Passage über das ideale Trinkwasser wird begleitet von Werbung für „LIFE Water Ionizers(tm)" und „Free Water Cooler Rental" (Cabell und Huff 2012, 57, 182, 257–258). Nicht zuletzt sind die auf 81 von 408 Seiten notorisch wiederkehrenden „Crest(r) Whitestrips Coupons" zu nennen, die Batemans Obsession für Zähne verraten – und Googles Obsession für Bleaching-Werbebanner.

Wenn Roger Rosenblatt also in seiner scharfen Vorab-Kritik an *American Psycho* süffisant pointiert, „Mr. Ellis may be the most knowledgeable author in all of American literature. Whatever Melville knew about whaling, whatever Mark Twain knew about rivers are mere amateur stammerings compared with what

---

[2] Ich ziehe hier Baßlers Pop-Theorie zur Analyse eines US-amerikanischen Romans heran. Baßlers Kontext ist zwar ein spezifisch deutschsprachiger, die literarischen Verfahrensweisen sind aber ähnlich: So bezieht sich ein Gros der Popliteratur der 1990er Jahre explizit auf *American Psycho* als Initiationserlebnis und eifert ihm in den Verfahrensweisen nach: Florian Illies etwa betont in *Generation Golf* den entscheidenden Einfluss des Romans, „der uns weniger wegen der blutrünstigen Gewaltphantasien interessierte als wegen der Dokumentation des Markenfetischismus" (2000, 154).

Mr. Ellis knows about shampoo alone" (1990), so muss man für *American Psycho* (2012) diese Treffsicherheit auch dem Google-Algorithmus attestieren:

> Luxurious Volume, Full Bodied Hair. Seriously High Style. A New Level Of Fullness, www.JohnFrieda.com/ 479 Short Hair Pictures, Find inspiration for your next cut with our short hairstyle pictures., Short-Hairstyles.StyleBistro.com / Clip-On Hair Extensions / Face Tightening Secret / 60 years old ... A must see. FlexEffect Facialbuilding / Get Soft, Natural Curls. (Cabell und Huff 2012, 22)

In einer detaillierten Auswertung der geschalteten Werbung bestätigt sich dieser Eindruck: Im Hinblick auf das Konsumprofil Batemans gibt die in *American Psycho* (2012) geschaltete Werbung tatsächlich ein ähnliches Bild ab wie der Roman: Mehr als drei Viertel der Werbung sind für Kategorien von Konsumprodukten auszumachen, die für *American Psycho* (1991) charakteristisch sind. Fast ein Drittel der beworbenen Artikel sind Kleidung (250 von 819 Ads), davon wiederum gut ein Drittel Anzüge (79 Ads) und Krawatten (16 Ads) – jene Haupt-Obsession von Bateman, der regelmäßig herunterbetet, was er selbst und seine Yuppie-Freunde tragen: „Hamlin is wearing a suit by Lubiam, a great-looking striped spread-collar cotton shirt from Burberry, a silk tie by Resikeio and a belt from Ralph Lauren" (Cabell und Huff 2012, 90–91). Im Bereich Beauty (193 von 819 Ads) liegt der Schwerpunkt in Original und Derivat klar auf den Haaren (35 Ads), die Bateman und seine Doppelgänger bekanntlich am liebsten „slicked back" (5, 7, 13, 29, 51, 60, 71, 84, 91, 99, 117, 135, 170, 171, 180, 218, 231) tragen sowie auf der Haut (27 Ads), deren Pflege der Ich-Erzähler im Kapitel „Morning" ausführlich schildert – einschließlich wertvoller Beauty-Tipps: „Never use cologne on your face, since the high alcohol content dries your face out and makes you look older" (29). Mit Blick auf weitere Hauptinteressen Batemans wie Inneneinrichtung (84 Ads), Tech-Gadgets (70 Ads) und Musik (45 Ads), ließe sich anhand der Werbung ein einwandfreies Konsumprofil des Protagonisten erstellen. Mehr noch – anhand der beworbenen Produkte könnte man sogar die Handlung des Romans rekonstruieren: Die Restaurant- und Clubszenen, in denen sich die Wall-Street-Banker gegenseitig belauern, werden dominiert von Kleidung; wenn Bateman seine Passion für Whitney Houston oder Genesis in Kapitel-Länge ausbreitet, taucht Musik-Werbung auf; phantasiert Batemans Freundin Evelyn von ihrer Verlobung, werden „engagement rings" angeboten.[3] Die Kapitelüberschriften lenken in Abwesenheit des geweißten Textes dabei maßgeblich die Leseerwartung –

---

[3] Interessant ist dabei auch, was nicht von Google beworben wird: Obwohl Patrick und seine Mitstreiter ständig J&B und Stoli konsumieren, findet sich keine einzige Werbung für harten Alkohol, obwohl sie erlesene Zigarren rauchen, an keiner Stelle Werbung für Tabak, und obwohl gekokst wird, bis die Kreditkarte zerbricht, ist für Drogen erst recht keine Werbung zu finden. All diese Produkte sind laut der Google Ad Policy nicht zur Werbung zugelassen (Google 2018).

heißt ein Kapitel etwa „Health Club", wird diese Prämisse gänzlich erfüllt durch die Ads: „Powertec Fitness-Sale, Powertec Fitness Equipment-In Stock Sale Prices-Free Shipping- Quality, www.FitnessZone.com" (72).

Dem Algorithmus gelingt es dabei, *American Psycho* (1991) merkwürdig treffend für die Gegenwart zu aktualisieren, stammen die angepriesenen Produkte doch sämtlich aus dem Jahr 2010 und nicht aus den 1980ern.[4] Die Absurdität des atemlosen 2010er Online-Werbungssounds scheint perfekt zum Oberflächen-fixierten Bateman zu passen, den man problemlos hyperventilierend über einem Smartphones imaginieren kann, während er „232 Hand-sewn pocket squares, Made in USA, natural fabrics $20 and up, www.kentwang.com" durchklickt (Cabell und Huff 2012, 91). Vor allem aber ergeben sich interessante zeitliche Überlagerungseffekte, wenn Bateman im Original mit VHS-Rekordern hantiert, in der neuen Version gleichzeitig aber MP3-Player angeboten werden. Überhaupt scheint sich die zeitliche Distanz zwischen 1991 und 2010 weniger an feilgebotener Kleidung, Inneneinrichtung oder Nahrungsmitteln zu zeigen, sondern am deutlichsten am Medienwandel: „Tape To Digital Converter, Convert Any Cassette Tape To Digital MP3 In 3 Easy Steps! $59.95, www.CassetteToUSB.com" (180). So wird die Videothek VideoVisions, wohin Bateman als Running Gag dauernd „ein paar Videotapes zurückbringen muss", annotiert mit Werbung des Streaming Anbieters Netflix (118), oder der Hifi-Verstärker Pioneer VSX-9300S aus dem Jahr 1988 wird in der Fußnote ersetzt durch das aktuelle Modell Pioneer VSX-33 aus dem Jahr 2010 – hier funktioniert das literarische Advertising perfekt (317).

American Psycho (2012) mutet damit an wie die Realisation der Wunschträume aller Marketing-affinen Popliterat:innen der 1990er Jahre: Denn die Verweise bieten Bateman-Fans ein mehr oder minder attraktives Angebot, die gleichen Artikel zu shoppen wie ihr Romanheld: Inspiriert von Batemans makelloser Bräune ist die „Airbrush-Tanning-Solution" (50) nur einen Klick weit entfernt. Als „imaginäres Medium" (Kluitenberg 2011) zeigt *American Psycho* (2012) so prototypisch, wie sich E-Book-Hersteller und Verlage das vollintegrierte literarische Product-Placement der Zukunft vorstellen – eine Zukunft, an der längst gearbeitet wird: So hat etwa Amazon Patente für personalisierte Bücher angemeldet, in denen die Rede davon ist, die weißen Ränder der Buchseiten für Werbung zu vergrößern oder wo die Einbringung von Fußnoten ins Buch für „additional content" vorgeschlagen wird (Liang et al. 2009, 4).[5]

Doch *American Psycho* (1991) wird nicht nur durch Werbung für Gebrauchsgegenstände aktualisiert, vielmehr dringen auch medial kurzlebige Ereignisse der Gegenwart in die Fußnoten ein. So bricht ohne ersichtliches Keyword plötzlich eine

---

[4] Cabell und Huff sammelten die Ads im Jahr 2010, veröffentlicht wurde das Buch erst 2012.
[5] Vgl. auch die Patente von McCoy et al. 2017; Farago 2014.

PR-Kampagne der 2010er Gegenwart in die – ebenfalls an Katastrophen reichen – achtziger Jahre herein: „BP, Info about the Gulf of Mexico Spill Learn More about How BP is Helping., www.BP.com/ GulfOfMexicoResponse" (Cabell und Huff 2012, 334). Popliteratur, die nach Moritz Baßler archivarisch verfährt und eine „Enzyklopädie der Gegenwart" (2002, 203) erstellt und damit einen expliziteren Zeitindex in sich trägt als andere Texte, kann durch die Digitalisierung den Gegenwartsbezug immer wieder aktualisieren, wodurch das Archiv dynamisch bleibt: Der Algorithmus übernimmt ein Popliteratur-Verfahren. Er importiert „Wörter, Artefakte, Sätze und Diskurse [, die] bereits vor und außerliterarisch voller kultureller Bedeutung sind" (Baßler 2017, 555) und verortet den Text in den 2010ern, wenn er das Deep-Water-Horizon-Unglück als neuen Kontext des Romans aufruft. *American Psycho* (2012) karikiert damit als Prototyp einer algorithmischen „Vergegenwärtigung" auch die Phantasien der Verlagsbranche, nach deren Überzeugung „Klassiker immer neu adaptiert werden müssen, um in den Horizont der jeweils nachwachsenden Generation zu passen" (Spreckelsen 2017).

3 Überwachen und Vermarkten: Die neuen Archivisten

Die Darstellung der Konsumkultur in *American Psycho* (1991) gilt als exemplarisch für die USA der 1980er Jahre, in denen Marken zu allgegenwärtigen Werkzeugen der Identitätskonstruktion wurden und Markenkenntnis sich zur Kernkompetenz des Mittelklassen-Habitus entwickelte (Arvidsson 2006, 2–3). Nach Arvidsson ist *American Psycho* (1991) gar „the first literary text where brand names play a prominent part" (2006, 2). Als Archiv der späten 1980er Jahre leistet der Roman damit ganz in Moritz Baßlers Sinne eine „literarische Erstvertextung" von Markennamen (2017, 552).

Die Leistung popliterarischer Texte ist es, dass sie „einen kulturellen Hintergrund sammelnd archivieren und ein neuartiges literarisches Paradigma generieren. Sind solche vor Pop kunstfremden Elemente einmal als paradigmatischer Hintergrund des Romans etabliert, kann er auch andere Sinneffekte mit ihrer Hilfe zeitigen" (Baßler 2017, 552). Zentrales Charakteristikum der Popliteratur ist mit anderen Worten, dass sie syntagmatische Elemente aus dem generierten Paradigma auswählt und erzählerisch nutzbar macht. Auch wenn sie damit „auf den ersten Blick realistisch verfährt [...], ist sie doch eine Literatur, die das Paradigmatische betont, die Möglichkeitsräume, und nicht die metonymisch organisierte Wiedergabe einer Wirklichkeit" (Baßler 2017, 556).

Jener Möglichkeitsraum wird nun in *American Psycho* (2012) in der „virtuellen Gleichzeitigkeit" (Cahn 1997, 96) der Fußnoten bereitgehalten: Ellis sorgfältig ausgewählte Produkte werden ergänzt mit Verweisen aus der Google-Datenbank – die Fußnoten sind gleichsam das Einfallstor der paradigmatischen Welt in ein syntagmatisches Narrativ. In diesem algorithmisch prozessierten Roman wird also zum einen die von Baßler angeführte „Para-Logik" der Popliteratur, „die immer mitformuliert, wie es auch sein könnte" (2017, 557) explizit gemacht, zum anderen aber auch der epochale erzählerische Bruch des Computerzeitalters reflektiert, wie ihn Lev Manovich in *The Language of New Media* schildert. Denn zwischen Fußnote und Romantext wird hier die Erzählung als wichtigste kulturelle Form der Moderne, geprägt durch Roman und Kino, gegen die „key cultural form of expression" (2002b, 218) des Computerzeitalters, ausgespielt: Die Datenbank, deren Logik laut Manovich allen digital entstandenen Objekten innewohnt: „[The database] represents the world as a list of items and it refuses to order this list. In contrast, a narrative creates a cause-and-effect trajectory of seemingly unordered items (events)" (225). Datenbanken, als „collections of individual items, where every item has the same significance as any other" (218), privilegieren damit laut Manovich im Vergleich zur Erzählung die paradigmatische Dimension über die syntagmatische (231). Wenn digitale Medien „the new battlefield for the competition between database and narrative" (234) sind, wie Manovich behauptet, wird der Widerstreit beider Logiken auf den Buchseiten von *American Psycho* (2012) evident: Mit dem Syntagma eines erzählenden Textes wird auf eine paradigmatische Dimension, die Werbe-Datenbank von Google, zugegriffen, aus welcher ein Algorithmus wiederum ein Syntagma auswählt, das *American Psycho* (2012) nun als Fußnoten mit sich führt. Damit wird hier nicht nur, erstens, eine zentrale Prämisse der Popliteratur, nämlich die Dynamik zwischen Paradigma und Syntagma, aktualisiert, sondern erscheinen auch, zweitens, die Listen der Popliteratur der 1990er Jahre als Antizipation des digitalen Zeitalters mit seiner Datenbank-Logik. Und drittens wird die Popliteratur der 1990er Jahre damit selbst zu einem Archiv der aktuellen Popliteratur 3.0.

Für Michael Esders sind die Logiken von Googles, dem „Linguistic Capitalism" (Kaplan 2014) verpflichteten, Begriffsbörsen und herkömmlichen, für die Popliteratur der 1990er-Jahre relevanten, Markenstrategien kaum miteinander vereinbar:

> Während Marken eine langfristige semantische Anlagestrategie verfolgen, etablieren die Begriffsbörsen einen Hochfrequenzhandel der Zeichen und Bedeutungen. Das Äquivalenzprinzip der am lexikalischen Bestand einer Sprache orientierten Wertschöpfung ist kaum mit der Bedeutungsökonomie des Marketings zu vereinbaren, die auf Unverwechselbares und Unvergleichliches zielt. Die strukturelle Gleich-Gültigkeit der digitalen Sprachverwertung unterminiert den Anspruch und das Versprechen des Namhaften. (2017, 170)

Das Resultat ist, dass in *American Psycho* (2012) nicht mehr nur Markennamen genannt werden, die von besonderem Geschmack zeugen oder von den Leser:innen als kulturell signifikante Bedeutungsträger identifiziert werden können. Vielmehr werden nun in den Fußnoten alle möglichen Produkte, Marken und Services angeboten, die das popliterarische Verfahren gewissermaßen satirisch übersteigern: Schnuppert Bateman im Roman die erlesenen „fragrances of Xeryus and Tuscany and Armani and Obsession and Polo and Grey Flannel and even Antaeus" (Cabell und Huff 2012, 117), wird in der Fußnote billiges AXE Deo angeboten. Diniert er in einem Gourmet-Restaurant aus dem *Zagat*, werden ihm Dosensuppen und Tiefkühlkost vorgeschlagen (114). Fast zynisch verfehlt der Algorithmus die Zielgruppe, wenn Bateman bei Haute Cuisine und Champagner Lebensmittelcoupons der US-Behörden angeboten werden (51). Dies findet seinen vorläufigen Höhepunkt, als Batemans Freundin Evelyn phantasiert, dass Starfotografin Annie Leibovitz bei ihrer Hochzeit die Fotos machen solle, in den Fußnoten aber lediglich „photography by Donna" für den Pauschalpreis von $799 angeboten wird (132). Die Werbung, die durch Googles Text-Profiling entsteht, ist nicht optimiert für die Luxuswarenwelt eines Wall-Street-Bankers, sondern sie richtet sich potenziell an alle Gmail-Nutzer:innen, da Werbetreibende im Jahr 2010 bei den Google Ad Services beispielsweise keine Sinusmilieus oder gezielt kaufkräftige Zielgruppen auswählen konnten. Indem somit alles (wirklich alles) unterschiedslos nebeneinandergestellt wird, verwirklicht sich in *American Psycho* (2012) zwar vollends eine „Enzyklopädie der Gegenwart" (Baßler 2002, 203) – gleichzeitig verliert sich aber die Möglichkeit, mit Produkten „Sinneffekte zu zeitigen" (Baßler 2017, 552).

„[W]er Pepsi sagt, sagt zugleich: nicht Coca-Cola", schreibt Baßler (2017, 557), und verweist damit auf die erzählerische Signifikanz, die Marken in der Popliteratur annehmen können: Dass Bateman etwa mit einer Pepsi-Lobeshymne perplexe Blicke seiner konservativen Freund:innen auf sich zieht (Cabell und Huff 2012, 102), ist für Leser:innen nur dekodierbar, wenn sie wissen, dass die Verwendung von Madonnas Musikvideo zu „Like a Prayer" in einer Pepsi-Werbung 1989 zu einem Brause-Boykottaufruf der Republikaner führte, die das Video als blasphemisch verurteilten (Colby 2011, 69–70). Welche Aussage Batemans Pepsi-Apologie den Leser:innen also kommuniziert, was diese Szene für die Charakterisierung seiner Figur bedeutet, fiele bei Ersetzung durch ein anderes Erfrischungsgetränk komplett unter den Tisch: Ein Keyword-Algorithmus wird kaum in Betracht ziehen, was es bedeutet, im Jahre 1989 eine Pepsi zu trinken – für die Popliteratur ist es aber gerade essenziell, mithilfe von Marken solche „Sinneffekte" herzustellen: Was wäre etwa Krachts Ich-Erzähler ohne seine Barbour-Jacke? So schlägt *American Psycho* (2012) als „Archiv der Gegenwart" ein neues Kapitel in der Popliteratur auf: Wenn im digitalen Zeitalter die Datenbank-Logik von Google und des „Linguistic Capitalism" (Kaplan 2014) auf Literatur projiziert wird, sind Algorithmen in Abwandlung von Baßlers Buchtitel „die neuen Archivisten" (Baßler 2002).

Der Zugriff auf eine paradigmatische Datenbank ersetzt damit im Popkontext das extensive archivarische Markenwissen, das Bateman und seine Mitstreiter angesammelt haben: 2010 ist keine Welt mehr, in der Patrick Bateman den *Zagat* nach Restaurant-Empfehlungen durchstöbern oder Bruce Boyers *Elegance. A Guide to Quality in Menswear* konsultieren müsste – die Algorithmen erledigen das für ihn, er ist ständig Empfehlungen ausgeliefert. Wenn *American Psycho* (1991) laut Clark „a postmodern novel of manners and taste" (2011, 19–20) ist und Bateman ein beispielhafter Dandy der 1980er-Jahre, dessen Designerkleidung und Kenntnis von Gourmet-Restaurants die einzigen Quellen seiner Identität und Selbstachtung darstellen, so ist *American Psycho* (2012) paradigmatisch für eine Gegenwart der „Begriffsbörsen" und des ubiquitären Trackings, in der Geschmack nicht mehr eine Form individuellen Ausdrucks ist, sondern das Ergebnis der Empfehlungsalgorithmen von YouTube, Spotify, Amazon: „Wenn Ihnen das gefallen hat, gefällt Ihnen auch ...".

American Psycho (2012) illustriert diesen Paradigmenwechsel mit einer Neukonnotierung des Geschmack-Begriffs. So wird jene Patrick Bateman und Kollegen konstant umtreibende Frage, welches Produkt nun das Beste in dieser oder jener Kategorie sei, zwar vom Algorithmus mantraartig gestellt – aber gleichzeitig auch beantwortet: „Which TV is Best?, We do the research so you don't have to. Find the right TV, *consumersearch.com/televisions*" (15, 101, 115, 272, 274, 304, 312, 385). Wenn Baßler also einen beliebten Vorwurf an die Popliteratur paraphrasiert, „[m]it einem Dutzend Markennamen wäre zwar ein komplettes Soziogramm einer Person zu erstellen, aber eine Literatur, die dieses Potenzial nutzen würde, gäbe damit den Anspruch preis, selbst die Instanz zu sein, die das Beschriebene in seinem Wesen definiert" (2002, 168), so ist der Clou von *American Psycho* (2012) exakt dieser: Indem der Text den Anspruch auf Beschreibung demonstrativ dem Algorithmus überlässt, macht er deutlich, welche Instanzen heute maßgeblich für die Beschreibung von Individuen sind: vollautomatisierte Schreibtechnologien statt Popliterat:innen. Wenn Waren Bateman als einzige Quelle der Identitätsfindung dienen (Clark 2011, 19), so schließt Google umgekehrt von Waren auf Identität. Zugleich ironisiert das Buch diese Instanzen, indem es einen auf kapitalistische Zwecke ausgerichteten Algorithmus zum Gegenstand eines ästhetischen Experiments macht.

4 *Don't be evil*? Googles Umgang mit Gewalt und „sensitive categories"

Googles Geschäftsmodell besteht in der Überwachung und Ausbeutung seiner Nutzer:innen (Fuchs 2010). Damit steht das Unternehmen stellvertretend für das digitale Panoptikon, wie es etwa Ashlee Humphreys ausgehend von Michel Foucaults Analyse des Panoptimus beschreibt (2006): Aus der Konstruktion der Gefangenen als „Objekte des Wissens" und ihrer Disziplinierung in *Überwachen und Strafen* wird in der Gegenwart *Überwachen und Vermarkten*: Analog zur Foucault'schen Analyse der Gefängnisarchitektur Benthams und dessen unsichtbaren Beobachter:innen im Turm, sind sich Internet-Nutzer:innen des Tracking-Panoptikons zwar bewusst, da ihnen personalisierte Werbung durchs Netz folgt. Gleichzeitig sind sie sich aber auch im Unklaren darüber, welche ihrer Handlungen aufgezeichnet und auf welche Weise ausgewertet werden – und welche Konsequenzen die Anwendung dieses Wissens für sie hat.[6] Werbekonzerne haben dabei eine andere Agenda als Foucaults Disziplinarmacht: Humphreys vergleicht das prädiktive Vorgehen der Internetkonzerne mit Foucaults Fallstudie des Psychiaters, welche nicht nur vergangenes Verhalten dokumentiert, sondern durch die Diagnose auch zukünftiges Verhalten vorauszusagen versucht. Im diametralen Gegensatz zu Psychiater:innen, die pathologische Tendenzen von Patient:innen behandeln, ist es die Agenda der Tech-Konzerne „to encourage and profit from tendencies of the consumer" (300).

Im Hinblick auf *American Psycho* (1991) sind Patrick Batemans Tendenzen hinreichend bekannt: Mord, Vergewaltigung, Folter. Und je weiter man in der Lektüre der Variante von 2012 vorankommt und Batemans serieller Konsum sich mit seriellem Mord verbindet, desto verstörender wird das Zusammenwirken des in seiner Absenz dennoch präsenten Romantextes und des Algorithmus in ihrer Indifferenz gegenüber Gewalt für die Leser:innen: So werden etwa während der detaillierten Schilderung des brutalen Mords eines Hundes Porzellanklingen, Messerschärfer und ein Haarschnitt beworben (vgl. Abbs. 3 und 4) Im Text heißt es: „he doesn't see me pull out the knife (Kyocera Knives on sale), the sharpest one (Best Knife Sharpener), with the serrated edge (Yoshi Blades Official Site)", und wenig später: „... and

---

[6] Selbstverständlich sind solche Profiling-Algorithmen nicht nur zu kommerziellen Zwecken im Einsatz, und schon gar nicht harmlos, verlässt man sich doch etwa im „War on Terror" und für die Früherkennung potenzieller Amokläufer im Netz zunehmend auf ganz ähnliche Keyword-orientierte Algorithmen. So fördert etwa das DARPA, der Entwicklungsarm des US-amerikanischen Verteidigungsministeriums, durch das Programm „Graph Learning for Anomaly Detection using Psychological Context" Studien wie *Understanding Email Writers: Personality Prediction from Email Messages* (Bisgaard Munk; Brdiczka et al. 2013).

quickly slice open its hairless belly (Great Haircuts)" (Cabell und Huff 2012, 174):[7] Googles Algorithmus ist als eilfertiger Diener stets zur Stelle. Durch die Ausrichtung des Algorithmus auf den zumeist in der ersten Person verfassten Gebrauchstext E-Mail und das Verschicken des Romans per E-Mail wird Batemans Ich-Erzählung zum Material des Textprofilings und der Ich-Erzähler zum emailenden Subjekt, dessen Diskurs ausgewertet und aufgrund dessen ihm personalisierte Werbung geschaltet wird: Wenn der Werbe-Algorithmus Messer anbietet, bietet er diese dem Ich-Erzähler Bateman im Text an.

Die Liste lässt sich ohne Weiteres fortführen: Verscharrt Bateman eine Leiche hinter einem Müllcontainer, will eine Anzeige ihm gleich welche verkaufen, werden verschiedene Mordmethoden diskutiert, bietet der Algorithmus zur Idee „Run them over?" gleich das passende Fahrzeug an: „AutoTrader.com" (162). Dass Google das Mordwerkzeug am liebsten frei Haus liefern würde, ist gar nicht so trivial angesichts der Überzeugung von Google-CEO Eric Schmidt, „that what customers want is not only for Google to predict what they are thinking at the moment, but also to ‚tell them what they should be doing next'"[8] (zitiert nach Pariser 2011, 8).

Wenn der Werbealgorithmus gerade keine Beihilfe zum Mord leistet, hat er trotzdem mehr oder minder hilfreiche Vorschläge parat: Während Bateman über den Gestank eines verwesenden Körpers nachdenkt, wird Anti-Geruchsmittel angeboten (Cabell und Huff 2012, 310), verblutet eins seiner Opfer, empfiehlt der Algorithmus ein „Puls Ox Meter" (299) und bei verbrannter Haut sollen „Skin Tightening Experts" Abhilfe schaffen (300).[9] An Textstellen also, bei denen sich menschlichen Leser:innen der Magen umdreht und die dafür sorgten, dass *American Psycho* (1991) in Deutschland auf dem Index landete, scheint der Algorithmus Batemans Handeln zynisch zu kommentieren. Die indifferente Platzierung von Werbung diverser Konsumprodukte verstärkt zudem noch einmal die emotionslose Erzählhaltung, in welcher Bateman Morde und Konsum im gleichen, unbewegten Detail beschreibt. Doch während Bateman „inhuman" ist, ist der Algorithmus bloß „nonhuman": Der Algorithmus orientiert sich an isolierten Keywords, nicht am semanti-

---

[7] In Klammern habe ich die Werbe-Überschriften aus den Fußnoten hinzugefügt.
[8] Dass dies längst gängige Praxis ist, zeigt z. B. Googles automatisierte Vervollständigung von Suchbegriffen, welche das Verhalten der User subtil beeinflusst, wie Nick Diakopolous (2013) gezeigt hat. So vervollständigt der Algorithmus auch Vorschläge, die für Patrick Bateman wie gemacht wären: „how to dismember a human body," „how to rape a man/child/people/woman", und „how do I scalp a person."
[9] Zum Teil sind diese Schauder-Effekte auch vornehmlich den Leser:innen zuzuschreiben: Als Bateman etwa eine Leiche aus dem Haus schaffen will, bietet der Algorithmus einen „Body Bag" an – was einerseits der Leichensack ist, den Leser:innen hier sofort vor sich sehen, andererseits aber auch eine große Handtasche, wobei sich das beworbene Produkt als letztere herausstellt (Cabell und Huff 2012, 228).

schen Kontext, und ist überdies nicht ausgerichtet auf die Fiktionalität, Ambiguität und Komplexität einer literarischen Ich-Erzählung. Er reagiert somit „richtig" auf die entsprechenden Trigger. Entscheidend ist, dass Bateman nicht etwa Pistolen für seine Morde nutzt, deren Bewerbung laut Google Policy verboten ist (Google 2018), sondern gewöhnliche Konsumgegenstände: Nagelscheren, Steakmesser, Kleiderbügel – und damit ideales Keyword-Material für den Algorithmus. Googles gewohnt vollmundige „Advertisement Policy" liest sich im Kontext der heftig beworbenen Mord-Passagen dennoch wie ein sarkastischer Kommentar: „[W]e are careful about the types of content we serve ads against"[10] (Google 2011a).

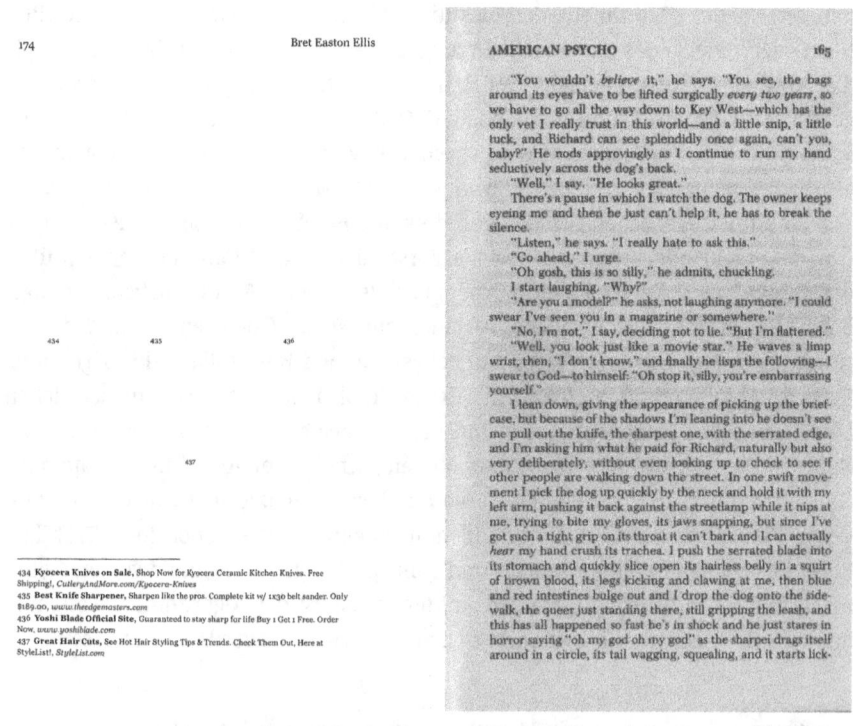

Abbs. 3 und 4: Vergleich von Cabell und Huff 2012, 174 und Ellis 1991, 165.

---

10 Zumindest was die Sex- und später brutalen Vergewaltigungsszenen in *American Psycho* angeht, stimmt dies, und es wird kaum Werbung geschaltet, obwohl die expliziten Keywords durchaus für Pornowebsites interessant sein könnten. Hier interveniert die Google Ad Policy: „In eurem Google Mail-Posteingang werden ausschließlich als jugendfrei eingestufte Anzeigen geschaltet" (Google 2011b).

So muss man nach der Lektüre von *American Psycho* (2012) feststellen: Wenn es im originalen „This is a work of fiction"-Disclaimer in Ellis' *American Psycho* (1991) heißt, die gelegentliche Nennung von Marken- oder Firmennamen ziele nicht darauf ab „to disparage any company's products or services" (Ellis 1991, ohne Seite), muss der im Wortlaut gleiche Disclaimer in Cabell und Huffs *American Psycho* (2012) durch seine Ausweißung unter umgekehrten Vorzeichen gelesen werden: Hier wird durchaus ein Produkt in Verruf gebracht, allerdings kein im ursprünglichen Roman explizit genanntes, sondern der eigentliche Protagonist von Cabell und Huffs Roman-Version: Googles E-Mail-Dienst Gmail.

5 Popliteratur 3.0 – von der Marken- zur Datensubjektivität

„We will not scan or read your Gmail messages to show you ads", liest man heute auf der Support-Seite von Gmail (Google 2013), denn Google hat die algorithmische Auswertung der Mails zu Werbezwecken mittlerweile abgeschafft. Im Unterschied zur lokal auf dem Rechner installierten Software ist solche Cloud-basierte Software damit permanent dem Zugriff der Nutzer:innen entzogen. *American Psycho* (2012) mag also eines der wenigen literarischen Zeugnisse davon sein, wie der Textanalyse- und Werbealgorithmus in Gmail einmal funktionierte: Das gedruckte Buch archiviert medienarchäologisch ein ephemeres, digitales Schreibinterface und markiert damit einen ganz bestimmten Punkt in der Genealogie des Schreibens, welches durch permanente Updates, Bugfixes oder Abschaffung von Services schwieriger denn je zu verfolgen ist. Letztlich kann mit diesem Archiv zwar nicht erklärt werden, wie der Gmail-Algorithmus „genau" funktioniert, vielmehr liegt die Leistung von *American Psycho* (2012) darin, dass hier der sonst eher spröde anmutende Prozess der Datenverarbeitung ästhetisiert wird: In der Auswertung von Batemans Ich-Erzählung und seiner Umzingelung mit personalisierten Werbebannern wird anschaulich, was es heißt, in einer Datengesellschaft zu leben und als Mensch eine „data subjectivity" (Manovich 2002a, 11) auszubilden, jene tägliche, persönliche Erfahrung der Daten-Immersion und -Navigation. Damit wäre *American Psycho* (2012) eine literarische Antwort auf die Darstellungsfrage, „how to represent the personal subjective experience of a person living in a data society" (Manovich 2002a, 11). Denn *American Psycho* (2012) macht sichtbar, dass nicht nur wir schreiben, wenn wir einen Text in ein digitales Schreibinterface tippen, sondern gleichzeitig auch maschinell Texte verfasst werden, die wir nicht überblicken können. Mit der zunehmenden Vernetzung von Schreibtechnologien mit allen Lebensbereichen gewinnt dieser Fakt noch an Brisanz. Man bedenke nur, was man noch alles mit dem PC oder Smartphone macht, während man schreibt: Züge buchen, Geld überweisen, Routen checken, mit Freund:innen kommunizieren – alles über dieselbe technologische Schnittstelle, die potenziell alles aufzeichnet, verarbeitet, und zusammensetzt. Wir alle sind wie Patrick Bateman (ohne das Morden), porträtiert und definiert von opaken *always-on*-Algorithmen, mit personalisierten Konstellationen von Produkten um uns herum. Wenn die „Markensubjektivität" von *American Psycho* (1991) stellvertretend für die Popliteratur der 1990er Jahre betrachtet werden kann, so entwirft sein 2012er Wiedergänger eine „Datensubjektivität" der Gegenwart – in der wir selbst mit den von uns täglich verfassten Texten die Protagonist:innen einer maschinell verarbeiteten Popliteratur 3.0 sind.

Literatur

Arvidsson, Adam. *Brands. Meaning and Value in Media Culture*. London und New York: Routledge, 2006.

Baßler, Moritz. *Der Deutsche Pop-Roman. Die neuen Archivisten*. München: C.H. Beck, 2002.

Baßler, Moritz. „Pop-Literatur". *Handbuch Sprache in der Literatur*. Hg. Anne Betten, Ulla Fix und Berbeli Wanning. Berlin und Boston: De Gruyter, 2017. 550–558.

Bisgaard Munk, Timme. *100,000 False Positives for Every Real Terrorist. Why Anti-Terror Algorithms Don't Work*. https://firstmonday.org/ojs/index.php/fm/article/view/7126/6522. First Monday (10. Februar 2022).

Brdiczka, Oliver, Juan Liu, und Jianqiang Shen. „Understanding Email Writers. Personality Prediction from Email Messages". *User Modeling, Adaption, and Personalization. 21th International Conference, UMAP 2013, Rome, Italy, June 10–14, 2013. Proceedings*. Hg. Sandra Carberry, Alessandro Micarelli, Giovanni Semeraro und Stephan Weibelzahl. Berlin und Heidelberg: Springer-Verlag, 2013. 318–330.

Cabell, Mimi, und Jason Huff. *American Psycho*. Wien: Traumawien, 2012.

Cahn, Michael. „Die Rhetorik der Wissenschaft im Medium der Typographie. Zum Beispiel die Fußnote". *Räume des Wissens. Repräsentation, Codierung, Spur*. Hg. Michael Hagner, Hans-Jörg Rheinberger und Bettina Wahrig-Schmidt. Berlin: Akademie-Verlag, 1997. 91–109.

Clark, Michael P. „Violence, Ethics, and the Rhetoric of Decorum in American Psycho". *Bret Easton Ellis. American Psycho, Glamorama, Lunar Park*. Hg. Naomi Mandel. London und New York: Continuum, 2011. 19–35.

Colby, Georgina. *Bret Easton Ellis. Underwriting the Contemporary*. New York: Palgrave Macmillan, 2011.

Diakopoulos, Nicholas. *What Words Do Bing and Google Ban From Autocomplete?* https://slate.com/technology/2013/08/words-banned-from-bing-and-googles-autocomplete-algorithms.html. Slate Magazine (15. März 2022).

Ellis, Bret Easton. *American Psycho*. New York: Vintage, 1991.

Esders, Michael. *Alphabetisches Kapital. Über die Ökonomie der Bedeutungen*. Bielefeld: Aisthesis Verlag, 2017.

Farago, Peter. *Creation and Exposure of Embedded Secondary Content Data Relevant to a Primary Content Page of an Electronic Book. US8904304B2* https://patentimages.storage.googleapis.com/03/0f/34/e095ac2633d680/US8904304.pdf. Google Patente 2014 (15. März 2022).

Fuchs, Christian. „Labour in Informational Capitalism and on the Internet". *The Information Society* 26.3 (2010): 179–196.

Google. *Ads in Gmail and Your Personal Data.* https://web.archive.org/web/20110511094215/http://mail.google.com/support/bin/answer.py?answer=6603. Gmail Help 2011a (15. März 2022).

Google. *Anzeigen in Google Mail.* https://germany.googleblog.com/2011/11/anzeigen-in-google-mail.html. Google Blog Germany 2011b (15. März 2022).

Google. *Ads in Gmail.* https://web.archive.org/web/20130311160227/https://support.google.com/mail/answer/6603. Gmail Help 2013 (15. März 2022).

Google. *Google Ads Policies.* https://support.google.com/adspolicy/answer/6008942?hl=en. Advertising Policies Help 2018 (15. März 2022).

Humphreys, Ashlee. „The Consumer as Foucauldian ‚Object of Knowledge'". *Social Science Computer Review* 24.3 (2006): 296–309.

Illies, Florian. *Generation Golf. Eine Inspektion.* Frankfurt am Main: Fischer, 2000.

Kaplan, Frederic. „Linguistic Capitalism and Algorithmic Mediation". *Representations* 127.1 (2014): 57–63.

Kluitenberg, Eric. „On the Archaeology of Imaginary Media". *Media Archaeology. Approaches, Applications, and Implications.* Hg. Jussi Parikka und Erkki Huhtamo. Berkeley: University of California Press, 2011. 48–69.

Liang, Jian, Sherif M. Yacoub, und Hanning Zhou. *On-Demand Generating Ebook Content with Advertising. US 2009/0171751* https://patentimages.storage.googleapis.com/9e/96/f0/39a5bbc205a2d1/US20090171751A1.pdf. Google Patente 2009 (15. März 2022).

Manovich, Lev. *Data Visualization as New Abstraction and Anti-Sublime.* http://manovich.net/content/04-projects/041-data-visualisation-as-new-abstraction-and-anti-sublime/37_article_2002.pdf. Manovich Weblog 2002a (15. März 2022).

Manovich, Lev. *The Language of New Media.* Cambridge, MA: MIT Press, 2002b.

McCoy, William H., Richard Wright, und Peter Sorotokin. *Content Based Ad Display Control.* https://patentimages.storage.googleapis.com/f8/13/f8/ba38496ecdfd43/US20140245133A1.pdf. Google Patente 2017 (15. März 2022).

Pariser, Eli. *The Filter Bubble. What the Internet Is Hiding from You.* London und New York: Penguin Press, 2011.

Rosenblatt, Roger. „Snuff This Book! Will Bret Easton Ellis Get Away With Murder?" *New York Times*, 16. Dezember 1990. https://www.nytimes.com/1990/12/16/books/snuff-this-book-will-bret-easton-ellis-get-away-with-murder.html (15. März 2022).

Spreckelsen, Tilman. „Literatur in der Schule. Warum Klassiker?" *Frankfurter Allgemeine Zeitung*, 20. März 2017. https://www.faz.net/1.3470077 (15. März 2022).

Statista. *Number of Gmail Active Users 2018.* https://www.statista.com/statistics/432390/active-gmail-users/. Statista 2018 (15. März 2022).

Gerhard Kaiser
Smart New World – Soziale Medien in dystopischen Texten der Gegenwartsliteratur

1 Angst und „Seele im technischen Zeitalter"

Bange machen galt schon immer. Dass die Geschichten von Gesellschaften sich mit einigem Erkenntnisgewinn auch als „Angstgeschichten" (Biess 2019, 18) erzählen lassen, zeigte etwa 2019 der viel gepriesene Bestseller des Historikers Frank Biess, *Republik der Angst*. Biess begreift Ängste als aufschlussreiche Indikatoren und Faktoren der Sozial- und Mentalitätsgeschichte und erzählt anhand der in Westdeutschland nach 1945 virulenten Angstdiskurse eine – so der Untertitel seiner Studie – „andere Geschichte der Bundesrepublik". Manche Angst, wie die vor kollektiver Vergeltung in der unmittelbaren Nachkriegszeit oder die vor einem bevorstehenden Atomkrieg im Rahmen des Kalten Krieges, hat ihre Zeit.

Andere Ängste erweisen sich, wie die folgende Beobachtung zeigt, als erstaunlich stabil:

> In unserer Öffentlichkeit sind angstvolle Vorstellungen vom Ameisenstaat der Zukunft, von Vermassung und drahtloser Lenkung der Gehirne, vom Verlust der Person und vom Verfall der Kultur weit verbreitet, und dabei verweist man die Technik gern in die Rolle des Angeklagten[.] (Gehlen 2007 [1957], 5)

Die hier vom Kulturphilosophen Arnold Gehlen in seinem kulturkritischen Klassiker *Die Seele im technischen Zeitalter* diagnostizierten Ängste kursierten zwar 1957, wie man wiederum bei Biess nachlesen kann, noch unter dem mittlerweile historischen Etikett der „Automatisierungsangst" (vgl. Biess 2019, 165–192) – und doch muten die meisten der hier vor über 60 Jahren artikulierten Befürchtungen, man ersetze „Automatisierung" lediglich durch „Digitalisierung", seltsam gegenwärtig an. Die deutsche „Seele", sie hatte im „technischen Zeitalter" noch nie einen guten Stand. Ebenso wenig hatte einen solchen allerdings die Technik im bis heute andauernden Zeitalter der Beobachtung „sozialpsychologischer"[1] Befindlichkeiten. Technikängste schienen – ob kapitalismuskritisch von links (Adorno) oder, modernekritisch, von rechts (Gehlen, Heidegger) – zum Grundinventar bildungsbürgerlicher Mentalitäten zu gehören. Aber nicht nur, weil es im heutigen postindustriellen und popkulturell geprägten Zeitalter der Singularitäten eine solche, relativ homogene Sozialkonfigu-

---

[1] Siehe den Untertitel von Gehlens oben angeführter Studie.

ration wie *das* Bildungsbürgertum nicht mehr gibt, sondern auch, weil sich global ein immer selbstverständlicher gewordener, grundsätzlich unaufgeregter Umgang mit technisch ermöglichten Medien beobachten lässt, kann man sich fragen: Wie und in welchen Weisen angstbesetzt ist Technik, etwa als Bedingung der Möglichkeit von digital operierenden, sozialen Medien, in unserer Gegenwart (noch)?

Pauschal lässt sich diese Frage gewiss nicht beantworten, weshalb der Fokus der Fragestellung hier in einem dreifachen Sinne begrenzt werden soll. Erstens auf das Feld der Literatur: Literatur im traditionelleren Sinne ist natürlich schon lange nicht mehr das maßgebliche Leitmedium einer gesamtgesellschaftlich relevanten Kommunikation über Gegenwarts- und Zukunftstendenzen. Aber immerhin ist sie doch noch jenes Medium, dem gerade wegen dieser Randständigkeit immer noch ein beträchtliches Beobachtungs- und Diagnosepotential zugeschrieben wird, gerade weil sie – anders als konkurrierende Medien – die Legitimation zu einer längeren Reaktionsdauer hat. Darüber hinaus lässt sich das literarische Feld im deutschsprachigen Bereich als das beständigste Restreservoir im Blick auf die oben skizzierte Technikangst, mithin als Schlupfloch einer technikskeptischen Klientel verstehen. Des Weiteren beschränken sich die folgenden Überlegungen, zweitens, auf im weitesten Sinne dystopische Texte. Die Gegenwartsliteratur, so diagnostiziert etwa der ZEIT-Redakteur Lars Weisbrod in einem Interview mit Sibylle Berg und Dietmar Dath, habe einen regelrechten „Hang zur Dystopie" (Berg und Dath 2021, 9) entwickelt. Ein kurzer Blick auf das Spektrum von Veröffentlichungen der vergangenen dreizehn Jahre, das – um hier nur einige zu nennen – von Juli Zehs *Corpus Delicti* (2009), Leif Randts *Schimmernder Dunst über CobyCounty* (2012), Thomas Lehrs *42* (2013), über Heinz Helles *Eigentlich Müssten Wir Tanzen* (2015), Karen Duves *Macht* (2016) und Eckart Nickels *Hysteria* (2018) bis zu den neuesten Romanen von Helene Hegemann, *Bungalow* (2018), und Sibylle Berg, *GRM. Brainfuck* (2019), reicht, scheint diesen Eindruck zu bestätigen: Die 2010er Jahre sind (auch) eine Dekade der Dystopien. Hinzu kommt, dass die Dystopie jene Angstlust-Gattung ist, innerhalb derer sich seit mehr als hundert Jahren relativ stabile Muster der fiktionalen Angstkommunikation herausgebildet und etabliert haben.

Da nicht alle oben genannten Romane hier analysiert werden können, soll der Blick im Folgenden, drittens, stichprobenartig auf drei Romane begrenzt werden: auf Heinz Helles Roman, weil sich an ihm in aller Kürze und relativ deutlich ein Muster der möglichen Umgangsweisen mit sozialen Medien in Dystopien ablesen lässt; auf die Romane Sibylle Bergs und Leif Randts, weil sie in je eigener Weise besonders radikale Exempel einer dystopischen Zumutungskunst sind. Liest man beide Romane parallel (oder besser: nur, wenn man beide parallel liest), dann mag sich noch einmal jener, allerdings dystopisch eingetrübte, Eindruck der „Totalität einer Welt- und Lebensanschauung" einstellen, den Hegel in seinen *Vorlesungen* zur Ästhetik im neunzehnten Jahrhundert noch ganz selbstverständlich als Forderung des „eigentliche[n] Romans" (1986, 393) formulieren konnte.

2 *Hard new world*: Heinz Helles *Eigentlich Müssten Wir Tanzen* (2015)

Soziale Medien spielen in Heinz Helles Roman auf eine interessante, weil bezeichnende Weise so gut wie gar keine Rolle. Der Plot des relativ schlanken Romans ist schnell erzählt, folgt er doch im weitesten Sinne dem Modell ‚Zombieapokalypse', liest sich dabei aber, als hätte man Camus zum *showrunner* für eine Staffel von *The Walking Dead* gemacht. In 69 Kurzkapiteln folgen die Lesenden einem homodiegetischen Erzähler, der mit einer Gruppe von vier weiteren jungen Männern ein Wochenende auf einer Berghütte verbringt. Die alte Freundschaft der fünf soll wiederbelebt werden, hat aber im unvermeidlichen Alltagsabrieb des Erwachsenen- und Berufslebens längst deutliche Entfremdungsrisse erlitten. Ins Tal zurückgekehrt, finden sie eine durch eine nicht näher erläuterte Katastrophe verwüstete Welt voller toter Menschen, geplünderter Häuser, Geschäfte und ausgebrannter Autowracks vor, eine dystopische Welt, in der das Elektrizitätssystem komplett zusammengebrochen ist. In sprachlich ebenso lakonischen wie verdichteten Miniaturszenen wird nun erzählt, wie die fünf Männer vergeblich versuchen, zu Fuß ihre Heimatstadt zu erreichen und wie dabei im alltäglichen Überlebenskampf gegen den Hunger und gegen andere Überlebende sukzessive der Firnis zivilisatorischer Verhaltensstandards abblättert. Relativ rasch wird aus den gut situierten Mittelschichtsmännern „eine Horde zu allem bereiter Plünderer" (Helle 2015, 112), eine Horde, in der „Konzepte wie Charakter oder Persönlichkeit [...] keine Bedeutung mehr" (117) haben. Plündernd, vergewaltigend, mordend regredieren die Schritt für Schritt dezimierten Protagonisten in einen zunehmend sprachlosen Hobbes'schen Urzustand, an dessen Ende – der Erzähler schildert in der vorletzten Szene, wie er ein Stück Fleisch aus dem Körper seines letzten, soeben durch Selbstmord verschiedenen Freundes herauslöst – der ultimative Regress in die Anthropophagie steht. Bezeichnenderweise wird dieser Prozess einer Entsozialisation relativ früh im Roman eingeleitet durch die einzige Szene, in der soziale Medien im weiteren Sinne überhaupt eine Rolle spielen. Die fünf Männer stehen am Ufer eines „künstlichen Fischweihers":

> In die Stille hinein ein Platschen, ganz eindeutig, und aus dem Augenwinkel sehe ich, was da ins Wasser fällt, und dann höre ich Drygalskis Stimme, spinnst du jetzt, ruft er, aber Gruber zuckt nur mit den Schultern. Wir anderen fassen in unsere Hosentaschen. Das vertraute

> Plastik mit oder ohne Chromapplikation liegt sicher in der Hand. Das Wissen um seine Anwesenheit, die Hunderten Nummern, Namen, Adressen und Termine, die personalisierten Klingeltöne, die Bilder, die Filme. Wir tragen Modelle unseres Lebens in unseren Taschen, und auch wenn wir in dieses Leben nie mehr zurückkommen, beruhigt es uns, eine Erinnerung daran zu haben, die wir anfassen können und herausholen und betrachten. Die Displays sind schwarz. [...] Dann schnellt [Grubers] Hand vor, und das Ladekabel beginnt eine elliptische Flugbahn, wie ein abstürzender Helikopter, denke ich, der gummiummantelte Draht kreist ausladend um Stecker und Transformator, und all das landet ungefähr da, wo das Telefon nur ein paar Sekunden vorher versunken ist. Gruber sieht zufrieden aus, er steht leicht gebückt, die Hände in den Jackentaschen, das Kinn nach vorne gereckt, die Schultern hängend. Wie jemand, der eigentlich gern etwas größer wäre, aber nicht jetzt sofort. An der Stelle, wo sein Samsung Smartphone mit SVoice und ChatOn und so im Wasser verschwand, wachsen gleichmäßige Kreise. (24–25)

Es bedarf keiner hermeneutischen Trapezkünste, um das metonymische Potential dieser rituellen Versenkung eines noch einmal in all seiner Materialität und Haptik ausgeleuchteten Endgerätes und seiner möglichen Funktionen zu erfassen: Wie in einem Passagenritus wird der Übergang von einer smarten in eine harte neue Welt ins Bild gesetzt, der Übergang in ein neues, regressives und kriegerisches Lebensmodell („wie ein abstürzender Helikopter"), in dem Sprache, soziale Kommunikation und Empathiefähigkeit unter den wiedererweckten Naturinstinkten verschwinden werden wie ein untergehendes Stück Kommunikationstechnik im gleichgültigen Naturelement. Die Hexis des die Trennungsphase Vollziehenden bleibt danach – ganz dem Zwischenstadium angemessen – noch ambivalent zwischen Degeneration („er steht leicht gebückt", „Schultern hängend") und zufriedener Entschlossenheit („zufrieden", „das Kinn nach vorne gereckt"). Nur wenige Seiten später, wenn die Gruppe auf ein verwahrlostes Kind trifft, dessen Eltern „mit eingeschlagenem Schädel" in einem Gebüsch liegen, zeigt sich aber, dass die Integration in das neue Lebensmodell bereits vollzogen ist: „Die Form und die Verhältnisse des kleinen Körpers lösen erstaunlicherweise keinen Beschützerimpuls in uns aus, auch keine Rührung oder Wärme" (38).

Während in Helles Roman die Abkehr und die Abwesenheit von sozialen Medien den Gang in eine dystopische Welt initiieren, sind es bei Sibylle Berg gerade die allgegenwärtige Anwesenheit und die permanente Verfügbarkeit sozialer Medien, die den Sturz unserer Welt in die Heillosigkeit nicht nur anzeigen, sondern auch beschleunigen. „Das fucking Netz ist zur Leni Riefenstahl der Welt geworden" (2019, 216) wird es bei ihr heißen.

3 *Hardboiled smart new world*: Sibylle Bergs *GRM. Brainfuck* (2019)

Sibylle Bergs 2019 erschienener Roman *GRM. Brainfuck* ist Zumutungskunst in formaler wie inhaltlicher Hinsicht, Zumutungskunst allerdings mit Lehrbuchcharakter. Er handelt von vier auf sich selbst gestellten Teenagern aus dem Milieu der sozial ‚Abgehängten', die gemeinsam ihrem Schicksal aus Rochdale, „der deprimierendsten Stadt Englands" (2019, 171), in einer sehr nahen Post-Brexit-Zukunft in ein nicht minder deprimierendes London entfliehen und sich dort durch das Dickicht eines digital kontrollierten, moralisch depravierten, kryptofaschistischen und hyperkapitalistischen Überwachungsstaates schlagen. Um Zumutungskunst in formaler Hinsicht handelt es sich bei Bergs Roman, weil dieser klassische Grenzüberschreitungs-Plot auf über 600 Seiten von einer extrem kommentarfreudigen auktorialen Erzählinstanz dargeboten wird, die im lakonisch-zynischen *hardboiled style* des titelgebenden Musikgenres Grime und in stilisiert zerschossener Syntax beständig den Figurenfokus wechselt. Jede neu in den Roman eingeführte Figur wird zunächst in Gestalt eines Profilrasters vorgestellt, das ironisch die Grenzen zwischen staatlichem Überwachungs- und Social-Media-Profil verwischt:

> „Ich habe an den Aufständen teilgenommen", sagte
> **Dons Mutter**
> *Kreditwürdigkeit: keine*
> *Ethnie: schwarz*
> *Intelligenz durchschnittlich*
> *Hobbys: BBC-Fernsehserien, das Königshaus,*
> *Stöbern in Sozialkaufhäusern*
> *Sexualität: onaniert zu Prince-Charles-Fotos*
> *Familienzusammenhang: 2 Kinder, 1 abwesender Mann*
> Oft.
> (26)

In inhaltlicher Hinsicht handelt es sich um eine Zumutung, da in der anthropologisch extrem eingedunkelten Welt des Romans – „denn Menschen waren dazu eingerichtet, einander zu vernichten" (92), weiß die Erzählinstanz – nahezu im Seitentakt, mit offensichtlicher Lust an lakonisch eingesetzten Schockeffekten und unter durchaus verschwenderischem Einsatz von Körperflüssigkeiten aller Art gedemütigt, gemordet und vergewaltigt wird. Ungeachtet des formalen wie inhaltlichen Verstörungspotentials hat Bergs Roman jedoch gleich in vierfacher Hinsicht Lehrbuchcharakter:

1. Gäbe es ein Lehrbuch für öffentliche Autor:inneninszenierungen, hieße die erste Handlungsmaxime: „Unterscheide dich!" Als empirisches Belegmaterial für die Wirkmächtigkeit eines solchen distinktiven Imperativs können Sibylle Bergs Antworten auf die Frage eines *ZEIT*-Interviewers gelesen werden, ob sie sich selbst mit ihrem Roman in einer Gattungsreihe der in den 2010er Jahren so florierenden Dystopien sehe:

> SB: Ich habe das Gefühl, mit dem Etikett wollen Menschen, die ihr Haus – oder auch ihr Inneres – kaum verlassen, die Realität von sich weglabeln. Was heißt Dystopie? [...] Mich stört das nämlich auch so wahnsinnig. Diese Einordnungen und dieses Gerede von Dystopien. Ich denke mir immer: Kinder, verlasst Ihr euren Arbeitsplatz nicht? Es geht doch nur darum, sich für die Welt zu interessieren. Und zwar die Welt außerhalb von uns selbst. Und die ist –
>
> LW: Schlimm?
>
> SB: Ja. (Berg und Dath 2021, 7, 11)

2. Tatsächlich aber, und anders als die Autorin es hier aus distinktionslogischen Gründen insinuiert, handelt es sich bei Bergs mit höllenbrueghel'schem Furor gezeichneten Britannien durchaus um eine Dystopie mit Lehrbuchcharakter; dies zumindest dann, wenn man eine der vielen, in der Regel aber doch recht ähnlichen Definitionen zu Grunde legt, die in den Literaturwissenschaften zirkulieren. In einer jüngeren Untersuchung zu „[g]attungsparadigmatische[n] Transformationen der literarischen Utopie und Dystopie" etwa heißt es: In Dystopien

> werden zeitgenössische Ereignisse, Entwicklungen und Tendenzen zu einem fiktionalen Gesellschaftsentwurf prolongiert, der noch schlechter erscheint als die außerfiktionale Gesellschaft und der damit zur düsteren Extrapolation der jeweiligen außertextuellen Gegenwart wird. (Layh 2014, 112–113)

Es ließe sich durchaus im Einzelnen und in vielerlei Hinsichten zeigen, dass und wie Bergs Roman eben dies in erzählerische Praxis umsetzt, was hier in aller gebotenen akademischen Abstraktion und Trockenheit auf die Begriffe gebracht wird. Angesichts des begrenzten Raums soll dies hier wenigstens für den Komplex der sozialen Medien skizziert werden.

3. Lehrbuchartig ist *GRM* außerdem, weil die Art und Weise, in der im Roman die sozialen Medien zum Thema gemacht werden, geradezu mustergültig etablierten Schemata folgt. Thesenhaft zugespitzt lässt sich sagen, dass in *GRM* den sozialen Medien jene zwei Funktionen zugeschrieben werden, die sich im Gesamtbild wie eine fiktionalisierte, genderbewusst erweiterte und fundierte Vergegenwärtigung der Medienkritik der Kritischen Theorie ausnimmt. Die von Adorno und Horkheimer diagnostizierten Funktionen Kontrolle und Manipulation dominieren auch

den Verbund der sozialen Medien in der Kulturindustrie 3.0,[2] also jene von den „Social-Media-Jungs" auf den Weg gebrachte „50 Prozent der neuen Weltordnung" (Berg 2019, 406). Sind es in Adornos und Horkheimers *Dialektik der Aufklärung* die Medien Radio und Film, die im kapitalistischen Interesse jenen omnipräsenten Verblendungszusammenhang erzeugen, in dem „Amusement [...] die Verlängerung der Arbeit unterm Spätkapitalismus" bedeutet und „Donald Duck in den Cartoons wie die Unglücklichen in der Realität [...] ihre Prügel [erhalten], damit die Zuschauer sich an die eigenen gewöhnen" (Horkheimer und Adorno 1988, 145, 147), so sorgen im Post-Brexit-England Sibylle Bergs die neuen Medien dafür, dass auch weiterhin gilt: „Fun ist ein Stahlbad" (149). Anders gesagt, die Medienumwelt der aktuellen Gegenwart ist deshalb so smart, damit die Menschen in ihr es gar nicht erst werden. Dabei zielen Kontrolle und Manipulation vor allem auf die nachwachsende Generation. Die Kinder der

> neu definierten Generation Z. Das Ende der Nahrungskette, gut erforscht, um Produkte besser verkaufen zu können. Sie waren die zweite Welle von Digital Natives. Körperlich verbunden mit digitaler Technologie, waren sie in Ermangelung irgendeiner Perspektive zur Darsteller-Generation geworden. Je voller die Welt wurde, je austauschbarer die Menschen, umso verzweifelter der Wunsch, gesehen zu werden. Brachte nur nichts. [...] Die Angehörigen der Generation Z lebten in ihren Endgeräten, wo immer mehr los war als auf den langweiligen Straßen in ihrem Nest. Sie unterhielten sich in Chatgruppen, starrten Selfie-Accounts an, sie verbrachten acht Stunden am Tag mit dem Glotzen auf Displays und hatten keine Ahnung, was daran falsch sein sollte, weil die Welt im Netz aus Fotos, Filmen und Spielen bestand, die Offline-Welt jedoch aus schlechtem Wetter und Drogenabhängigen, aus renovierungsbedürftigen Häusern und Langeweile. (Berg 2019, 97–98)

Durch den ständigen Gebrauch sozialer Medien und durch die wechsel- wie gegenseitige mediale Selbst- und Fremdbeobachtung werden also, so der Roman, moralisch wie geistig depravierte „Smartphone-Flachköpfe", mithin eine „spießige Generation" von „Arschlöcher[n]" (367) herangezüchtet, die dem zirkulären Konnex von Digitalisierung und ausbeuterischem Turbo-Kapitalismus gegenüber blind ist: „Ein großes Hurra der Digitalisierung, die dem Menschen Zeit schenkte, um noch einen vierten Job anzunehmen. Um noch ein Gerät zu kaufen, das ihm im Anschluss noch mehr Zeit schenkte" (228). Abgerichtet wird auf diese Weise aus der „Ausschussware des Kapitalismus" (51) ein „paralysiertes, glückliches, hirnloses Volk" (581), das letzten Endes – so die bittere Volte des Romans – der „biometrischen Vollüberwachung" (425), die die neue, KI-gestützte Regierung nach dem „Umsturz" realisiert, selbst dann noch völlig gleichgültig, ja gar zustim-

---

2 Siehe dazu Diederichsen 2014, xxii. Für Diederichsen markieren im Rückgriff auf Horkheimer und Adorno die Medien Radio und Film die erste Variante der Kulturindustrie, Pop-Musik und Fernsehen sind die Medien der zweiten und die digitalen Medien die der dritten Kulturindustrie.

mend gegenübersteht, als sie von einer Bande von revolutionär gestimmten Hackern öffentlich gemacht wird. Die kümmerliche digitale Restavantgarde hatte sich von dieser öffentlichen Entlarvung vergeblich den Beginn einer neuen, politischen Revolution versprochen. Die neuen Menschen der nahen Zukunft, durch ein bedingungsloses Grundeinkommen und Drogen sediert und ständig im virtuellen Raum unterwegs, muss man jedoch gar nicht mehr, so die Insinuation von *GRM*, im berüchtigten Orwell'schen Raum 101 mit physischer und psychologischer Folter brechen, um ihnen die letzten Geheimnisse abzuzwingen, denn: „Die Bürger haben in der neuen, glücklich machenden direkten Demokratie dafür gestimmt, sich komplett überwachen zu lassen, denn sie haben nichts zu verbergen" (594).

4. Die Autorin selbst pflegt übrigens, wie Lena Lang in ihrer umfassenden Studie zu unterschiedlichen Autor:innentypen der Gegenwartsliteratur und ihrem Mediennutzungsverhalten zeigt, ein durchaus ambivalentes Verhältnis zu den sozialen Medien: Lang charakterisiert sie treffend als „breit nutzende, zweideutige Technikaffine" (2022, 140), als Akteurin, die jene Medien, die sie vehement kritisiert, zugleich in der öffentlichen Inszenierungspraxis, sei es über ihre Webseite, über Twitter oder Instagram, ausgiebig nutzt. Der Roman ist hier einsinniger als seine Autorin. Erneut als lehrbucharting erscheint deshalb gerade im Blick auf die Darstellung der sozialen Medien und ihrer Funktionen nun, viertens, auch die erzählerische Gesamthaltung von Bergs Roman. Ganz im Sinne Schillers ließe sie sich mit einigem Recht als satirisch charakterisieren. Satirisch, so Schiller in seiner kulturphilosophischen Grundlagenschrift *Über naive und sentimentalische Dichtung*, sei jene Dichtung, die den „Widerspruch der Wirklichkeit mit dem Ideale […] zu [ihrem] Gegenstande macht", die die „Wirklichkeit als Mangel dem Ideal […]", das übrigens gar nicht ausgesprochen werden müsse, „gegenüberstellt" (2004, 721, 722). Früher hätte man ein solches schriftstellerisches Ansinnen wohl als aufklärerisch bezeichnet. Sibylle Berg tut dies – und das mag nur überraschen, wenn man sich von den drastischen Zynismen ihrer Texte und ihrer Selbstinszenierung zu sehr schockieren, von der Integration popliterarischer Erzählelemente (hier vor allem die gewichtige Rolle des popmusikalischen Sub-Genres Grime) zu sehr den Blick verstellen lässt – auch heute noch:

> Ich habe eine Ahnung von der Funktionsweise dieser Plattformen, die für viele eine hervorragende Datensammel-, Manipulations- und Ablenkungsmaßnahme sind. Wer permanent damit beschäftigt ist, hat ja kaum noch Platz für etwas anderes. Wenn du nicht weißt, was die Aufgabe sozialer Plattformen ist, ihre programmierte Funktion, fragmentieren sie das Denken – nachdem die Nutzer freiwillig ihre potenziellen Gefährderprofile angelegt haben. Aber ich glaube nicht, dass man sich deswegen vollständig von ihnen fernhalten sollte. Man kann sich solche Plattformen ja auch aneignen. Wenn du ahnst, welchen Preis man für Dinge zahlt, die angeblich umsonst sind, kannst du sie nutzen, um andere darüber *aufzuklären* [meine Hervorhebung, G.K.]. (Berg 2019, 33)

4 *Smart new world*: Zwei Thesen zu Leif Randts *CobyCounty*

4.1 Gattungsprobleme

Müsste man für Bergs Roman ein Motto aus der Pop-Kultur finden, könnte es wohl „Paint it black!" lauten. Für Randts Roman träfe eher das Pink Floyd'sche „Comfortably numb" zu. Gleichwohl ist auch Randts Roman, wenn auch in ganz anderer Weise als derjenige Bergs, ein Stück Zumutungskunst. Diese Zumutung resultiert nicht zuletzt, so meine erste These, aus der erzählerisch bewusst inszenierten Gattungsuneindeutigkeit des Romans. Randts Roman handelt auf den ersten Blick davon, dass und wie in CobyCounty, einer fiktiven, geographisch nicht lokalisierbaren Wohlstands- und Wohlfühlidylle, *nichts* geschieht. „[S]chließlich", so die Erzählinstanz, der 26-jährige „Agent für junge Literatur" (Randt 2012, 29), mit dem bezeichnenden Namen Wim Endersson (ein Sohn des Endes auch er also), „leben wir alle gerne hier" (21). Dass es sich bei CobyCounty im wahrsten Sinne des Wortes um einen Nicht-Ort handeln muss, weiß man spätestens nach zwei Dritteln des Romans, wenn nicht ohne Ironie als verbuchenswerter Eindruck eine Zugreise geschildert wird: „Durch die Lautsprecher [...] grüßt der Schaffner in vier verschiedenen Sprachen, es macht Spaß, ihm zuzuhören, da er alle vier Sprachen akzentfrei beherrscht" (130). CobyCounty ist wie eine Welt der Eloi, in der es keine Morlocks gibt, eine nicht enden wollende Revue von Partys und erotischen Erlebnissen mit ein wenig Kulturarbeit in den Zwischenzeiten, und die Menschen im County sind allesamt voller *self-awareness*. Trotzdem mag sich bei vielen Lesenden kein rechtes Behagen an dieser Idylle einstellen, liegt doch die formale wie inhaltliche Raffinesse des Romans darin, die Frage aufzuwerfen (ohne sie ein einziges Mal direkt zu stellen), ob man ein solches Leben „an einem der besten Orte der Welt" (6) tatsächlich wollen können soll.

Liest man Randts Roman parallel mit dem von Sibylle Berg, so mag sich in etwa – zumindest in soziologischer Hinsicht – jene „Totalität einer Weltanschauung" einstellen, die Hegel noch vorschwebte: Während Bergs Roman die sozial Deklassierten und eine, so darf man hoffen, im grotesken Stil überzeichnete, korrumpierte Oberschicht in den Bick nimmt, beobachten wir in Randts Roman das Leben jener „wohlhabende[n] junge[n] Menschen aus einem Kultur- und Kunstmilieu" (43), jener „Freiberufler [aus] den westlichen Metropolen" (113), die der Soziologe Andreas Reckwitz als Avantgarde und Nutznießende eines postindustriellen Kulturkapitalismus analysiert (vgl. 2017, insbes. 285–303); einer Gesellschaft, in der diejenigen, die zu den glücklichen Besitzenden gehören, zu daueroptimierenden Kuratoren ihres eigenen Lebens werden. Anders jedoch als Bergs Roman liefert *Schimmernder*

Dunst keine direkte ethische Gebrauchsanweisung mit: Aus der im Roman konsequent durchgehaltenen internen Fokalisierung – wir sehen alles mit den Augen des Erzählers – resultiert eine Gattungsuneindeutigkeit, sozusagen das dunstige Schimmern des Romans. Eindeutige Ironie-Markierungen werden in der Regel konsequent vermieden, so dass letztlich unklar bleibt, ob wir davon ausgehen sollen, dass der Horizont der Erzählung weiter ist als derjenige des Erzählers, ob der Text als entlarvungspsychologische, dystopische Satire gelesen werden kann und will, als melancholisch eingetrübte Elegie auf eine umdrohte Idylle, als eine jedwede Kulturkritik hinter sich lassende, popkulturelle Feier der konsumorientierten und -reflektierten Existenz[3] oder als ein Hybrid aus allen drei Varianten, als satirisch-elegische Dysto-Popliteratur[4] sozusagen. Der Roman nimmt den Lesenden diese Entscheidung nicht ab, sie bleibt letztlich abhängig vom Grad der kulturkritischen Prädisposition der jeweiligen Rezipierenden.

4.2 Beziehungsprobleme

Dass nicht alles gut sein wird in CobyCounty, zeigt allerdings – so meine zweite These – ein Blick auf die konsequente Medialisierung der Beziehungen und der mit ihnen verbundenen Affekte. „Warum Liebe weh tut" wird in Grundstrukturen schon hier – und nicht erst im Folgeroman *Allegro Pastell* – zu einem Leitthema von Randts Textproduktion. Schon *Schimmernder Dunst über CobyCounty* umkreist literarisch jenes Phänomen, das die Soziologin Eva Illouz als das grundlegende, Strukturen prägende Dilemma der Liebe in Zeiten der Spätmoderne diagnostiziert: die „Relativierung der Liebe durch verschiedene Rationalisierungsprozesse", in deren Zuge „die Ironie ins Zentrum der neuen romantischen Sensibilität rücken [musste]" und deren Folge eine „hyperkognitive Methode der Suche nach einem Partner" (2011, 324) ist. Dabei sind es in *CobyCounty* gar nicht einmal so sehr die (mittlerweile schon wieder alt wirkenden) ‚neuen' Kommunikationsmedien der E-Mail und der SMS, die permanent vermittelnd die Liebeskommunikation anbah-

---

[3] In Randts folgendem Roman, dem mit Versatzstücken des Science-Fiction-Genres experimentierenden *Planet Magnon*, manifestiert sich als Ziel einer solchen, als „PostPragmaticJoy" etikettierten Haltung ein „postpragmatischer Schwebezustand [...], in dem Rauscherfahrung und Nüchternheit, Selbst- und Fremdbeobachtung, Pflichterfüllung und Zerstreutheit ihre scheinbare Widersprüchlichkeit überwinden" (2017, 293–294).

[4] Von einer geradezu zarten Diskretion zeugt die Geste, mit der der Roman dem von Randt geschätzten Doyen der Popliteratur, Christian Kracht, eine Reverenz (und Referenz) erweist: Wesley, der Freund des Erzählers, besucht an der CobyCounty School of Arts and Economics den Studiengang „Kunstgeschichte seit 1995" (15), womit jenes Jahr als Zäsur insinuiert wird, in dem Krachts Erstling *Faserland* erscheint.

nen, aufrechterhalten und beschließen. In einer zentralen Szene des Romans etwa beendet die vom Erzähler als Carla1 bezeichnete Freundin qua SMS ihre gemeinsame Beziehung, und dieser sieht – anders als der Ich-Erzähler in Stuckrad-Barres *Soloalbum*[5] – keinen Grund, ihr deshalb Vorwürfe zu machen:

> Man sollte immer die Wege gehen, die man am virtuosesten geht. Ihre Form ist die SMS, das ist prinzipiell gut, mit meiner Kritik daran würde ich es mir nur leicht machen. [...] Wir hatten eine wirklich gute Zeit, und nicht alle Menschen erleben eine Trennung auf diesem Niveau. (2012, 65–66)

Ein kurzer Blick auf besagte, kurz zuvor präsentierte Trennungsmail mag allerdings hinreichend sein, um hier den Eindruck zu gewinnen, dass Wim zwar möglicherweise tatsächlich meint, was er sagt, der Romantext aber das Gegenteil kommuniziert:

> *Ich habe versucht es anzudeuten. Jetzt weiß ich es sicher. Mit einem Jungen namens Dustin fängt für mich eine neue Zeitspanne an. Das wird besser für uns beide sein. Ich bleibe deine Vertraute. In allgemeiner Liebe. *C.* (65)

Dass es allerdings dieser digitalen Medien in Zeiten der post-passionierten Liebe gar nicht mehr unbedingt bedarf, um in einem permanenten Zustand der Vermitteltheit und der transpsychologischen Selbst- und Partnerbeobachtung[6] zu agieren, ist vielleicht – zumindest für die restpassionierten unter seinen Lesenden – der eigentliche Grund für das Unbehagen am Roman. Während bei Sibylle Berg die Umwelt der Agierenden zunehmend smarter wird, sind es in CobyCounty die Akteure selbst, die immer smarter zu werden beanspruchen. „Smart" ist der Hochwert- und Distinktionsbegriff, der in CobyCounty jene Funktion übernimmt, die im Folgeroman *Allegro Pastell* dann das Etikett „charmant" haben wird.[7]

---

5 Vgl. hierzu den Beitrag von Christoph Kleinschmidt in diesem Band.

6 Der Begriff der „transpsychologischen" Konzeption von Figuren entstammt zwar dem Bereich der Dramenanalyse, erweist sich allerdings auch im Blick auf die Romanfiguren Randts als durchaus aufschlussreich. Der Dramentheoretiker Manfred Pfister versteht unter einer transpsychologisch konzipierten Figur eine Dramenfigur, „deren Selbstverständnis über das Maß des psychologisch Plausiblen hinausgeht, deren völlig bewußter und rationaler Eigenkommentar sie implizit als nicht mehr völlig bewußt und rational charakterisieren kann, sondern vielmehr auf eine episch vermittelnde Kommentarinstanz verweist, die ‚durch sie hindurch' die Figur in ein vorgegebenes Wertgefüge einordnet" (2001, 248). Für die Figuren in Randts Roman scheint diese transpsychologische Verfasstheit, die Pfister eher als Ausnahmefälle begreift, die Regel zu sein. Unklar bleibt allerdings, wie unter 1. erläutert, in welches „Wertgefüge" die „Kommentarinstanz" die Figuren auf diese Weise eingeordnet wissen will.

7 Der Begriff findet sich im Roman auf den Seiten 41, 52, 143, 144. „Charmant" wird in *Allegro Pastell* vor allem vom Protagonisten Jerome Daimler als Hochwertbegriff eingesetzt (vgl. Randt 2020, 9, 18, 75, 118, 247).

Smart ist, wer wie der Affektregulierungsvirtuose Wim als ein Luhmann seiner selbst agiert, und smart agiert man, wenn der nächste, Beobachtungen beobachtende *re-entry* immer nur einen Wimpernschlag entfernt ist: In der Beziehung mit Carla1 „haben wir abgeglichen", so der Erzähler,

> was wir uns von einer gut organisierten Liebe erwarten. Uns fielen zuerst die europäischen Vorabendserien ein [...]. Um uns von der Softness der Vorabendserien zu emanzipieren, haben wir uns am Anfang unserer Beziehung für ruppigen Sex entschieden. Weil wir aber bald anfingen, uns währenddessen albern vorzukommen, lieben wir uns heute vermehrt so, wie sich die Charaktere im europäischen Fernsehen mutmaßlich auch geliebt hätten. (26)

Zum und beim Sex mit Carla2 räsoniert Wim: „Ich schließe die Augen, so wie man im Allgemeinen seine Augen schließt, wenn man anzeigen möchte, dass man sich gerade fallen lässt" (165).[8] Und ganz allgemein gilt für ihn die Einsicht,

> dass Küsse und die anderen Dinge eigentlich gar nichts kommunizieren, sondern dass wir damit nur einen Verhaltenscode erfüllen. Genauso wie mit dem Reden darüber. Oder mit der Art und Weise, wie wir interessante und warme E-Mails formulieren, um die Körperdinge auf den Weg zu bringen. (51–52)

Aus einer dergestalt immer schon internalisierten Smartness, die von den in Serien, Filmen, literarischen Texten vermittelten Vor-Bildern nicht mehr absehen kann, resultiert schließlich einer der Grundsätze der Liebeskommunikation der smarten, neuen Welt: „Deshalb kann es auch nie besonders smart sein, zu behaupten, dass man verliebt ist" (143).

In diesem hypersentimentalischen Stahlbad der ständigen ästhetischen Selbst- und Fremdbeobachtung – „[j]ede Entscheidung kann falsch sein, jede Formulierung gefährlich, jede E-Mail verletzend" (143) – sind genuine Gesten schließlich nicht mehr möglich. Selbst wenn den Agenten für junge Literatur ausnahmsweise Imaginationen von einem geradezu ästhetizistischen Immoralismus heimsuchen, Vorstellungen, die angesichts seiner konstant equilibrierten Temperiertheit auf den ersten Blick verstörend wirken, dann entpuppen sie sich auf den zweiten Blick als literarisch vermittelte: Nach einer ungeklärt bleibenden Feuersbrunst, in deren Zuge die Nachbarvillen in Flammen aufgegangen und bis auf die Grundmauern niedergebrannt sind (das Anwesen seines Vaters bleibt verschont), stellt Endersson sich vor, „wie die Gäste meines Vaters auf seinem Einweihungsfest inmitten eines verkohlten Panoramas anstoßen würden, auf zerstörtem Rasen zwischen niederge-

---

8 Bei Luhmann liest sich dieser Gedanke des Sich-als-Liebenden-beobachtbar-Machens nur wenig nüchterner folgendermaßen: Beim „Problem der Intimkommunikation", so der Soziologe, geht es „um die Reproduktion von Sinnüberschüssen, denen man entnehmen kann, daß die Liebe kontinuiert. [...] Dies erfordert, daß der Handelnde sich beobachtbar macht als einer, der seine Gewohnheiten und Interessen überschreitet" (1994, 43–44).

brannten Häusern" (163). Sich selbst gegenüber räumt er ein, dass er „ja auch gerne in so einer Mondlandschaft am Fenster stehen [würde], mit einem Mischgetränk in der Hand" (163–164). Unaufdringlich, aber erkennbar schimmern hier die literaturgeschichtlichen Vorlagen eines solchen Szenarios durch: zum einen Ernst Jünger, der sich in seinen veröffentlichten Tagebüchern provozierend als zynischer Dandy inszeniert, vor allem, wenn er davon berichtet, wie er im Angesicht der Bombardierung von Paris im Mai 1944 „ein Glas Burgunder, in dem Erdbeeren schwammen" (1962, 280)[9], verköstigte. Jünger selbst wiederum wandelte, zum anderen, bereits in Spuren, nämlich in jenen des spätromantischen Experten für Nachtschwarzes und inspirierende Getränke, E.T.A. Hoffmann, der die zerstörerische Invasion Dresdens durch die napoleonischen Truppen – schenkt man seiner Tagebuchnotiz vom 26. August 1813 Glauben – „ganz gemütlich mit einem Glase Wein in der Hand" (2003, 805)[10] vom Fenster aus beobachtete. Dass bei Randt aus dem Wein der realgeschichtlichen Vorbilder das „Mischgetränk" des fiktiven epigonalen Spätlings wird, darf man möglicherweise doch als eines der wenigen Ironie-Signale verbuchen, das in der Erzählwelt von *CobyCounty* aufleuchtet. Überhaupt scheint es nur noch eine letzte, augenblickshafte Ressource der zwanglosen Unmittelbarkeit zu geben, bis auch diese von der nächsten Reflexion kassiert wird: das mit einer „gewisse[n] Vorfreude" empfundene Sich-übergeben-Müssen: „[D]ann bin ich", so der Erzähler, „irgendwie ganz bei mir und maximal ehrlich zu mir selbst" (Randt 2012, 47).[11]

Dies ist dann wohl doch in ihrer Trostlosigkeit eine jener Passagen des Romans, in denen er – sozusagen hinter dem Rücken seines Erzählers – recht ver-

---

[9] Im Kontext des stilisierten Tagebucheintrages lautet die Passage: „Alarme, Überfliegungen. Vom Dache des ‚Raphael' sah ich zweimal in Richtung von Saint-German gewaltige Sprengwolken aufsteigen, während Geschwader in großer Höhe davonflogen. [...] Beim zweiten Mal [d. h. beim zweiten Luftangriff], bei Sonnenuntergang, hielt ich ein Glas Burgunder, in dem Erdbeeren schwammen, in der Hand. Die Stadt mit ihren roten Kuppeln und Türmen lag in gewaltiger Schönheit, gleich einem Kelche, der zu tödlicher Befruchtung überflogen wird. Alles war Schauspiel, war reine, vom Schmerz bejahte und überhöhte Macht" (Jünger 1962, 280–281).

[10] Im Kontext der zu einem „Auszug aus meinem Tagebuch für die Freunde" bearbeiteten Tagebuchnotizen vom 26. August 1813, die unter dem Titel *Drei verhängnisvolle Monate!* erscheinen, lautet die Passage: „[W]ir sahen ganz gemütlich mit einem Glase Wein in der Hand zum Fenster heraus, als eine Granate mitten auf dem Markte niederfiel und platzte – in demselben Augenblick fiel ein Westphälischer Soldat der eben Wasser pumpen wollte, mit zerschmettertem Kopfe tot nieder – und ziemlich weit davon ein anständig gekleideter Bürger – Dieser schien sich aufraffen zu wollen – aber der Leib war ihm aufgerissen, die Gedärme hingen heraus, er fiel tot nieder [...]" (Hoffmann 2003, 805–806).

[11] Zugleich sind Erbrechen und permanenter Alkoholkonsum weitere popliterarische Verweise auf Krachts Romandebut *Faserland*, in dem beiden Erzählelementen leitmotivische Funktionen zukommen.

nehmlich und dystopisch raunt: Wir müssen uns Endersson als einen unglücklichen Menschen vorstellen.

5 Schlussüberlegung: Ist was Popliteratur 3.0?

Lassen sich aus dem begrenzten Korpus der exemplarisch hier verhandelten, mehr (Helle, Berg) oder weniger (Randt) eindeutig dystopischen Texte tragfähige Befunde im Blick auf die Leitfrage des vorliegenden Bandes nach der Triftigkeit der Annahme einer dritten Phase der Popliteratur ableiten? Selbst dann, wenn man bereit ist, Diederichsens in heuristischer Hinsicht zweifellos anregende historische Phasierung in Pop I und II zu akzeptieren (Diederichsen 2013 [1999], 244–258),[12] selbst dann auch, wenn man bereit ist, Diederichsens Modell, das sich auf Popkultur im umfassendsten Sinne richtet, umstandslos in ein pop*literatur*historiographisches Phasierungsschema zu übertragen, bleibt diese Frage – nicht nur angesichts der hier notwendiger Weise eingeschränkten Textauswahl – keine leicht zu beantwortende. Da Heinz Helles Roman in den vorangegangenen Überlegungen vornehmlich als ein gegenwartsliterarisches Beispiel für den Boom des Genres der Dystopie zur Rede stand und zudem kaum als popliterarischer Text im engeren Sinne begriffen werden kann, soll es im Folgenden lediglich um die Romane von Berg und Randt gehen. Vielleicht lässt sich die Frage nach einer dritten Phase der Popliteratur im Blick auf *GRM* und *CobyCounty* vereinfachend so stellen: Erzählen diese beiden Texte in formaler und/oder inhaltlicher Hinsicht in einem Maße und in einer Weise anders als etwa der prototypische Roman der Popliteratur 2.0, Christian Krachts *Faserland*, dass es notwendig wäre, von einer neuen, dritten Phase der Popliteratur zu sprechen? Mit Blick auf diese beiden Romane zumindest (und unter

---

12 Diederichsens sowohl typologisierendes als auch historisierendes Modell ist zweifellos in heuristischer Hinsicht eines der anregendsten und folgenreichsten der jüngeren deutschsprachigen Pophistoriographie. Ob allerdings die bisweilen doch recht pauschal anmutenden Klassifizierungskriterien – etwa, um hier nur eines anzuführen, dass „Pop-Kultur I unabhängig von ihren konkreten Inhalten immer einer oppositionellen Struktur folgte, als Komplement und Konkurrenz zur defizitären Repräsentationspolitik des Parlamentarismus und alter Herrschaftskulturen" (2013 [1999], 255–256) – einen differenzierten und historiographisch belastbaren Blick auf die Vielgestaltigkeit und die Gleichzeitigkeiten des Ungleichzeitigen in der Popgeschichte seit den 1960er Jahren erlauben, darf man zumindest für diskussionswürdig halten. In seiner doppelten Anspruchshaltung, mit Pop I und Pop II *gleichermaßen* pophistorische Phasen charakterisieren und popkulturelle Haltungen zur Welt typologisieren zu können, teilt Diederichsens Modell grundsätzlich die heuristischen Stärken wie auch die analytischen Schwächen solcher ihre Begriffe überlastenden, zweigliedrigen Geschichtsschreibungsnarrative (man denke etwa an Schillers Begriffspaar des „Naiven" und „Sentimentalischen.").

Verweis auf *Ockham's razor*) erscheint es mir vorerst angemessener, von einer Fortsetzung der Popliteratur 2.0 mit anderen, zum Teil vor-popliterarischen erzählerischen Mitteln, als von einer dritten Phase zu sprechen. *GRM* – dies zeigt zunächst seine Nähe zur Popliteratur 2.0 – operiert sowohl mit Abgrenzungsgesten gegenüber Repräsentanten jener Phase, die Diederichsen als Pop I kennzeichnen würde (siehe etwa das Beatles- und Dylan-Bashing im Zeichen der Kritik an einem vom „alten weißen Mann" dominierten Popdiskurs[13]), als auch mit der affirmativen, weil für die Figuren identitätskonstitutiven Integration von popmusik- und markenbezogenen Erzählelementen. Gewiss, Bergs Roman ist, wie in Kapitel drei gezeigt wurde, gekennzeichnet von der formalen wie der diegetischen Integration und Reflexion sozialer Medien. Gleichwohl greift er, wie ich zu zeigen versucht habe, in der subversiv-kritischen, oppositionellen Gesamthaltung, mit der der Text diese Medien zum Thema macht, bei allem plakativen Zynismus letztlich auf satirisch-aufklärerische Verfahrensweisen zurück, die nach Diederichsens Modell eher im Pop I zu lokalisieren wären und literaturgeschichtlich viel weiter zurückreichen. Sibylle Berg würde es zweifellos nicht goutieren, aber in diesem Licht erscheint *GRM* eher wie ein Artefakt, das seinen Pop I-Spirit unter einem hochtourigen Pop II-Sound zu verbergen sucht.

Auch Randts Roman lässt sich durchaus noch als Fortschreibung der Popliteratur 2.0 mit differenzierten Mitteln lesen. Mit seiner durchgängigen internen Fokalisierung wie auch mit der sozialen Verortung und der ausgeprägten Konsumorientierung seines von Zuständen der inneren Leere bedrohten Protagonisten greift *CobyCounty* wesentliche formale und inhaltliche Gestaltungsmomente von Krachts *Faserland* auf. Allerdings transponiert Randts Roman sie – wie im vierten Kapitel gezeigt – in einen gattungsuneindeutigen Hybrid satirisch-elegischer

---

[13] Dabei handelt es sich um das abgrenzungsstrukturelle Pendant zur Polemik des Erzählers in *Faserland* gegen die „SPD-Nazi[s]" (Kracht 2015, 49): „**Hannah** Denkt an ihr früheres Leben. In dem es noch erwachsene Bezugspersonen gab. Nachbarn oder Lehrer, die stundenlange Vorträge über mittelmäßige Musik gehalten hatten. Hannah hat nie verstanden, warum Männer nicht einfach Musik hören und die Klappe halten können, warum sie sich, wenn sie schon darüber nachdenken müssen, nicht darüber klar werden, dass Musik nur ein legitimes Mittel für Verklemmte ist, um Gefühle ausdrücken zu lassen. [...] Die Beatles also, Liverpool, unsere weißen Genies, die Musik für weiße, junge Menschen neu erfunden hatten. [...] Diese Bands als das vielgestaltigste, widersprüchlichste und großartigste Zeitdokument und so weiter, und dann landeten sie immer, immer auch bei Bob Dylan. Den größten weißen männlichen Poeten aller Zeiten, der mit Zeilen wie ‚All die müden Pferde unter der Sonne - / Wieso meint man, ich hätte / Irgendeinen Ritt unternommen? [...]' die Welt der Dichtung erschüttert hat. Die müden Pferde, sind sie nicht eine Metapher für den alten weißen Mann? Der am Ende seines Lebens auf sein sogenanntes Werk schaut. Und was sieht er da? Nichts sieht er da. Das Leben hatte sie gefickt. Die alten Beatles-Fans" (Berg 2019, 321–322).

Dysto-Popliteratur, bei dem in weit stärkerem Maße als in Krachts Debutroman (und anders als bei Bergs Dystopie) unklar bleibt, in welchem Licht der Roman das ‚Schicksal' des Protagonisten wahrgenommen wissen will. Randts jüngster Roman, *Allegro Pastell*, in dem die sozialen Medien für Formgebung und Inhalt eine deutlich gewichtigere Rolle spielen, treibt diese in *CobyCounty* bereits angelegte Uneindeutigkeit auf die Spitze. Ob die hier rund um die Protagonisten Jerome und Tanja in ein Deutschland Ende der 2010er Jahre re-konkretisierte Diegese einen (im Sinne von Pop II) affirmierten, oder einen (im Sinne von Pop I) kritisierten Weltabbildungsentwurf präsentiert, hängt stärker noch als in *CobyCounty* und anders als in Bergs *GRM* von der (popkulturellen) Sozialisation der je Lesenden ab. Möglicherweise markiert das in diesem Roman mit äußerster Kunstfertigkeit realisierte, postironische Schweben zwischen Affirmation und Kritik eines postindustriellen, durch die sozialen Medien geprägten Kulturkapitalismus tatsächlich den Beginn einer neuen, dritten Phase der Popliteratur. Möglicherweise aber wird *Allegro Pastell* auch der virtuose Höhepunkt und der sentimentalische Schwanengesang einer postmodernen Popliteratur gewesen sein, deren gegenwartsdiagnostische Relevanz sich im Angesicht der mit beharrlicher und irritierender Insistenz rückwärts, ins zwanzigste Jahrhundert, gewendeten Zeitläufte fürs erste erschöpft hat.

Literatur

Berg, Sibylle. *GRM. Brainfuck*. Köln: Kiepenheuer & Witsch, 2019.
Berg, Sibylle, und Dietmar Dath (Hg.). *Zahlen sind Waffen. Gespräche über die Zukunft mit Jens Balzer, Maja Beckers, Thomas Vašek, Lars Weisbrod*. Berlin: Matthes & Seitz, 2021.
Biess, Frank. *Republik der Angst. Eine andere Geschichte der Bundesrepublik*. Reinbek bei Hamburg: Rowohlt, 2019.
Diederichsen, Diedrich. „Ist was Pop? (1999)". *Texte zur Theorie des Pop*. Hg. Charis Goer, Stefan Greif und Christoph Jacke. Stuttgart: Reclam, 2013. 244–258.
Diederichsen, Diedrich. *Über Pop-Musik*. Köln: Kiepenheuer & Witsch, 2014.
Gehlen, Arnold. *Die Seele im technischen Zeitalter. Sozialpsychologische Probleme in der industriellen Gesellschaft* [1957]. Frankfurt am Main: Vittorio Klostermann, 2007.
Hegel, G. W. F. „Vorlesungen über die Ästhetik III". *Werke in 20 Bänden*, Bd. 15. Frankfurt am Main: Suhrkamp, 1986.
Helle, Heinz. *Eigentlich Müssten Wir Tanzen*. Berlin: Suhrkamp, 2015.
Hoffmann, E. T. A. *Sämtliche Werke I: Frühe Prosa, Briefe, Tagebücher, Juristische Schrift. Werke 1794–1813*. Hg. Gerhard Allroggen, Friedhelm Auhuber, Hartmut Mangold, Jörg Petzel und Hartmut Steinecke. Frankfurt am Main: Deutscher Klassiker Verlag, 2003.
Horkheimer, Max, und Theodor W. Adorno. *Dialektik der Aufklärung. Philosophische Fragmente*. Frankfurt am Main: Fischer, 1988.
Illouz, Eva. *Warum Liebe weh tut. Eine soziologische Erklärung*. Berlin: Suhrkamp, 2011.
Jünger, Ernst. *Werke, Tagebücher III. Strahlungen – Zweiter Teil*. Stuttgart: Klett, 1962.

Kracht, Christian. *Faserland*. Frankfurt am Main: Fischer, 2015.
Lang, Lena. *Medialer Habitus und biographische Legende. Schriftstellerische Inszenierungspraktiken im Zeitalter der Digitalisierung*. Berlin und Heidelberg: Springer, 2022.
Layh, Susanna. *Finstere neue Welten. Gattungsparadigmatische Transformationen der literarischen Utopie und Dystopie*. Würzburg: Königshausen und Neumann, 2014.
Luhmann, Niklas. *Liebe als Passion. Zur Codierung von Intimität*. Frankfurt am Main: Suhrkamp, 1994.
Pfister, Manfred. *Das Drama. Theorie und Analyse*. 11. Aufl. München: utb, 2001.
Randt, Leif. *Schimmernder Dunst über CobyCounty*. Berlin: Berlin Verlag, 2012.
Randt, Leif. *Planet Magnon*. Köln: Kiepenheuer & Witsch, 2017.
Randt, Leif. *Allegro Pastell*. Köln: Kiepenheuer & Witsch, 2020.
Reckwitz, Andreas. *Die Gesellschaft der Singularitäten. Zum Strukturwandel der Moderne*. Berlin: Suhrkamp, 2017.
Schiller, Friedrich. „Über naive und sentimentalische Dichtung". *Sämtliche Werke*. Band V. *Erzählungen. Theoretische Schriften*. Hg. Wolfgang Riedel. München: Carl Hanser Verlag, 2004.

Pola Groß, Hanna Hamel
Pop-Nachbarschaften 3.0: Stil und Milieu bei Joshua Groß, Christian Kracht und Sibylle Berg

Wenn sich „Pop" unter anderem durch die Abgrenzung von Tradition, Kanon und konventionalisierten Erwartungshaltungen definieren soll (Venus 2013, Baßler und Schumacher 2019, 4), stellt sich für eine aktuelle Popliteratur die Frage, wovon genau sie sich unterscheiden kann oder will.[1] Viele Texte der Gegenwartsliteratur gewinnen ihr Profil gerade nicht *ex negativo* – also in der Enttäuschung von Erwartungshaltungen, im Spektakel oder im Skandal, den der Bruch mit Erwartetem verursacht –, sondern indem sie bewusst aus einem markanten Milieu oder der Perspektive eines bestimmten Lebensstils heraus berichten und den Leser:innen ein originelles Identifikationsangebot machen. Das gilt für eine ganze Reihe von Texten, die von Herkunft und Klasse handeln – seien es Annie Ernaux' autosoziobiographische Schriften oder sei es Christian Barons *Ein Mann seiner Klasse*. Es gilt auch für weitere Texte, die bestimmte Identitätsaspekte wie zum Beispiel Herkunft aus einer ländlichen Gegend akzentuieren. Auch wenn singuläre Geschichten erzählt werden, die in einer Weise individuell sind, dass man sie über ihre biographische Konkretion rasch dem ‚Genre' der Autofiktion zuschlägt, steht mit diesen Texten zugleich ihre Repräsentativität für ein bislang unterrepräsentiertes Milieu zur Diskussion.[2] Das spiegelt sich in Einordnungsversuchen des Feuilletons wider, das hinsichtlich des Milieus ähnlich gelagerte Texte zusammen bespricht oder diese nach biographischen Ähnlichkeiten der Autor:innen miteinander gruppiert.[3]

---

[1] Dieser Beitrag ist 2021 im Rahmen des Schwerpunktprojekts „Stil - Geschichte und Gegenwart" und des Projekts „Nachbarschaften in der Berliner Gegenwartsliteratur" am Leibniz-Zentrum für Literatur- und Kulturforschung entstanden.

[2] Unter ‚Milieu' verstehen wir hier die Zuordnung zu einer gesellschaftlichen Gruppe, die hinsichtlich Herkunft, Klasse und Wertvorstellungen Ähnlichkeiten aufzuweisen scheint. So gefasst sind soziale Milieus insbesondere durch ihre jeweils unterschiedlich ausgeprägten Lebensformen und -stile gekennzeichnet. Mit ‚Milieu' ist wissens- und begriffsgeschichtlich zugleich auch ein biologischer Kontext aufgerufen, allerdings mit der Einschränkung, dass der Mensch als Lebewesen gilt, das „neue Milieus schaffen kann" und „dazu fähig ist, in allen Milieus zu existieren, zu widerstehen und seinen technischen und kulturellen Aktivitäten nachzugehen", wie bereits Georges Canguilhem bemerkt (2009, 296).

[3] So diskutiert Miriam Zeh in *Republik* drei zeitgenössische deutschsprachige Romane unter identitätspolitischen Gesichtspunkten: „Die autobiographisch gefärbten Debütromane von Sanyal, Yaghoobifarah und Otoo setzen die journalistischen Kommentare und Artikel der drei Au-

---

Open Access. © 2024 bei den Autorinnen und Autoren, publiziert von De Gruyter. Dieses Werk ist lizenziert unter der Creative Commons Namensnennung 4.0 International Lizenz.
https://doi.org/10.1515/9783110795424-007

Der Fokus auf eine Herkunft, ein Milieu oder eine Umgebung der Texte – im Sinne eines Lifestyles oder einer lokalisierbaren Lebensform – wird im Literaturbetrieb ebenfalls aktiv inszeniert, wie zum Beispiel bei den Romanen von Lutz Seiler, *Kruso* und *Stern 111*, die öffentlich als „DDR-Romane" diskutiert werden,[4] obwohl sie thematisch in beiden Fällen mindestens ebenso stark auf die Bildungsbiographie eines jungen Schriftstellers und die sprachliche Erschließung einer fragmentierten Welt und ihrer Wahrnehmung konzentriert sind. In einem anderen diskursiven Kontext wären diese Merkmale vielleicht als primär wahrgenommen worden, während die Romane heute eher als Auseinandersetzung mit der Wendezeit und der ‚Herkunft' des Autors aus Thüringen besprochen werden. Unterstützt wird eine solche Rezeption nicht zuletzt durch das Verlagsmarketing, wenn der Autor in kurzen Videos durch die Schauplätze auf Hiddensee oder im Prenzlauer Berg führt und damit demonstriert, aus welchem historischen Milieu die Texte fast schon naturhaft zu erwachsen scheinen.[5] Im Bemühen um die Lokalisierung von Texten lässt sich ein Ordnungsbedürfnis erkennen, das selbst als eine Art „Stilisierungsstress" (Venus 2013, 71) begriffen werden kann. Dieser Effekt zeigt sich nicht nur in der endogenen Bildung von „Stilgemeinschaften",[6] sondern auch aufseiten der Kritik und der Literaturwissenschaft, die ästhetisch klassifizieren sowie jeweils von außen neue Stile und Trends identifizieren möchten.

Verstärkt werden solche Effekte der Gruppen- und Stilbildung bei einigen Autor:innen durch die sozialen Medien. Letztere werden mit Jugend, Zugänglichkeit und pointierten Formulierungen (etwa auf Twitter) sowie einer Vermischung von Kunst und Alltag assoziiert. In diesem medialen Kontext präsentieren immer mehr Autor:innen auch ihre Romane, die – wenn sie nicht selbst schon in Teilen in den sozialen Medien und dem dortigen Verweis- und Zitatenetz geschrieben wurden – auf diesem Weg ihr potenzielles Publikum in Form einer Follower:innenschaft öffentlich sichtbar mitinszenieren. Auch professionelle und Laien-Kritiker:innen können hier direkt reagieren. Diese Interaktionen beschränken sich nicht auf die inhaltliche Kommunikation über das Buch, sondern beziehen Alltäglichkeiten einer bestimmten Community mit ein. Durch die Nähe zu anderen Posts und Antworten wird ein Milieu oder ein exemplarischer Lebensstil präsentiert, aus dem heraus

---

torinnen fort" (2021). Felix Stephan bespricht die Romane von Christian Baron und Bov Bjerg in diesem Sinne unter der Überschrift „Ganz wird man die Herkunft eben doch nie los" (2020). Der Trend zum vereindeutigenden Umgang mit Romanen über „Migration" und „Identitätspolitik" wird zugleich auch medial problematisiert, vgl. z. B. Hamen 2021.
4 Vgl. etwa die Rede von „Hiddensee-Roman" und „DDR-Roman" im Deutschlandfunk (2020).
5 Vgl. z. B. das Video des Suhrkamp Verlages (2014).
6 Zum ‚Nebeneinander' der Stilgemeinschaften in der Gegenwartsliteratur vgl. Baßler und Drügh 2021, insbes. 290–295.

und für dessen Mitglieder geschrieben wird. Indem diese sich rezipierend und produzierend (über Tweets und Likes) in das Verweisnetz der sozialen Medien einschreiben, ist es ihnen sowohl möglich, eine andere, originelle Perspektive zu teilen oder zu favorisieren, wie auch unmittelbar Bestätigung dafür zu erhalten, dass eine von ihnen bevorzugte Sichtweise Öffentlichkeit gewinnt. Die Zuordnung zu einem Milieu bleibt auf Onlineplattformen allerdings nicht exklusiv, sondern das Milieu steht gleichzeitig allen Leser:innen potentiell offen, die es kennenlernen möchten. Populär ist diese Art der Gegenwartsliteratur also auch in der Hinsicht, dass sie sich publikumsnah gibt. Sie stellt im literarischen Text – und durch die Online-Inszenierung auch darüber hinaus – Lebenswelten, intime Empfindungen und gesellschaftliche Probleme aus, die jede:n Einzelne:n betreffen könnten.

Einen Teil dieser Literatur bezeichnet Moritz Baßler als ‚neuen Midcult'. Von diesem hebt sich eine in seiner Darstellung avanciertere Literatur in der Tradition der Popliteratur ab (Baßler 2022, 2021a; Baßler und Drügh 2021). So wird umgekehrt, was im zwanzigsten Jahrhundert noch gültig gewesen sein mag: Wenn Popliteraturen 1.0 und 2.0 gegen bestimmte Formen der Höhenkammliteratur opponiert haben (vgl. Baßler und Schuhmacher 2019, 4; Herrmann und Horstkotte 2016, 57), dann tut die Literatur des von Baßler favorisierten „popaffinen Randt-Miami-Malibu-Komplex[es]" (Baßler 2021a, 148) eigentlich das Gegenteil: Sie hebt sich vom ‚Midcult' ab. Dabei scheinen beide – das Konzept ‚Midcult' wie auch das der neuen Popliteratur – sich gegenseitig zu benötigen, damit die jeweilige Stilzuschreibung treffend erscheint. In beiden Fällen besteht die Notwendigkeit, sich zu ubiquitären Ästhetisierungen und Stilisierungszwängen zu verhalten – oder ungebrochen daran zu partizipieren. Für die Ausprägung einer aktuellen Popliteratur scheint dabei entscheidend zu sein, dass sie mit den gerade skizzierten populären Identifikationsangeboten, Milieu- oder Stilzuschreibungen bricht, indem sie klare Milieuzugehörigkeit schlechthin problematisiert. Interessant ist dabei nicht nur, was in der Literatur passiert, sondern auch, wie die Autor:innen mit ihrer Selbstinszenierung in den sozialen Medien umgehen – wobei die dabei entstehenden Artefakte nicht mehr allein als Paratexte gelten können. Die sozialen Medien eignen sich nicht nur, um homogene Gruppen oder „Stilgemeinschaften" (Venus 2013; Baßler 2021b) mit ähnlichen Interessen herzustellen und zu schließen, sondern sie können auch genutzt werden, um ein Vexierspiel mit multiplen Rollen, Übergängen und Verweisen ins Werk zu setzen. Gewissermaßen sind beide Tendenzen zwei Seiten derselben Medaille: Wo Übergänge potenziell überall möglich sind, entsteht zugleich die Sehnsucht nach identifizierbaren Milieus, nach zumindest losen Grenzziehungen, die es erlauben, einzelne Bereiche überhaupt erkennbar zu machen. Angesichts dieses fluiden Feldes stellt sich der folgende Beitrag anhand von drei literarischen Beispielen zwei zentrale Fragen: Wo unterscheiden sich aktuelle Spielarten der Popliteratur von anderen literarischen Schreibweisen? Und welche ästhetischen

Verfahren erlauben es, dem Verdacht der problematischen Schließung von Stilgemeinschaften und der Zuordnung zu einem Milieu zu entkommen?

Unser erstes Beispiel ist Joshua Groß' 2020 erschienener Roman *Flexen in Miami*. Elemente der digitalisierten Welt wie Chatforen, soziale Netzwerke und Online-Computerspiele sind hier ebenso präsent wie Überwachungsdrohnen, sprechende Kühlschränke und Reinigungsroboter, die unter Wasser eingesetzt werden. Beiläufig und völlig selbstverständlich (also postdigital[7]) schildert *Flexen in Miami* die „digitale Durchwirktheit der Gegenwart" (Schellbach 2020). Trotzdem könnte bei näherer Betrachtung erstaunen, gerade diesen Roman im Kontext der genannten Fragen in den Blick zu nehmen, tragen die Publikationen von Joshua Groß ihr jeweiliges Milieu und die Nachbarschaft, auf die sie sich beziehen, doch bereits im Titel: Miami,[8] aber auch Malibu, aus *Mindstate Malibu*, einer von Groß 2018 mitherausgegebenen Anthologie mit dem Untertitel *Kritik ist auch nur eine Form von Eskapismus*. In diesem Band findet sich ein Interview von Joshua Groß mit Leif Randt. Dieser antwortet auf die Frage, wie viel Prozent „Anpassung" notwendig seien, um sich in der gegenwärtigen Gesellschaft wohlzufühlen, „70 %" (Randt 2018, 137). Bleiben immer noch 30 %, um sich ein wenig gegen Opportunismus und Stromlinienförmigkeit in Stellung zu bringen. Für den „Fun" (137), den Randt ostentativ anstrebt, sind allerdings 70 % Anpassung notwendig. Und Anpassung meint wohl auch Immersion in ein Milieu und Affirmation eines bestimmten Lebensstils. Groß' Roman *Flexen in Miami* porträtiert eine solche Erfahrung der Immersion in ein Milieu mit kleinen Ausreißern.

Denn *Flexen in Miami* nimmt den Trend zur Autofiktion vordergründig auf. Protagonist und Ich-Erzähler ist der junge deutsche Schriftsteller Joshua, der sich mit einem Literaturstipendium einer obskuren *foundation* seit Kurzem in Miami aufhält. Gleich im ersten Satz des Buches fällt ein Hinweis auf seine Mutter und damit auf seine Herkunft: „Ich ahnte überall Glitches, das geht zurück auf meine Mutter" (Groß, 2020, 7). Dieser Satz unterläuft aber die typischen Authentizitätsmarker, das Wort „Glitches" lässt aufhorchen. *Glitches* sind ein wesentlicher Bestandteil

---

[7] Florian Cramer betont, dass postdigital nicht heißt, dass das Zeitalter der Digitalität vorbei ist, sondern dass es zu einer „ongoing condition" wurde: „Consequently, ‚post-digital' eradicates the distinction between ‚old' and ‚new' media, in theory as well as in practice" (2015, 14, 20). Zum postdigitalen Schreiben vgl. auch Hamel/Stubenrauch 2023).

[8] „Miami" offenbart sich allerdings rasch als Platzhalter, als Symbol für die „Zuspitzung westlicher Lebensverhältnisse: Hier sehen sich Hyper-Kapitalismus und Strandidylle unmittelbar der Bedrohung durch die Klimakrise gegenüber", wie Elias Kreuzmair in Bezug auf Armen Avanessians *Miamification* erläutert (2021, 45). Bei Avanessian wird Miami zum Sinnbild präemptiver Selbsterfahrung und einer „neuen Form algorithmischer Identität" (2017, 16).

„postdigitaler" Ästhetik[9] und in den letzten Jahrzehnten ein breit wahrgenommenes popkulturelles Phänomen geworden. Besonders bekannt wurden sie durch eine Szene im Film *The Matrix* (1999), in der dieselbe schwarze Katze zweimal durchs Bild läuft. Die Figur Trinity (Carrie-Anne Moss) erklärt: „A Déjà-vu is usually a glitch in the matrix, it happens, when they change something" (*The Matrix* 1999, 01:18:20–01:19:30). In Computerspielen bezeichnen *glitches* kleine Fehler, die kurz aufflackern. Aus der Gamer:innensprache ist das Wort in verschiedene Kunstformen eingewandert und bezeichnet im Allgemeinen kleine Störungen. Die Erwähnung der *glitches* zu Beginn des Romans macht deutlich, dass die Mutter kein stabiles und lokalisierbares Herkunftsmilieu garantiert. Stattdessen ‚vererbt' sie kleine Störungen oder Unsicherheiten. Eine wichtige Rolle spielt im Roman außerdem das Computerspiel *Cloud Control*, in dem man den Avataren seiner Freund:innen aus den sozialen Netzwerken begegnen kann. Irgendetwas stimmt aber nicht in *Cloud Control* – und das gilt gewissermaßen für den gesamten Roman. Das Spiel scheint sich zu verselbständigen und brutale ‚spams' zu erschaffen, die die Spieler:innen foltern und bewegungsunfähig machen.

Groß' Auseinandersetzung mit Milieu, sozialer Community und Lebensstil findet allerdings nicht nur von Anfang an in der Diegese statt, sondern die Fokussierung des Protagonisten auf *glitches* und eine unzuverlässige Sicht auf die Welt wiederholt sich auf der Ebene des Stils. Immer wieder tauchen Sätze auf, die mit dem zuvor oder später Erwähnten nicht recht in Verbindung stehen. Während Claire, mit der Joshua eine Affäre beginnt, etwa mit ihm über die Paranoia seines Lieblingsrappers Jellyfish P spricht, sagt sie aus dem Zusammenhang gerissen: „[I]hr seid doch beide einfach nur lächerliche Hurensöhne, ich will mit dir zusammen sein, Joshua, weißt du das überhaupt?" (Groß 2020, 115). Aber auch die verwendeten Adjektive in der Figurencharakterisierung weisen darauf hin, dass etwas nicht stimmt: Joshua etwa schlürft „halbseiden" seinen Espresso, er nimmt Claires Hand, „unverfälscht" und „fadenscheinig" (29), ist zugleich „zuversichtlich" und „schwermütig" (25). Auch auf grammatikalischer Ebene kommt es zu Störungen: Immer wieder stolpert die Lektüre über bewusst falsch gesetzte Kommata, die wie kleine *glitches* in Computerspielen kurz aufblitzen (100 und *passim*). Es scheint, als ob die Realität in der Diegese von ihrer Virtualisierung kaum mehr zu trennen ist.

In Kombination damit verbindet der Roman Ausdrücke, die dem Vokabular der Beschreibungssprache virtueller Realitäten entstammen, wie die „fluoreszierende Farbe" (70), mit der Semantik der spirituellen und parawissenschaftlichen

---

[9] Als Effekt und Stilmittel der „Aesthetics of Failure" haben sie sich zuerst in der Musik etabliert, vgl. Cascone 2000.

Sphäre – Tage vergehen etwa „wie Magma" (175), es finden sich „reinkarnierte Verwehungen in der Atmosphäre" (175), die Sonne ist „übersinnlich hell" (103). Kombiniert wird diese Metaphorik mit einer jugend- und netzaffinen, allerdings nicht unbedingt auf ein bestimmtes Milieu zurückzuführenden Sprache – „Grind" (66), „wavy" (25, 122), „heavy" (99) sowie mit zur emotionalen Lage der Figuren zwar passenden, im Sinne der *glitches* aber irritierenden Bildern: Joshuas Augen etwa „tränten sauer", Claire bindet sich einen Zopf aus „erschöpften Haaren" (62, 77).

Diese kleinen Störungen unterbinden eine Identifikation mit den Figuren. Das ist insofern interessant, als der im Roman geschilderte Lebensstil genauso gut Konsum- und Lifestyle-Sehnsüchte wecken könnte. Joshua pflegt in Miami einen hohen Lebensstandard. Er erhält hunderte Dollar von der Stiftung, verdient weitere tausende durch Sportwetten hinzu, hält sich vorrangig in Luxushotels auf und fährt „völlig sinnlos mit einem Taxi durch die Stadt" (101). Geld scheint für ihn keine Rolle zu spielen. Der Erzähler erklärt mit einer gewissen Lakonie, dass seine Mutter „mit dem Geld viel mehr anfangen könnte" (79). An diesen Stellen wird auch deutlich, dass er aus eher einfachen Verhältnissen kommt, seine Mutter Schulden hat (79) und beide Eltern ihm einen „prekären Hustle" (25) vorgelebt hätten, den er, wenn er nicht gerade in Miami im wahrsten Sinne des Wortes Geld aus dem Fenster wirft, wiederhole. An keiner Stelle hat die Leserin jedoch das Gefühl, dass Joshua den „Hustle" tatsächlich wiederholt – vielmehr steht er für den „Grind" (66), für ein möglichst effizientes Arbeiten, um das gesetzte Ziel zu erreichen. Für den *grind* ist nicht wichtig, wie hart die Arbeit ist, sondern allein „wie smart man sie angeht" (Hertwig 2018, 21). Dies zeigt sich auch daran, dass Joshua sein Geld lieber mit Sportwetten verdient, als zu schreiben, wofür er eigentlich in Miami ist und womit er seinen Unterhalt ebenso bestreiten könnte. Joshua hat also keineswegs den Lebensstil seiner Eltern übernommen, im Gegenteil, er lebt einen Upperclass-Lifestyle, und das einigermaßen gleichgültig. Er bewegt sich selbstverständlich in den teuersten Hotels und lässt sich um Mitternacht Waffeln liefern, die er im Bademantel auf dem Sofa der Lobby verspeist (Groß 2020, 143).

Die Schilderung eines solchen Lebensstils erinnert an die Popliteratur des ausgehenden zwanzigsten Jahrhunderts. Für deren Protagonist:innen war die Nennung von Markennamen, Bars, Hotels und damit der Verweis auf Lebensstile, Moden und soziale Verhältnisse eine entscheidende Stilfrage (Herrmann und Horstkotte 2016, 63). *Flexen in Miami* knüpft an diese Tradition zum einen durch bestimmte Signalwörter und Redewendungen des ‚Gerade Eben Jetzt'[10] an. Zum anderen wird im Roman neben dem Upperclass-Lifestyle ein anderer Lebensstil

---

10 Vgl. bspw. den Satzanfang „Jedenfalls" (Groß 2020, 26) und andere unvermittelte Einstiege und Übergänge; zur Begriffsbildung Schumacher 2003.

ganz selbstverständlich vorgeführt: Joshua trägt Birkenstocks (Groß 2020, 55), trinkt Vitaminshakes (124), macht Yoga-Übungen (17) und reibt sich mit Aloe Vera ein (157). All diese aus der Hippie-Bewegung hervorgegangenen Moden und Verhaltensweisen finden sich zeitgenössisch in der „Gesellschaft der Singularitäten" (Reckwitz 2021) wieder, in der sie zum angesehenen Lifestyle ebenso dazugehören können wie der lilafarbene Tesla (Groß 2020, 119). Bildeten Birkenstocks und High Society früher unüberwindbare Gegensätze, sind sie heute problemlos kombinierbar.

Insbesondere über die enge Verbindung eines westlich geprägten Luxuslebens in Miami mit ehemals widerständigen oder spirituellen Verhaltensweisen, die einst gegen die Verwertungslogik des Kapitalismus gerichtet waren, führt *Flexen in Miami* vor, dass Kapitalismus und Neoliberalismus den Widerstand längst integriert haben. Das zeigt der Roman nicht, indem er eine Ebene sucht, von der aus er dies kritisieren würde, sondern indem er die Undurchdringlichkeit des Systems spiegelt. Dieser ästhetische Ansatz entspricht dem poetologischen Programm der Anthologie *Mindstate Malibu*. Deren Beiträger:innen, eine sich als neue Künstler:innenavantgarde bezeichnende, internetverliebte „Grind-Gang", propagieren, sich maximal konform zu verhalten, damit „das System im Spiegel zu seiner eigenen Fratze wird" (Hertwig 2018, 24–25). Wenn Kritik von außen nicht mehr möglich sei, müsse das ‚System' von innen durch „Überaffirmation, Hyperironie, Überrealismus" (38) gesprengt werden.

Die Autor:innen von *Mindstate Malibu* schließen explizit an die Popliteratur und -kultur an. Diese habe mit Authentizität gespielt und gewusst, dass sie selbst ein „Produkt der kapitalistischen Warenwelt" sei: „Authentizität ist für sie so wichtig wie Ayurveda beim Lunch – eine Beilage, was für's Gefühl" (Hertwig 2018, 31). Allerdings bleibt bei diesem ästhetischen Programm die Frage offen, welche Neuerungen es bringt. Denn bekanntlich haben bereits Adorno und Horkheimer auf die Einverleibung aller Kritik durch den Kapitalismus hingewiesen. Auch die Pop-Art arbeitete mit einer Oberflächenästhetik, die sowohl die Mechanismen der Werbung als auch die des elitären Kunstbetriebs zu entlarven suchte. Lisa Krusche, eine der in *Mindstate Malibu* vertretenen Autorinnen, kontert auf solche Einwände, dass das Internet die Form der subversiven Affirmation stark verändert habe. Vor allem sei es dort lustiger: „Es ist ermüdend, immer nur zu kritisieren – es darf auch Spaß machen" (zitiert nach Rudkoffsky 2019).

Wie verhält sich ein solches ästhetisches Programm, das die digitale Wirklichkeit als dezidierten Ausgangspunkt der Arbeit versteht, zum Status des eigenen Textes in Buchform? Leistet es noch die von den Künstler:innen propagierte subversive Affirmation von ‚innen' oder nehmen sie letztlich nicht selbst wieder einen Blick von ‚außen' ein, indem sie sich über die gedruckte Anthologie als literarische Avantgarde-Bewegung oder auch Stilgemeinschaft konstituieren, die vom Medium des Buches aus auf Phänomene des Digitalen blickt? Schließlich könnte man auch noch fragen, in welchem Verhältnis Überaffirmation als ästhetische Strategie und präzise Rezeptionsanleitung stehen. Denn gewissermaßen konterkariert der als deutliche Handreichung an die Leser:innen markierte Einleitungsessay von Johannes Hertwig das ästhetische Programm der subversiven Affirmation, wenn diese einer genauen Erklärung bedarf. Zugleich immunisiert sich das Projekt der Handreichung gemäß der eigenen hyperironischen Poetologie gegenüber Kritik. Im Zweifelsfall ist sie selbst in ihrer Form nicht ernst zu nehmen, sondern parodiert nur das Phänomen des neoliberalen „Motivationsbuch[es]" (Hertwig 2018, 35).

Einmal unabhängig davon, wie plausibel man das Programm von *Mindstate Malibu* findet, im hier diskutierten Kontext scheint entscheidend, dass die Anthologie vor allem in Abgrenzung vom Determinismus hypostasierter Milieu- oder Herkunftserfahrungen und über einen dezidiert ästhetischen Zugriff auf Welt funktioniert. Diese Abgrenzung bleibt ambivalent: Die Texte entziehen sich zwar der Erklärung, alles sei auf Orte, Kontexte oder Beziehungen zu reduzieren, verlieren sich dabei aber selbst in einer – möglicherweise historisch symptomatischen – Beziehungslosigkeit, die nur noch an den dünnen Fäden verschiedener, selbst schon historisch gewordener Lifestyle-Attribute hängt. Außerhalb der Imitation eines Lifestyles scheint es keinen Bewegungsradius mehr zu geben.

Wie widersprüchlich das ist, sei abschließend noch einmal an Groß' Roman verdeutlicht: Auch wenn *Flexen in Miami* sich gegen identifikatorische Lektüren und die Lokalisation in einem Milieu sträubt, arbeitet der Roman zumindest mit Anspielungen an bestehende *Stil*gemeinschaften. Er nimmt Motive der Popliteratur auf, wie etwa die Orientierung an Musik, hier der Cloud-Rap, und die Verwendung von Stilelementen des ‚Gerade Eben Jetzt'. Zugleich stellt er sich als literarisches Produkt der neuen ‚Grind-Avantgarde' dar, deren Gegenwartsentwurf Realität immer schon als von virtuellen Elementen durchzogen versteht und deren Codes als erlern- und gestaltbar inszeniert werden. Diese ästhetische Traditionslinie, die sich nicht über ein bestimmtes Milieu oder einen bestimmten Ort legitimiert, wird durch ‚Miami' und ‚Malibu' symbolisiert. Beide Ortsnamen stehen in den Texten weniger für reale Schauplätze als vielmehr für die Übersteigerung der westlichen Lebensverhältnisse, für „eine Art 120 % Vergrößerung" (Baßler und Drügh 2021, 133). Groß geht es um die Beschreibung eines „Geisteszustandes" (Bayrischer Rundfunk 2020), der sich von Orten vollständig abgekoppelt zu haben scheint. Gleichzeitig ist es ein erklärtes Ziel dieser Schreibpraxis, die Welt zum „Gegenstand unserer Sorge" werden zu lassen, „mit verschärfter Wahrnehmung [...] andere, zukunftsfähigere Freundschaften zu entwickeln" (Groß 2018, 309). Diese poetologischen Überlegungen korrespondieren im Roman mit Joshuas ‚Freundschaften' mit einem Reinigungsroboter und einem sprechenden Kühlschrank. Dazu gehört auch das im Epilog geschilderte private Happy End Joshuas, der mit Kind, der Gang um Jellyfish P und intelligenten Geräten in einer Art Freundschaftskommune lebt. Man kann sowohl die in *Mindstate Malibu* von Groß angestellten Überlegungen als auch diese Elemente im Roman als romantischen Überschuss deuten – oder als das, was in der Gegenwart davon übrig bleibt. Denn es wird nicht explizit formuliert, wie ein besseres zukünftiges Leben aussehen könnte, aber eine Sehnsucht nach einer utopischen Alternative zu hermetischen Stilgemeinschaften und determinierenden Milieus wird zumindest aufgerufen.

Der ästhetische Zugriff auf Welt besteht in *Flexen in Miami* vor allem in den vielen kleinen Störungen, den *glitches*, die Groß aus der Computerwelt in die Literatur importiert hat und die als „produktiver Schluckauf" (Jandl 2021) eine identifikatorische Lektüre immer wieder unterbrechen und damit auch die Zuordnungen zu oder auch nur die Existenz einer klar umrissenen Community fragwürdig erscheinen lassen. Ob die in *Flexen in Miami* betriebene Überaffirmation ein Mittel zur Gesellschaftskritik und Offenlegung der den kapitalistischen und digitalen Systemen zugrundeliegenden Mechanismen ist und die Oberfläche tatsächlich rissig werden lässt, bleibt eine weitere offene Frage.

Ein Text, der mit den sozialen Medien vordergründig wenig zu tun hat, dafür aber für die Frage nach dem Verhältnis von Pop und Gegenwartsliteratur sowie von Erzähl- und Lebensstil prädestiniert zu sein scheint, ist Christian Krachts 2021 erschienener Roman *Eurotrash*. Trotz gänzlich anderer Anlage und anderen Erzählstils weist er – insbesondere auch über die Auseinandersetzung mit der Figur der Mutter – bemerkenswerte Parallelen zu Groß' Roman auf. Auch in *Eurotrash* begibt sich der Ich-Erzähler, der ebenfalls den Namen des Autors trägt und Schriftsteller ist, auf einen Roadtrip. Er fährt allerdings nicht die Küste von Florida entlang, sondern mit seiner alkoholsüchtigen, tablettenabhängigen und vermutlich dementen Mutter mit dem Taxi quer durch die Schweiz bis nach ‚Afrika' – zumindest in der Vorstellungswelt der Mutter. Ähnlich wie Joshua in *Cloud Control* ist auch die Mutter hier quasi in einer virtuellen Welt unterwegs. Wie die Leser:innen sieht sie die Safari-Szene vor sich, die gegen Ende des Buches beschrieben wird. Damit arbeitet auch Krachts Roman mit der Virtualisierung des Plots, in der Erzähltes und Imagination der Mutter stellenweise nicht mehr voneinander zu trennen sind. Die Erzählung wird selbst anfällig für *glitches*, ohne jedoch Digitalität auf der Inhaltsebene explizit zu thematisieren.

Wie bei Groß ist die Mutter ambivalente Repräsentantin von Herkunft. Der Sohn kehrt nicht zu ihr heim, sondern entwurzelt sie. Auch in *Eurotrash* lässt sich so bereits anhand des Plots eine parodistische Haltung gegenüber Herkunftsgeschichten feststellen. Über die Auseinandersetzung mit Milieuzugehörigkeit, Lebensstil und Distinktion führt der Roman vor, dass es aus seiner Sicht unmöglich ist, eine affirmative Herkunftsgeschichte zu erzählen. Das spielt er vor allem an den beiden Protagonist:innen – Sohn und Mutter – und ihrem Verhältnis durch.

Obwohl Kracht junior am dekadenten Lebensstil der Eltern teilhat und mit den Hotspots der High Society, den teuersten Restaurants, Hotels und Marken ebenso bestens vertraut ist, wie er die jeweils angemessenen Manieren und Stilvorschriften beherrscht (Kracht 2021, 71), gibt er sich bewusst angeekelt vom Lifestyle der Eltern. Das hängt auch mit seiner Abneigung gegenüber seiner Familie zusammen, die den Nationalsozialismus aktiv unterstützt und finanziell von ihm profitiert hat. Seiner Mutter wirft er in Tradition des Vergangenheitsbewältigungsromans vor, die eigenen Eltern nicht mit ihren NS-Verstrickungen konfrontiert und deren darauf aufbauenden Lebensstil nicht infrage gestellt zu haben. Die Mutter kontert: Sie wisse, dass er bloß auf der Suche nach Katharsis sei und daher einfach alles „auf die Schweiz, die Nazis und den Zweiten Weltkrieg" (156) schiebe.

Krachts Roman bedient damit einerseits die mittlerweile zum Topos der deutschsprachigen Literatur gewordene Auseinandersetzung mit der Vergangenheit, andererseits gibt er sie als selbstgefällige Attitüde seines Protagonisten zu erkennen. Dies führt der Roman an dessen Lebensstil vor: Anstelle der noch aus *Faserland* bekannten Barbourjacke trägt Kracht junior nun einen kratzigen Wollpulli, den er bei Kommunenhippies an einem Marktstand erworben hat. Ironischerweise landet Christian, dem so sehr an der Abgrenzung von der NS-Vergangenheit seiner Familie gelegen ist, just über diesen Pullover bei Neonazis, als die sich die Kommunenmitglieder entpuppen. Dass die Mutter mit der Diagnose, es gehe Christian bloß um persönliche Katharsis und weniger um eine Auseinandersetzung mit der Vergangenheit, womöglich nicht ganz falsch liegt, unterstreicht der Roman formal, indem er Christian pathetische Floskeln in den Mund legt. Er beklagt etwa, dass alles geheim gehalten wurde, „ein ganzes totes, blindes, grausames Jahrhundert lang" (196) und bekennt, dass er unbedingt ausbrechen möchte „aus dem Kreis des Mißbrauchs, aus dem großen Feuerrad, aus dem sich drehenden Hakenkreuz" (70). Wie er diesen Ausbruch vollziehen und welchen Lebensstil er dem seiner Eltern eigentlich entgegenhalten will, bleibt allerdings im Dunkeln.

Der Roman führt abgezirkelte Milieus und deren Lebensstile einerseits bewusst vor, andererseits problematisiert er die Vorstellung von geschlossenen Gemeinschaftskonzeptionen vor allem über die Figur der Mutter, die gängige Stildistinktionen immer wieder unterläuft. Sie besitzt haufenweise Pelzmäntel und trägt Designerklamotten, trinkt aber zugleich den billigsten Wein und isst jeden Tag Schlemmerfilet Bordelaise aus dem Gefrierschrank, denn „alles andere sei spießig" (123). Pauschalvorwürfe ihres Sohnes lässt sie an sich abprallen. Wenn er ihr vorwirft, an den „Flüchtlingsdramen" (182) schuld zu sein, fragt sie nur, ob das auch gelte, wenn man nur Schlemmerfilet Bordelaise und Scheibenkäse esse.

Außerdem problematisiert der Roman die im Text dargestellten Lebensstile und insbesondere die Weltanschauung des Protagonisten über seinen Stil, der –

ganz ähnlich wie der von Joshua in *Flexen in Miami*, wenn auch mit anderen Mitteln – Irritationen provoziert, die jedoch an keiner Stelle durch theoretische ‚Handreichungen' erklärt werden. Immer wieder stolpert man über schiefe Formulierungen, falsche Metaphern oder übertriebene, unpassende, weil kitschige Bilder. So ist vom „kränklich süßen Jasmin" (26), dem „gelbe[n] Gefühl der Ohnmacht" (146) oder gar von der „schattenumrankte[n], unheilvolle[n] deutsche[n] Seele" (35) die Rede. Es hat den Anschein, als würde Literarizität hier schlechthin parodiert.

Auch die Geschichten, die Christian und seine Mutter erleben, irritieren, denn eigentlich geraten sie immer wieder in unwahrscheinliche, unmögliche Situationen. In der Nazi-Kommune versucht jemand, nachts in ihr Zimmer einzubrechen. Am Flughafen werden sie bedroht und beinah ausgeraubt. Schließlich bleiben sie in einer Gondel über dem Gletscher stecken. Die drohende Gefahr löst sich jedoch jedes Mal in Luft auf – die Kommunard:innen lassen sie ziehen und die Diebe am Flughafen entschuldigen sich plötzlich und geben sogar das bereits gezahlte Geld für den Flug zurück. Warum die Gondel irgendwann einfach wieder losfährt, bliebe ebenso nebulös wie der Umstand, dass zu Forelle mit Kartoffeln auch noch eine Schale mit Kirschen gereicht wird, wenn man nicht wüsste, dass der Autor hier bewusst eine vollkommen unwahrscheinliche und antiklimaktische Erzählung konstruiert, durch die er sich immer wieder ironisch bemerkbar macht. Zugleich unterläuft er durch den mangelnden Realismus in der Diegese die autofiktionale Identifikation von Figur und Autor.

Noch in einer anderen Hinsicht spielt *Eurotrash* mit und verweigert sich zugleich einer allzu eindeutigen Zuordnung. Einerseits reiht sich der Text selbst in die Tradition der Popliteratur ein: Er schließt ganz offensichtlich an Krachts 1995 erschienenes *Faserland* an, das häufig als ‚Gründungsdokument' der Popliteratur bezeichnet wird. In *Eurotrash* finden sich verschiedene Rekurse auf *Faserland*, als dessen Autor sich der Ich-Erzähler zu erkennen gibt. Beide Romane haben den gleichen Anfang, ein ähnliches Ende und erzählen linear. Nur wird nicht mehr im Präsens des ‚Gerade Eben Jetzt', sondern im Präteritum erzählt. Indem der Roman auf Marken, Lebensstil und die Verwischung der Grenzen von Kunst und Wirklichkeit setzt, bestätigt *Eurotrash* die Popästhetik also, entfernt sich andererseits aber auch von ihr. Denn die Welt im neuen Roman ist mit Unwahrscheinlichkeiten, surrealen Begebenheiten und virtuellen Elementen ausgestattet. Ähnlich wie in *Flexen in Miami*, wenn auch wieder mit anderen Mitteln, wird die Grenze von Realität und Virtualität unterlaufen. Formal arbeitet *Eurotrash* mit Stilblüten und Irritationen, um einer Zuordnung – sei es zu einem bestimmten Milieu, sei es zu einer bestimmten ästhetischen Richtung – zu entgehen. Möglicherweise lässt sich der Roman also auch als eine Parodie der literarischen Pop-

Distinktionen lesen; vielleicht als Stellungnahme zur Unmöglichkeit von Distinktion über Herkunft oder Genealogie schlechthin.

Hat man sich anhand des Romans gerade damit abgefunden, dass die Frage nach propagierter Milieuzugehörigkeit ebenso wie die nach Authentizität und Fiktion bei Kracht letztlich müßig, weil unauflösbar und daher wenig zielführend ist, treibt der Autor selbst das Spiel noch ein bisschen weiter, und zwar durch seine eigene Inszenierung auf Instagram. Dort heißt er @mr.christiankracht und postet neben Fotos von sich in adretter Wanderkleidung, mit Pferd oder in teuren Destinationen im Ausland auch immer wieder ästhetisierende, nostalgisch gefärbte Fotos von seiner Mutter, als diese jung und attraktiv war – und dies vermehrt in der Zeit rund um die Entstehung und Veröffentlichung von *Eurotrash*. Krachts Instagram-Auftritt verlängert den im Roman dar- und bloßgestellten Lebensstil in eine mediale Öffentlichkeit und leistet damit bewusst einer Lektüre Vorschub, die *Eurotrash* auf Krachts Biographie hin ausdeuten möchte. Auch das Spiel mit ge- oder misslungener Auseinandersetzung mit der NS-Vergangenheit wird auf Instagram fortgesetzt, denn die Fotos der Mutter weisen durch ihre implizite Verklärung weiblicher Schönheit und Mütterlichkeit eine der NS-Ästhetik zumindest nicht völlig abgeneigte Optik auf. Die Frage ist, ob Krachts Social-Media-Präsenz und sein Spiel mit Authentifizierungsmarkern quer zu seiner literarischen Strategie stehen, sich selbst und *Eurotrash* keinem Milieu zuordnen zu lassen; – oder ob sie diese nicht gerade und einmal mehr bestätigen, denn greifbar wird die Person Kracht trotz scheinbar privater Einblicke nicht.

Sowohl Kracht als auch Groß stehen für eine Literatur, die sich der positiven Aufladung von Herkunft und Milieu verweigert. Auf der Plotebene stellen sie undurchdringliche Oberflächen und Milieus aus, formal entwickeln sie aber je eigene ästhetische Strategien der bewussten Inszenierung solcher Oberflächen, Milieus und Lebensstile, die durch Irritationen und punktuelle Verweigerung realistischen Erzählens als rissig oder virtuell kenntlich werden sollen. Diese ästhetische Strategie ist für die Leser:innen keineswegs einfach zu identifizieren, denn das Verweilen an der Oberfläche verführt auch zu „70 %" zur Identifikation, zum Mitfühlen, zur Anteilnahme oder Immersion. Das stellt hohe Ansprüche an kritische Rezipient:innen, denn letztlich müssen diese sich mit der Ambivalenz und der spielerischen Offenheit unterschiedlicher Rollen und Milieus arrangieren.

Ein letztes Beispiel dafür, wie die Literatur der Festlegung auf Milieus nicht nur zu entkommen versucht, sondern dabei auch das revolutionäre Potenzial digitaler Freiräume auf inhaltlicher Ebene zu verhandeln sucht, ist Sibylle Bergs *GRM. Brainfuck*. Der Roman aus dem Jahr 2019, der seinen Leser:innen mit einem Umfang von 643 Seiten ebenfalls einiges abverlangt, beschreibt ein eindeutig prekäres Milieu englischer Migrant:innenkinder. Allerdings tut er dies nicht von innen, sondern in einem erschreckend distanzierten Ton, der Immersion, Mitleid oder

Identifikation von vornherein ausschließt. Die Figuren werden formal jeweils fettgedruckt mit ihrem Namen anmoderiert, es folgt eine Art Steckbrief, der die Figuren entblößt, bevor eine Passage mit in der Regel entweder belanglosen oder verzweifelten Handlungen anschließt. Der Roman verfährt analytisch und versucht eine Art Tiefenstruktur der sozialen Welt aufzudecken, die ‚unter' Milieus und Lebensstil-Elementen (wie etwa *Grime*, der Musik, die die Kinder hören) liegt, nämlich eine Ebene der staatlichen und von Konzernen ausgeübten digitalen Kontrolle, zu der sich die Kinder als Hacker:innen Zugang verschaffen wollen. Beinahe kommt es in *GRM. Brainfuck* sogar zu einer Revolution, bevor die Gruppe jugendlicher Protagonist:innen am Ende wieder in den Konformismus einschwenkt. Dass die vom Roman beschriebene und behauptete Tiefenstruktur die Form eines Programms, einer digitalen Regulierung der Welt hat, ist insofern bezeichnend, als sie damit den potenziellen jungen Revolutionär:innen – d. h. Hacker:innen – einen tieferliegenden Zugang zur Gestaltung der Welt, in der sie leben, zumindest eröffnet. Allerdings können sie ihn letztlich nicht für sich nutzen. Ähnlich wie in Groß' *Mindstate Malibu* formulierter Freundschaftsutopie ruht die Hoffnung auf einer unwahrscheinlichen Freundschaft, die von Berg jedoch als romantisch verklärte Sehnsucht vorgeführt wird. Gnadenlos exekutiert der Roman ihr Scheitern:

> **Die Freunde**
> Starren in ihre Rechner. M16 aus. M15 geht vom Netz.
> Die Baby-Hacker sitzen an ihren Rechnern, sie werden nicht aktiv, sie beobachten die AI dabei. Die Beobachtung euphorisiert sie nicht. Sie haben die Hoffnung verloren. Es ist dunkel im Raum, kein Feuer im Ofen, keine Pizza in der Küche. Den Nicht-mehr-Kindern ist es unangenehm, einander anzusehen. Der Fehlschlag ihrer Aktion ist nur das Ende vieler Versuche, die Welt in dieser Junge-Menschen-ändern-die-Welt-Art zu retten. (Berg 2019, 580–581)

Das Ausstellen einer programmierten Tiefenstruktur, die zwar sichtbar wird, sich am Ende aber dem Zugriff der Protagonist:innen versperrt, scheint dem literarischen Verfahren eines immanenten, von Irritationsmomenten durchzogenen Verweises der ästhetisch gestalteten Oberfläche auf ihre Oberflächlichkeit selbst wie bei Groß und Kracht diametral entgegenzustehen. Alle beschriebenen Verfahren arbeiten allerdings an der Problematik des literarischen Entkommens aus determinierenden Milieus. Für jeden der Romane scheint die Digitalisierung den entscheidenden Ausweg zu versprechen, einmal in der Form des Spiels mit Virtualisierungen (Groß, Kracht), einmal in der Aneignung von Hackerkenntnissen, mit denen sich eine gesellschaftliche Revolution lostreten lassen könnte (Berg).

Sibylle Berg nimmt mit der inhaltlichen Thematisierung digitalisierter Kontrollmechanismen eine offensive, klassisch sozialkritische Haltung ein. Diese zeigt sich formal unter anderem in der distanziert sezierenden Erzählhaltung und der Integration der Programmiersprache *Brainfuck* in die Erzählung. Wer die Passagen in *Brainfuck* verstehen möchte, müsste sich die Programmiersprache selbst aneignen. In *Eurotrash* ist die digitale Realität nicht explizit Thema, findet jedoch über virtuelle Elemente Eingang in den Roman. Darüber hinaus scheint Kracht es auf die nahtlos anmutende Fortschreibung der literarischen Inszenierung im Buch in seiner Ästhetik im digitalen Instagram-Selbst-Marketing anzulegen. Bei Groß wiederum wird das Digitale zu einer Faltung unendlicher Oberflächen. Die bereits rätselhafte Erzähl-Realität wiederholt sich in den Computerspielen, verschmilzt vielleicht sogar ununterscheidbar mit ihnen: „[A]lles war fragwürdig, nichts konnte damit aufhören, sich zu vermischen" (Groß 2020, 180). Bei Berg wäre ein digitaler Klassenkampf hingegen noch denkbar, sofern sich die Kinder durchringen könnten, konsequent an ihrer Arbeit als Hacker:innen festzuhalten, und nicht an den Machtstrukturen und der eigenen Ohnmacht scheitern würden. Berg stößt – anders als Kracht und Groß – die Leser:innen mit der Nase auf die Problematik der Digitalisierung; konsequent zu Ende gedacht ist eine affirmative Nutzung sozialer Medien und ihrer Selbstinszenierungspraktiken nach der Lektüre des Buches eigentlich nicht mehr möglich (wobei hinzugefügt werden muss, dass Berg in den sozialen Medien durchaus aktiv ist[11]).

In allen drei Fällen erscheint bei der Suche nach Auswegen aus der Determinierung durch Milieus das Entziffern der jeweiligen (ästhetischen, informatischen) Programme von großer Bedeutung. Allerdings unterscheiden sich die Romane von Groß und Kracht auf der einen und von Berg auf der anderen Seite durch die Ebene, auf der sie operieren. Während Groß und Kracht letztlich dabei bleiben, auf die Unhintergehbarkeit der Oberfläche[12] aufmerksam zu machen, ruft Berg mit geradezu aufklärerischem Gestus dazu auf, sich der herrschenden Strukturen bewusst zu werden und sich ihnen programmierend entgegenzustellen.

Auch wenn sich alle drei Autor:innen von der populären Form einer identifikatorischen Auseinandersetzung mit Milieus absetzen und verabsolutierte Lebensstilentwürfe problematisieren, fallen die Haltungen, die man aus diesen drei in der Pop-Tradition stehenden Texten ablesen kann, sehr unterschiedlich aus: Groß und Kracht führen in unhintergehbare, spielerische ‚Hyperironie' oder in eine Ununterscheidbarkeit von Realität und Virtualität, Berg letztlich in eine Art digitalen Klassenkampf, der mit der perpetuierten Performance der Oberflächen brechen möchte. Daran zeigt sich nicht zuletzt, wie heterogen die Intentionen

---

[11] Nicht ohne jedoch gängige Social-Media-Klischees und -Ästhetiken immer wieder zu persiflieren; vgl. den Beitrag von Caterina Richter in diesem Band sowie zur Strategie der medialen Selbstinszenierung von Berg auch Catani 2020.
[12] Und damit auch auf die „versiegelten Oberflächen" (Mühlhoff 2018, 564), wie der Medienphilosoph Rainer Mühlhoff die leicht verwendbaren, aber in ihrer Funktionsweise den meisten Nutzer:innen intransparenten Programme und Geräte beschreibt, mit denen wir täglich umgehen.

und Schreibweisen sind, die sich mit dem Label ‚Pop' in Verbindung bringen lassen. Dennoch existieren die unterschiedlichen Formen der Popliteratur im postdigitalen Hier und Jetzt neben- und miteinander. Ob es zuträglich ist, diese Gruppe wiederum als neue Pop-Community(s) zu stilisieren oder Trennungen zwischen verschiedenen Pop-Generationen zu ziehen, steht auf einem anderen Blatt.

Literatur

Avanessian, Armen. *Miamification*. Leipzig: Merve, 2017.
Baßler, Moritz. *Populärer Realismus. Vom International Style gegenwärtigen Erzählens*. München: C.H. Beck, 2022.
Baßler, Moritz. „Der Neue Midcult. Vom Wandel populärer Leseschaften als Herausforderung der Kritik". *Pop. Kultur und Kritik* 10.1 (2021a): 132–149. https://www.degruyter.com/document/doi/10.14361/pop-2021-100122/html (31. Januar 2022) (auch erschienen in: *Pop.Zeitschrift*. https://pop-zeitschrift.de/2021/06/28/der-neue-midcultautorvon-moritz-bassler-autordatum28-6-2021-datum/ (13. Januar 2022)).
Baßler, Moritz. „Stilgemeinschaften". *Zeitschrift für deutsche Philologie* 140, Sonderband: *Stil in der Literaturwissenschaft* (2021b): 325–336.
Baßler, Moritz, und Heinz Drügh. *Gegenwartsästhetik*. Konstanz: Konstanz University Press, 2021.
Baßler, Moritz, und Eckhard Schumacher. „Einleitung". *Handbuch Literatur & Pop*. Hg. Moritz Baßler und Eckhard Schumacher. Berlin und Boston: De Gruyter, 2019. 1–25.
Bayrischer Rundfunk. „Autor Joshua Groß im Interview". *BR*, 8. Juli 2020. https://www.br.de/mediathek/video/flexen-in-miami-autor-joshua-gross-im-interview-av:5f05949644dac5001ba73fa9 (13. Januar 2022).
Berg, Sibylle. *GRM. Brainfuck*. Köln: Kiepenheuer & Witsch, 2019.
Canguilhem, Georges. *Die Erkenntnis des Lebens*. Übers. Till Bardoux, Maria Muhle und Francesca Raimondi. Berlin: August Verlag, 2009.
Cascone, Kim. „The Aesthetics of Failure: ‚Post-Digital' Tendencies in Contemporary Computer Music". *Computer Music Journal* 24.4 (2000): 12–18.
Catani, Stephanie. „‚Aber wenn ich schon in dieses seltsame Leben geh, will ich Applaus.' Mediale Mechanismen der Autorschaftsinszenierung bei Sibylle Berg". *Text+Kritik. Sibylle Berg* I/20. Hg. Stephanie Catani und Julia Schöll. München: edition text +kritik, 2020. 82–90.
Cramer, Florian. „What is Post-Digital?". *Postdigital Aesthetics. Art, Computation and Design*. Hg. David M. Berry und Michael Dieter. Basingstoke: Palgrave Macmillan, 2015. 12–28.
Deutschlandfunk. „Lutz Seiler: ‚Stern 111'/Das kluge Rudel". *DLF*, 29. Februar 2020. https://www.deutschlandfunk.de/lutz-seiler-stern-111-das-kluge-rudel-100.html (27. Januar 2022).
Groß, Joshua. „Die Zauberberg-Bubble". *Mindstate Malibu. Kritik ist auch nur eine Form von Eskapismus*. Hg. Joshua Groß, Johannes Hertwig und Andy Kassier. Fürth: Starfruit publications, 2018. 300–309.
Groß, Joshua. *Flexen in Miami*. Berlin: Matthes & Seitz, 2020.
Hamel, Hanna, und Eva Stubenrauch (Hg.). *Wie postdigital schreiben? Neue Verfahren der Gegenwartsliteratur*. Bielefeld: transcript, 2023.

Hamen, Samuel. „Gender und Race in der aktuellen Literatur. Nur eine Etappe in einer emanzipatorischen Bewegung". *Deutschlandfunk Kultur*, 1. April 2021. https://www.deutschlandfunkkultur.de/gender-und-race-in-der-aktuellen-literatur-nur-eine-etappe-100.html (27. Januar 2022).

Herrmann, Leonard, und Silke Horstkotte. *Gegenwartsliteratur. Eine Einführung*. Stuttgart: J. B. Metzler, 2016.

Hertwig, Johannes. „Grinden wie Delphine im Interwebs". *Mindstate Malibu. Kritik ist auch nur eine Form von Eskapismus*. Hg. Joshua Groß, Johannes Hertwig und Andy Kassier. Fürth: Starfruit publications, 2018. 16–39.

Jandl, Paul. „Clemens Setz erhält den Georg-Büchner-Preis". *Neue Zürcher Zeitung*, 20. Juli 2021. https://www.nzz.ch/feuilleton/clemens-j-setz-erhaelt-den-georg-buechner-preis-ld.1636479 (13. Januar 2022).

Kracht, Christian. *Eurotrash*. Köln: Kiepenheuer & Witsch, 2021.

Kreuzmair, Elias. „Die Zukunft der Gegenwart (Berlin, Miami). Über die Literatur der ‚digitalen Gesellschaft'". *Text+Kritik. Digitale Literatur II X/21*. Hg. Hannes Bajohr und Annette Gilbert. München: edition text + kritik, 2021. 35–46.

Matrix. Reg. The Wachowskis. Warner Bros., 1999.

Mühlhoff, Rainer. „Digitale Entmündigung und ‚User Experience Design'. Wie digitale Geräte uns nudgen, tracken und zur Unwissenheit erziehen". *Leviathan – Journal of Social Sciences* 46.4 (2018): 551–574.

Randt, Leif. „10 % Idealismus (Interview)". *Mindstate Malibu. Kritik ist auch nur eine Form von Eskapismus*. Hg. Joshua Groß, Johannes Hertwig und Andy Kassier. Fürth: Starfruit publications, 2018. 132–141.

Reckwitz, Andreas. *Die Gesellschaft der Singularitäten*. 4. Aufl. Berlin: Suhrkamp, 2021.

Rudkoffsky, Frank O. *Was ist das für 1 Kritik vong Internet her? Joshua Groß, Lisa Krusche und Lars Weisbrod im Gespräch bei lesen.hören 13*. https://rudkoffsky.com/2019/02/24/was-ist-das-fuer-1-kritik-vong-internet-her-joshua-gross-lisa-krusche-und-lars-weisbrod-im-gespraech-bei-lesen-hoeren-13/. Weblog 2019 (14. Januar 2022).

Schellbach, Miryam. „Das digitale Leben als literarisches Motiv". *FAZ*, 23. Mai 2020. https://www.faz.net/aktuell/feuilleton/buecher/themen/wie-das-digitale-leben-zum-literarischen-motiv-wird-16767835.html (13. Januar 2022).

Schumacher, Eckard. *Gerade Eben Jetzt. Schreibweisen der Gegenwart*. Berlin: Suhrkamp, 2003.

Stephan, Felix. „Ganz wird man die Herkunft eben doch nie los". *Süddeutsche Zeitung*, 31. Januar 2020. https://www.sueddeutsche.de/kultur/bov-bjerg-serpentinen-christian-baron-ein-mann-seiner-klasse-rezension-1.4779564?reduced=true (30. November 2021).

Suhrkamp. „Lutz Seiler über die Figuren in seinem Roman ‚Kruso'. Am Strand von Hiddensee". *YouTube*, 13. August 2014. https://www.youtube.com/watch?v=7pNZSg5SLrg 6. Dezember 2021).

Venus, Jochen. „Die Erfahrung des Populären. Perspektiven einer kritischen Phänomenologie". *Performativität und Medialität Populärer Kulturen. Theorien, Ästhetiken, Praktiken*. Hg. Marcus S. Kleiner und Thomas Wilke. Wiesbaden: Springer VS, 2013. 49–73.

Zeh, Miriam. „Lesen lockert". *Republik*, 1. Juni 2021. https://www.republik.ch/2021/06/01/lesen-lockert (24. Januar 2022).

Tanja Prokić

„There is no Alternative" – Die Poetik der Affekte in *Allegro Pastell* und *GRM. Brainfuck*

1 Heiter bis Grim: Gefühlsstrukturen im Pop 3.0

Auf den ersten Blick könnten die Romane *Allegro Pastell* (2020) von Leif Randt und *GRM. Brainfuck* (2019) von Sibylle Berg nicht unterschiedlicher sein. Nicht nur hinsichtlich Erzählgegenstand, Erzählstil und Erzählhaltung, sondern allen voran, was die artikulierte Gefühlsstruktur betrifft. Der Begriff der Gefühlsstruktur (*structure of feeling*) geht auf den Kulturwissenschaftler Raymond Williams zurück. Zunächst ist damit ein gemeinsames Set von erfahrungsbasiertem Wissen und Empfindungsweisen zu verstehen, die „ein regelmäßiges Muster zeigen und die ganze Lebensweise, die gelebte Kultur einer Epoche [...] beinhalten, formen beziehungsweise von ihnen geformt werden" (Horak 2006, 214). Gefühlsstrukturen, nach Williams, sind im Unterschied zu semantischen Formationen nicht unmittelbar verfügbar (vgl. 1978, 133–134). Daher beschäftigt Williams, wie sie sich analytisch in kulturellen Artefakten isolieren und verfügbar machen lassen, da es sich um „in the deepest and often least tangible elements of our experience" (1987, 17) handelt. Gefühlsstrukturen seien aber nicht misszuverstehen als „unformed flux of new responses, interests and perceptions", sondern vielmehr zu fassen als „a formation of these into a new way of seeing ourselves and our world" (199). Da es sich wesentlich um „embodied, related feelings" (17) handelt, lassen sich Gefühlsstrukturen nicht unabhängig von der sozialen Klasse ermitteln, in der sie erfahren werden. Als „a particular kind of response to the real shape of a social order" (Williams 1985, 264–265) lassen sich Gefühlsstrukturen auch als unterschiedliche Antworten auf soziale Ordnungen begreifen und erlauben somit, eine gewisse „Lesbarkeit" für das unhintergehbare Geflecht der geschichtlichen Totalität der Gegenwart zu gewinnen. Die folgenden Ausführungen verstehen sich als eine Heuristik zu einer Literaturwissenschaft der Gefühlsstrukturen am Beispiel zweier aktueller popliterarischer Romane, für die die Semantik der Gefühle eine zentrale Rolle spielt. Insbesondere sollen dabei Anknüpfungspunkte zur Affect Theory aufzeigt werden.

Während *Allegro Pastell* seine Handlung im relativ abgeschlossenen Affektmilieu der Mittelklasse ansiedelt – in einer Welt, in der es keine existentiellen Nöte, keinen Mangel gibt –, spielt ein Großteil der Handlung von *GRM. Brainfuck* in der sozialen Unterschicht Großbritanniens. Hier herrschen „grim realities" (Harvey

2009, 119), wie der Titel des Romans schon andeutet. Wobei dieser sowohl auf den aus Großbritannien stammenden düsteren Musikstil „Grime" oder auf das ebenfalls aus dem Englischen stammende „grim" (dt.: düster, hart, unerbittlich, makaber) verweisen kann. Auch die Assoziation mit den Adoleszenzgeschichten im Stil der grausigen deutschen Märchen der Gebrüder Grimm ließe sich genealogisch erörtern. Der gelebte Widerspruch von ökonomischer Unsicherheit, materieller Prekarität und Klassenspaltung auf der einen Seite und der verheißungsvolle Traum vom monetären Aufstieg durch eine Grime-Karriere auf der anderen Seite zeugen bei den Hauptfiguren Don, Hannah, Karen und Peter – kurz „die Kinder" – von einer gewissen Schizophrenie (*Brainfuck*). Ganz anderes deutet *Allegro Pastell* an: „Allegro"[1] (it.: rasch, munter, heiter, fröhlich) gibt als eine Bezeichnung für Musiker:innen an, in welchem Tempo die musikalische Komposition nach Vorstellung der Komponist:innen vorzutragen ist. Pastelltechnik hingegen wird in der Malerei angewandt, um kräftige Farben durch Weißbeimischung ihrer Intensität zu berauben. Die hellen Bonbon-Farben sollen eine angenehme Wirkung auf das Gemüt haben. Nicht zu fröhlich, heißt das übersetzt in die Sprache der Figuren, aber auch nicht traurig, verstimmt oder hoffnungslos. Es handelt sich bei den ausgewählten Romanen um zwei völlig konträre Affektmilieus und – so wird zu zeigen sein – um zwei völlig entgegen gesetzte Affektstrategien. Die Figuren in *Allegro Pastell* üben sich in ihrem der neuen Mittelklasse zuzurechnenden Habitus der Postpragmatik, während die Figuren in *GRM. Brainfuck* das Potenzial der kollektivierten Wut für eine emanzipative Politik ausloten.

Als Artikulation komplexer und klassenspezifischer Gefühlsstrukturen könnten die Romane nicht gegensätzlicher sein, insofern sie sich jedoch – Berg explizit, Randt mehr subtil – auf dieselbe radikale Transformation beziehen, die im Begriff ist, nicht nur Kunst und literarisches Schreiben im Besonderen, sondern sämtliche soziale Zusammenhänge neu zu ordnen, verhalten sie sich eher komplementär zueinander. Auf diese Weise erlauben sie es, eine mögliche Aktualisierung von Pop-Literatur als Pop 3.0 auf den Prüfstand zu stellen. Gemeinsam scheint diesen Texten nämlich eine Poetik der Affekte zu sein, die sie über die artifiziellen Grenzen deutscher (Pop-)Literatur hinaus mit anderen Literaturen verbindet – etwa mit der Literatur der *New-Sincerity*-Bewegung um Tao Lin, Sheila Heti oder Maggie Nelson in den USA, Rachel Cusk in Großbritannien, Elena Ferrante in Italien, sowie mit dem Revival einer klassenbewussten, „konfessionellen" Literatur im Stil von Annie Ernaux, Didier Eribon oder Édouard Louis in Frankreich. All diesen Literaturen ist trotz ihrer Unterschiede eines gemein: Sie

---

[1] Allegro Kalenji (nach ihren Decathlon-Shirts), dann Allegro Dropshots nennt Tanja im Roman ihre Badminton-Gruppe (Randt 2020, 260).

bemühen sich um eine akribische, teilweise geständige Aufrichtigkeit, die das Ironische der Postmoderne hinter sich lässt und um eine neue Poetik der Affekte bemüht ist. Ob die hier verhandelten Texte damit in der Tradition von Popliteratur etwa eines Rolf Dieter Brinkmann stehen, oder über sie hinausweisen, ist im Hinblick auf eben diese Poetik der Affekte zu bemessen.

2 Affektive Paradoxa zwischen Maintal Ost, Rochdale und Berlin

Die Fernbeziehung von Jerome und Tanja findet jenseits der wenigen präsentischen Zusammentreffen im virtuellen Kommunikationsraum der sozialen Netzwerke statt. Stets geht es darum, den anderen aus der Ferne am eigenen Leben und der jeweiligen Stimmungslage zwar anschaulich, aber gleichermaßen wohldosiert teilhaben zu lassen. Dieser Kommunikationsmodus ist nur eine Fortsetzung des Lebensentwurfs der Figuren: Als erfolgreicher Webdesigner richtet sich Jeromes Tätigkeit auf die visuelle Modulation und Gestaltung der Oberfläche. Tanja ist erfolgreiche Romanautorin. Ihre Tätigkeit ist auf die Modulation narrativer Welten ausgerichtet. Das Ende ihrer leidenschaftlichen Liebesbeziehung vollzieht sich zwar durch das Schlussmachen von Tanja abrupt, dennoch ohne Dramen, ohne Streit, ohne destruktive oder pathetische Gesten.

Die Soziologin Eva Illouz untersucht in ihrem Buch *Warum Liebe endet* (2018), „wie die wechselseitige Durchdringung von Kapitalismus, Sexualität, Geschlechterverhältnissen und Technologie eine neue Form von (Nicht-)Sozialität hervorbringt" (2018, 13). Gemeint ist damit eine „negative Bindung"[2], die der freien Entwicklung des Selbst nachgeordnet wird und die mit hoher Wahrscheinlichkeit endet, wenn sich eine Person in der Partnerschaft nicht genug wertgeschätzt, befriedigt, bereichert fühlt oder schlichtweg ein anderes Angebot auf dem Beziehungsmarkt findet. Diese neue Form der Beziehung wird, so Illouz, von einer „dichten Normativität befreit und diese durch eine dünne, prozedurale Normativität ersetzt" (97); mit dem langfristigen Effekt einer ontologischen Verunsicherung, die aus einer „Hypersubjektivität" (155, 208, 212) hervorgeht. Hypersubjektivität beschreibt Illouz als eine „suchterzeugende Selbstbejahung" bzw. „eine wiederholte Erfahrung des

---

2 „Negative Beziehungen haben verschwommene, unklare, unbestimmte oder umstrittene Zwecke; es gibt keine vorgeschriebenen Regeln für Verbindlichkeit und Unverbindlichkeit; und sie können straflos oder fast straflos kaputtgemacht werden" (Illouz 2018, 147).

Nichtwählens" (212), die durch ökonomische, soziale, technologische Strukturen unterstützt, wenn nicht gar forciert wird.

Die Generation, die Randt in seinem Roman beschreibt, begegnet der durch Kommerzialisierung verursachten emotionalen Selbstentfremdung nicht mit der Suche nach Exzess und Transgression, sondern mit einer pragmatischen Moderation der Affekte. Als hätten diese Figuren das Kontroll-Paradigma, wie es Gilles Deleuze in seinem kurzen „Postskriptum über die Kontrollgesellschaften" von 1990 antizipierte, vollkommen internalisiert und eine neue Lebensweise daraus generiert.[3] Kontrolle über Bedingungen, die eigentlich nicht mehr in der Verfügungsgewalt der Individuen liegen, simulieren diese Figuren durch eine Form der emotionalen Skalierung aus. Insbesondere übermannende Emotionen werden durch die nüchterne Objektivität von Zahlen moderiert. Zum Beispiel: „300% Joy" (Randt 2020, 31); „Tanja nahm diese Aussage Amelies zu 0,0% als Beleidigung wahr" (69); „Jerome hatte [...] als Antwort ‚100%' geschrieben" (128); „Tanja konnte Jeromes Freude zu 100% nachvollziehen" (227); „Und eines Tages, wenn ich zu 96% über unsere Sache hinweg bin – denn ganz hinweg will ich nie darüber sein –, werde ich dich und dein Kind besuchen" (278). Leif Randt hat diese Form der Moderation an unterschiedlichen Stellen als „postpragmatisch" beschrieben.[4]

In der erzählten Welt von *Allegro Pastell* gilt es, Gefühle grundsätzlich nicht zu vermeiden, sondern sie gewissermaßen konsumierbar, genießbar abzutönen, etwa durch den taktischen Einsatz von Zeit: Die spätere, temperierte Gefühlserinnerung fiktionalisiert das intensive Gefühl: „‚Vorauseilende Wehmut', sagte er plötzlich, Tanja blickte ihn an – die Wendung stammte aus PanoptikumNeu –, sie nickte und sagte: ‚Genau'" (77). Ein virtueller Hoffnungsraum temperiert auch die aktuellen Gefühle, die aus der Tragik des Scheiterns resultieren sollten: „Ich vermute unsere Leben sind noch lang. Lass uns das als Chance begreifen. Ich liebe dich – Tanja" (280): Wo es kein richtiges, zu betrauerndes Ende gibt, sind auch die Gefühle auf unbestimmte Zeit verschiebbar und damit vorerst neutralisiert.

Damit steht diese Affektmodulation jener nahe, die Sibylle Berg anhand der Kinder Don, Hannah, Karen und Peter vorführt. Zwar realisieren sich in Bergs Buch keine großen Grime-Karrieren, aber es realisieren sich „irgendwelche" Curricula: Hier geht es immer irgendwie weiter. Auf die lange Sicht sind alle Gefühle, auch die vermeintlich destruktiven (wie Wut, Scham, Hass, Rachelust, Neid oder Missgunst) verwertbar. Trotz widrigster Bedingungen – Menschenhandel, Zwangsprostitution, Ausbeutung, Missbrauch, Vergewaltigung, Armut, Mittellosigkeit, Selbstmord, Ver-

---

[3] Vgl. zur Aktualität von Deleuzes Diagnose das in zwei Teilen herausgegebene Themenheft von Cord und Schleusener (2020).
[4] Vgl. Randt 2013, 54; Randt 2014, 8; Randt 2015, 294. Vgl. dazu auch die Ausführungen von Navratil 2021, 478–479.

wahrlosung, Gewalt, Rache und ebensolcher Fantasien – gelingt es den Kindern, ihre Affekte im Hinblick auf ein übergeordnetes Ziel – nicht weniger als die Revolution – zu kontrollieren bzw. strategisch einzusetzen.

3 Die Konstellation: Digitaler Kapitalismus

Für die spezifische historische Konstellation, in der Randts Mittelklassen-Portrait und Bergs dystopischer/düsterer Coming-of-Age-Roman zu verorten sind, werden aktuell viele Namen bemüht – z. B. „affektiver Kapitalismus" (Karppi et al. 2016), „Plattformkapitalismus" (Srnicek 2018), „Überwachungskapitalismus" (Zuboff 2018) oder „Digitaler Kapitalismus" (Staab 2019). Je nach Fokus und Prämisse stehen dabei das Ausmaß und die Folgen der sich global vollziehenden techno-ökonomischen Transformation seit der Dotcom-Blase bzw. der Finanzkrise von 2008 im Fokus. Insbesondere die Effekte auf den Bereich des Kulturellen interessieren Felix Stalder in *Kultur der Digitalität* (2016). Eine „Kultur der Digitalität" manifestiert sich laut Stalder besonders in Kommunikationsstilen, in Lebensweisen, in Weltanschauungen, in Sinnfragen und Denkstilen. Gerade weil das techno-ökonomische Gefüge hinter den Kulissen von Nutzeroberflächen ein Wissen vom Menschen als affektiv und perzeptiv verfasstes Wesen extrapoliert und quantifiziert, scheint es heute unmöglich zu sein, von einem Bereich des Kulturellen auszugehen, der von der Digitalität unbeeinflusst wäre.

Seit dem Erfolg der sozialen Netzwerk-Plattformen scheint die Relevanz sozialer Fragen über ihren aufmerksamkeitsökonomischen Erfolg, dessen Kriterien die ästhetische Beschaffenheit und das User:innendesign der jeweiligen Plattform vorgibt, bestimmt zu werden. Unter dem Primat von Nutzerfreundlichkeit, Verständlichkeit und Einfachheit haben sich Design, Technologie und Marketing miteinander in ein Gefüge verschränkt, das Produkte als Wunschmaschinen generiert, die irreversibel und graduell unsere Wahrnehmungs- und Affektmodalitäten transformieren. Die Oberfläche ist also nicht mehr nur etwas, das durch eine professionelle Kreativszene (Florida 2003; Reckwitz 2012) – zu der die Figuren aus Randts Universum zählen – bearbeitet wird, sondern auch etwas, das durch eine invasive Technologiebranche kostenneutral einer nicht-professionellen Masse an User:innen zur Verfügung gestellt wird. Auch auf dem globalen Arbeitsmarkt zeitigt die Plattformtechnologie Effekte, insofern der Zugang zu Jobs verstärkt von vernetzten Endgeräten in den entsprechenden Netzwerken der Gig-Economy – wie Fiverr, Amazon Turk oder Uber – abhängt (Crouch 2019) und die digitalen Technologien stets mit diversen Kontroll- und Überwachungsmechanismen verschaltet sind. Die vermeintliche Revolution des Postfordismus, die sich durch ein Mehr an Mobilität, Flexibilität, Unabhängigkeit und Selbstbestimmtheit auszeichnete, offenbart zunehmend ihre Schattenseiten.[5] Doch obwohl von diesen Schattenseiten immer weitere Teile der Gesellschaft betroffen sind, scheint sich die Vorstellung einer wirklichen politischen Alternative jenseits der Plattformen zunehmend zu verflüchtigen.[6]

Fredric Jameson hat diese Logik als eine ideologische Denkblockade beschrieben: Wir könnten uns kein anderes Ende des Kapitalismus vorstellen als ein Ende der Welt (2003, 76).[7] Für produktive Transformationsprozesse oder Ideen für ein besseres Leben scheint die kollektive Vorstellungskraft nicht auszureichen. Sibylle Bergs *GRM. Brainfuck* wählt als Ort ihrer Erzählung eben jenes Land, in dem die sogenannte *there is no alternative*-Politik (‚TINA') (frei nach Margaret Thatcher) ihren Auftakt nahm, nämlich Großbritannien. „No alternative" entpuppte sich dabei allerdings als eine Politik, die, affektiv untermauert, politische Reformen plausibilisiert, welche den Sozialstaat beschneiden und zu einer Privatisierung von sozialen Strukturen führen wird.[8]

Die affektive Modulation, die die TINA-Politik begleitete und deren Spuren bis heute auszumachen sind, weist eine ambivalente Dimension aus, die es wiederum erschwert, sie analytisch einzufangen. Gefühle der Angst vor Abstieg, Entbehrung, Verzicht, Geltungsverlust, Einschränkung etc. werden beschworen, um politische Maßnahmen zu rechtfertigen, nicht um strukturelle Maßnahmen gegen die Ursachen der Ängste einzuleiten. Brian Massumi und andere haben bereits in *Politics of Everyday Fear* (1993) gezeigt, dass solche „Affektmodulationen"[9] sich auf das Denken nicht in Form „ideologischer Indoktrinationen" (Massumi und Manning 2010, 79) im Hinblick auf ein bestimmtes Ziel auswirken, sondern eher mittelbar freigesetzt werden, um in ihren unmittelbaren Effekten verfügbar zu werden.

Die Angst wird politisch derart temperiert und moderiert, dass sie trotz Krisen und Entbehrungen nicht als Bedrohung der sozialen Ordnung – etwa im Hinblick auf postkapitalistische Ordnungsentwürfe – wirksam wird. Die Modulation von Affekten wird so als „eine entscheidende Komponente nicht nur für die Verbindung zwischen Kapitalismus und Kultur, sondern auch für das Funktionieren des [neoli-

---

5 Zuerst beobachteten den Wandel von Arbeit unter dem Paradigma der *new economy* Lazzarato 1998; Sennett 1998; Hardt 1999; Boltanski und Chiapello 2006. Unter dem Paradigma der *digital economy* haben sich die Bedingungen radikalisiert und verändert vgl. z. B. Schaupp 2021.
6 Stalder (2016) stellt seine Idee einer Alternative auch nur heuristisch anhand von „Commons" vor.
7 Zu Herkunft und Überlieferungsgeschichte des Slogans, vgl. Schleusener 2017, 8, 12–13. Mark Fisher (2013) greift den Slogan für sein Buch auf.
8 Vgl. insbesondere zur TINA-Politik und Rhetorik Séville 2017.
9 Das Konzept der Affektmodulation wird an unterschiedlichen Stellen erläutert, exemplarisch Massumi 2010, 55, 77.

beralen] Kapitalismus selbst" (Schleusener 2014, 321). Diese Lektion scheinen die sozialen Netzwerke als Massenmedien der Gegenwart perfektioniert zu haben. Die vermeintlich neutralen Infrastrukturen, die sie zu sozialer Vernetzung und kommunikativem Austausch zur Verfügung stellen, zielen im Wesentlichen auf die Produktion von „affektiven Milieus" (Massumi und Manning 2010, 78) ab. In erster Linie dienen solche Milieus für regulierte Affektmodulationen durch Werbung und Marketing, sie sind gleichzeitig aber auch das Einfallstor für neue, ungeahnte Politiken des Affekts (Massumi 2015; Nagle 2018). Je ungefilterter und unkontrollierter Affekte einer digitalen Öffentlichkeit mitteilbar sind, desto dringlicher werden Maßnahmen der individuellen Kontrolle. Strukturelle und politische Fragen werden wesentlich der individuellen Eigenverantwortung übertragen. Ob es dann zu einer (digitalen) Affektabfuhr oder Affektkontrolle qua Selbstoptimierungsprogrammen kommt, beide Male stehen diese kulturellen Techniken in Verbindung zu einer gewissen Alternativlosigkeit der sozioökonomischen Ordnung (Séville 2017; Fisher 2013).

Mit der Verortung der Handlung von Bergs *GRM. Brainfuck* im von Verarmung und Verwahrlosung gezeichneten Rochdale wird mehr als deutlich, dass der soziale Brennpunkt Großbritanniens genau auf diese ausweg- und alternativlose Situation verweist, in der es keine Zukunft mehr zu geben scheint – zumindest für die von der Politik als unbrauchbarer Rest Verworfenen. An die eigentlich hoffnungslose Situation passen sich die Menschen, über eine Operation, die Lauren Berlant als „cruel optimism" bezeichnet, an. „Cruel optimism" stiftet eine Lebensform, die einer Haltung des „Durchhaltens" und „Weitermachens" ähnelt (2011, 8). Aus der bloßen Kontinuität dieser Form lässt sich, trotz suboptimaler Lebensumstände, dann so etwas wie Lebenssinn oder Glück gewinnen. „Cruel optimism" erlaubt, das wahrscheinlich Unwahrscheinliche gerade deshalb zur Grundlage des Hoffens oder der Freude zu machen, weil die Möglichkeit einer Verbesserung in der Zukunft nicht ausgeschlossen wird. Im Anschluss an Berlant verstehe ich unter „Cruel optimism" (2010, 94) eine gleichermaßen affektive und zeitliche Operation, die es erlaubt, jene Affekte[10], die das Gerichtetsein auf eine fantastische, aber unrealisierbare Zukunft mobilisieren, auf die Gegenwart zu projizieren. Die Kinder in Sibylle Bergs *GRM. Brainfuck* beziehen aus dem (unwahrscheinlichen) Traum von YouTube-Karrieren als Grime-Stars Kräfte, um unter den miesen Bedingungen, die sich ihnen darbieten, überhaupt weiterzumachen. Jene Kräfte reichen sogar aus, um aus ihrer Wut einen

---

10 Hier wird ein Affekt-Begriff angesetzt, der die Dichotomie von Affekt und Kognition hinter sich lässt. Der Affekt kann dann kognitive Entscheidungsprozesse ebenso umfassen wie somatische und emotiv motivierte Handlungen. Vgl. dazu die Ausführungen von Åkervall 2021.

mehrstufigen Racheplan zu formieren. Die zynische Erzählinstanz jedoch führt die unter dem Einfluss eines „cruel optimism" handelnden Jugendlichen regelrecht vor:

> Sie hatten super Aktionen gemacht und sie danach im Netz gefeiert. Die Datenbank des Staatsschutzes geleakt, die Fingerabdruckscanner eines Smartphone-Herstellers gehackt [...] Na ja, und so weiter. Sie hatten gedacht, sie seien die neue Revolution. Und nun. Sitzen sie hier. In dieser scheiß Fabrik. Und wissen nicht weiter. Es hat sich kaum einer für ihre Revolution interessiert. Was Menschen nicht begreifen, interessiert sie nicht [...]. Die Freunde. Haben die Massen nicht mobilisiert. (Berg 2019, 269)

Statt ihren affektiv gesättigten Racheplan zu verwirklichen, nehmen die Freunde am Ende des Romans ihren Platz in der neuen Mitte der Gesellschaft ein. Die Technologien schreiben mit an dieser affektiven Ordnung. Sie sind nicht neutral und sie stellen sich nicht unter neutralen Bedingungen zur Verfügung. Berg formuliert mit *GRM. Brainfuck* eine literarische Kritik am Verhältnis von Affekten, Technologie und Kapitalismus. Im Kern dieser Kritik steht das Potenzial von Wut als „Ausgangspunkt kollektiven politischen Handelns" (Bargetz 2016, 251; Lorde 1984). Unter den Bedingungen des Plattformkapitalismus allerdings haben sich die Verhältnisse grundlegend und nachhaltig verschoben. So beschreibt Mark Fisher als ein wesentliches Problem von „Bewegungen, die sich um einen Affekt herum gruppieren", „dass Affekte kommen und gehen" (2013, 100) und sich somit keine langfristigen Verschiebungen der Kräfteverhältnisse durchsetzen lassen. Vor diesem Hintergrund erschließt sich auch die Rolle von Grime als einem „inhaltslosen Sound der Gegenwart" (102). Das Nachwort, das Mark Fisher explizit für die deutsche Übersetzung seines *Capitalist Realism. Is There No Alternative?* (2009, 96–112) angefertigt hat, liest sich wie ein Lektüreschlüssel zu Bergs *GRM. Brainfuck*, insofern das Scheitern der Revolution der Kinder durch die politische Bedeutung von Grime bereits präfiguriert ist. Diese sieht er nämlich

> zuerst in den Affekten – Wut, Frustration und Verbitterung –, denen er [Grime, T.P.] seine Stimme gibt. Die Stellung von Grime ist allegorisch für das Schicksal von Klassenzugehörigkeit. Genauso wie es einigen Menschen möglich ist, aus der Arbeiterklasse aufzusteigen, aber nicht mit ihr, so ist es möglich *aus* Grime aufzusteigen [...] aber es ist bislang noch nicht möglich *als* Grime-Künstler erfolgreich zu sein. (Fisher 2013, 203).

Ivan Krastev hat bemerkt, dass stärkere globale Vernetzung durch die Plattformen zu einer schwindenden, lokalen (auch nationalen) Integration (vgl. 2017, 123), d. h. zu einer Zunahme an negativen Bindungen führen. Das, so ließe sich mit Berg und Fisher zusammenfassen, gilt nicht nur für die Individuen, sondern auch für politische Bewegungen. Die Alternativlosigkeit der TINA-Politik hat ein neues (politisches) Subjekt hervorgebracht, das sich durch ontologische Unsicherheit auszeichnet.

4 Poetik der Affekte

Mit den Plattformen setzt sich die neue Währung Aufmerksamkeit (Franck 1998) durch. Aufmerksamkeit wird zur knappen Ressource, um die die Plattformen mit einem Überangebot an Kommunikations- und Partizipationsoptionen konkurrieren. Die Notwendigkeit neuer Affektmodulationen resultiert aus der affektiven Dissonanz von erlebtem Partizipationsdruck und gefühlten Kontrollverlust, in die sich die Dissonanz von Zunahme an Optionen und der Alternativlosigkeit der ökonomischen Form übersetzt. Unmittelbarer Mangel ist im Plattformkapitalismus ebenso beseitigt wie Alternativlosigkeit, stattdessen werden strukturelle Entscheidungen in marktförmige Mikrooptionen transformiert. Jene Hypersubjektivität, die Eva Illouz für den Bereich der Liebe und der Sexualität beobachtet, scheint mehr diesem technischen Dispositiv der Plattformen zu entspringen: Aufmerksamkeitsökonomie, so ließe sich also zuspitzen, produziert langfristig eine ontologische Verunsicherung, die aus der wiederholten Erfahrung der Austauschbarkeit und der unbegrenzten Optionen resultiert. Mitunter langwierige und komplexe Prozesse der Wahl und der Entscheidung werden zunehmend durch Aufmerksamkeitsverschiebung absorbiert, so dass es für Individuen generell, nicht nur in Fragen der Liebe, immer unmöglicher wird, langfristige Bindungen einzugehen. Die Fragilität der Liebesbeziehung von Jerome und Tanja vollzieht sich vor eben diesem Hintergrund. Auch die Transposition der Entscheidung für oder gegen das Kind (mit Marlene) in das ästhetische Kalkül einer PowerPoint-Präsentation verweist auf das ubiquitäre Affektmanagement der digitalen Gegenwart, das routiniert darin ist, Entscheidungen in Optionen zu übersetzen.

Die kulturelle Transformation, die mit dem Wirtschaftsmodell der Plattformen einhergeht, greift nachhaltig nicht nur in Arbeits- und Lebenszusammenhänge ein, sie verschiebt nachhaltig auch den affektiven Haushalt der Subjekte hin zu Hypersubjekten und hat enorme Folgen für das kollektive politische Handeln. *GRM* skizziert eben diese Folgen, wenn der Roman das Scheitern der affektbasierten Revolution der Kinder in ihren Grenzen zynisch vorführt. Die Kollektivität der Kinder kann nicht in langfristige politische Ziele münden. Denn sie basiert auf einer hypersubjektiven Erfahrung der Prekarität, die nicht in ein allgemeines politisches Programm überführt werden kann. Kritik hat sich in dieser Welt längst klassenspezifisch privatisiert. Wie es so weit kommen konnte, beschreiben Luc Boltanski und Ève Chiapello bereits 1999. Der „neue Geist" der aus der Bohème stammenden Künstlerkritik an der Bürokratisierung, Rationalisierung und Standardisierung von Arbeits- und Denkprozessen habe, Boltanski und Chiapello zufolge, regelrecht zu einer Revitalisierung des Kapitalismus geführt. Unter einem belebenden Paradigmenwechsel, der neue flexible Arbeitsbedingungen und kreative Arbeitsatmosphären versprach, war es plötzlich möglich, den Individuen des Postfordismus zunehmend zeitlich und räumlich entgrenzten Einsatz (vgl. 2006 [1999], 43) abzufordern. Insbesondere der Businesssektor der Techbranche ist gewissermaßen gleichursprünglich mit dem neuen Geist des Kapitalismus: Technische Innovation und Kreativität speisen sich aus dem unbegrenzten Einsatz der individuellen Energien. Jim McGuigan bezeichnet diese Wende als „Cool Capitalism" (2009), nicht zuletzt, weil die Revolution der Produktionsweise sich wesentlich von einer Revolution auf der Ebene der Affekte vollzieht. Das Silicon Valley steht paradigmatisch für die widerspruchslose Vereinbarkeit der Coolness des kalifornischem Lebensentwurfs mit einem stark wachsenden Businesssektor, der den ungeteilten Einsatz und das affektive Einverständnis der Individuen verlangt.

Die Romane von Berg und Randt siedeln ihre Handlung über vier Jahrzehnte nach diesem Paradigmenwechsel an. Sie setzen ihre Protagonisten damit den Folgen des *cool capitalism* aus. Und es wird deutlich: Hier ist schon lange nichts mehr wirklich cool. Auch wenn die Figuren sich an der Coolness festzuhalten suchen, hat sich diese als intrinsischer Affekt überlebt. Sie reicht nicht mehr aus, um zu motivieren, sie ist kein Grund mehr etwas zu imitieren oder anzustreben. Die Figuren, sowohl in der Welt von *GRM* als auch in der Welt von *Allegro Pastell*, befinden sich – obzwar klassenspezifisch mit anderen Folgen – in einem Zustand der Postcoolness. Dabei handelt es sich nicht um einen strategischen Gegenentwurf im Sinne von „Uncoolness", wie sie etwa Simon Schleusener durch Donald Trump verkörpert sieht (vgl. 2020, 58–60). Gemeint ist die Reaktivierung eines scheinbar veralteten Ideals des Multimillionärs, die den mit Reichtum protzenden, ultramaskulinen Karriereristen gewissermaßen „hyperrealisiert". Gepaart mit Trumps Selbstpositionierung „als anti-elitär und anti-establishment: als charismatischer Outsider" zeichnet sich hier eine streng kalkulierte Affektpolitik ab, die den Anhänger:innen eine Kompensation „nicht materieller, sondern rein affektiv-symbolischer Natur" verspricht (60).[11]

Im Gegensatz zu dieser *Uncoolness* versteht sich Postcoolness als Effekt des *cool capitalism* und als kritische Haltung gegenüber der Unterscheidung von „cool" und „uncool". Indem die ontologische Unsicherheit der Figuren klassenspezifisch herausgestellt wird und durchaus ambivalent von den Erzählinstanzen kommentiert wird, werden die individuellen Affektmodulationen als Teil einer Politik der Affekte („cruel optimism") beobachtbar. Dabei wäre es allerdings ein Fehler, anzunehmen, dass „Coolness" und „Affektivität" sich ausschließend gegenüberstehen und Coolness mit Affektkontrolle bzw. Affektmanagement gleichzusetzen wäre (Schleusener 2014, 308). *Cooling-down* wird vielmehr als eigenständige affektive

---

[11] Die Realisierung der politischen Ziele Trumps und die Effekte für die Wähler:innen belegen diese Einschätzung ex post.

Größe verstanden, die eine bestimmte emotionale Haltung signalisiert.[12] Diese Haltung ist räumlich und zeitlich stark auf ein Milieu zugeschnitten, das die Unterscheidung von cool/uncool an die Differenzierung im Verhältnis zu einem außen und als Selbstverständnis nach innen operationalisiert. So etwa im Falle des Silicon Valley, das die postfordistischen Arbeitsweisen als kalifornische Lebensart genauso wie als Arbeitspraxis vertreibt: Hier ist alles unangestrengt, locker, im Flow. Hier regieren weder hochkochende Konflikte noch unter bürokratischen Zwang gesetzte Abläufe oder unter Leistungsdruck gesetzte Individuen den Alltag wie in der Businesskultur. Alles findet seinen Weg.[13]

Die heutige Popliteratur (3.0) lässt sich nicht mehr im Sinne der kulturellen Logik des *cool capitalism* beschreiben – und noch mehr: Popliteratur scheint sich dieser kulturellen Logik auf eine neue Art entgegenzustellen, indem sie die schwindende Relevanz des Cool gegenüber anderen Affekten in eine literarische Ästhetik, eine Poetik der Affekte übersetzt.

Das ist insofern keine triviale Erkenntnis, als Coolness noch als wesentlicher Marker für die Popliteraturen der Postmoderne gilt, wie vor allem in Moritz Baßlers und Heinz Drüghs aktueller Studie *Gegenwartsästhetik* (2021) deutlich wird. Während hier noch nach dem für die Postmoderne gebrauchsüblichen Differenzkriterien der Ironie, Coolness und Doppelbödigkeit über die Qualität der Texte geurteilt wird, scheinen sich Erzähltexte, wie die von Leif Randt und Sibylle Berg eben solchen Differenzkriterien bewusst zu entziehen. Die neueren Texte, die sich für eine Revitalisierung als Pop 3.0 qualifizieren, verdeutlichen, dass Coolness eine nicht mehr zeitgemäße Kategorie darstellt. Während die Figuren in *Allegro Pastell* Coolness in Anbetracht ihrer Liebesenttäuschungen allenfalls noch zu simulieren versuchen, finden die Figuren in *GRM. Brainfuck* längst in einem anderen Affekt – der Wut – ihren Antrieb. *GRM. Brainfuck* und *Allegro Pastell* liefern so aus gegensätzlichen, aber komplementären Perspektiven ein Bild des Status quo, eines sich zombiehaft überlebenden, digitalen Kapitalismus (vgl. Peck 2010).

Wenn alles sowieso immer weitergeht, ließe sich diese Gefühlsstruktur zusammenfassen, dann ist es auch egal, *wie*. Post-Coolness bei Randt nimmt sich genau dieser Haltung an, sowohl als Gegenstand der Affektmodulation durch die Figuren als auch auf der Ebene des Erzählens. Solange gute emotionale oder rationale Gründe hinter den Pseudo-Entscheidungen (für einen Look, die Zusage oder Absage zu einer Einladung, für ein Kind, gegen eine Beziehung) stehen, lassen sich diese

---

[12] Stearns zeigt, dass die amerikanische Kultur seit dem neunzehnten Jahrhundert statt Techniken der Affektunterdrückung flächendeckend Techniken des Affektmanagements entwickelt (1994, 34). Siehe dazu auch Fellner et al. 2014.
[13] Vgl. dazu auch Frank 1998.

auch entsprechend aufrichtig verkörpern. Den Intensitätsgrad der Gefühle, die mit solchen Entscheidungen einhergeht, gilt es weder gänzlich abzukühlen noch in ganzem Umfang zuzulassen. In diesem Sinne haben die Figuren die Unterscheidung von cool und uncool insoweit hinter sich gelassen, als es primär immer um eine Balance geht. Die Erzählinstanz sensibilisiert durch ihre Ambivalenz gegenüber dieser Affektmodulation für die Brüchigkeit derselben. Radikaler positioniert sich die Erzählinstanz in *GRM. Brainfuck*, insofern sie den Zorn der Kinder immer wieder mit der Alternativlosigkeit konfrontiert. Während Bergs Roman den grausamen Optimismus, mit dem die Figuren notwendig operieren, durch einen verunsichernden Zynismus auf der Ebene des Erzählens sichtbar macht, verlängert der Roman die Haltung des *cruel optimism* in die Ebene der Rezeption. So wird letztlich auch die Erwartungshaltung einer lesenden Mittelklasse als *cruel optimism* enttarnt. Die scheinbar für eine kommende Revolution verwertbare Affektabfuhr der Kinder in *GRM* mündet schließlich in gehegte Existenzentwürfe. Die adoleszenten Affektenergien werden in die kulturelle Coming-of-Age-Logik integriert. Bergs Roman legt damit eine „certain schizophrenia" (McGuigan 2009, 44) vor, die die Gefühlsstruktur ihrer Leser:innenschaft (der Mittelklasse) adressiert: sich insgeheim nach einer Revolution zu sehnen, deren Verantwortung an die unteren Klassen oder die Hackerklasse (Wark 2004) preisgegeben wird. Berg delegitimiert durch ihren zynischen, hyperrealen Ton sämtliche Strategien einer „Ästhetik der Revolte" (Lagasnerie 2016) und sie dekonstruiert die (postmoderne) Sehnsucht nach einer „Politik des Ereignisses" (Fisher 2013, 100) – das nach der Finanzkrise 2008 ausgeblieben ist und seither als Bewegung ‚von unten' ersehnt wird.

Allegro Pastell dagegen weist selbst eine „certain schizophrenia" (McGuigan 2009, 44) auf, indem gleichzeitig ästhetisch legitimiert wird, was durchaus kritisch vorgeführt wird: eine ontologische Verunsicherung, deren Quelle sowohl für die Figuren als auch für das Erzählen latent bleibt: die eigene Existenzweise, die eigene Klassenposition als Mittelklasse (Reckwitz 2019). Kritik wird hier nicht notwendig neutralisiert, aber sie wird auf sichtbare Weise umgelenkt und geschichtet: in eine erfolglose Suche nach einer neuen Spiritualität, einem neuen kreativen Projekt, einer neuen Liebe, einem neuen Lebensentwurf.

Beide Texte – und hierin liegt ein zentrales verbindendes Element – verweigern sich einer psychologischen Diagnostik und entwickeln einen spezifischen Erzählgestus, der das Kollektive im Individuellen ermittelt. Die Figuren werden als soziale Typen entworfen, die sich wiederum durch soziale Gesten auszeichnen (wie sie einst Brecht für sein episches Drama entwickelte). Sozialer Gestus steckt Brecht zufolge in alltäglichen Szenen – „Ein Mann, der sein Testament schreibt, eine Frau, die einen Mann anlockt, ein Polizist, der einen Mann prügelt, ein Mann, zehn Männer auszahlend" (1993 [1940/41], 617). Gesten ermöglichen ein

„Vonaußensehen" (1992 [1931/32], 477). So ließen sich die Gefährderprofile in *GRM. Brainfuck* durchaus als Miniaturen des sozialen Gestus verstehen:

> **Don**
> Gefährderpotenzial: hoch
> Ethnie: unklare Schattierung von nicht-weiß
> Interessen: Grime, Karate, Süßigkeiten
> Sexualität: homosexuell, vermutlich
> Soziales Verhalten: unsozial
> Familienverhältnisse: 1 Bruder, 1 Mutter, Vater – ab und zu, aber eher nicht
> (Berg 2019, 8)

Auch das eigentümliche Tanzverhalten von Tanja in *Allegro Pastell* kann als eine solche soziale Geste gefasst werden. Den verständnislosen Blicken ihrer Umwelt zum Trotz findet sie den „schönsten Moment" gerade nicht mit den anwesenden Anderen auf der Tanzfläche:

> – high auf das Tor zur Welt in ihrer Hand blicken, mit denjenigen kommunizieren, die sie am meisten mochte, auf die Weise, die sie am besten beherrschte. Es war fantastisch, ein Handy zu besitzen, es war fantastisch, Menschen zu kennen, die man liebte. (Randt 2020, 39)

Die banale Aufrichtigkeit Tanjas verlängert sich in die Aufrichtigkeit der Erzählinstanz hinein, so dass sich durch die Hyperrealität der Szene unweigerlich so etwas wie ein „Ironieverdacht" auftut. Auch bei Berg entstehen durch das Zuviel an Realität immer wieder solche Kippmomente. Eine Poetik der Affekte zielt genau auf diese dritte Dimension der Rezeption. Sie provoziert ein neues Verhältnis zum Lesepublikum. Dieses Verhältnis betrifft das Affektgefüge, das der Text herstellt und das den Reflexionsprozess genauso strategisch kompliziert wie die psychologische Introspektion. Wir verstehen die Figuren als Produkte gesellschaftlicher Strukturen, aber wir haben kein einfühlendes bzw. identifikatorisches Verständnis für sie.

Die abwägende Erzählhaltung, die zwischen Anteilnahme und Kritik oszilliert, bewahrt vor Eineindeutigkeiten, vor einer Haltung der „Interpassivität" (Pfaller 2009). Es handelt sich demnach um einen Erzählgestus, der ein besonderes Verhältnis zur ästhetischen Form unterhält: als hätten diese Geschichten einen rückläufigen Abstraktionsprozess durchlaufen. Als wären die Gesten, die der Realität entzogen sind, nachträglich mit einer Hyperrealität angereichert worden, die die Leser:innen auf emotionale Distanz hält. Sowohl *Allegro Pastell* als auch *GRM* entziehen sich zwar dem (politischen) Sinnstiftungsprozess (vgl. dazu Khatib 2009, 160), jedoch nicht ohne die die Popliteratur definierende Frage nach den Bedingungen von Sinnstiftungsprozessen zu bearbeiten. Damit eröffnen sie an zwei entgegengesetzten Polen eine neue Dimension des politischen Pop-Romans. Denn die postpolitischen

Universen scheinen systematisch darauf angelegt, eine politische Haltung bei den Leser:innen zu provozieren. Als Romane der Postcoolness brechen sie mit dem „Zusammenhang zwischen ästhetischer Kennerschaft und ethischen Konsequenzen", die Diedrich Diederichsen für Pop 1.0 diagnostizierte (1999, 279), sie distanzieren sich aber auch von der Auflösung dieses Zusammenhangs in den Mainstream im Pop 2.0 (vgl. Rauen 2019, 73).

Jeromes Webseite, „die das Innere einer Lavalampe endlich ernst nehmen wollte" (Randt 2020, 113), nimmt auf den sich entziehenden Sinnstiftungsprozess geradezu metaphorisch Bezug: Als ultimativer Moment der (Dis-)Konnektivität, als Sehnsuchtsort, apolitischer Ort des Wartens, des Ausharrens ist sie gleichzeitig vernetzt: Sie soll „transzendentales Obdach" (Lukács 2009 [1920], 30) bieten, sie soll zu einem „Ort zeitgemäßer Spiritualität" (Randt 2020, 113) avancieren. Es gilt, über eine Website vermittelt, eine „intensive Begegnung mit sich selbst zu erleben" (113). Als ließen sich die Welt, Selbst- und Fremdverhältnisse, Wahrnehmung und Gefühle wie in einem ultimativen Synthesizer abmischen. Vielleicht ließen sich dieses Begehren der Temperierung, diese Verhaltenslehren der Temperatur selbst als poetische Kritik der digitalisierten Gegenwart lesen: einer Gegenwart, die wir längst nicht mehr als politischen und individuellen Handlungsraum begreifen, sondern vielmehr als ein off, das wir an unseren kleinen drahtlosen Maschinen beliebig leiser und lauter stellen, das wir abtönen. Die Gegenwart der Alternativlosigkeit wird dann eben nicht als Handlungsort begriffen, sondern in eine Frage der affektiven Einstellung transformiert.[14] In diesem Sinne ließe sich auch die Kapitelfolge in *Allegro Pastell* verstehen. Auf „Phase eins" und „Phase zwei" folgt nicht „Phase drei", sondern „Phase: neu". Die Enttäuschung über die gescheiterte Liebesbeziehung mit Tanja wird durch das ödipale Happy End mit Marlene und der bevorstehenden Geburt des gemeinsamen Kindes, ganz im Sinne einer postpragmatischen Modulation, substituiert. Dazu passt auch die postromantische PowerPoint-Präsentation (268–269). Das Festhalten von Tanja an einer vertagten Liebesgeschichte – „Ich vermute unsere Leben sind noch lang. Lass uns das als Chance begreifen. Ich liebe dich" (280) – vervollständigt diese Operation: Das ödipale Happy End von Jerome wird durch ihre Affektmodulation gewissermaßen als Enttäuschung „übergangen": Die Enttäuschung wird beide Male durch wünschenswerte „zukünftige" Affekte wegmoderiert. Damit kann die Zukunft nicht beginnen, sie bleibt in einer alternativlosen Gegenwart eingeschlossen. In der Welt von *GRM. Brainfuck* ist die Affektmodulation komplexer und vielschichtiger, dennoch findet auch hier eine ähnliche Modulation statt, im We-

---

14 Von hier aus erschließt sich auch die relativ kontextlose Diagnose Novers in Bezug auf den Stillstand der „breiten Gegenwart" von Randts Welt in *Schimmernder Dunst über CobyCounty* (2016, 449–450).

sentlichen aber durch die hyperrealistische Erzählinstanz, die die Affekte der Kinder und den revolutionären Kampf als eine vorübergehende Entwicklungsphase neutralisiert: Das Trennen „der erreichbaren AI-Systeme vom Stromnetz" (Berg 2019, 625) durch den Programmierer mündet nicht in die ersehnte und von den Kindern umkämpfte Alternative, vielmehr in eine Fortsetzung der vorherrschenden sozialen Teilung und Entfremdung unter den veränderten Bedingungen der „geleitete[n] Demokratie" (628): „Alles wie gehabt, mit weniger Natur. Alles, wie gewohnt, nur unter Kontrolle. Die Unruhen sind vorbei" (628). Oder, wie es in der Lektüreanweisung auf dem Buchrücken von *GRM* lautet:

> DAS IST KEINE DYSTOPIE. ES IST DIE WELT, IN DER WIR LEBEN. HEUTE. UND VIELLEICHT MORGEN. ES WIRD NICHT SCHLIMM. NUR – ANDERS. WILLKOMMEN IN DER WELT VON GRM.

Echte Alternativlosigkeit, so könnte man zusammenfassen, zeichnet sich letztlich durch die Unvorstellbarkeit eines Endes aus, hier bleibt nicht einmal mehr das Ende der Welt (oder: „Keine Zombierotten eiern durch atomar verseuchte Brachen" [628]). Ob die hier verhandelten Texte damit in der Tradition von Popliteratur etwa eines Rolf Dieter Brinkmann stehen, oder über sie hinausweisen, ist im Hinblick auf eben diese Poetik der Affekte zu bemessen.

Literatur

Åkervall, Lisa. „A Differential Theory of Cinematic Affect". *Deleuze and Guattari Studies* 15.4 (2021): 571–592.

Bargetz, Brigitte. *Ambivalenzen des Alltags: Neuorientierungen für eine Theorie des Politischen.* Bielefeld: transcript, 2016.

Baßler, Moritz, und Heinz Drügh. *Gegenwartsästhetik.* Göttingen: Konstanz University Press, 2021.

Berg, Sibylle. *GRM: Brainfuck. Roman.* Köln: Kiepenheuer & Witsch, 2020.

Berlant, Lauren. „Cruel Optimism". *The Affect Theory Reader.* Hg. Melissa Gregg und Gregory J. Seigworth. Durham und London: Duke University Press, 2010. 93–117.

Berlant, Lauren. *Cruel Optimism.* Durham: Combined Academic Publ., 2011.

Boltanski, Luc, und Ève Chiapello. *Der neue Geist des Kapitalismus* [1999]. Konstanz: Herbert von Halem Verlag, 2006.

Brecht, Bertolt. „Der Dreigroschenprozeß. Ein soziologisches Experiment [1931/32]". *Große kommentierte Berliner und Frankfurter Ausgabe. Werke 21: Schriften 1 (1914–1933)*. Hg. Werner Hecht, Jan Knopf, Werner Mittenzwei und Klaus-Detlef Müller. Berlin: Aufbau-Verlag, 1992. 448–515.

Brecht, Bertolt. „Über den Gestus [1940/41]". *Große kommentierte Berliner und Frankfurter Ausgabe. Werke 22,2: Schriften 2 Schriften (1933–1942)*. Hg. Werner Hecht, Jan Knopf, Werner Mittenzwei und Klaus-Detlef Müller. Berlin: Aufbau-Verlag, 1993. 616–617.

Cord, Florian, und Simon Schleusener. *Control Societies I: Media, Culture, Technology.* Special Issue. *Coils of the Serpent: Journal for the Study of Contemporary Power* 5.1 (2020).

Cord, Florian, und Simon Schleusener. *Control Societies II: Philosophy, Politics, Economy. Special Issue. Coils of the Serpent: Journal for the Study of Contemporary Power* 6.2 (2020).
Crouch, Colin. *Gig Economy: Prekäre Arbeit im Zeitalter von Uber, Minijobs & Co.* Berlin: Suhrkamp, 2019.
Deleuze, Gilles. „Postskriptum zu den Kontrollgesellschaften [1990]". *Unterhandlungen 1972–1990.* Frankfurt am Main: Suhrkamp, 1993. 254–262.
Diederichsen, Diedrich. „Ist was Pop?". *Der lange Weg nach Mitte. Der Sound und die Stadt.* Hg. Diedrich Diederichsen. Köln: Kiepenheuer & Witsch, 1999. 272–286.
Fellner, Astrid M., Susanne Hamscha, Klaus Heissenberger, und Jennifer Moos, Hg. *Is It ‚Cause It's Cool? Affective Encounters with American Culture.* Münster und Wien: LIT, 2014.
Fisher, Mark. *Capitalist Realism: Is There No Alternative?* Winchester, UK: John Hunt, 2009.
Fisher, Mark. *Kapitalistischer Realismus ohne Alternative?* Hamburg: VSA, 2013.
Florida, Richard. *The Rise of the Creative Class.* New York: Basic Books, 2003.
Franck, Georg. *Ökonomie der Aufmerksamkeit: Ein Entwurf.* München: Hanser, 1998.
Frank, Thomas. *The Conquest of Cool: Business Culture, Counterculture, and the Rise of Hip Consumerism.* Chicago: University of Chicago Press, 1998.
Hardt, Michael. „Affective Labor". *boundary* 2.26 (1999): 89–100.
Harvey, David. *A Brief History of Neoliberalism.* Oxford: Oxford UP, 2009.
Horak, Roman. „Raymond Williams (1921–1988). Von der literarischen Kulturkritik zum kulturellen Materialismus". *Culture Club II: Klassiker der Kulturtheorie.* Hg. Martin Ludwig Hofmann, Tobias F. Korta und Sibylle Niekisch. Frankfurt am Main: Suhrkamp, 2006. 204–226.
Illouz, Eva. *Warum Liebe endet: eine Soziologie negativer Beziehungen.* Berlin: Suhrkamp, 2018.
Jameson, Fredric. „Future City". *New Left Review* 21.2 (2003): 65–79.
Karppi, Tero, Lotta Kahkonen, Mona Mannevuo, Mari Pajala, und Tanja Sihvonen. „Affective Capitalism. Investments and investigations". *Ephemera* 16.4 (2016): 1–13.
Khatib, Sami. „Pop III. Das Ende der Kunst als Politikersatz." *Style & The Family Tunes* 2.4 (2009): 154–160.
Krastev, Ivan. „Auf dem Weg in die Mehrheitsdiktatur?" *Die große Regression: Eine internationale Debatte über die geistige Situation der Zeit.* Hg. Heinrich Geiselberger. Berlin: Suhrkamp, 2017. 117–134.
Lagasnerie, Geoffroy de. *Die Kunst der Revolte: Snowden, Assange, Manning.* Berlin: Suhrkamp, 2016.
Lazzarato, Maurizio. „Immaterielle Arbeit. Gesellschaftliche Tätigkeit unter den. Bedingungen des Postfordismus". *Umherschweifende Produzenten: immaterielle Arbeit und Subversion.* Hg. Antonio Negri, Thomas Atzert, Paolo Virno und Maurizio Lazzarato. Berlin: ID Verlag, 1998. 39–53.
Lorde, Audre. „The Uses of Anger". *Sister Outsider. Essays and Speeches.* Berkeley: The Crossing Press, 1984. 124–133.
Lukács, Georg. *Die Theorie des Romans* [1920]. Bielefeld: Aisthesis, 2009.
Massumi, Brian. *Politics Of Everyday Fear.* Minneapolis: University of Minnesota Press, 1993.
Massumi, Brian. *Politics of Affect.* Cambridge und Malden: Polity, 2015.
Massumi, Brian, und Erin Manning. *Ontomacht: Kunst, Affekt und das Ereignis des Politischen.* Berlin: Merve, 2010.
McGuigan, Jim. *Cool Capitalism.* London und New York: Pluto Press, 2009.
Nagle, Angela. *Die digitale Gegenrevolution: Online-Kulturkämpfe der Neuen Rechten von 4chan und Tumblr bis zur Alt-Right und Trump.* Bielefeld: transcript, 2018.
Navratil, Michael. *Kontrafaktik der Gegenwart: Politisches Schreiben als Realitätsvariation bei Christian Kracht, Kathrin Röggla, Juli Zeh und Leif Randt. Kontrafaktik der Gegenwart.* Berlin und Boston: De Gruyter, 2021.
Nover, Immanuel. „Postpolitische Stagnation. Leif Randts Planet Magnon". *Wirkendes Wort* 66.3 (2016): 447–459.

Peck, Jamie. „Zombie Neoliberalism and the Ambidextrous State". *Theoretical Criminology* 14.1 (2010): 104–110.
Pfaller, Robert. *Ästhetik der Interpassivität*. Hamburg: Philo Fine Arts, 2009.
Randt, Leif. „post pragmatic joy". *Auf und davon. Die schönsten Sommer-Reisegeschichten von Elizabeth Gilbert, Richard Ford, Leif Randt*. Hg. Jana-Maria Hartmann und Andreas Paschedag. Berlin: Berlin Verlag, 2013. 49–63.
Randt, Leif. „Post Pragmatic Joy". *BELLA triste. Zeitschrift für junge Literatur* 39.2 (2014): 7–12.
Randt, Leif. *Planet Magnon*. Köln: Kiepenheuer & Witsch, 2015.
Randt, Leif. *Allegro Pastell*. Köln: Kiepenheuer & Witsch, 2020.
Rauen, Christoph. „Diedrich Diederichsen und die Pop I/Pop II-Periodisierung". *Handbuch Literatur & Pop*. Hg. Moritz Baßler und Eckhard Schumacher. Berlin und Boston: De Gruyter, 2019. 72–83.
Reckwitz, Andreas. *Die Erfindung der Kreativität: Zum Prozess gesellschaftlicher Ästhetisierung*. Berlin: Suhrkamp, 2012.
Reckwitz, Andreas. *Das Ende der Illusionen: Politik, Ökonomie und Kultur in der Spätmoderne*. Berlin: Suhrkamp, 2019.
Schaupp, Simon. *Technopolitik von unten: Algorithmische Arbeitssteuerung und kybernetische Proletarisierung*. Berlin: Matthes & Seitz, 2021.
Schleusener, Simon. „Neoliberal Affects: The Cultural Logic of Cool Capitalism". *REAL: Yearbook of Research in English and American Literature* 30 (2014): 307–326.
Schleusener, Simon. „The Dialectics of Mobility: Capitalism and Apocalypse in Cormac McCarthy's The Road". *European Journal of American Studies* 12.3 (2017): 1–14.
Schleusener, Simon. „Trump als Symptom: Populistische Schockpolitik und die Krise der Demokratie". *The Great Disruptor: Über Trump, die Medien und die Politik der Herabsetzung*. Hg. Lars Koch, Tobias Nanz und Christina Rogers. Stuttgart: Metzler, 2020. 47–70.
Sennett, Richard. *Der flexible Mensch. Die Kultur des neuen Kapitalismus*. Berlin: Berlin Verlag, 1998.
Séville, Astrid. *There is no alternative: Politik zwischen Demokratie und Sachzwang*. Frankfurt am Main und New York: Campus, 2017.
Srnicek, Nick. *Plattform-Kapitalismus*. Hamburg: Hamburger Edition, 2018.
Staab, Philipp. *Digitaler Kapitalismus: Markt und Herrschaft in der Ökonomie der Unknappheit*. Frankfurt am Main: Suhrkamp, 2019.
Stalder, Felix. *Kultur der Digitalität*. Berlin: Suhrkamp, 2016.
Stearns, Peter N. *American Cool: Constructing a Twentieth-Century Emotional Style*. New York: NYU Press, 1994.
Wark, McKenzie. *A Hacker Manifesto*. Cambridge und London: Harvard University Press, 2004.
Williams, Raymond. *Marxism and Literature*. Oxford: Oxford UP, 1978.
Williams, Raymond. *Writing in Society*. Reissue Edition. London und New York: Verso, 1985.
Williams, Raymond. *Drama From Ibsen To Brecht*. London: Chatto & Windus, 1987.
Zuboff, Shoshana. *Das Zeitalter des Überwachungskapitalismus*. Frankfurt am Main und New York: Campus, 2018.

Katja Kauer
The Digital Other als selbstobjektivierende Erzählinstanz in der Popliteratur

Im folgenden Beitrag möchte ich ein für die gegenwärtige Popliteratur paradigmatisches Phänomen, das ich als den *Digital Other* bezeichne, begrifflich generieren. Anhand Leif Randts 2020 erschienenem Roman *Allegro Pastell* werde ich verdeutlichen, wie sich dieser sowohl auf Figurenebene als auch narratologisch analysieren lässt.

1 Die sich selbst objektivierenden Figuren in *Allegro Pastell*

Randts Hauptfiguren, die Autorin Tanja und der Webdesigner Jerome, sind keine individuellen Charaktere, sondern stellen post-adoleszente, attraktive, im städtischen Umfeld lebende, emotional leicht labile, freiberuflich tätige Typen dar. Für beide Figuren sind digitale Medien schon erwerbstechnisch unverzichtbar. Die Alltagspräsenz von Facebook, Instagram, Twitter und anderen und mithin die Möglichkeit, jeden Schnappschuss hochzuladen oder teilen zu können, sind zu einer generationsübergreifenden, lebensweltlichen Realität geworden. Popliteratur, die eng am Nabel der Zeit operiert, kann gar nicht umhin, die Digitalisierung zu thematisieren und die tiefgreifenden Änderungen des menschlichen Selbstverständnisses aufzuzeigen, die mit ihr einhergehen. Neben der sozial-kommunikativen Funktion erwachsen aus den digitalen Medien auch neue Subjektivierungstechniken. Mithilfe digitaler Medien subjektivieren sich Menschen, reflektieren sich und stillen ihr Bedürfnis nach Anerkennung.

Das reflexive Verhältnis, in dem ein Ich sich als Ich wahrnimmt, ist – so sehen wir an Jerome und Tanja – kein duales Verhältnis, also keine bloße Spiegelfunktion, so als träte jemand vor einen Spiegel und erkennte sich darin selbst. Die deutschen Idealisten glaubten, dass die Fähigkeit, ein Selbst-Bild zu konstituieren, auf „transzendentaler Spontanität" (Žižek 2001, 53) beruhe, was bedeutet, dass ein Subjekt sich auf sich selbst bezieht, ohne sich als ein Objekt zu betrachten (vgl. Henrich 1966). Zwei Jahrhunderte später spricht viel dafür, dieser hehren Vorstellung abzuschwören und transzendentale Spontanität als in schnöde Rezeptivität verwandelt zu betrachten. Das Selbst-Sein popkultureller Subjekte ist an ein medial generiertes Bild (von sich) gekoppelt.[1] Das Ich *wählt* oder *sieht* sich nicht unmittelbar. Vielmehr handelt es sich um ein trianguläres Verhältnis. Die Ich-Erkenntnis bedarf eines Mittlers, durch den die Figuren zu einem Selbstbewusstsein gelangen. Dieser besteht in einem optischen Medium, quasi in einer Kameraeinstellung zu bzw. auf sich selbst. Die Figuren bespiegeln sich nicht einfach selbstbezogen, sondern der Spiegel wird von einer unsichtbaren Hand gehalten, einer:m weiteren Beobachter:in, welche:r ein, das eigene Ego transzendierendes, Bewusstsein im Prozess der Selbstfindung markiert. Gleich zu Beginn des Romans *Allegro Pastell*, als Jerome seine Fernbeziehungsfreundin Tanja vom Bahnhof abgeholt hat, werden wir damit konfrontiert, wie Jerome sich als „überglücklicher heterosexueller Partner" entwirft:

> In der gut besuchten U-Bahn saßen sie nebeneinander und küssten sich mit geschlossenen Augen. Jerome kokettierte mit der Rolle des überglücklichen heterosexuellen Partners. In einem Moment machte er die U4 in Richtung Enkheim zu seiner eitlen, im nächsten vergaß er seine Umwelt komplett. Als er in einer Kusspause mit einer auffälligen Bewegung seinen rechten Arm um Tanjas vergleichsweise breite Schulter legte, setzte er ein sanftes Lächeln auf. Er merkte, dass er nicht die volle Kontrolle über seine Mimik hatte, und das empfand er als gutes Zeichen. Jerome mochte den Gedanken, dass er sich selbst gegebenenfalls unerträglich finden würde, könnte er sich hier in der U 4 von außen sehen. Einen Gedanken zu mögen, der andere verunsichern würde – das war typisch für den neuen Jerome, der mittlerweile spielerisch unterschied zwischen einer inneren Persönlichkeit, die nur er selbst kennen konnte, und einer äußeren Persönlichkeit, die sich aus Zuschreibungen der Umwelt zusammensetzte. Seine äußere Persönlichkeit konnte er auf Fotos und im Spiegel erahnen, da er dort die Blicke, Unterstellungen und Assoziationen anderer automatisch mitdachte. (Randt 2020, 11)

Wenn wir an dieser Stelle von Jeromes Unterscheidung zwischen „äußerer" und „innerer" Persönlichkeit lesen, drängt sich geradezu die Dichotomie von *privat* und *öffentlich* auf, z. B. zwischen dem außeramtlichen Facebook-Account, den nur die *echten* Freund:innen kennen, und dem Account – um einmal eine Analo-

---

[1] Figuren, die sich selbst objektiviert betrachten, treten nicht erst im einundzwanzigsten Jahrhundert auf. Irmgard Keun lässt ihr *kunstseidenes Mädchen* Doris im gleichnamigen neusachlichen Roman eine antizipierte Fremdperspektive auf ihre äußerliche Erscheinung als ihr eigentliches Selbstbild (Selbstbewusstsein) artikulieren: „ich mit meinem schicken, neuen Hut und Fuchs – und daß ich jetzt anfange Tagebuch zu schreiben, macht ohne allen Zweifel einen sehr interessanten Eindruck" (2005 [1932], 14). Doris' Selbstmodellierung auf Grundlage ihrer Kinobesuche, d. h. ihre Prägung durch kinematographische Frauenbilder, wird im Text offen bekannt: „Aber ich will schreiben wie Film, denn so ist mein Leben und wird noch mehr so sein. Und ich sehe aus wie Colleen Moore, wenn sie Dauerwellen hätte und die Nase mehr schick ein bisschen nach oben" (8). Die Selbstobjektivierung potenziert sich jedoch in der Gegenwart durch die Digitalisierung, weil Menschen aufgrund technischer Möglichkeiten gar nicht mehr umhinkönnen, sich zum Bild zu machen und Fremdperspektiven auf sich zu antizipieren.

gie aus dem akademischen Umfeld zu bemühen – des Lehrstuhls, den z. B. ein:e Professor:in führt. Analytisch aufrechtzuerhalten ist diese Trennlinie kaum, da sie äußerst diffus anmutet. Wirkt ein Urlaubsfoto in Badehose tatsächlich *echter* und weniger veräußerlicht als das Bild einer akademisch ‚korrekt' gekleideten Person, die ihre neueste Monografie in die Kamera hält oder die Studierenden via Account über die Sprechzeiten während ihres Forschungssemesters informiert? Das ist bestreitbar; auch romanimmanent wird eine solche Dichotomie bezweifelt, denn schon im nächsten Satz hören wir, dass Jerome auf diese innere Persönlichkeit noch niemals Zugriff gehabt habe, „weil er gar kein Interesse daran hatte, nicht nachzudenken", was bedeutet, dass sich seine Selbstreflektion auf „die Blicke, Unterstellungen und Assoziationen" anderer beruft (11). Innerliches und Äußerliches, ‚privat' und ‚öffentlich' verschwimmen.

Die Subjektivierung einer jeden Person ist im hohen Maße auf die Resonanz durch andere, deren Blicke angewiesen. Wir wissen nur dann, wer wir sind, wenn wir uns am Gegenüber erfahren. Eine innere Persönlichkeit, ein inneres Wesen, ist wie alle großen metaphysischen Konzepte nicht ohne deren äußerliche Vermittlung vorstellbar. Das ist philosophisches Grundkurswissen aus dem zwanzigsten Jahrhundert und lohnt keiner weiteren Betrachtung. Das Romanzitat jedoch behandelt nicht das Subjektivierungsproblem als solches, also das Angewiesensein auf das Gesehenwerden, sondern die narzisstisch imaginierte Zurschaustellung. Während Jerome Tanja liebkost (und seine Knutschparade fährt), wird sein Selbstbild nicht durch eine Spiegelreflexion oder durch Reaktionen der Umwelt zurückgeworfen. Nicht andere Fahrgäste sanktionieren seinen Selbstentwurf als selbstvergessener Liebender, nein, Jerome spielt beim Küssen seine Rolle wie vor einer Kamera. Dieses imaginäre Aufnahmegerät ist jener Mittler bzw. jenes Medium im bereits angesprochenen triangulären Verhältnis, durch den die Figur sich ihres Subjektstatus' versichern kann. Jerome küsst *selfiekompatibel*,[2] er küsst so, dass eine Kamera seine *Liebesaufführung* aufnehmen könnte, er entwirft sich als Selbstdarsteller eines Liebesfilms. Die „Blicke, Unterstellungen und Assoziationen" sind keine in einer außerpsychischen Realität Jeromes (wir erfahren von keiner Nase rümpfenden Dame und keinem pickligen Teenager, die/der angewidert oder sehnsüchtig auf das Paar schauen würde), die Blicke sind intern fokalisiert, der Blick der anderen, *the position of the spectator*, ist ein psychisches Phänomen Jeromes. Jerome vollzieht an sich eine Selbstobjektivierung, eine Repräsentation des Selbst auf der

---

2 „Wer ein Selfie macht, macht sich selbst zum Bild. Das ist etwas anderes, als nur ein Bild von sich selbst – ein Selbstporträt – zu machen. Ein Selfie zu machen, heißt ein Bild von sich zu machen, auf dem man sich selbst zum Bild gemacht hat" (Ulrichs 2019, 6).

Vorstellungsebene mit dem Charakter eines Objekts. In der Psychoanalyse wird dies schlicht „Selbstobjekt" genannt (Fischer 2018, 32).

2 Begriffliche Genese des *Digital Other*

Die Selbstobjektivierung ist in der Subjektphilosophie ein bekanntes Thema. Simone de Beauvoir widmet in ihrer Abhandlung *Le Deuxième Sexe*, welche seit 1951 auch auf Deutsch vorliegt, ein Kapitel dem weiblich-narzisstischen Selbstobjektivierungszwang. Bedingt durch ihren Ausschluss aus dem bürgerlichen Leben finden Frauen ihre Selbstbestätigung nicht in Taten, sondern in der Rolle als passives Objekt.

> Ein Mann, der Aktivität und Subjektivität sein will […], erkennt sich in seinem erstarrten Bild nicht wieder. Es hat für ihn kaum eine Anziehungskraft, da der männliche Körper ihm nicht als Objekt des Begehrens erscheint. Während eine Frau, die sich Objekt weiß und dazu macht, wirklich glaubt, sich im Spiegel zu sehen: Passiv und gegeben, ist ihr Abbild ein Ding wie sie selbst. (1995 [1949], 785)

Ein so gewonnenes weibliches Ich ist allein durch die männliche heterosexuelle Perspektive (den *male gaze*[3]) bestimmt. Die Objektrolle hält Beauvoir nicht nur für gefährlich, weil diese „auf Kosten des realen Lebens" gehe und Frauen in „Hörigkeit" halte, sondern auch weil das narzisstisch gewonnene Ich der Frau jederzeit verloren gehen könne; ihre Identität ist „dem allmählichen Verfall anheimgegeben" (797–798). Beauvoirs Zukunftsvision ist, dass Frauen sich zu selbstständigen Subjekten machen und sich nicht mehr auf den vulnerablen Status narzisstischer Selbstobjektivierung einlassen, denn die sich zum Selbstobjekt kürende Frau kann den körperlichen Alterungsprozess im wahrsten Sinne des Wortes nicht überleben. Ihre Identität ist erloschen, wenn sie kein schönes Bild mehr abgibt.

Obwohl der Text auf Beispiele aus der zeitgenössischen Populärkultur verzichtet, öffnet das Narzissmus-Kapitel den Blick auf prominente Frauen, die ihr Leben in den Dienst als Objekt (des *male gaze*) gestellt haben und nach Überschreiten einer gewissen Altersgrenze die Öffentlichkeit zwanghaft mieden, sodass sie als *Idole*[4] überdauern konnten und niemals als Begehrensobjekte versagten. Die fetischisierten Schönheitsikonen Marlene Dietrich und Greta Garbo hätte Beauvoir beim Abfassen des Kapitels vor Augen haben können. Als ein historisches Beispiel

---

[3] Der Begriff stammt ursprünglich aus der Filmtheorie, hat sich so popularisiert, dass er auch außerhalb dieser Disziplin und des akademischen Kontextes geläufig ist. Vgl. Mulvey 1994 [1985].
[4] Beauvoir benutzt dieses Wort gern für Frauen, die „zur Sklavin ihrer Bewunderer" geworden sind (1995 [1949], 799).

für diese nicht überlebensfähigen und zugleich überlebensgroßen Narzisstinnen empfiehlt sich auch die Kaiserin Elisabeth von Österreich-Ungarn (bekannt als Sis(s)i), die als Namengeberin für das *Sisi-Syndrom* fungiert, zu dessen Symptomatik eine übermäßige Fixierung auf das eigene Äußere zählt (Burgmer et al. 2003). Die Feministinnen der zweiten Welle der Frauenbewegung wollten die kommenden Diven davor bewahren, ihren Lebenssinn allein in ihrer jugendlichen Schönheit zu suchen. Die politische Anerkennung von Frauen im zwanzigsten Jahrhundert zog allerdings keine gleichzeitige Abkehr von patriarchal generierten Weiblichkeitsgeboten nach sich. Frauen blieben oft weiterhin innerlich unfrei.

Sandra Lee Bartky, amerikanische Philosophin, eine Generation jünger als Beauvoir und nicht gleichermaßen prominent, hat in ihrem nie ins Deutsche übertragenen Aufsatz „Foucault, Femininity, and the Modernization of Patriarchal Power" verdeutlicht, dass nach der zweiten Welle der Frauenbewegung der Zwang zur Selbstobjektivierung, der auf Frauen lastet, nicht durch eine offenbare Machtdemonstration des Patriarchats erklärt werden kann. Trotz gewonnener Rechte und ökonomischer Unabhängigkeit reduzieren sich Frauen diensteifrig zu Objekten, gieren nach dem Beifall von Männern und machen sich abhängig von dem, was schon Beauvoir als „unmenschliche, geheimnisvolle, unberechenbare Macht" (1995 [1949], 799) titulierte. Frauen unterwerfen sich radikalen Körperpraktiken, die Unterlegenheit suggerieren, mit dem Ziel, als feminines Objekt zu gelten und sexuelle Akzeptanz zu finden, weil im Spiel der Heterosexualität nur diese Form der weiblichen Subjektivierung vorgesehen ist.

> In the regime of institutionalized heterosexuality woman must make herself „object and prey" for men [...]. In contemporary patriarchal culture, a panoptical male connoisseur resides within the consciousness of most women: they stand perpetually before his gaze and under his judgment. Woman lives her body as seen by another, by an anonymous patriarchal Other. (Bartky 1998 [1988], 34)

Die internalisierte Machtstruktur, die Bartky „patriarchal Other" nennt, ist dem objektifizierenden, pornographischen Blick, dem Randts Figuren erliegen, artverwandt. Meine Taufe des kennerischen, genussvollen, die Psyche beherrschenden Beobachters als *Digital Other* überschreitet den feministischen Kontext gedanklich. Der *Digital Other* verbreitet seine Macht über alle Geschlechter. Die konkrete Art, wie sich dem kennerischen Urteil des internalisierten Anderen unterworfen wird, ist durch das jeweilige Gendering, die Klassenzugehörigkeit und Herkunft der Subjekte graduell, aber nicht strukturell differenzierbar, selbst wenn einiges dafürspricht, dass weibliche Subjekte dem internalisierten Anderen höriger sind als männliche. Während Beauvoirs klägliche Narzisstinnen allerdings auf äußeren Applaus angewiesen waren, kann der Selbstobjektivierungs- und -optimierungszwang in der Gegenwart (von Männern, Frauen, nicht binären Personen) publikumsunabhängig gestillt werden, indem das Selbstbild unter Zuhilfenahme von Photoshop im Sinne medial generierter Idealbilder perfektioniert wird. Ob eine Community diese Bilder nun tatsächlich betrachtet, ist nicht ausschlaggebend. Der Zwang besteht darin, einem idealisierten *Shot* von sich in jeder Situation entsprechen zu können bzw. das Leben so zu gestalten, dass es filmtauglich ist.

Der *Digital Other* führt Jerome in eine Selbstobjektivierung, ja geradezu eine Selbstobjektifizierung (also den permanenten Prozess, sich als Objekt zu entwerfen), weil er sich den „Blicke[n], Unterstellungen und Assoziationen anderer" (Randt 2020, 11) automatisch andient, seien diese nun real erlebt, virtueller Natur oder gar nur herbeiphantasiert.

Ein weiteres Textbeispiel zeigt, wie Tanja durch diese Kameraeinstellung auf sich, durch den *Digital Other*, ihre Subjektivität entwirft. Die internalisierten Blicke und Assoziationen formen hier ihr Begehren bzw. verhindern es. Ein als unwillkürlich geltendes psychisches Phänomen entpuppt sich als eine durch einen Bildcheck gelaufene Verstandesleistung:

> Caro kam gegen halb neun am Morgen mit glasigem und zugleich hochmotiviertem Blick auf Tanja zu. *„Wie geht's, bist du noch fit?"* Sie berührte Tanja am Oberarm. [...] Es war wie meistens ein schönes Gefühl, von einer Frau begehrt zu werden, und Caro hatte eine gute Figur, ihr war anzusehen, dass sie regelmäßig boulderte, sie roch auch nicht schlecht, aber sie wirkte – das dachte Tanja nun im fensterlosen Badezimmer – auf eine bedrückende Weise erwachsen. Im Gegensatz zu Tanja sah sie eindeutig wie über dreißig aus, und obwohl Tanja sich fest vorgenommen hatte, das Älterwerden auch bei Frauen zu akzeptieren, ihnen vor allem auch ihre Lust zuzugestehen, dachte sie, dass sie es Caro mit ihrer Kurzhaarfrisur nur bedingt gönnen würde, mit ihr rumzumachen. Wie entsetzlich eitel und lebensfeindlich dieser Gedanke war, gestand Tanja sich sofort ein, als sie, nachdem sie die Klospülung betätigt hatte, vor dem Waschbecken stand und sich im Spiegel anschaute. Klar, auch sie war jetzt über dreißig, auch sie war längst eine Frau, doch ihr Gesicht war der perfekte Mix aus zwei bis drei Lebensphasen, und dass sie gerade eine Nacht durchgemacht hatte, trübte diesen Eindruck nicht, im Gegenteil. Sie konnte nachvollziehen, dass Alex und Caro mit ihr [...] nachhause gehen wollten, dass Janis traurig war, weil sie ihn fallengelassen hatte, dass Max und Ernesto mit Sicherheit noch viel an sie dachten. Sie konnte all diese Menschen verstehen. (Randt 2020, 239–241)

Tanja begehrt Caro nicht vorbehaltlos, doch auch ihre Ablehnung Caros ist kein unmittelbarer Effekt der beschriebenen Berührung. Tanja findet sich, aus einer Fremdperspektive betrachtet, als Caros Liebhaberin nicht ideal besetzt. Caros kurzhaarige Erscheinung fällt hinter diejenige Tanjas zurück und könnte die Begehrte womöglich *downgraden*. Die internalisierte Misogynie, die in Tanjas Überlegung zum Tragen kommt, gesteht der Text ein. Tanja weiß, dass ihr Attraktivitätsabgleich „eitel und lebensfeindlich" ist, was so ähnlich schon Beauvoir an den Narzisstinnen beklagt. Trotz ihres Reflexionsvermögens kann Tanja der Kommensurabilität/Konsumerabilität von Körpern, der Macht des *Digital Other*, nicht entkommen, weil diese ihr Sein strukturiert. Da die Internalisierung dieser Machtstruktur keiner persönlichen Wahl untersteht, lässt sich mutmaßen, dass Caro demselben inneren Connaisseur gehorcht und nur deshalb gern was mit Tanja hätte, weil die mädchenhaft wirkende, hippe Frau ihr gut zu Gesicht stünde; nicht etwa, weil, von einem Gefühlsüberschwang getragen, sie Tanja romantisch verehren würde.[5]

Popliteratur nivellierte schon immer die Distanz zwischen den (tendenziell unheroischen) Erlebnissen der Figuren und allgemeingültigen Erfahrungsschätzen. Die Erfahrungsschätze der Figuren sind keine besonderen, sie verhalten sich analog zu denen ihrer Leser:innen. Die textinterne und die textexterne Welt sind kongruent. Doch Randts Roman präsentiert uns nicht nur popkulturell geteilte Erfahrungen, sondern auch, wie diese erst ihre Berechtigung durch einen imaginären *Check-up* erhalten, der die visuelle, digitalisierbare, gar pornografische Qualität prüft. Die Medialisierbarkeit öffnet das Tor zur Tat. Die Diskrepanz zwischen Selbstbild und Fremdwahrnehmung – Jerome würde sagen, „zwischen einer inneren" und „einer äußeren Persönlichkeit" – erweist sich als nichtig. Die medial vermittelbare Qualität ist *a priori* Bestandteil jeder individuellen Erfahrung. Sie ist die Bedingung der Möglichkeit des Erlebnisses. Das transzendentale Ich ist zu einem medial-(de-)montierten geworden. Die Zärtlichkeiten zwischen Jerome und Tanja in der U-Bahn sind wie die ausbleibenden Zärtlichkeiten zwischen Tanja und Caro etwas, das erst erlebt (oder nicht erlebt) werden kann, nachdem der imaginäre kennerische Blick der anderen dieses Erlebnis abgesegnet (oder verboten) hat. Diese irrealen Anderen werden durch den *Digital Other* psychisch repräsentiert. Dieser agiert als narzisstischer, um Randt zu zitieren, „lebensfeindlich[er]" Bedenkenträger, dessen Bekanntschaft die:der popkulturelle Rezipient:in selbst schon gemacht hat, weil der unbeugsamen Macht, die die Digitalisierung auf unser Leben ausübt, niemand indifferent gegenübersteht.

---

5 Auch in Leif Randts *Schimmernder Dunst über CobyCounty* wird gleichgeschlechtliches Begehren zwischen Frauen in Bezug zu narzisstischer Befriedigung gestellt, was oberflächlich betrachtet antifeministisch und heterosexistisch anmutet bzw. als mangelhaftes Verständnis für weiblichweibliche Verbundenheit ausgelegt werden könnte. Eine genaue Lektüre zeigt, dass *alle* Figuren in den Romanen auffällig vom *Digital Other* geprägt sind, so dass die Nähe zum Narzissmus hier nicht eine Simplifizierung weiblicher Sexualität, sondern den Hang aller Figuren zur Selbstobjektifizierung erkennen lässt. Der Logik der erzählten Welt nach ist jedes Begehren statt einem „ehrlichen Bauchgefühl" eher dem „blanken Narzissmus" (Randt 2011, 92) unterstellt.

3 Die Selbstobjektivierung durch den *Digital Other* als Stimme der Erzählung

Die Erzählung über Tanjas ausbleibende homoerotische Ambition legt den Schluss nahe, hier eine:n heterodiegetische:n Erzähler:in anzunehmen. Das, was Tanja und – im anderen Textbeispielen – Jerome denken, wirkt so, als würde es nicht von ihnen formuliert, sondern von einer Instanz außerhalb der Diegese vermittelt werden. Auch die Fokalisierung ist uneindeutig. Zwar ist der Text über die Protagonist:innen variabel intern fokalisiert, doch scheint eine Aussage wie: „Im Gegensatz zu Tanja sah sie eindeutig wie über dreißig aus", eindeutig extern fokalisiert zu sein, als spreche die Erzählstimme von objektiven Fakten, die womöglich Tanjas Weltsicht und Selbstbild entsprechen, aber gleichermaßen auch von anderen Figuren bemerkt und bestätigt werden könnten, wenn sie Caro und Tanja begutachten würden. Tanjas ‚Attraktivitätsvorsprung' wird aus einer Fremdperspektive vermittelt. Oder ist das ein Irrtum? Diese Aussage referiert nichts, was Tanja oder irgendein:e andere:r Beobachter:in tatsächlich wahrnehmen könnte, sondern ist nur eine erdachte Zuschreibung. Tanjas Selbstverständnis beruht auf dem Selbstbild, dass sich, anders als bei Caro, in ihrem Gesicht der „perfekte Mix aus zwei bis drei Lebensphasen" widerspiegeln würde. Es handelt sich um eine Apperzeption. Die Erzählstimme fügt ihrer Wahrnehmung von Tanja etwas Erdachtes hinzu – und das ist mit Tanjas Selbstwahrnehmung kongruent. Caro dient Tanja als Spiegel für ihre eigene Erscheinung und ihre ‚beauty privilege'. Ihre phänomenologische Altersbestimmung ist eine Kopfgeburt. In der Beschreibung einer scheinbar fremdvermittelten Realität entsteht Tanjas (erzählendes und erzähltes) Ich. Die Erzählstimme vergleicht den Jugendfaktor beider Frauen, als wäre dieser Teil einer von Tanjas Psyche unabhängigen Realität; tatsächlich aber ist dieser Vergleich ganz subjektiv. Das Gesagte *ent-spricht* Tanja. Die Stimme ist selbstobjektivierend. In diesem absurden Alterserscheinungsvergleich entsteht eine Erzählung, die sich als sowohl intern wie extern fokalisiert offenbart und uns eine Person vermittelt, die „über dreißig, [...] längst eine Frau" ist und von sich glaubt, dass alle mit ihr „nachhause gehen wollten". Narratologisch ist das bemerkenswert, weil hier interne und externe Fokalisierung in bizarrer Weise verbunden werden, sich der Blick durch die Augen einer einzelnen Person als identisch mit dem Blick durch die Augen des (digitalen) Allgemeinen erweist. Dies macht es schwer, die intern fokalisierende Erzählstimme als homo- bzw. sogar autodiegetische zu identifizieren, da das erzählte Ich irgendwie *von außen* kommt. Sowohl von einer internen als auch von einer externen Position aus erscheint die Figur Tanja eher als Abziehbild denn als ein realer Mensch. Ihr Ich zeigt sich nur in einem Nebel von Fremdbeschreibungen. Da Tanja sich jedoch selbst nur aus einer exzentrischen Perspektive erkennen und ausdrücken kann, d. h. auf den Kamerablick angewiesen ist, erschließt es sich, warum in diesem Text die interne und externe Fokalisierung als synthetisiert erscheinen. Die Erzählstimme blickt nicht nur durch die Augen Tanjas auf die Welt, sie spricht als Tanja; nur dass diese Tanja gleichsam durch eine andere als ihre eigene Stimme hörbar wird.

Die Perspektive, aus der uns Tanja gezeigt wird, ist weder die eines sich selbst gewissen Ichs noch die einer vom Ich deutlich unterschiedenen Instanz. Es ist die Perspektive des *Digital Other*. Ich-Erzählungen sind nur simulierte Erzählungen, wie auch die Identität der Figuren nur Kopien medial generierter Bilder abgeben. Tanjas Ich ist auch in der Diegese fremdvermittelt; das Selbst entsteht in oder aus der Perspektive der Anderen.

Eine sich gleichermaßen selbst objektivierende Figur, deren exzentrische Selbstdarstellung aus einem Off zu kommen scheint, zeigt auch das folgende Textbeispiel, das nicht aus Randts, sondern einem anderen Poproman stammt. Obwohl wir ein erzählendes Ich vorfinden, das explizit „Ich" sagt, sind auch hier interne und externe Fokalisierung synthetisiert. Die Perspektive, aus der erzählt wird, ist die des *Digital Other*:

> Der Wind ist nicht plötzlich gekommen. Ich habe ihn bestellt. Für diesen Moment, ein perfekter Augenblick in einem perfekten Leben. Ich habe gelesen, es wäre in dieser Saison in, die Haare kurz zu tragen, Bob oder Pixie-Schnitt. Arme Kinder, die diesem Rat folgen, seht mich an, ich gehorche dem Diktat nicht, ich diktiere. Wer wird dem Mädchen nachblicken, deren plumper Topfschnitt vom Wind, von meinem Wind, verstrubbelt wird, während ich daneben stehe, die lange blonde Mähne einer seidenen Fahne gleich. Ich sage euch, Kinder: Was ich tue, ist in. Ich überquere den Platz, trete aus dem Schatten der umliegenden Gebäude in die Sonne. Ist das nicht das Bild, das ihr alle von mir habt? Wo ich hinkomme, wird es hell, strahlend, ich bin der Glamour, den alle so dringend brauchen. [...] Wer hat es nicht gesehen, wer hat nicht aufgeschaut, wer spürt die Kraft nicht, die in meinem Glanz lebt? Keiner, sie alle haben sich mir zugewandt, der Gelkopf mit der Lederjacke einer Autofirma, genauso wie der Tweedrock, der einem verrotzten Kleinkind ein Tempo vor die Nase hält, der Kellner im Café gegenüber lässt beinahe das Tablett fallen, Espresso tropft auf den bunten, orientalisch anmutenden, seidenen, sicherlich teuren Wrap-Dress einer Mittfünfzigerin, die ihre Krähenfüße hinter einer überdimensionalen, insektenaugengleichen Sonnenbrille versteckt. Sie wird ihren Sitznachbarn, ihr Rendezvous, nicht halten können, er hat mich gesehen, wie sie alle träumt er ab jetzt jede einsame und jede geteilte Nacht, dass ich meine Zigarette auf seiner Brust ausdrücke. (Petery 2011, 7–8)

Die ersten Sätze von Constanze Peterys Debütroman *Eure Kraft und meine Herrlichkeit* liefern eine Gegenwartsprognose, in der das idealistische Ich, das sich selbst wählt und über einen transzendentalen Status verfügt, einem konsumerablen Ich gewichen ist. Dieses Ich zieht sich zurück auf eine schon ausgeleuchtete Bildfläche; es fällt nicht aus der Rolle, sondern nimmt diese demütig an. Die autodiegetische Erzählerin beschreibt sich als Objekt. Sie feiert ihre eigene Verknechtung als reines Geschlechtswesen, als „Schlampe Aphrodite" (11).

Diese Selbstobjektivierung macht sie allerdings weder als Erzählstimme noch als Figur wirklich lokalisierbar. Obwohl sie als Hauptfigur der Erzählung auftritt, verschiebt sich die Wahrnehmbarkeit der Figur in ein chimäres Außen. Falls wir uns ein Bild von ihr machen wollen, ergibt dies nur ein Abziehbild gegebener Vorstellungen eines *cleanen*, unsinnlichen Sexobjekts. Wir sehen sie so, wie sie uns auf der Leinwand begegnen würde. Die Erzählfigur tagträumt von sich in millionenfach reproduzierten Klischees. Sie erscheint als ‚Sexgöttin' ebenso übernatürlich wie unglaubwürdig, gleicht der *Wonderwoman* Elise, gespielt von Angelina Jolie in *The Tourist* (2010), die die Gänge eines fahrenden Zugs abschreitet und jeden Blick der Mitreisenden mit sich zieht – und dabei selbst schon ein wandelndes Filmzitat aus dem *film noir* darstellt. Oder erscheint sie uns als eine andere Diva, die wir aus Werbeclips usw. kennen? Welches Musikvideo oder welcher Werbefilm war 2011, als der Text zuerst publiziert wurde, medial präsent? Vielleicht ist diese Frau die bezaubernde Alice der Telekom-Werbung (in blond) oder Lena Gercke, die erste Siegerin von *Germany's Next Topmodel*? Die Figur ist nicht genuin literarisch; wir können uns nicht ausmalen, dass sie jemandem in der erzählten Welt tatsächlich so erscheint, wie sie behauptet. Wir hören ein von sich erzählendes Ich, das sich als nichts anderes denn als ein abgenutztes Filmzitat erweist, keine Individualität besitzt. Es befindet sich zugleich innerhalb und außerhalb der Erzählung.

Die selbstobjektivierende Erzählinstanz befördert auch intradiegetisch nur eine Wahrnehmung von sich selbst, die aus einem Irgendwo außerhalb der Diegese stammt. Die Figur lässt sich als bildgerecht beschnitten und die Erzählstimme als eine medial devote („ich bin der Glamour, den alle so dringend brauchen") hören, die der Macht des Medialen quasireligiös folgt. Wenn wir sie uns vorstellen, verlassen wir den Raum des Erzählten zu Gunsten bekannter Werbe-Ikonografie. Unsere Fantasie wird nicht herausgefordert, stattdessen verorten wir Tanja, Jerome und die namenlose Blonde in einem medial zugänglichen Bilderarsenal. Diese sich selbst objektivierende Erzählstimme spricht laut von der Macht des *Digital Other*. Sie ist nicht dort, von woher wir sie zu hören glauben. Das Wissen der Figuren von sich ist beschränkt und *gefaked* – sie sind im wahrsten Sinne des Wortes ihrer Selbst nicht bewusst, gleichwohl handelt es sich nicht um unzuverlässige Erzähler:innen. Die Unzuverlässigkeit – oder besser gesagt: die Unverlässlichkeit im Sinne von Schwammigkeit bzw. mangelnder Realitätsdichte – der popkulturellen Subjektivierung ist ein Phänomen, das nicht auf der Erzähltechnik, sondern auf der Technisierung menschlicher Selbstwahrnehmung beruht, welche letztendlich diese Erzähltechnik hervorgebracht hat.

Literatur

Bartky, Sandra Lee. „Foucault, Femininity, and the Modernization of Patriarchal Power". *The Politics of Women's Bodies: Sexuality, Appearance, and Behavior* [1988]. Hg. Rose Weitz. New York und Oxford: Oxford University Press, 1998. 25–44.
Beauvoir, Simone de. *Das andere Geschlecht. Sitte und Sexus der Frau*. Neuübersetzung von Uli Aumüller und Grete Osterwald. Reinbek bei Hamburg: Rowohlt, 1995.
Burgmer, Markus, Georg Driesch, und Gereon Heuft. „Das ‚Sisi-Syndrom' – eine neue Depression?" *Der Nervenarzt* 74 (2003): 440–444.
Fischer, Jeanette. *Psychoanalytikerin trifft Marina Abramović*. Zürich: Scheidegger & Spiess, 2018.
Henrich, Dieter. „Fichtes ursprüngliche Einsicht". *Subjektivität und Metaphysik. Festschrift für Wolfgang Cramer*. Frankfurt a.M.: Vittorio Klostermann, 1966. 188–232.
Keun, Irmgard. *Das kunstseidene Mädchen*, 7. Aufl. München: Wilhelm Fink, 2005.
Mulvey, Laura. „Visuelle Lust und narratives Kino." *Weiblichkeit als Maskerade*. Hg. Liliane Weissberg. Frankfurt a.M.: S. Fischer, 1994. 48–65.
Petery, Constanze. *Eure Kraft und meine Herrlichkeit*. München: Heyne Verlag, 2011.
Randt, Leif. *Schimmernder Dunst über CobyCounty*. Köln: Kiepenheuer & Witsch, 2011.
Randt, Leif. *Allegro Pastell*. Köln: Kiepenheuer & Witsch, 2020.
The Tourist. Reg. Florian Henckel von Donnersmarck. USA/Frankreich/Italien 2010.
Ulrichs, Wolfgang. *Selfies*. Berlin: Klaus Wagenbach Verlag, 2019.
Žižek, Slavoj. *Gnadenlose Liebe*. Frankfurt a.M.: Suhrkamp, 2001.

Marvin Baudisch
Gelassen durch die Filterblase? Post-Pop, Postironie, PostPragmaticJoy: Zur ambivalenten Verhandlung digitaler Affektkultur in Leif Randts *Planet Magnon* (2015)

1 Taxi 1 – Pop II (*Faserland*): Distinktion, Oberfläche, Ironie

Vielleicht lässt sich dem Zentrum von Leif Randts Ästhetik der PostPragmaticJoy durch zwei Taxifahrten nähern. Die erste Fahrt führt in Christian Krachts Debütroman *Faserland* (1995), der bekanntlich als „Gründungsphänomen" (Baßler 2002, 110) der zweiten Popliteraturwelle um 2000 gilt. Vom ersten auf das zweite Kapitel reist der namenlose Ich-Erzähler von Sylt nach Hamburg, wo er seinen Freund Nigel besucht. Am Bahnhof Altona angekommen, nimmt der Protagonist ein Taxi und schildert Folgendes:

> Wir halten vor Nigels Wohnung, und ich bezahle den Taxifahrer, der zum Glück während der Fahrt kein einziges Wort gesagt hat, weil er sauer war, daß wir beide gleich alt sind und ich ein Jackett von Davies & sons trage und er auf Demos geht.
> Obgleich, wenn ich es mir überlege, hätte ich gerne mit ihm geredet und ihm gesagt, daß ich auch auf Demonstrationen gehe, nicht, weil ich glaube, damit würde man auch nur einen Furz erreichen, sondern weil ich die Atmosphäre liebe. [...] Davon gibt es dann Fotos in der Zeitung, und dann wird wieder diskutiert, ob die Polizei zu gewalttätig ist, oder die Demonstranten oder beide und ob die Gewaltspirale eskaliert. Das ist wieder so ein unglaublicher Satz. Daran läßt sich doch alles ablesen über die Welt, wie unfaßbar verkommen alles ist. Aber das würde der Taxifahrer nicht verstehen, weil er sonst ja auch ein Jackett von Davies & sons tragen würde, sich die Haare anständig schneiden und kämmen und seinen Regenbogen-Friedens-Nichtraucher-Ökologen-Sticker von seinem Armaturenbrett reißen würde. Also zahle ich dem Taxifahrer seinen Fahrpreis und gebe ihm noch ein dickes Trinkgeld, damit er in Zukunft weiß, wer der Feind ist. (Kracht 2015 [1995], 31–32)

Anmerkung: Einige Überlegungen und Formulierungen dieses Textes wurden bereits publiziert in Baudisch 2021.

Die Stelle lässt sich modellhaft für eine knappe Rekapitulation von Pop-II-Literatur heranziehen.[1] Pop II operiert über konsumästhetische Distinktion und unterscheidet so zugleich in Stilgemeinschaften, hier etwa: Snobistischer Popper versus Neo-Hippie. Diese Distinktion erfolgt dabei, wie Moritz Baßler in *Der deutsche Pop-Roman* (2002) gezeigt hat, insbesondere über gegenwartsarchivierende Paradigmenbildung durch die Verwendung von Markennamen (*Davies & sons*) bis hin zum exzessiven Auflisten von pop- und populärkulturellen Referenzen (vgl. auch Baßler 2015b). Deshalb wird Pop II nicht selten mit einem neo-dandyhaften Ästhetizismus in Verbindung gebracht (Tacke und Weyand 2009). Das zeigt sich im Zitat etwa daran, dass die politischen Implikationen der Szene – Polizei versus Demonstranten – zugunsten der „Atmosphäre" eingeklammert sind, die der Ich-Erzähler „lieb[t]", was folglich auch ein Verweis auf die bereits als obsolet markierte, subversiv-gegenkulturelle Semantik von Pop I ist. Es geht bei Pop II primär um ‚Sekundarität', also um mediale Vermittlung, den „unglaubliche[n] Satz" und „Fotos in der Zeitung". Damit ist die vielzitierte ‚Poetik der Oberfläche' (Grabienski et al. 2011) von Pop II angesprochen, d. h. Popliteratur als Spielart einer postmodernen „Literatur der zweiten Worte, die im Material einer Sprache des immer schon Gesagten arbeitet" (Baßler 2002, 184–185) und mittels Zitaten sowie Signifikanten der Waren- und Medienwelt spricht. Letzteres wiederum korreliert mit der prominenten These einer ubiquitären, kulturellen Uneigentlichkeit, der „Ironic-Hell" (Bessing 2001 [1999], 144), so die resignative, alles andere als stumpf affirmative Diagnose des popliterarischen Gemeinschaftswerks *Tristesse Royale* (1999). In ihrem sehnsüchtigen Kokettieren mit Ausstiegsoptionen in eine potenziell authentische Eigentlichkeit – bspw. durch antikapitalistische Terrorattacken – müssen die fünf Protagonisten stets aufs Neue erkennen, sich immer schon in Zitaten zu bewegen, sei es, wie Alexander von Schönburg anmerkt, eines „Anti-Konsum-Terror[s], wie es ihn in Moskau bereits gibt" (Bessing 2001 [1999], 156) oder des nahezu analogen Plots von Bret Easton Ellis' *Glamorama* (1998). Aus diesem postmodernen Simulakrum, der semiotischen „Spirale" (Bessing 2001 [1999], 159), wie Kracht die ‚Ironic-Hell' an anderer Stelle bezeichnet, gibt es für Pop II folglich „NOT AN EXIT" (Ellis 2006 [1991], 384), so die letzten Worte aus Ellis' *American Psycho* (1991). Mit Ellis' satirischer bis nihilistischer Ästhetik ist die ganz am Ende von *Tristesse Royale* inszenierte, „nicht aufzubrechende Möbiusschleife" (Bessing 2001 [1999], 187) in Kambodscha eng verwandt.[2]

---

1 Zur ‚Pop I/Pop II'-Unterscheidung: Diederichsen 1999 und Rauen 2019a.
2 Siehe grundlegend: Rauen 2010. Ferner zu *Tristesse Royale* und Ellis: Rauen 2019b.

2 Taxi 2 – Pop III (*Planet Magnon*): Post-Popliteratur und das Internet

Die zweite Taxifahrt führt uns in die Zukunftsdiegese von Leif Randts Science-Fiction-Roman *Planet Magnon* aus dem Jahr 2015:

> Um Gespräche in Taxis zu vermeiden, blicke ich meist konzentriert auf meinen Messenger. [...] Noch bevor ich meinen Messenger zücken kann, begrüßt mich der Fahrer wie folgt: „Hey Schönling, wo darf's hingehen?"
> [...]
> „Weißt du, was ich an euch Dolfins mag?" fragt der Taxifahrer. Ich schaue zum Fenster hinaus. „Ich mag diese Magnonmüdigkeit um eure Augen."
> Es war absehbar, dass der Magnonbegriff früher oder später seinen Weg ins Stadtzentrum finden würde. Langfristig haben wir es ja nicht anders gewollt. Die Selbstverständlichkeit, mit der das Wort hier im Taxi fällt, ist dennoch überraschend. So weit sind wir noch nicht.
> [...]
> Ich nehme mir vor, dem Fahrer eine peinlich große Summe Trinkgeld zu zahlen. Ich möchte ihm zeigen, wie sehr ich glaube, dass er auf meine Großzügigkeit angewiesen ist. Ich ekle mich vor dem Wunsch, bin aber augenblicklich nicht stark genug, um dagegen anzukämpfen.
> „Was schulde ich Ihnen?"
> „Schulden? Nein. Das ist vorbei." Der Mann im silbernen Mantel lächelt. [...]
> Zuerst halte ich das für einen neuerlichen Versuch, sich wichtigzumachen. Aber dann schaue ich auf die Anzeige, und dort steht lediglich das Wort ENJOY in fünf freundlich leuchtenden Buchstaben.
> „Anweisung der AS", sagt der Fahrer [...]. (Randt 2015, 189–193)

Planet Magnon spielt in einem postdemokratischen Planetensystem, in dem sich die meisten Menschen verschiedenen Neogemeinschaften angeschlossen haben, die durch das Angebot ästhetischer Lebensstile friedlich um Mitglieder konkurrieren. Das politisch Allgemeine wie auch wirtschaftliche Verteilungsfragen werden längst von einem Algorithmus namens ‚ActualSanity' (kurz: AS) verwaltet. Hauptfigur und Ich-Erzähler des Romans, Marten Eliot, ist sogenannter ‚Spitzenfellow' des elitären Kollektivs ‚Dolfin'. Dieses organisiert sich um die PostPragmaticJoy. Dazu zählen verschiedene emotionale Selbsttechniken, bspw. meditative „Celiusübungen" (92), die den Dolfins – wie es im romaninternen Glossar heißt – „die höchstmögliche Lebensqualität" (291) durch die Etablierung des sogenannten „postpragmatische[n] Schwebezustand[s]" (291) gewährleisten sollen. In diesem Zustand „überwinden" (292) Gegensätze, etwa zwischen „Selbst- und Fremdbeobachtung [...] [,] ihre scheinbare Widersprüchlichkeit" (292). Zentral ist dabei die titelgebende Flüssigkeit ‚Magnon', die u. a. ein paradoxes Gefühl von „erhabene[r] Besänftigung" (283) bewirkt. An dieser Stelle des Romans (Kapitel 37) jedoch befindet sich Marten in einer emotionalen Krise. Seine postpragmatische Gelassenheit bröckelt, da er in Kapitel 19 mutmaßlich durch eine andere Substanz vergiftet wurde, deren Wirkung das exakte Gegenteil von Magnon bildet: das sogenannte „Ketasolfin" (288). Damit operiert das irgendwann im Roman auftauchende, gesellschaftskritische ‚Kollektiv der gebrochenen Herzen', auch ‚Hanks' genannt. Wo es bei Magnon – überhaupt bei den postpragmatischen Techniken – um die Etablierung von Achtsamkeit geht, also dem Austarieren affektiver Extrempole zugunsten einer souveränen Distanz zu den eigenen Urteilen und Emotionen, einer gelassenen, emotionalen Mittelspannung, da evoziert Ketasolfin gegenläufige, nämlich ambivalente Zustände wie „Wankelmut und Nostalgie" (288).[3] Durch Martens Wankelmut, sein angeekeltes Hin- und Hergerissensein bezüglich des Wunsches, eine „peinlich große Summe Trinkgeld zu zahlen", tritt *Planet Magnon* hier in einen poetologischen Dialog mit *Faserland*.

So muss der Ekel vor einem nostalgischen Rückfall in das „dicke[] Trinkgeld" aus *Faserland* selbst im Sinne einer Distinktion verstanden werden: Es geht um die Verhandlung einer Unterscheidung zwischen *Post-Pop oder Pop III* auf der einen und dem distinktionsbasierten Pop II auf der anderen Seite. Post-Popliteratur muss sich nämlich dazu verhalten, dass die an Markennamen und Popreferenzen gekoppelte Popästhetik anno 2000 heute längst kein hinreichendes Kriterium mehr ist, um Pop- von Nicht-Popliteratur unterscheiden zu können. Vielmehr zeichnet sich das gegenwartsliterarische Feld, wie Baßler anhand von Romanen Ulf Erdmann Zieglers, Teresa Präauers und Julia Trompeters argumentiert, durch eine „entspannte Selbstverständlichkeit im Umgang mit popkulturellem Wissen" (2015a, 10) aus. Diese Selbstverständlichkeit hat zwei Gründe. Zum einen hat „die popliterarische Schocktherapie der 90er" (10) ihr literarhistorisches Ziel erreicht. Sie transferierte populärkulturelle Insignien „als wirksame Provokation einer obsoleten E-Literatur" (8) in ihre Texte und erzwang so eine Öffnung der Literatur auf das populär- wie konsumkulturelle Archiv. Stephan Dietrich und Heinz Drügh sprechen indes bereits im Jahr 2002, in Bezug auf Romane von David Wagner und Christoph Peters, von einem neuen, „ziemlich gelassen[en] […] Verhandlungston zwischen Literatur und Popkultur" (2002, 104), da „Pop […] um 2000 zu einem Paradigma abgesunken" (104) sei. Zum anderen und fundamentaler hängt die neue Gelassenheit gegenwärtig deshalb auch mit dem „Fortschritt der Medientechnik" (Baßler 2015a, 10) zusammen. Gemeint ist die Digitalisierung und die damit einhergehenden veränderten sowie neuen Rezeptionsmöglichkeiten. Jedwede unbekannte Referenz und Information lässt sich heute während der Lektüre via „Second Screen" (9) – also Smartphone, Tablet, Note-

---

3 Für eine detaillierte Analyse der ästhetischen Verhandlung des Achtsamkeitskonzepts in Randts PostPragmaticJoy und *Planet Magnon*, vgl. Baudisch 2021.

book etc. – prinzipiell jederzeit und überall problemlos abrufen. Damit geht nun zugleich eine historische Ortsbestimmung von Pop II als ‚Prä-Web 2.0' einher, denn

> [s]o gesehen, waren die exzessiven Pop-Listen der 1990er Jahre ein Spätphänomen, letztes Symptom einer Kultur vor Google und YouTube. Heute könnte man mit solchem Wissen kaum mehr seine Distinktion und Sophistication unter Beweis stellen – ein Mausklick, und alle sind drin. Und weil das ganz genauso auch für das alte Bildungswissen gilt – alle wissen alles –, kann auch zwanglos alles zur literarischen Bedeutungsbildung herangezogen werden. (10)

Baßlers These bietet sich für die Frage nach einer dritten Phase von Popliteratur an. So ist heute *jede* Gegenwartsliteratur zunächst einmal immer auch Post-Popliteratur, insofern sie, im Sinne einer medienhistorischen Unterscheidung, Literatur *nach* Google und YouTube ist. Diese quantitative Bestimmung korreliert mit der besagten neuen Gelassenheit, d. h. der Obsoleszenz der Listen, Popreferenzen und Markenparadigmen als spezifischem Modus von Popliteratur. Daraus erwächst nun im selben Zug die Aufgabe, auch einen qualitativen Begriff von Post-Popliteratur zu konturieren, der sich als *Pop III* bezeichnen lässt. Es geht, anders gesagt, um den Versuch, innerhalb der quantitativen Bestimmung von Post-Popliteratur die Unterscheidung zwischen Pop- und Nicht-Popliteratur wiedereinzuführen – und zwar in Form einer ästhetischen Unterscheidung. Dabei fallen drei Aspekte ins Auge, die einem Begriff von ‚Pop III' Kontur verleihen könnten: Pop III sollte erstens sowohl Kontinuität als auch Differenz zu Pop II markieren, zweitens die neue Gelassenheit zwischen Literatur und Pop ästhetisch-reflexiv einholen und drittens das Bewusstsein für die Ambivalenzen der westlichen Konsum- und Mediengesellschaft, das Popästhetik seit jeher auszeichnet (vgl. Drügh 2019), im Zeichen der spätmodernen Digitalkultur prozessieren. Eine ästhetische Kategorie, die dafür in Betracht kommt, ist PostPragmaticJoy.

3 Postironie: PostPragmaticJoy als Pop III-Ästhetik

Der Begriff PostPragmaticJoy spielt nicht allein auf der Inhaltsebene von *Planet Magnon* eine Rolle. Vielmehr hat Randt den Neologismus bereits im Jahr 2012 in einer gleichnamigen Reiseerzählung eingeführt und dann 2014 in zwei autofiktionalen Essays für eine tastende Selbstbeschreibung der eigenen Ästhetik verwendet (vgl. Randt 2013; Randt 2014a; Randt 2014b). Bei PostPragmaticJoy handelt es sich um die Spielart einer *Ästhetik der Postironie*. Im anglo-amerikanischen Diskurs über die literarische Post-Postmoderne bildet die sogenannte *New Sincerity* (dt. *Neue Aufrichtigkeit*) eine äußerst prominente Form postironischer Ästhetik, als deren Galionsfigur David Foster Wallace gilt. Der Ausgangspunkt ähnelt dabei Diedrich Diederichsens Verfallsnarrativ von Pop I zu Pop II wie der performativen Abarbeitung an der ‚Ironic-Hell' von *Tristesse Royale*. Als Reaktion auf Wallace' 1993 artikulierte Diagnose eines sukzessiven Verfalls postmoderner Ironie durch ihre massenmediale Kooption – von einem ideologiekritischen Werkzeug in der Literatur der 1960er hin zu einer unreflektierten, jegliche Werte zersetzenden Haltung in den 1990er Jahren –, geht es dabei um die Frage, wie Konzepte von Aufrichtigkeit, Ernsthaftigkeit und Authentizität wieder zur Geltung gebracht werden können, ohne dabei hinter die berechtigten postmodernen und dekonstruktivistischen Vorbehalte ihnen gegenüber zurückzufallen (vgl. Wallace 1993).[4] Gegenwärtig zählt der Autor Tao Lin zur Speerspitze einer digitalen, auf die Aushandlung von Privatheit und Öffentlichkeit zielenden Ästhetik der *New Sincerity* (vgl. Ohnesorge et al. 2020; Thumfart 2013). Jörg Heiser zufolge zielt Postironie auf „die gesellschaftliche Durchsetzung eines dialektischen Verständnisses davon, was ‚echt' und was ‚künstlich', was authentisch und was ironisch heißt in der gegenwärtigen Überlagerung von Medienwirklichkeiten" (Heiser 2010, 19). Es handelt sich um den zentralen Aspekt, durch den Randts Ästhetik in einem Zug Kontinuität und Differenz zu Pop II markiert. In Anschluss an das von *Tristesse Royale* minutiös inszenierte Scheitern, einen Ausweg aus der ‚Ironic-Hell' zu finden, meint Postironie nämlich ausdrücklich kein erneutes Ende, sondern vielmehr eine Wende gegenüber der ubiquitären Ironie.[5] Postironische Ästhetik zielt auf eine Neuaushandlung von Pop-Leitdifferenzen wie Ironie/Aufrichtigkeit und Inszenierung/Authentizität etc. Es geht um einen ‚Re-Entry' der Unterscheidung von Ironie/Aufrichtigkeit in die Ironie, die sie als Erbe von Pop zwar übernimmt – aber eben möglichst postpragmatisch gelassen. Ich skizziere diese Operation am ersten Absatz von Randts Essay:

> „*Ein kleines salziges Popcorn und ein Jever Fun, bitte.*" Als ich an der Kinotheke stehe, sorgt dieser Satz nicht für Aufsehen. Dabei ist es ein guter, ein postpragmatischer Satz. Er fühlt sich fremd an, ist aber völlig ehrlich gemeint. Die Dame hinter der Theke öffnet mein alkoholfreies Bier. Sie bleibt enorm ernst dabei. Ich zahle mit einem neuen Fünfeuroschein. Mit alten Fünfeuroscheinen zahle ich nicht gern, die halte ich jetzt lieber zurück. (2014b, 8)

Der erste Satz ist ein „guter, postpragmatischer Satz", weil er zwischen Ironie und Ehrlichkeit/Aufrichtigkeit schwebt.[6] „Er fühlt sich fremd an", da es sich um eine Art Zitat handelt, um Literatur zweiter Worte, zitiert der erste Satz von Randts

---

4 Aus literaturwissenschaftlicher Sicht siehe: Kelly 2010; Ohnesorge et al. 2020; Völz 2016.
5 Zum Ende der Ironie siehe: Schumacher 2003.
6 In der Erstfassung des Essays heißt es nach „ehrlich gemeint" explizit weiter: „denn ich freue mich ja aufrichtig auf den salzigen Snack und das kühle Jever Fun" (Randt 2014a, 29).

Essay doch den Auftakt aus Krachts *Faserland*, der bekanntlich lautet: „Also, es fängt damit an, daß ich bei Fisch-Gosch in List auf Sylt stehe und ein Jever aus der Flasche trinke" (2015 [1995], 13). Zugleich soll der Satz nun „aber völlig ehrlich gemeint" sein und Aufrichtigkeit ausdrücken. Zeichengebrauch aber reißt stets eine Kluft zwischen Sagen und Meinen, da das, was man sagt, immer auch ironisch, also ganz anders gemeint sein könnte (vgl. Plönges 2011).

Eine Pointe postironischer Ästhetik liegt nun darin, dass die Überbrückung der unauflöslichen, semiotisch-ironischen Kluft zwischen Sagen und Meinen auf die Seite der Leserin rückt. Aufrichtigkeit wie Ernsthaftigkeit werden zu intersubjektiven bzw. intrakommunikativen perlokutionären Effekten, die von der Zuschreibung des Empfängers durch Anschlusskommunikation abhängen (vgl. Baecker 2000). Die Leserin ist in diesem Fall die „Dame hinter der Theke". Sie hätte auch stutzen können, weil sie *Faserland* kennt: ‚Schon klar, Popcorn, Jever Fun ... was willst du denn eigentlich haben?' Indem Sie aber, wie es explizit heißt, „enorm ernst" bleibt, realisiert sie performativ, hier durch das Öffnen des Biers als Anschlusskommunikation, die Seite der Aufrichtigkeit. Postironische Texte inszenieren Entscheidungsszenarien, die die virtuelle Leserin dazu anhalten, eingedenk der unhintergehbaren Ironie einen, so Lee Konstantinou, „postironic belief" (2016, 41) zu realisieren, indem der virtuelle Leser eine Art Kierkegaard'schen Sprung in den Ernst oder die Aufrichtigkeit wagt und dem Erzähler bzw. Autor glaubt, dass er es ernst oder ehrlich meint. Mehr noch, kann Aufrichtigkeit allerdings gerade auch noch durch die Ironie vollzogen werden, die Bestellung also auch gelingen, obwohl oder weil die Verkäuferin das Zitat erkennt. „Postironie" (2012, 117), so spitzt Johannes Hedinger zu, „ist eine Haltung, die es nicht mehr nötig hat, sich an der Unterscheidung von echt/künstlich abzuarbeiten, unabhängig davon ob ernst oder ironisch" (117).

Anders gesagt: Da Pop III – und das ist eine Differenz zu Pop II wie zugleich ein Ausdruck ästhetischer Gelassenheit – längst verstanden und internalisiert hat, dass es keine Aufrichtigkeit gibt, die nicht immer schon unter Ironieverdacht steht, keine Authentizität, die nicht immer ein Effekt zeichenhafter Inszenierung ist, beißen sich diese Pole nicht mehr, sondern können im paradox anmutenden Modus einer „ironic earnestness" (Shakar 2002 [2001], 140) ineinander gefaltet werden. Der postpragmatische Schwebezustand lässt sich deshalb, ästhetisch gewendet, als postironischer Zustand verstehen, in dem popästhetische Antagonismen wie Ironie versus Aufrichtigkeit/Ernsthaftigkeit ihre scheinbare Widersprüchlichkeit überwinden. Auch die „Fünfeuroschein"-Sätze sind eine solche Markierung von Anschluss und Distanzierung. So schließt die inszenierte Naivität des Tonfalls abermals an den Duktus des Ich-Erzählers von *Faserland* an, etwa an den Satz: „Ich habe mir ja vorhin extra zwei Pfirsich-Joghurts einsteckt, weil ich die am liebsten mag" (Kracht 2015 [1995], 62). Die Differenz wird zugleich allegorisch wie temporal über die Geldscheine markiert: Während nämlich der alte Fünf-Euro-Schein im Jahr 2002 und damit zu Pop II-Zeiten herauskam, geht es „jetzt" darum, eine „neue[]" Pop-Variante zu etablieren: Der „neue[] Fünfeuroschein" erschien 2013 und damit genau in jener Gegenwart, in der Randts Ästhetik der PostPragmaticJoy entsteht.

Diese Neuaushandlung lässt sich bei Randt auch im Umgang mit Markennamen beobachten. Bereits das Nebeneinander von realen und fiktiven Marken in *Schimmernder Dunst über CobyCounty* (2011) – etwa Pepsi versus Colemen&Aura – wird von Klaus Birnstiel als Reflexion dessen begriffen, was ich hier heuristisch als ‚neue Gelassenheit' zwischen Pop und Literatur bezeichne:

> Der in vielen Pop-Texten [...] zu beobachtende Modus, über das Anlegen von Listen [...] Welthaltigkeit herzustellen, findet sich in *Schimmernder Dunst über Coby County* auf seine pure poetische Funktion reduziert – und damit zu einer konkreten Allgemeinheit erhoben, welche die Schlacken des Realen hinter sich lässt. Die Marken- und sonstigen Namen, in *Schimmernder Dunst über Coby County* sind sie von beinahe alberner Ausgedachtheit. „Colemen&Aura" [...], „BakeryExpress" [...], und so weiter. Der Name der Marke erscheint so aufgehoben zur konkreten Funktion des Namens als Name – und der Roman nicht nur in dieser Hinsicht als Zeugnis einer Aufhebung von Pop in Literatur. (2019, 632–633)

Obwohl es in *Planet Magnon* gar keine Markennamen mehr gibt, treibt der Roman dieses Spiel noch weiter. Mikroästhetisch lässt sich das an jenem Planeten illustrieren, der den Namen „Sega" (Randt 2015, 68) trägt. Für uns, d. h. die an den Katalogtexturen von Pop II geschulten Leserinnen und Leser, handelt es sich dabei explizit um einen Markennamen, um eine Auswahl aus dem Paradigma Videospielfirmen: Sega, Sony, Nintendo etc. Genau hier aber greift der Verfremdungseffekt des Science-Fiction-Genres. Diegetisch ist schließlich nicht mal klar, ob es im Universum von *Planet Magnon* unser Sonnensystem überhaupt irgendwo gibt, von unseren Marken folglich ganz zu schweigen. Angenommen also, wir könnten Marten fragen, warum man den Planeten Sega denn nicht Nintendo genannt hat, so würden wir wohl nur einen fragenden Blick ernten: Sega ist hier Sega ist Sega – kein *Marken-*, sondern ein bloßer *Eigenname*. Auch dieses Vexierspiel, die Oszillation von Sega zwischen Marken- und Eigennamen, ist ein Aspekt der postironischen Faltung von ‚Künstlichkeit und Echtheit'. Sie lässt sich als reflexive Überwindung jener heuristischen Differenz begreifen, die Baßler in *Der deutsche Pop-Roman* noch zur Kategorisierung von Pop II-Literatur angeführt hat, nämlich zwischen Pop als postmoderner Literatur der zweiten Worte und einer emphatischen Literatur der ersten Worte, die die Sekundarität ihres Materials verbergen und naturalisieren möchte (vgl. 2002, 184). Stattdessen sind die zweiten Worte heute die ersten Worte von Pop III, insofern das markierte, uneigentliche Sprechen in Zitaten gleichsam herabgesunken ist zur einzigen Sprache. Das Echte ist das Künstliche und umgekehrt, allerdings muss genau das nicht mehr betont werden. Weil jedes Sprechen immer auch eine Art Zitat ist oder zumindest sein könnte, hat es der im Pop II sozialisierte Pop III gar nicht mehr nötig, via Anführungszeichen zu markieren. Anders gesagt: Was für

Tristesse Royale noch eine ironische Hölle war, das ist für PostPragmaticJoy die postironische Welt.[7] Damit inszeniert auch *Planet Magnon*, wie Birnstiel bereits zu *CobyCounty* schreibt, „gerade nicht de[n] ‚Abschied' von Pop als [...] ästhetisches Programm, sondern weit eher seine literarische Fortentwicklung und Aufhebung zu einer neuen Gestalt" (2019, 633). Diese neue Gestalt kommt in der PostPragmaticJoy zu sich selbst.

4 Gelassen durch die Filterbase? Ambivalentes Affektmanagement in *Planet Magnon*

Was PostPragmaticJoy nun von anderen Spielarten postironischer Ästhetik unterscheidet, das ist die Art und Weise, wie Randt das postironische Lektüreszenario mit der Semantik des spätmodernen „therapeutischen Ethos" (Illouz 2011, 35) verschaltet. *Planet Magnon* modelliert die PostPragmaticJoy in ihrem Doppelaspekt – zum einen als Element der Form bzw. des *discours* (Postironie), zum anderen als Element des Inhalts bzw. der *histoire* (emotionale Selbsttechniken der Dolfins) – zu einer höchst ambivalenten Verhandlung der spätmodernen Affektkultur.

Diese gilt bekanntlich als hochgradig widersprüchlich, aufgespannt zwischen Kreation, Depression und Meditation (vgl. Menke und Rebentisch 2012). Der Soziologe Andreas Reckwitz spricht von einer „Positivkultur der Emotionen" (2019, 206), in der das Glücksstreben durch kreative Selbstverwirklichung Sehnsucht wie Zwang gleichermaßen ist. Angesichts der Erfolgsunwahrscheinlichkeit bringt diese Struktur „so unbeabsichtigt wie systematisch [...] negative Emotionen hervor[]" (237). Insbesondere „[i]m Internet herrscht eine digitale Affektkultur der Extreme" (Reckwitz 2017, 270). Die sozialen Medien, ihrem Anspruch nach ein „‚Wohlfühl'- Medium" (270), zwingen zum permanenten Vergleich der eigenen Performance mit den anderen, was mit Wut, Depression und einer „Renaissance der Schamkultur" (267) korreliert. Die Abkopplung von Fremdperspektiven und die Zementierung der eigenen Weltsicht durch digitale Neogemeinschaften bzw. „filter bubbles" (268) wiederum gelten als Katalysator für die Eruption ungefilterten Hasses, nicht nur im populistischen Kontext. Um sich nun von diesem affektiven Wechselgefälle zu befreien, erwägt Reckwitz u. a. die Kultivierung von „Form[en] von Affektkontrolle qua Distanzierung" (2019, 237), etwa durch das Konzept der Achtsamkeitsmedita-

---

7 Ohne hier übermäßig an jene Debatte um Plagiat, Intertextualität und Originalität erinnern zu wollen, die sich 2010 um Helene Hegemanns Debüt *Axolotl Roadkill* entfacht hat, wäre zu überlegen, ob es Pop III als *digital native* in dieser Bewegung auch auf eine Neuaushandlung von Zitat und Original, Ausgangsmaterial und Bearbeitung in der Copy/Paste- und *meme culture* anlegt.

tion. Diese ist aber schon längst wieder als Subjektivierungsform des „achtsamen Selbst[s]" (Hardering und Wagner 2018, 259) in die auf Selbstkuratierung und -optimierung setzende „Ideologie des Neoliberalismus" (Cabanas und Illouz 2019, 20) eingespannt – nicht zuletzt in Achtsamkeitskanälen sozialer Medien. Damit ist die Semantik skizziert, die Randt literarisch verhandelt.

Bereits hinsichtlich seiner Makrostruktur lässt sich *Planet Magnon* mit Konstantinou als Variante eines „postironic Bildungsroman[s]" (2017, 95) begreifen, der seine Protagonisten wie virtuelle Leserinnen eine Bewegung „from naiveté through irony [...] to postirony" (96) durchlaufen lässt. Die drei Episoden (inkl. Prolog) des Romans lassen sich nicht nur als Anspielung auf *Star Wars* lesen, sondern greifen das hoch tradierte Erzählmuster von „Einheit, Trennung und neuer Einheit" (Pietzcker 1996, 11) auf, wie man es prominent etwa aus geschichtsphilosophischen Entwürfen kennt. Wie oben bereits angedeutet, vollzieht sich diese Bewegung für den Protagonisten Marten auf der Inhaltsebene als eine Art *sentimental journey*.

In der ersten Episode (Einheit) ruht Marten noch ganz in der PostPragmaticJoy. Als Spitzenfellow soll er mit seiner Kollegin Emma zu einer intergalaktischen Werbereise für die Dolfins antreten. Stressattacken, etwa als die beiden auf Sega einen kleinen Saurier überfahren, werden durch „Celiusübungen" (Randt 2015, 92) kontrolliert, bei denen man sich „postpragmatisch [...] erde[t]" (93). In der zweiten Episode (Trennung) tritt dann das oppositionelle Kollektiv Hank auf den Plan, Marten wird mit Ketasolfin vergiftet. Der Text schildert eine zweifelnde Zerrissenheit Martens zwischen Dolfins und Hanks, zwischen Magnon und Ketasolfin und so letztlich zwischen zwei Emotionskonzepten: der postpragmatischen Achtsamkeit und dem, was die Hanks „halbes Glück" (160) nennen. In eingeschobenen Briefen samt Interview (154–160) – der einzige Teil des Romans, in welchem nicht der Ich-Erzähler Marten spricht –, kritisieren die Hanks nämlich das Glückskonzept der Dolfins als emotionale Aushöhlung, als ein illusorisches Versprechen schmerzfreier Abkapselung. Stattdessen fordern sie die Anerkennung emotionalen Schmerzes und Aufklärung über die „institutionelle Ungerechtigkeit in den Sphären der Emotion" (158). Die Hanks zielen auf nicht weniger als eine Revolution und wollen dabei insbesondere die undurchsichtige AS abschaffen. In der dritten Episode (neue Einheit), so die Pointe, geben die Hanks ihre Umsturzpläne auf und gehen eine „Allianz" (270) mit den Dolfins ein. Marten lässt seinen Körper zunächst von allen Substanzen ausspülen und reist dann mit zwei Dosen Magnon zum Hauptquartier der Hanks, die er zusammen mit deren Anführerin, dem Mädchen mit der Tigermaske, konsumiert. Diese ist angetan von der Wirkung – „Nichts und niemand könnte uns jetzt das Herz brechen" (268), heißt es – und träumt schließlich auch von einem „Planeten Magnon" (269), einem „Schutzraum" (269), auf dem alle Kollektive im Zeichen der PostPragmaticJoy vereint sind. Die

Allianz entpuppt sich also genaugenommen als Kooption der Hanks in die Dolfins und optimierte Restitution der PostPragmaticJoy.

Mit den Hanks installiert der Roman nicht nur, wie Immanuel Nover richtig schreibt, „ein scheinbares ‚Außen', ein[en] Ort des Widerstands" (2016, 465), wie er „in vielen dystopischen Texten von Belang ist" (453). Vielmehr implementiert der Roman durch die Systemkritik der Hanks die eigene Selbstauslegung als Dystopie, als implizite Gesellschaftskritik, etwa an der spätmodernen Achtsamkeitskultur, die folglich von den Dolfins repräsentiert wird. Mit der Kooption der Hanks streicht der Roman diese kulturkritische Lesart zwar nicht gänzlich durch, setzt sie aber unter Vorbehalt. Auch für *Planet Magnon* gilt das, was Baßler bereits zu *CobyCounty* sagt: „Randts Roman parodiert nicht unsere Gesellschaft" (2018, 154) – oder nicht nur –, „sondern simuliert einen anderen Zustand" (154). Dieser andere Zustand ist der postpragmatisch-postironische Schwebezustand. Die temporäre Zerrissenheit Martens zwischen Dolfins und Hanks entspricht beim virtuellen Leser nämlich dem wankelmütigen Oszillieren in der Frage: Dystopie oder Utopie? Handelt es sich um eine implizite Kritik an einer Art Wohlfühltotalitarismus im Sinne der Hanks oder müssen wir uns Marten Eliot in der Tat als glücklichen Menschen vorstellen und das postpragmatische Glücksideal gedämpfter Emotionen als das attraktivere Angebot gegenüber dem halben Glück? Durch diese Oszillation zwischen Utopie und Dystopie kanalisiert *Planet Magnon* zunächst die Pop-Differenz von Ironie/Aufrichtigkeit bzw. Uneigentlichkeit/Eigentlichkeit, um sie im nächsten Schritt zugleich durch postpragmatische Gelassenheit zu überschreiben.

An dieser Stelle kommt eine *Poetik der Filterblase* ins Spiel. Einerseits auf der Ebene der *histoire*. Die Erzählgegenwart spielt im Jahr 48 nach Einführung des Algorithmus ActualSanity. Im Glossar erfahren wir, dass die AS bereits im Jahr 38 die „Abschaltung" (Randt 2015, 286) des Internets beschloss. „Nach einer anfänglichen Welle der Irritation setzte sich im Laufe der Zeit ein Befreiungsgefühl durch" (286). Seitdem gibt es nur noch „Regionalnetzwerke, deren Strukturen [...] als internetähnlich eingestuft [...] werden. Sie dienen primär dem Informationsaustausch innerhalb einzelner Kollektive" (286). Die Kollektive sind also nicht nur als reale Neogemeinschaften in sich geschlossen, sondern zugleich als digitale durch Filterblasen auf ihre eigene Weltsicht zurückgeworfen. Dies spiegelt sich schon im Prolog des Romans, wo Marten rückblickend von einem postpragmatischen Ausbildungscamp berichtet. Im „Reisebusshuttle" (7), so lesen wir, waren die „Scheiben [...] getönt. Sonnenbrillen brauchten wir nicht" (7). Der Blick in die Umwelt wird verdunkelt, um sich auf das Eigene zu konzentrieren: „Ein Zustand außerhalb des Kollektivs war kaum vorstellbar" (130). Andererseits betrifft die Filterblase auch die Ebene des *discours*. Es ist doch auffällig, dass ein Roman, der von Gemeinschaft erzählt, ausschließlich einen Ich-Erzähler aufweist und nicht etwa multiperspektivisch erzählt. Der virtuelle Leser ist einzig an den Informationshorizont des Ich-Erzählers Marten gebunden. Mit anderen Worten, es wird eine narrative Filterblase installiert, die scheinbar erst durch das eingeschobene Interview der Hanks kurzzeitig aufreißt. Durch diese Filterblase wiederum inszeniert der Text PostPragmaticJoy nun von Beginn an als eine achtsam-postironische Wirkungsästhetik, die dem virtuellen Leser qua Lektüre eine postironische, gelassene Distanz zur ironischen Oszillation bieten soll.

Dazu gilt es, zunächst die implizite Metalepse von *Planet Magnon* zu beachten. So müssen alle Dolfins im Laufe ihrer Ausbildung einen theoretischen „Almanachartikel" (14) schreiben, digital oder – renommierter – analog in Printform. Immer wieder weist Marten darauf hin, dass sein Eintrag noch fehlt: „Auf meinen Artikel wartet das Kollektiv bis heute" (14), heißt es etwa gleich zu Beginn. Damit aber wird der Roman *Planet Magnon* selbst insgesamt als analoger Eintrag des Ich-Erzählers Marten lesbar und folglich auch das vermeintliche Oppositionskollektiv zu einer bloßen Fiktion des schreibenden Marten. Deshalb sagt Emma auch, „diese Briefe [...] ähneln sich untereinander zu sehr. Die hat sich jemand ausgedacht" (164). Die Briefe der Hanks tragen Martens ‚Stil', da sie nichts weiter als seine Fiktion sind. Indem die virtuelle Leserin nun Martens Stil liest, genießt sie zugleich selbst Magnon. Genaugenommen ist nämlich die Flüssigkeit die eigentliche Erzählerin des Romans: „Es war, als übernähme die Flüssigkeit das Reden für mich" (64), bekennt Marten nach dem Konsum. Das aber bedeutet, dass der virtuelle Leser nie die narrative Filterblase von Marten/Magnon verlässt, sondern qua Lektüre immer schon als ‚nativer Dolfin' in der PostPragmaticJoy geübt wird. Zwei Stellen sollen dies illustrieren.

Der ganze Roman selbst wird so zur ‚erdenden Celiusübung', die Marten in Kapitel siebzehn ausübt:

> Also reiße ich mich jetzt zusammen, schließe die Augen und versuche es mit einer eigenen Celiusübung. [...] Ich arbeite mit sehr einfachen Motiven. Oft spielt der Ozean von Cromit eine Rolle, aber auch die Raucherterrasse meines Apartmenthauses und der Blumenhang auf Snoop [...]. Der Celiusschauer breitet sich über die Schultern auf den gesamten Körper aus. Selbst in den Fußsohlen kribbelt es für einen Moment, ich muss lächeln [...]. (96–97)

Die Pointe liegt darin, dass die „einfachen Motive[]" der Übung nichts anderes sind als Motive des Romans selbst: Der Prolog (vgl. 7–19), wo die Celiusübung erfunden wird, spielt am „Ozean" (15) von Cromit, gleich das erste Kapitel beginnt auf Martens „Raucherdach" (24) und der Blumenhang von Snoop ist ein stetig wiederkehrendes Motiv, das Martens Kindheitserinnerungen bündelt (vgl. etwa 146). Der virtuelle Leser wird hier nicht bloß als lesendes Bewusstsein, sondern als „embodied reader" (Kukkonen 2014, 367) entworfen, der qua Lektüre als postpragmatisches Subjekt konstituiert wird. Die somatische Wirkungsästhetik – so die Inszenierung – überträgt den kribbelnden Celiusschauer und den erhabenen

Moment der Ergriffenheit über die „einfachen Motive" – sprich: realistisch verfahrende Sprache – des Romans über das Bewusstsein auf den Körper des Lesers. Dieser erdende Schauer überschreibt nun den Wankelmut der virtuellen Leserin, also die ironische Oszillation zwischen Utopie/Dystopie bzw. Dolfins/Hanks, durch ein immer schon durch die Dolfins gerahmtes Lektüresetting, das der Ironie selbst vorausgeht.

Genau dieses postironisch-achtsame Lektüresetting reflektiert der Text in Kapitel acht, als Marten die Dolfin-Werbefotos betrachtet, die ihn und Emma auf Dinosauriern sitzend zeigen:[8]

> Die Aufnahmen sind auf verschiedene Weise gut. Die Caiosaurier scheinen unter den gebleckten Schneidezähnen immer leicht zu grinsen, während unsere Anspannung nur vom Glanz unserer Augen aufgelockert wird. Zuerst glaubt man, dass es sich bei diesem Foto um etwas völlig Unernstes handelt. Man ist verleitet zu lachen, möchte aber noch etwas länger hinschauen. Daraus ergibt sich ein zweiter Moment der Betrachtung, ein Nachdenken über die Attraktivität relativ junger Menschen und relativ gefährlicher Raubtiere unter kernblauem Himmel, das wiederum von einem dritten Moment abgelöst wird, von etwas fast Humorlosem, einer Art Ergriffenheit, mit der ich keinesfalls gerechnet hätte. (Randt 2015, 55)

Der postpragmatisch-postironische Schwebezustand, in dem sich Widersprüche aufheben sollen, wird hier schwarz auf weiß abgebildet. Anstatt wankelmütig zu oszillieren, ob es sich beim Gelesenen um etwas „völlig Unernstes" – sprich, die uneigentliche, kritische Hank-Lesart der Dystopie in der ungebrochenen Affirmation des Ich-Erzählers – oder doch um etwas Ernstes, „Humorloses" handelt – die unwahrscheinliche Dolfin-Utopie –, gilt es, sich im achtsamen, postpragmatischen Schwebezustand zu üben. Dieser liegt genau in der Mitte der Extreme. Inszeniert wird die Fiktion eines ‚bloßen' Lesens – im Sinne der durch Magnon evozierten, neutralen „Befreiung des Blicks" (82) und „Betrachtung als solche[r]" (82) –, das einfach nur sieht, was da ist, nämlich dass junge Menschen auf Magnon sind und auf Sauriern sitzen.[9] Mehr nicht. Anschließend kann der besänftigte, postpragmatische Magnonkonsument immer noch zwischen den Optionen ernst/unernst, Utopie/Dystopie, Ironie/Aufrichtigkeit etc. wählen. Aber erstmal heißt es für die Leserin, wie der Fotograf zu den Sauriern sagt: „‚Relax, relax' [...]. Es [das Tier; M.B.] wird sofort ruhiger" (54).

---

[8] Gleichsam an die virtuelle Leserin gerichtet, sagt der Maskenbildner vorher noch: „Macht euch nicht so viele Gedanken, [...] die Bilder werden für sich sprechen" (Randt 2015, 49–50).
[9] Für eine detaillierte Behandlung des Zusammenhangs von Optik, Achtsamkeit und Magnon siehe: Baudisch 2021.

5 Fazit

Mit Randts PostPragmaticJoy kommt die Popliteratur erst in den 2010er Jahren in der Postironie an, an der die anglo-amerikanische Literatur in Anschluss an Wallace' *New Sincerity* seit rund zwanzig Jahren im Zeichen einer Ästhetik der Post-Postmoderne arbeitet (vgl. Schmidt 2019). Inwiefern Pop III, wie angedeutet, seine begriffliche Spezifikation, im Unterschied zu Pop II, als popliterarische Spielart einer solchen literarischen Post-Postmoderne entfaltet, gilt es weiter zu erforschen. Vielleicht lässt sich die Totalisierung der PostPragmaticJoy durch die Aufhebung der Hanks, neben der naheliegenden dystopischen Lesart als systemimmanenter Kooption einer jeden Kritik (vgl. Nover 2016), auch allegorisch lesen: im Sinne einer Aufhebung des Distinktionsprinzips von Pop II zugunsten der neuen Gelassenheit. Wenn Marten also in der anfangs zitierten Taxiszene äußert, dass es „absehbar [war], dass der Magnonbegriff früher oder später seinen Weg ins Stadtzentrum finden würde", dann lässt sich das auch im Sinne des Anspruchs lesen, eine zentrale Kategorie für die gegenwärtige Aktualisierung von Popästhetik zu etablieren, die jenem postdistinktiven „ENJOY" Geltung verschafft, das sich im Taxi leuchtend an die Stelle des obsoleten Freund/Feind-Schemas aus *Faserland* schiebt. Das bleibt freilich ambivalent, schließlich wird in der PostPragmaticJoy zugleich die Option – wenn nicht der Aufrichtigkeit so doch – der postironisch-postpragmatischen Achtsamkeit zumindest implizit bereits wieder unter Vorbehalt gestellt. Wieso nämlich ist an der Rezeptionsstelle eigentlich von einem nur „fast Humorlose[n]" die Rede? Nun, wenn PostPragmaticJoy die virtuelle Leserin vom ironischen Wankelmut therapiert, indem sie diese, ohne ihr Wissen, durch rezeptionsästhetischen Magnonkonsum zugleich zu einer Art ‚achtsamen Selbst' subjektiviert, dann liegt in diesem unbehaglichen Anschmiegen an das Therapeutische wohl die untilgbare ironische Pointe auch dieser postironischen Ästhetik: als einer doppelten Distanz – nicht nur von der ‚Ironic-Hell', sondern zugleich von der gegenwärtig nicht minder ubiquitären therapeutischen Kultur, die die affektiven Fallstricke der spätmodernen Digitalkultur lindern soll.

Literatur

Baecker, Dirk. „Ernste Kommunikation". *Sprachen der Ironie, Sprachen des Ernstes*. Hg. Karl Heinz Bohrer. Frankfurt a.M.: Suhrkamp 2000. 389–403.
Baßler, Moritz. *Der deutsche Pop-Roman. Die neuen Archivisten*. München: C.H. Beck, 2002.
Baßler, Moritz: „Junge Türken – alte Tiegel. Über zwei Arten gegenwartsliterarischer Selbstverständlichkeit". *Neue Rundschau* 126.1 (2015a): 7–14.
Baßler, Moritz. „Definitely Maybe. Das Pop-Paradigma in der Literatur". *POP. Kultur und Kritik* 4.1 (2015b): 104–127.

Baßler, Moritz. „Neu-Bern, CobyCounty,Herbertshöhe. Paralogische Orte der Gegenwartsliteratur". *Christian Krachts Gegenwartsliteratur. Eine Topographie*. Hg. Stephan Bronner und Björn Weyand. Berlin und Boston: De Gruyter, 2018. 143–156.

Baudisch, Marvin. „Postpragmatische Achtsamkeit? PostPragmaticJoy als emotionaler Zwischenzustand und Ästhetik der Postironie in Leif Randts Planet Magnon". *„Zwischenräume" in Architektur, Musik und Literatur. Leerstellen – Brüche – Diskontinuitäten*. Hg. Jennifer Konrad, Matthias Müller und Martin Zenck. Bielefeld: Transcript, 2021. 163–187.

Bessing, Joachim. *Tristesse Royale. Das popkulturelle Quintett mit Joachim Bessing, Christian Kracht, Eckhart Nickel, Alexander v. Schönburg und Benjamin v. Stuckrad-Barre* [1999]. München: Ullstein, 2001.

Birnstiel, Klaus. „Leif Randt: Schimmernder Dunst über Coby County (2011)". *Handbuch Literatur & Pop*. Hg. Moritz Baßler und Eckhard Schumacher. Berlin und Boston: De Gruyter, 2019. 623–634.

Cabanas, Edgar, und Eva Illouz. *Das Glücksdiktat. Und wie es unser Leben beherrscht*. Berlin: Suhrkamp, 2019.

Diederichsen, Diedrich. *Der lange Weg nach Mitte. Der Sound und die Stadt*. Köln: Kiepenheuer & Witsch, 1999.

Dietrich, Stephan, und Heinz Drügh. „Um 2000: Pop-Literatur, an ihren Rändern betrachtet". *Zeitschrift für Ästhetik und allgemeine Kunstwissenschaft* 47 (2002): 95–120.

Drügh, Heinz. „But you can never leave. Pop Schreiben in den 199er Jahren. Christian Kracht: Faserland (1995)". *Deutschsprachige Pop-Literatur von Fichte bis Bessing*. Hg. Ingo Irsigler, Ole Petras und Christoph Rauen. Göttingen: V&R unipress, 2019. 151–166.

Ellis, Bret Easton. *Glamorama*. New York: Knopf, 1998

Ellis, Bret Easton. *American Psycho* [1991]. London: Picador, 2006.

Grabienski, Olaf, Till Huber, und Jan-Noël Thon (Hg.). *Poetik der Oberfläche. Die deutschsprachige Popliteratur der 1990er Jahre*. Berlin und Boston: De Gruyter, 2011.

Hardering, Friedericke, und Greta Wagner. „Vom überforderten zum achtsamen Selbst? Zum Wandel von Subjektivität in der digitalen Arbeitswelt". *Das überforderte Subjekt. Zeitdiagnosen einer beschleunigten Gesellschaft*. Hg. Thomas Fuchs, Lukas Iwer und Stefano Micali. Berlin: Suhrkamp, 2018. 258–278.

Hedinger, Johannes M. „POSTIRONIE. Geschichte, Theorie und Praxis einer Kunst nach der Ironie. (Eine Betrachtung aus zwei Perspektiven". *Kunstforum International* 213 (2012): 112–125.

Heiser, Jörg. „Im Ernst – von polemischer Ironie zur postironischer Vernetzung in der Kunst des Rheinlands und überhaupt". *Neues Rheinland. Die postironische Generation*. Hg. Markus Heinzelmann und Stefanie Kreuzer. Berlin: Distanz, 2010. 13–22.

Illouz, Eva. *Die Errettung der modernen Seele. Therapien, Gefühle und die Kultur der Selbsthilfe*. Frankfurt a.M.: Suhrkamp, 2011.

Kelly, Adam. „David Foster Wallace and the New Sincerity in American Fiction". *Consider David Foster Wallace. Critical Essays*. Hg. David Hering. Los Angeles: Sideshow Media Group Press, 2010. 131–146.

Konstantinou, Lee. *Cool Characters. Irony and American Fiction*. Cambridge, MA und London: Harvard University Press, 2016.

Konstantinou, Lee. „Four Faces of Postirony". *Metamodernism. Historicity, Affect and Depth After Postmodernism*. Hg. Robin van den Akker, Alison Gibbons und Timotheus Vermeulen. London und New York: Rowman & Littlefield, 2017. 87–102.

Kracht, Christian. *Faserland* [1995]. Frankfurt a.M.: Fischer, 2015.

Kukkonen, Karin. „Presence and Prediction: The Embodied Reader's Cascades of Cognition". *Style*, 48.3 (2014): 367–384.

Menke, Christoph, und Juliane Rebentisch (Hg.). *Kreation und Depression. Freiheit im gegenwärtigen Kapitalismus*. Berlin: Kulturverlag Kadmos, 2010.

Nover, Immanuel. „Postpolitische Stagnation. Leif Randts Planet Magnon". *Wirkendes Wort. Deutsche Sprache und Literatur in Forschung und Lehre* 66.3 (2016): 447–459.
Ohnesorge, Philipp, Philipp Pabst, und Hannah Zipfel. „Whither Realism? New Sincerity – Realismus der Gegenwart". *Realisms of the Avant-Garde*. Hg. Moritz Baßler, Benedikt Hjartarson, Ursula Frohne, David Ayers und Sascha Bru. Berlin und Boston: De Gruyter, 2020. 603–618.
Pietzcker, Carl. *Einheit, Trennung und Wiedervereinigung. Psychoanalytische Untersuchungen eines religiösen, philosophischen, politischen und literarischen Musters*. Würzburg: Königshausen & Neumann, 1996.
Plönges, Sebastian. „Postironie als Entfaltung". *Medien & Bildung. Institutionelle Kontexte und kultureller Wandel*. Hg. Torsten Meyer, Christina Schwalbe, Wey-Han Tan und Ralf Appelt. Wiesbaden: VS Verlag für Sozialwissenschaften, 2011. 440–446.
Randt, Leif. *Schimmernder Dunst über CobyCounty*. Köln: Kiepenheuer & Witsch, 2011.
Randt, Leif. „post pragmatic joy". *Auf und davon. Die schönsten Sommer-Reisegeschichten von Elizabeth Gilbert, Richard Ford, Leif Randt u.v.a*. Hg. Jana-Maria Hartmann und Andreas Paschedag. München: Berlin Verlag, 2013. 49–63.
Randt, Leif. „Post Pragmatic Joy. Gleichgewichtsübungen". *De:Bug* 181 (2014a): 28–29.
Randt, Leif. „Post Pragmatic Joy (Theorie)". *BELLA triste* 39 (2014b): 7–12.
Randt, Leif. *Planet Magnon*. Köln: Kiepenheuer & Witsch, 2015.
Rauen, Christoph. *Pop und Ironie. Popliteratur und Popdiskurs um 1980 und 2000*. Berlin und Boston: De Gruyter, 2010.
Rauen, Christoph. „Diedrich Diederichsen und die ‚Pop I/Pop II-Periodisierung'". *Handbuch Literatur & Pop*. Hg. Moritz Baßler und Eckhard Schumacher. Berlin und Boston: De Gruyter, 2019a. 72–83.
Rauen, Christoph. „Ein Muster der deutschsprachigen Neo-Popliteratur. Bret Easton Ellis: American Psycho (1991)". *Deutschsprachige Pop-Literatur von Fichte bis Bessing*. Hg. Ingo Irsigler, Ole Petras und Christoph Rauen. Göttingen: V&R unipress, 2019b. 133–149.
Reckwitz, Andreas. *Die Gesellschaft der Singularitäten. Zum Strukturwandel der Moderne*. Berlin: Suhrkamp, 2017.
Reckwitz, Andreas. *Das Ende Illusionen. Politik, Ökonomie und Kultur in der Spätmoderne*. Berlin: Suhrkamp, 2019.
Schmidt, Maike. „,Im Zweifel für den Zweifel.' Bessings untitled (2013) – ein nicht mehr popliterarischer Roman?" *Deutschsprachige Pop-Literatur von Fichte bis Bessing*. Hg. Ingo Irsigler, Ole Petras und Christoph Rauen. Göttingen: V&R unipress, 2019. 323–335.
Schumacher, Eckhard. „Das Ende der Ironie (um 1800/um 2000)". *Internationale Zeitschrift für Philosophie* 12.1 (2003): 18–30.
Shakar, Alex. *The Savage Girl* [2001]. New York: Perennial, 2002.
Tacke, Alexandra, und Björn Weyand (Hg.). *Depressive Dandys. Spielformen der Dekadenz in der Pop-Moderne*. Köln, Wien und Weimar: Böhlau, 2009.
Thumfart, Johannes. „Und jetzt mal ehrlich. Das Kulturphänomen ‚New Sincerity'". *TAZ*, 27. April 2013. https://taz.de/Das-Kulturphaenomen-New-Sincerity/!5068657/ (31. Januar 2022).
Völz, Johannes. „Der Wert des Privaten und die Literatur der ‚Neuen Aufrichtigkeit'". *WestEnd. Zeitschrift für Sozialforschung* 13.1 (2016): 145–155.
Wallace, David Foster. „E Unibus Pluram: Television and U.S. Fiction". *Review of Contemporary Fiction* 13.2 (1993): 151–194.

Jan Sinning
Popliteratur-Comics
Adoleszenz, Apokalypse und digitale Ästhetik in Lukas Jüligers Graphic Novels

1 Vorüberlegungen

Seit seinem Graphic Novel-Debüt *Vakuum* (2013) wird der Autor und Zeichner Lukas Jüliger von der Kritik als „vielversprechendes neues Talent gefeiert" (Reprodukt Autorenportrait). *Vakuum* wurde als „das beste Debüt eines deutschen Zeichners" (Kesler 2013) beschrieben, eine „surreale Coming-Of-Age-Geschichte" und „düsterzarte Außenseiterliebesgeschichte", die zeige, „was in diesem Genre noch alles möglich ist" (Humann 2020). Auch seine neuste Veröffentlichung, die apokalyptische Erzählung *Unfollow* (2020), löste ein positives mediales Echo aus und wurde etwa als „ganz großer Wurf" (Baller 2020) bezeichnet. Besonders mit Blick auf *Berenice* (2018) und *Unfollow* werden Jüligers Graphic Novels regelmäßig in Bezug zur heutigen Social-Media-Lebenswelt gesetzt und wird seinen Zeichnungen eine „Instagram-Ästhetik" (Platthaus 2020) attestiert.

Dieser Beitrag versucht das Spannungsfeld zwischen den Aspekten ‚Adoleszenz' und ‚Apokalypse' in Jüligers bisherigem Werk nachzuzeichnen, in dem sich Themen wie analoges und digitales Erwachsenwerden, Social Media, Inszenierung und Authentizität im Internet, Influencer-Kult und Retrogaming, Cybersex und Liebe im Internetzeitalter spiegeln. So soll nachvollzogen werden, inwiefern sich die Motive und Narrationen von Coming-of-Age-Geschichten durch den Einfluss sozialer Medien verändern und in welchem Verhältnis eine dritte Phase der Popliteratur zur Adoleszenzliteratur und zur Comic-Form Graphic Novel steht.

2 Comics: Visuelle Popliteratur?

In den letzten Jahren sind im deutschsprachigen Raum einige Graphic Novels mit autobiografischen Anteilen erschienen (vgl. Schikowski 2014, 323–324), was als „kulturelle Praktiken der Selbstinszenierung in einem kulturellen Feld" gesehen werden kann, das „keine festen Autorbegriffe und Autortheorien bereitstellt" (Ditschke

---

Anmerkung: Herzlichen Dank an Stefan Greif und Silvie Lang für Input und Kritik sowie das Projekt *Climate Thinking*, Forschungs- und Lehrschwerpunkt an der Universität Kassel.

Open Access. © 2024 bei den Autorinnen und Autoren, publiziert von De Gruyter. Dieses Werk ist lizenziert unter der Creative Commons Namensnennung 4.0 International Lizenz.
https://doi.org/10.1515/9783110795424-011

et al. 2009, 23). Auch popliterarische Motive, wie die Darstellung von Aspekten aus Jugend- und Subkulturen, Alltagserfahrungen, Leben in der Medienwelt, das Erleben von Exzessen, etwa in Form von Alkohol- und Drogenerfahrungen, werden immer wieder aufgegriffen (vgl. Dolle-Weinkauff 2004, 187–189; Schikowski 2014, 323–324). „Kurz und gut: Die Nähe [des Comics] zur sogenannten Popliteratur war augenscheinlich" (Dolle-Weinkauff 2004, 187–189; Schikowski 2014, 323–324), was darin begründet liegt, dass Comics seit dem Underground-Comic der 60er-Jahre „als Medium zwischen Populärkultur und Avantgarde" (Ditschke et al. 2009, 11) gelten. Der Underground-Comic entstand parallel zur Underground-Literatur, die den Anspruch hatte, „gegenkulturell und subversiv zu wirken" (Hecken et al. 2015, 11) und auch die Entwicklung der Graphic Novel prägte. Der Begriff Graphic Novel ist in der Comictheorie umstritten, stattdessen wird bei komplex strukturierten Comics auch von Autorencomics gesprochen (vgl. Becker 2009, 240). Der folgenden Analyse soll Stephen Weiners Definition von Graphic Novels als „book-length comic books that are meant to be read as one story" (Weiner 2003, xi) zugrunde gelegt werden. Die Entwicklung der Comic-Literatur, vom Underground-Comic der 60er-Jahre hin zu den gegenwärtigen Autorencomics verlief parallel zu Diedrich Diederichsens Datierung von Pop I und Pop II. Diederichsens Beschreibung von Pop I als „Gegenbegriff zu einem eher etablierten Kunstbegriff" (1999, 275) ist auf den Underground-Comic als Gegenbewegung zum Mainstream-Comic übertragbar. Diederichsen Beschreibung von Pop II als System für „Formen und Farben und Semantiken" (1999, 283) subversiver Energien, die gleichzeitig Teil der Kulturökonomie Pop bzw. Populärkultur sind, ist demnach auf das Feld derjenigen Comics übertragbar, die im Verlagsmarketing als ‚Graphic Novel' bezeichnet werden: Comics, die komplexe Geschichten erzählen und sich an ein erwachsenes Zielpublikum richten, das oftmals schon seit Kindertagen Comics konsumiert.

Vor diesem Hintergrund sollen anhand von Jüligers Comics die Möglichkeiten einer dritten Phase der Popliteratur im Feld der Graphic Novels ausgelotet werden.

3 Analyse

3.1 Paratext: Apokalyptische Manga-Ästhetik in Lukas Jüligers Werk

„Als Comic-Leser ist man eher Tinte gewohnt. Ich nehme einen Bleistift, Härtegrad B" (Benedict 2013), so Jüliger über seine Zeichentechnik. Seiner Aussage nach beeinflussen Zitate und Referenzen aus vielen Spielarten der Popkultur seine Geschichten, Bilder und seinen Zeichenstil:

> In Sachen Ästhetik finden weiterhin eher unterbewusst äußere Einflüsse ihren Weg in das Buch: [...] visuelle Elemente aus Musik wie Cloud Rap und Vaporwave. Das können aber auch Einflüsse aus Videospielen, Büchern, Filmen und Serien und natürlich dem Internet generell sein. (Kolek 2013)

Vakuum (2013) und *Unfollow* (2020) sind im Comic-Verlag Reprodukt erschienen, der laut Verleger Dirk Rehm, „deutschsprachigen Autoren" mit ihren „sehr persönlich geprägten Geschichten ein Forum" (Knigge 2009, 249) bieten möchte und insofern in Tradition des Underground-Comics steht. Jüligers Graphic Novel *Berenice* (2018), eine moderne Adaption der gleichnamigen Erzählung von Edgar Allan Poe, ist im Rahmen der Reihe *Die Unheimlichen* des Carlsen-Verlags erschienen (vgl. Kap. 3.2.2).

Auffällig ist in Jüligers bisherigem Comic-Werk, dass er, neben Detailbildern, immer wieder großflächige Zeichnungen, die ganze Seiten füllen, verwendet. Ab *Berenice* verzichtet er auf Sprechblasen und weitestgehend auf wörtliche Rede. Stattdessen werden Blocktexte außerhalb der Panels eingesetzt:

> Jüliger findet für diese Geschichte eine graphische Form, die durch Verzicht auf Sprechblasen, Panelumrahmungen und Lautmalereien die Instagram-Ästhetik in den Comic überführt: Die Texte wirken wie Kommentare zu den Panels, obwohl sie autonom erzählen. (Platthaus 2020)

Die Integration von Schreib- und Ausdrucksweisen digitaler Kommunikationskultur, die in zeitgenössischen Popromanen immer wieder vollzogen wird, die mithin als Beispiele für eine mögliche dritte Phase der Popliteratur angesehen werden können, findet durch die Reproduktion der ‚Instagram-Ästhetik' im Medium Comic eine visuelle Entsprechung. Die in einer Rezension zu *Unfollow* geäußerte Beobachtung, die Panels wären eine „Art Instagram-Wand, auf der Fotos von Bildunterschriften und Kommentaren begleitet werden" (Cirri 2021a), ergibt sich aus dem Umstand, dass Instagram als visuelles Medium wiederum die Ästhetik von älteren Bildmedien, wie Comics und Fotoromanen aufgreift.

Jüligers Figurenzeichnungen weisen Parallelen zu Manga-Figuren auf, so wurde *Vakuum* etwa mit der Arbeit des berühmten japanischen Mangazeichners Hayao Miyazaki verglichen (Cirri 2021a). Im weitesten Sinne können Jüligers Comics der „Germanga" (Nielsen 2009a, 336), d. h. genuin deutschsprachiger Manga-Literatur, zugeordnet werden. Da Mangas stärker als andere Comicformen Teil der Jugendkultur sind, wirkt die Manga-Formsprache auch generell auf jüngere europäische Zeichner:innen, die aufgrund biographischer Einflüsse und ihrer eigenen Lesesozialisation von der Manga-Ästhetik beeinflusst sind (vgl. Nielsen 2009b, 211). Hierfür können Jüligers Graphic Novels als beispielhaft gelten:

> Die Atmosphäre der schleichenden, ständigen Beunruhigung erzeugt Lukas Jüliger sowohl durch seinen Zeichenstil als auch durch seine Erzählweise. Die menschlichen Figuren wir-

ken fremd und distanziert, mit leicht überdimensionierten Köpfen und langgezogenen Augen. (Cirri 2021a)

Das hier angesprochene, durch die Bilder ausgelöste Gefühl der Beunruhigung entsteht auch durch Jüligers sparsamen Farbeinsatz: *Vakuum* besteht hauptsächlich aus gedeckten Variationen von Braun, Grau und Grün, *Berenice* aus Schwarz und Dunkelgrün. Am deutlichsten wird dieser Umstand wohl bei der in *Unfollow* verwandten Kombinationen aus „abwechselnd warmem Rosa-Rot und kaltem Mitternachtsblau" (Cirri 2021a, vgl. Abb. 1). In Kombination mit den idyllisch anmutenden Naturdarstellungen wirkt dieses Farbspektrum „manchmal sogar kontra-intuitiv und daher noch suggestiver", etwa indem das „ruhige Rosa [...] das tragische und dramatische Ende begleitet" (Cirri 2021a). Dies ist durchaus Jüligers Intention:

> Das sind Farben, die sich richtig angefühlt haben. Und für mich spielen sich fast alle Szenen bei Dämmerung ab, was ja für Endzeit oder Neubeginn stehen kann. Die Farben haben also tatsächlich eine metaphorische Funktion. (Cirri 2021b)

In einem anderen Interview erläutert er:

> Die Farbpalette hat auch eine symbolische Ebene, oder ein Gefühl, das damit vermittelt werden soll. Für mich findet das alles bei Dämmerung statt, das ganze Buch. Ob jetzt morgens oder bei Abenddämmerung – auf jeden Fall ist es etwas Verheißungsvolles, Bedrohliches, was über der ganzen Erzählung wabert. Was man ja auch als apokalyptisch bezeichnen kann. (Pfalzgraf 2020)

Abb. 1: Lukas Jüliger. *Unfollow*, o.S., © Reprodukt 2020.

Das Motiv der Apokalypse ist, wie der Beitrag im Folgenden zeigen möchte, ein Schlüssel, um sich Jüligers Comics inhaltlich zu nähern und die dortigen popliterarischen und popkulturellen Spuren aufzuzeigen.

3.2 Adoleszenz und Apokalypse

Die Jüligers Graphic Novels inhärente apokalyptische Stimmung steht in Zusammenhang zu typischen Motiven der Adoleszenzliteratur: Erwachsenwerden, erste Liebe, Außenseiterdasein, aber auch der Konfrontation mit Gewalt und Tod (vgl. Ewers 2012, 17–18). Diese Motive stehen wiederum in Verbindung mit Erscheinungsformen des Digitalen: Retrogaming, Internet und Social Media. Hier lassen sich zum einen Parallelen zu Sibylle Bergs Zukunftsroman *GRM. Brainfuck* ziehen, in dem die Auswirkungen der gegenwärtigen Digitalkultur auf künftig heranwachsende Kinder und Jugendliche in einem popliterarischen Format thematisiert werden (vgl. Berg 2019, 406–407). Zum anderen kann Bezug auf Felix Giesas Feststellung genommen werden, dass sich seit den Underground-Comics der 1968er-Bewegung „mit der eigenen Biographie auch das Erzählen von Heranwachsen etabliert" hat, was sich schließlich „in der folgenden Entwicklung des Themas ‚Adoleszenz' in den Comics manifestiert" (2015, 293). So treffen „Comics als Erzählform spezifische Aussagen über Adoleszenz" (14), z. B. über Freundschaft und Peergroup, (sexuelle) Identität bzw. Coming of Age, Freizeit und Mediennutzung, Musik und Subkultur. Da Giesa keine Analysegegenstände berücksichtigt, die nach 2011 erschienen sind, lassen sich diese Kategorien vor allem mit Blick auf Social Media und andere digitale Erscheinungsformen erweitern.

3.2.1 *Vakuum*: Coming of Age und Retro-Nostalgie

Laut Jüliger ist Vakuum eine Blaupause, ein Abbild seiner Psyche zu einem bestimmten Zeitpunkt seiner Jugend (vgl. Kolek 2013), wie er jüngst in einem Instagram-Post ausführt (vgl. Abb. 2).

Die Handlung von *Vakuum* ist von einer beklemmenden, unheilvollen Stimmung geprägt: „Die drückende Atmosphäre eines Sommertages vor dem Gewitter lastet auf der Erzählung genauso wie die Adoleszenz auf den Schülern" (Kesler 2013). In der letzten Woche vor den Sommerferien kündigt sich für einen namenlos bleibenden Teenager der baldige Abschied von seiner wohlbehüteten Kleinstadt-Kindheit durch eine Reihe schrecklicher, aber auch skurriler Ereignisse an: Eine Mitschülerin wurde vor kurzem brutal vergewaltigt, woraufhin der Täter, selbst noch ein Kind, Selbstmord beging. Der beste Freund des Protagonisten, ein Junge namens Sho, leidet an einer schweren Drogenpsychose und ist seitdem nicht mehr wiederzuerkennen. Unterdessen lernt der Protagonist ein ebenfalls namenlos bleibendes Mädchen kennen, in das er sich verliebt. Das Verhalten seiner neuen Freundin, immer wieder ohne Angabe von Gründen im Wald zu verschwinden, findet er befremdlich. Eine Mischung aus Neugier und Eifersucht verleitet ihn dazu, ihr zu fol-

Abb. 2: Lukas Jüliger. Instagram-Post, 24. Januar 2022, © Reprodukt 2020.

Abb. 3: Lukas Jüliger. *Vakuum*, o.S., © Reprodukt 2013.

gen: Er findet sie an einem mysteriösen Ort: in einem alten Wohnwagen mit einem Loch im Boden, das wie ein Anus aussieht und von dem eine geheimnisvolle, süchtig machende Kraft ausgeht. Diese surreale Szene wird von dem Schriftsteller Timur Vermes in einer Spiegel-Rezension folgendermaßen beschrieben: „Das Ganze ist ästhetisch gezeichnet und eben deshalb in seiner Absurdität von erstaunlich abstoßender Faszination" (2020).[1] Mit dem Gedanken, Sho durch die Kraft des Ortes heilen zu können, bringen der Protagonist und seine Freundin ihn dort hin. Stattdessen hat Sho eine apokalyptische Vision und warnt den Protagonisten vor einer drohenden Gefahr, die sich als Schulamoklauf, verübt vom Bruder des toten Vergewaltigers, entpuppt.

Jüliger selbst bekennt, mit der „Coming-of-Age-Thematik" eine bestimmte Atmosphäre kreieren zu wollen, in der der Amoklauf ein „negativer Deus ex machina" sei, der „für alle jenes Versprechen einlöst, das von der ersten Szene an über der Erzählung liegt" (Kesler 2013). Die Angabe des Klappentexts „,Vakuum' destilliert das Gefühl des letzten Sommers" kann doppeldeutig verstanden werden: Die Apokalypse besteht auch im Ende der Kindheit und im unfreiwilligen Aufbruch in die Erwachsenenwelt. Der Protagonist flüchtet sich in Nostalgie, indem er auf seiner alten Spielkonsole aus Kindertagen ein Rollenspiel durchspielt. Nostalgie ist zum einen ein in der Adoleszenzliteratur immer wieder anzutreffendes Motiv (vgl. Peter 2016, 49) und zum anderen in Form einer „nostalgisch erinnerten Kindheit, Jugend und Popsozialisation" (Baßler 2019, 148) auch ein Phänomen der breiteren Popkultur. In *Vakuum* symbolisiert Retrogaming die Sehnsucht nach der unbeschwerten Kindheit,

---

[1] Timur Vermes, vor allem bekannt für seinen 2012 erschienenen Roman *Er ist wieder da*, verfasst seit 2016 regelmäßig Online-Rezensionen zu Comics und Graphic Novels für *Der Spiegel*.

ein Motiv, das sich durch die Handlung zieht und in Kontrast zu den Gewaltmotiven steht (vgl. Abb. 3). So verbringt der Protagonist die Nacht vor dem Amoklauf damit, mit seiner Freundin alte Kinderfilme zu schauen, bevor sie miteinander schlafen und er anschließend das Rollenspiel zu Ende spielt:

> Wir schauten Kinderfilme, die wir früher beide gesehen hatten. Wir lachten an denselben Stellen und sie konnte fast alle Lieder mitsingen. [...] In dieser Nacht spielte ich das Spiel durch. (Baßler 2019, 148)

3.2.2 *Berenice*: Hikikomori und Hentai

Eine unterschwellige Bedrohung liegt auch über der Handlung von Jüligers zweiter Graphic Novel *Berenice*, eine Adaption der gleichnamigen Erzählung von Edgar Allan Poe, die im Rahmen der Reihe *Die Unheimlichen* des Carlsen-Verlags erschien, in der „klassische und moderne Schauergeschichten in Comicform adaptiert und neu interpretiert werden" (vgl. Kreitz 2018). Die Handlung wurde in die Gegenwart und den japanischen Raum verlegt. Wie auch in *Vakuum* geht es um Außenseiter – ein Charakteristikum, das in der Adoleszenzliteratur bzw. Coming-of-Age-Literatur immer wieder anzutreffen ist, von Holden Caulfield in J. D. Salingers *The Catcher in the Rye* bis zu den Hauptfiguren in Wolfgang Herrndorfs *Tschick*. Jüligers Erzählung beginnt mit den Worten: „Meinen ersten Kuss bekam ich von Hatsune Miku. Einer Popikone. Damals war sie natürlich noch nicht Hatsune Miku, sondern ein ganz normales Mädchen" (Jüliger 2018, 5–6). Die kindliche Idylle des Protagonisten endet abrupt mit einer Erkrankung, mit der seine sozialen Isolation beginnt:

> Es war der Sommer, an dem ich aufhörte, zur Schule zu gehen. Das Krankenhaus. Nicht atmen können. [...] Als sie zwei Jahre später versuchten, mich einzuschulen, war es zu spät. Die anderen Kinder gaben mir keine Chance. (13)

Der Protagonist ist nun ein Hikikomori[2] und lebt isoliert in seinem Zimmer ohne jeden menschlichen Kontakt.[3]

---

[2] Mit dem Begriff Hikikomori (japanisch: gesellschaftlicher Rückzug) werden in Japan Menschen, vor allem Jugendliche, bezeichnet, die soziale Kontakte meiden und stattdessen ihr Leben weitestgehend isoliert in ihren Zimmern verbringen. Die Gründe hierfür liegen vor allem im psychischen Bereich, etwa Probleme mit dem gesellschaftlichen Erwartungsdruck umzugehen (vgl. Shen 2015, 75).

[3] In einem Instagram-Post zu Beginn der Corona-Pandemie spielt Jüliger auf die Verbindung zwischen dem Hikikomori-Motiv in *Berenice* und dem Lockdown an: „With the age of the hikikomori upon us, now feels like the perfect time for a re-read of my book Berenice (which you DO own. Right?), a tale about a person's completely isolated life inside the confinement of their flat and their

Bedingt durch diesen Erzählrahmen wird die adoleszente und sexuelle Entwicklung der Hauptfigur in *Berenice* in den digitalen Raum verlagert: „Hentai, SFM, Dating Sims, VR und Fleshlights. All das war nur eine Annäherung. Dann entdeckte ich Camgirls" (Jüliger 2018, 18).[4] Die Kindheitsfreundin des Protagonisten ist ein Camgirl geworden, das live extreme masochistische Praktiken vorführt und dabei verschiedene Figuren aus dem Bereich der japanischen Popkultur, vor allem des Mangas und Animes, spielt (vgl. Abbs. 4 und 5).

Von besonderer Bedeutung ist hierbei die Verwandlung des Camgirls in die Internetfigur Hatsune Miku:

> Hatsune Miku [...] ist keine Simulation einer realen Person, [...] sondern eine synthetische Figur. [Eine] Software [...] zur Erzeugung von User-generiertem Content. [Sie] ist ein Internet-Phänomen, das ihre Fans auf Grundlage einer Comic-Figur geschaffen haben. Über 100.000 Songs und über 170.000 Hatsune-Miku-Videos im Soundgewand des Elektropop gibt es inzwischen auf YouTube. (Wicke 2021, 206)

Die obsessive Fixierung der Hauptfigur in Poes Erzählung *Berenice* auf die gleichnamige geheimnisvolle Frauenfigur wurde von Jüliger in den digitalen Raum transferiert. Beide Versionen von *Berenice* enden mit dem Tod der begehrten Frau, nun durch Suizid während eines Livestreams. Auch das Motiv der obsessiven Faszination für das Lächeln der Frau seitens der Protagonisten bleibt.

> Poes tragischer Spuk wurde unter Jüligers Feder absolut modern, weil der ihn in einer Welt der Internet-Mangakultur ansiedelte, in der die Kategorien von Erleben und Überleben ähnlich phantastische Züge aufweisen wie in der Gruselgeschichte aus dem neunzehnten Jahrhundert. (Platthaus 2020)

Wie das außerexegetische Internet-Phänomen Hatsune Miku ist auch das Camgirl in *Berenice* Projektionsfläche und „Plattform" für die Wünsche und Sehnsüchte der User:innen, insbesondere des Protagonisten: eine Pop-Ikone und „radikalste Form eines durch unterschiedliche Medientexte durchkonstruierten Startums" (Nunokawa und Scharloth 2017, 191–192).

Anhand von *Berenice* wird deutlich, dass Popliteratur als Medium ihrer populärkulturellen Umwelt fungiert, indem verschiedene Elemente der populären Alltagskultur selektiert und arrangiert und in neue popliterarische Formen gebracht werden (vgl. Hecken 2017, 184), was sich durch die virtuellen Möglichkeiten des Internets noch verstärkt. Dies lässt sich auch an *Unfollow* beobachten:

---

growing obsession with a cam girl. You know, your current day to day" (Lukas Jüliger. Instagram-Post, 20. April 2020).

4 Bei Hentai handelt es sich um pornografische Mangas.

Abb. 4: Lukas Jüliger. *Berenice*, S. 22, © Carlsen 2018.

Abb. 5: Lukas Jüliger. *Berenice*, S. 23, © Carlsen 2018.

Wie das Camgirl Hatsune Miku bewegt sich der Influencer Earthboi in einer Art paravirtuellen Zwischenwelt, die Gegenstand des Folgekapitels ist:

> 2018 war [...] bekanntgeworden, dass Jüliger schon seit Jahren an einem großen eigenen Projekt saß, das sich um einen Influencer in den sozialen Medien drehen sollte. ‚Berenice' war offenbar so etwas wie die Fingerübung dazu. (Platthaus 2020)

3.2.3 *Unfollow*: Nature's viral revenge

Ein rätselhafter Junge wird zum globalen Internetphänomen: Earthboi, eine mystische und mythologische Gestalt, die personifizierte Natur und ein Sektenführer. Die Handlung wird aus Sicht namentlich und bildlich nicht in Erscheinung tretender Anhänger:innen Earthbois erzählt, für die er zu einer Art Messias wird – und sie zu seinen Evangelisten: Earthboi berichtet aus seinem Leben in der Natur und warnt vor den tödlichen Folgen des Klimawandels (vgl. Abb 6).

Schließlich entwickelt er eine Meditations-App:

> Man benutzte sie einmal täglich für zehn bis zwanzig Minuten oder solange man eben wollte. Die geheime Zutat war Earthboi. Seine Worte entfalteten sich im Inneren, ohne dass man sich dabei ständig bewusst war, dass man die App überhaupt benutzte. (Jüliger 2020, o.S.)

Außerdem gründet er zusammen mit anderen „Youtuber[n] und Stars" (Jüliger 2020, o. S.) ein Haus-Projekt, halb Protestcamp, halb Influencer-Kommune: Earthboi war nicht stolz darauf, aber ihre Accounts ermöglichten eine enorme Reichweite. Sie waren essenziell für unser Vorhaben" (o.S.). Ein Vorhaben mit tödlichem Ausgang: Er hat eingesehen, dass „der Mensch in seinem Kern nicht zu ändern" (o.S.) ist und begeht Selbstmord. Seine engsten Anhänger starten nun auf Earthbois Anweisung hin ein Update der App, das dazu führt, dass sich die App-User ebenfalls das Leben nehmen.

Die Erzählform von *Unfollow*, d. h. die Darstellung eines charismatischen, quasi-religiösen Anführers aus Sicht seiner Anhänger, weckt Assoziationen zu biblischen Evangelien, während das Ende der Handlung an Massenselbstmorde im Kontext von Sektengruppen, wie beispielsweise das so genannte ‚Jonestown-Massaker' oder den Massensuizid der Sekte Heaven's Gate erinnert.[5] Jüliger erläutert, dass *Un-*

---

[5] Als ‚Jonestown-Massaker' wird ein Ereignis am 18. November 1978 bezeichnet, bei dem 909 Mitglieder der US-amerikanischen Sekte Peoples Temple ums Leben kamen. Die Gruppe hatte Anfang der 70er-Jahre im Amazonas, auf Gebiet des südamerikanischen Staats Guyana die Siedlung Jonestown gegründet, benannt nach ihrem Anführer Jim Jones. Dies geschah auch um dem Druck US-amerikanischer Behörden zu entgehen, die der Sekte u. a. Kindesmisshandlung vorwarfen. Als der US-Kongressabgeordnete Leo J. Ryan auf Bitte besorgter Angehöriger Jonestown besichtigte, wurde er auf Befehl von Jones von dessen fanatischsten Anhängern erschossen.

Abb. 6: Lukas Jüliger. *Unfollow*, o.S., © Reprodukt 2020.

follow eine „fast ätherische, evangelikale" Erzählung sei, wie „Figuren auf Kirchenfenstern oder Höhlenmalereien, die einem höheren Zweck dienen, an die Ewigkeit gerichtet sind und einen Mythos bebildern" (Cirri 2021b). Stefan Mesch, der eine der wenigen nicht überschwänglich positiven Rezensionen zu *Unfollow* verfasst hat, kritisiert u. a., dass Earthboi „keine Person, sondern Beobachter und Projektionsfläche" (2020) sei. Auch wenn die Charakterisierung von Earthboi als bloße Projektionsfläche nicht von der Hand zu weisen ist, lässt sich allerdings einwenden, dass hierin einerseits die Parallele zur Projektionsfläche Hatsune Miku aus *Berenice* besteht und andererseits die religiös anmutende Verklärung, wenn nicht gar Apotheose der Figur Earthboi: Wie schon andere Messias-Figuren vor ihm, verkündet Earthboi gleichzeitig ein radikales Ende und Neuanfang (vgl. Bloch 1968, 21).

Der bereits von Leslie A. Fiedler in *Die neuen Mutanten* beschriebene popkulturelle „Mythos vom Ende des Menschen, von der Transzendierung oder Umwandlung des Erdbewohners" (1981, 18), manifestiert sich in Earthboi. Einige Parallelen bestehen zu den Verfilmungen von *The Day the Earth Stood Still* (1951 und 2008), in denen ebenfalls ein anthropomorphes, nicht-menschliches Wesen, in diesem Fall ein Alien, die Menschen für ihren Umgang mit der Erde zur Rechenschaft ziehen will. Jüliger erläutert seine Erzählmotivation wie folgt:

> Ganz ursprünglich war der Gedanke, wie sähe das aus, wenn die Natur sich wehren könnte und ausdrücken könnte durch ein Gefäß, das kommunizieren kann. Daraus wurde dann am Ende die Hauptfigur, die fleischgewordene Natur. Die ganzen anderen Dinge – Social Media – das kam ganz natürlich dazu. Denn natürlich würde diese Person das Ganze über soziale Medien machen, weil das der direkte Draht zu den Menschen ist. (Beintker 2020)

Obwohl die Handlung von *Unfollow* überwiegend im digitalen Raum spielt, in dem Earthboi zu einer modernen Form des Gurus im Netz und Pop-Phänomen wird, werden gleichzeitig ausladend gestaltete Naturdarstellungen gezeigt, in denen jedoch der digitale Raum bildästhetisch wieder aufgegriffen wird, indem technische Geräte, wie Laptops und Smartphones in die Natur integriert werden.

Anschließend wurde der offensichtlich lange im Vorfeld von der engsten Gruppe um Jones geplante Massenselbstmord in die Tat umgesetzt: Die Sektenmitglieder mussten einen Giftcocktail trinken, wer sich weigerte, wurde erschossen. Es soll an dieser Stelle ausdrücklich festgehalten werden, dass eine beträchtliche Zahl der Opfer des Massenselbstmords, im Gegensatz zu früher medialen Darstellungen, die teilweise auch Eingang ins popkulturelle Gedächtnis gefunden haben, keineswegs aus freien Stücken in den Freitod gingen (vgl. Moore 2011, 95–97). Im März 1997 nahmen sich 39 der 41 Mitglieder der US-amerikanischen UFO-Sekte Heaven's Gate, inklusive dem Anführer Marshall Herff Applewhite, durch eine Kombination von Barbiturate und Alkohol das Leben, in der Hoffnung, so mittels eines Raumschiffs die dem Untergang geweihte Erde verlassen zu können (vgl. Zeller 2012, 59–61).

Abb. 7: Lukas Jüliger. *Unfollow*, o.S., © Reprodukt 2020.

Die oben bereits angesprochene ‚Instagram-Ästhetik' von *Unfollow* führt im Umkehrschluss dazu, dass die einzelnen Comic-Panels sich gut für eine Verwendung auf Instagram eignen und dort von Jüliger und Reprodukt immer wieder gepostet werden. Dies kann, neben marketingtaktischen Gründen, auch als transmediale Reproduktion und Reflexion der Handlung der Graphic Novel im Medium Instagram gesehen werden. Wie *Unfollow* die Ästhetik sozialer Medien aufgreift, wird die Ästhetik von *Unfollow* hier wieder aufgegriffen (vgl. Abb 7).

4 Fazit: Social Media und ‚Pop III'

Wie lassen sich Lukas Jüligers Graphic Novels im Zusammenhang des Diskurses um eine mögliche ‚Popliteratur 3.0' einordnen? Jüligers bisherige Veröffentlichungen erzählen Geschichten eines nahenden Unheils und haben eine „Atmosphäre der schleichenden, ständigen Beunruhigung" (Cirri 2021a), die sich sowohl bildsprachlich als auch erzählstilistisch ausdrückt: In *Vakuum* stellen die Referenzen an das Retrogaming und Kinderfilme einen deutlichen Kontrast zur Drastik der gewalttätigen Ereignisse im Umfeld des Protagonisten dar. Die länglichen, Manga-ähnlich anmutenden Figuren scheinen von ihrer Umgebung abgehoben, fast schon entrückt und sich sprichwörtlich in einem Vakuum zu befinden. Die gedeckten, fast blassen Farben, vor allem die Variationen von Braun, vermitteln die staubige Atmosphäre eines schwülen, zu heißen Sommerwetters kurz vor einem Gewitter. In *Berenice* wird durch die Kombination von Schwarz und (Dunkel-)Grün das Gefühl einer traumartigen Umgebung erzeugt, in der künstliches (Bildschirm-)Licht dominiert. Wie auch in *Vakuum* wirken viele der großflächigen Panels wie Großaufnahmen, von technischen Geräten oder dem Camgirl:

> Und jeder Schnappschuss ist sorgfältig ausgewählt, um ein Detail einzufangen, ein wichtiges Element für die Geschichte oder, im Gegenteil, etwas, das nicht an seinem Platz ist, eine destabilisierende Perspektive, eine Aufnahme, die aus der Achse gerät. (Cirri 2021a)

Ein ähnlich großes Detailreichtum ist in *Unfollow* zu beobachten, wobei die scheinbare Idylle der Naturdarstellung in Kontrast zu sich anbahnendem Unheil steht. So bemerkt der Rezensent Timur Vermes: „Es ist, als blättere man durch das Fotoalbum einer vergangenen Katastrophe" (2020). Die apokalyptischen Motive der jeweiligen Geschichten stehen in Zusammenhang mit den Schrecken des Erwachsenwerdens der Protagonisten und Erzählfiguren und dem damit einhergehenden Verlust des ‚Schonraums Kindheit'. Darüber hinaus ist Adoleszenz auch ein popliterarisches Thema. So stellt Carsten Gansel fest, die „neue deutsche Pop-Literatur" sei „in ihrem Kern Adoleszenzliteratur" bzw. dass einige Pop-Romane „geradezu exemplarisch für den (post-)modernen Adoleszenzroman" (2003, 236) stünden. In Jüligers Comics verlagern sich die Coming-of-Age-Motive zunehmend in den digitalen Raum: Während die Kleinstadtjugendgeschichte *Vakuum* jenseits der Retrogaming-Thematik noch weitestgehend analog stattfindet, bildet sich zunehmend eine Form digitaler Adoleszenz, die sich in *Berenice* durch den Rückzug in den virtuellen Raum und in *Unfollow* durch die sozialen Medien manifestiert. Dadurch, dass die Apokalypse in *Unfollow* anders als in *Vakuum* nicht unmittelbar von persönlicher, sondern politischer und ökologischer Natur ist, kann *Unfollow* als exemplarisch für Martin Hielschers Feststellung angesehen werden, dass in (Pop-)Literaturdebatten, „selbst wenn es vordergründig um ästhetische Fragen geht, immer eine ethisch-politische Dimension" (2019, 146) mitschwinge.

Bereits 2009 beschrieb Sami Khatib „Pop III als Umschlagplatz eines neuen universalistischen Politikversprechens und ästhetischer Strategien", denen „die ihnen angewiesenen Plätze im Differenzkapitalismus (Partizipationsmodelle für partikulare Subjektpraktiken zwischen Kultur, Ethnie, Sex und Gender) nicht mehr reichen" (2009, 159). So könnte die von Diederichsen konstatierte „Perfektion der Entleerung" (1999, 284) von Pop II durch die im digitalen Raum verorteten Erzählungen in einen neuen Universalismus transzendieren. In der medialen Rezeption von Jüligers Graphic Novels fallen Begriffe wie „Generationenfanal" für *Vakuum* und „Fanal [...] einer Kommunikationsstruktur" für *Unfollow*, da hier „die Instagram-Ästhetik in den Comic überführt" (Platthaus 2020) werde. Zudem werden immer wieder Parallelen zu Fridays for Future und Greta Thunberg gezogen (vgl. Mesch 2020), was darauf hindeutet, dass Popliteratur auf ein „spezifisches Verhältnis zur Gegenwart" (Schumacher 2003, 12) zielt, das nicht nur thematisch, sondern auch auf der Ebene der spezifischen Erzählverfahren erkennbar ist. ‚Pop III' bzw. eine ‚Popliteratur 3.0' bedarf also nach Gramsci „eine[r] neue[n] Kultur", in der „bereits entdeckte Wahrheiten" vergesellschaftet werden und „dadurch Basis vitaler Handlungen, Element der Koordination und der intellektuellen und moralischen Ordnung werden" (1994, § 12, 1377). Dies wird im Alltag etwa durch die Fridays-for-Future-Bewegung umgesetzt, in der junge Menschen das Potenzial der digitalen Welt zur Artikulation ihrer Interessen im politischen Diskurs nutzen (vgl. Hajok 2020, 17). Auch im literarischen Raum besteht die Möglichkeit, die neue Oberflächenästhetik der sozialen Medien kritisch zu reflektieren. In dieser Hinsicht können Jüligers Graphic Novels durchaus als Beispiel für eine mögliche ‚Popliteratur 3.0' gelten.

Literatur

Baller, Susanne. „Autor Lukas Jüliger: ‚Ich habe mich gefragt: Wie wäre das, wenn die Natur ein Bewusstsein hätte?'". *Stern.de*, 27. September 2020. https://www.stern.de/kultur/buecher/autor-lukas-jueliger-ich-habe-mich-gefragt-wie-waere-das-wenn-die-natur-ein-bewusstsein-haette-9425004.html (30. Februar 2022).

Baßler, Moritz. *Western Promises: Pop-Musik und Markennamen*. Bielefeld: Transcript, 2019.

Becker, Thomas. „Genealogie der autobiografischen Graphic Novel". *Comics. Zur Geschichte und Theorie eines populärkulturellen Mediums*. Hg. Stephan Ditschke, Katerina Kroucheva und Daniel Stein. Bielefeld: Transcript, 2009. 239–263.

Beintker, Niels. „‚Unfollow': Lukas Jüligers Comic über Klimawandel und Gewalt". *BR-Radiofeature*, 28. Juni 2020. https://www.br.de/nachrichten/kultur/unfollow-lukas-jueligers-comic-ueber-klimawandel-und-gewalt (29. November 2020).

Benedict, Daniel. „Lukas Jüliger über seine Graphic Novel ‚Vakuum': Meiner Mutter hat's gefallen!". *Neue Osnabrücker Zeitung*, 2. Mai 2013. https://www.noz.de/lokales/osnabrueck/artikel/unbequeme-wahrheiten-lukas-jueliger-ueber-seine-graphic-novel-vakuum-meiner-mutter-hats-gefallen-42226182 3. Februar 2023).

Berg, Sibylle. *GRM. Brainfuck*. Köln: Kiepenheuer & Witsch, 2019.

Bloch, Ernst. *Atheismus im Christentum. Zur Religion des Exodus und des Reichs*. Frankfurt a.M.: Suhrkamp, 1968.

Cirri, Emilio. „Unfollow: Der Earth-Influencer". *Goethe-Institut*, Februar 2021a. https://www.goethe.de/ins/it/de/kul/lit/22125554.html (30. Februar 2022).

Cirri, Emilio. „Cronache Tedesche: Interview mit Lukas Jüliger". *La Spazio Bianco*, 8. April 2021b. https://www.lospaziobianco.it/de/cronache-tedesche-interview-mit-lukas-jueliger/ (30. Februar 2022).

Diederichsen, Dietrich. *Der lange Weg nach Mitte. Der Sound und die Stadt*. Köln: Kiepenheuer & Witsch, 1999.

Ditschke, Stephan, Katerina Kroucheva, und Daniel Stein (Hg.). „Birth of a Notion: Comics als populärkulturelles Medium". *Comics: Zur Geschichte und Theorie eines populärkulturellen Mediums*. Bielefeld: Transcript, 2009. 7–27.

Dolle-Weinkauff, Bernd. „Comic und Pop-Literatur – Comic als Pop-Literatur. Zur Selbstbespiegelung der Jugendkulturen in Bildgeschichten der 90er Jahre". *Pop-Pop-Populär. Popliteratur und Jugendkultur*. Hg. Johannes G. Pankau. Bremen und Oldenburg: Aschenbeck & Isensee, 2004. 187–199.

Ewers, Hans-Heino. *Literatur für Kinder und Jugendliche: Eine Einführung in grundlegende Aspekte des Handlungs- und Symbolsystems Kinder- und Jugendliteratur*. München: Wilhelm Fink, 2012.

Fiedler, Leslie Aaron. „Die neuen Mutanten". *ACID. Neue amerikanische Szene*. Hg. Rolf Dieter Brinkmann und Ralf-Rainer Rygulla. Berlin: Zweitausendeins, 1981. 16–31.

Gansel, Carsten. „Adoleszenz, Ritual und Inszenierung in der Pop-Literatur". *Pop-Literatur*. Hg. Heinz Ludwig Arnold. München: text + kritik, 2003. 234–257.

Giesa, Felix. *Graphisches Erzählen von Adoleszenz: Deutschsprachige Autorencomics nach 2000*. Frankfurt a.M.: Peter Lang, 2015.

Gramsci, Antonio. „Heft 11". *Philosophie der Praxis. Gefängnishefte 10 und 11*. Hg. Wolfgang Fritz Haug. Hamburg: Argument, 1994.

Hajok, Daniel. „‚Alles anders?' Wie sich Jugend in der digitalen Welt gewandelt hat". *Deutsche Jugend* 68.1 (2020): 11–18.

Hecken, Thomas, Marcus S. Kleiner, und André Menke. *Popliteratur. Eine Einführung*. Stuttgart: J.B. Metzler, 2015.
Hecken, Thomas. „Populäre Kultur, Massenkultur, hohe Kultur, Popkultur". *Handbuch Popkultur*. Hg. Thomas Hecken und Marcus S. Kleiner. Stuttgart: J.B. Metzler, 2017. 256–264.
Hielscher, Martin. „Pop-Literatur in den Verlagen". *Handbuch Literatur & Pop*. Hg. Moritz Baßler und Eckhard Schumacher. Berlin und Boston: De Gruyter, 2019. 142–151.
Humann, Klaus. „Der Öko-Messias und seine brutalen Jünger". *Zeit Online*, 3. September 2020. https://www.zeit.de/2020/37/unfollow-buch-lukas-jueliger/komplettansicht (29. November 2020).
Jüliger, Lukas. *Vakuum*. Berlin: Reprodukt, 2013.
Jüliger, Lukas. *Unfollow*. Berlin: Reprodukt, 2020.
Jüliger, Lukas. Instagram-Seite. https://www.instagram.com/lukasjueliger/?hl=de (30. Februar 2022).
Kesler, Waldemar. „Teenager zwischen Amoklauf und Anus-Variationen". *Welt-Online*, 20. Februar 2013. https://www.welt.de/kultur/literarischewelt/article113788761/Teenager-zwischen-Amoklauf-und-Anus-Variationen.html (30. Februar 2022).
Khatib, Sami. „Pop III. Das Ende der Kunst als Politikersatz." *Style and The Family Tunes* 2.4 (2009): 154–160.
Knigge, Andreas C. „Die Chancen der Moderne: Ein Werkstattgespräch mit Reprodukt-Verleger Dirk Rehm". *Comics, Mangas, Graphic Novels*. Hg. Heinz Ludwig Arnold und Andreas C. Knigge. München: text + kritik, 2009. 248–257.
Kolek, Filip. „,Blaupause meiner Jugend' – Lukas Jüliger im Interview". *Reprodukt-Homepage*, 27. Dezember 2013. https://www.reprodukt.com/blaupause-meiner-jugend-lukas-juliger-im-interview/ (29. August 2021).
Kreitz, Isabel (Hg.). *Die Unheimlichen* [Reihe]. Hamburg: Carlsen, 2018–fortlaufend.
Mesch, Stefan. „Hipster gegen Greta Thunberg – ‚Unfollow'". *Comic.de, Blog und Radiofeature auf Deutschlandfunk Kultur*, 2020. https://www.comic.de/2020/11/hipster-gegen-greta-thunberg-unfollow/ (30. Februar 2022).
Moore, Rebecca. „Narratives of Persecution, Suffering, and Martyrdom. Violence in Peoples Temple and Jonestown". *Violence and New Religious Movements*. Hg. James R. Lewis. New York: Oxford University Press, 2011. 95–111.
Nielsen, Jens R. „Manga – Comics aus einer anderen Welt?". *Comics. Zur Geschichte und Theorie eines populärkulturellen Mediums*. Hg. Stephan Ditschke, Katerina Kroucheva und Daniel Stein. Bielefeld: Transcript, 2009a. 335–357.
Nielsen, Jens R. „Leben mit der Bombe. Der Manga als grafische Erzählform". *Comics, Mangas, Graphic Novels*. Hg. Heinz Ludwig Arnold und Andreas C. Knigge. München: text + kritik, 2009b. 211–231.
Nunokawa, Yasuko und Joachim Scharloth. „Der Star als Plattform. Populärkultur und Medienwandel am Beispiel von Cyber-Star Hatsune Miku". *Populärkultur: Perspektiven und Analysen*. Hg. Thomas Kühn und Robert Troschitz. Transcript: Bielefeld, 2017. 181–196.
Peter, Carmina. *Literatur im Kontext phänomenologischer Wahrnehmungstheorie: M. Blechers Poetik des Empfindens*. Berlin und Boston: De Gruyter, 2016.
Pfalzgraf, Markus. „‚Unfollow': Graphic Novel von Lukas Jüliger über mysteriösen Öko-Aktivisten". *Radio-Feature, SWR2*, 18. Juni 2020. https://www.swr.de/swr2/literatur/radikaler-oeko-aktivismus-in-lukas-jueligers-unfollow-100.html (29. November 2021).
Platthaus, Andreas. „Jüligers Comic ‚Unfollow': Dieses wunderbare Füllegefühl". *FAZ.NET*, 30. Juli 2020. https://www.faz.net/aktuell/feuilleton/unfollow-lukas-jueligers-comic-trifft-den-nerv-der-zeit-16881614.html (29. November 2021).
Poe, Edgar Allan, und Lukas Jüliger. *Berenice*. Hamburg: Carlsen, 2018.

Reprodukt. *Autoren & Künstler*. https://www.reprodukt.com/autorenundkuenstler/lukas-juliger/ (29. November 2021).
Reprodukt. *Instagram* Seite. https://www.instagram.com/reprodukt_berlin/?hl=de (29. November 2021).
Schikowski, Klaus. *Der Comic: Geschichte, Stile, Künstler*. Stuttgart: Reclam, 2014.
Schumacher, Eckhard. *Gerade Eben Jetzt. Schreibweisen der Gegenwart*. Frankfurt a. M.: Suhrkamp, 2003.
Shen, Lien Fan. „Traversing Otaku Fantasy: Representation of the Otaku Subject, Gaze and Fantasy in ‚Otaku no Video' (1991)". *Debating Otaku in Contemporary Japan: Historical Perspectives and New Horizons*. Hg. Patrick W. Galbraith, Thiam Huat Kam und Björn-Ole Kamm. London und New York: Bloomsbury, 2015. 73–88.
Vermes, Timur. „Ein Erdbub als Öko-Influencer". *Der Spiegel (Online)*, 11. Juni 2020. https://www.spiegel.de/kultur/literatur/unfollow-von-lukas-jueliger-graphic-novel-ueber-einen-oeko-influencer-a-87e043f9-c19d-4b25-baaf-420aa48d25a5 (29. November 2021).
Weiner, Stephen. *The Rise of the Graphic Novel: Faster Than a Speeding Bullet*. New York: NBM Publishing, 2003.
Wicke, Peter. „Money for nothing and everything for free? Digitale Popkultur als verändertes Umfeld der Musikwirtschaft." *Musikwirtschaft im Zeitalter der Digitalisierung Handbuch für Wissenschaft und Praxis*. Hg. Alexander Endreß und Hubert Wandjo. Baden-Baden: Nomos, 2021.
Zeller, Benjamin. „Heaven's Gate, Science Fiction Religions and Popular American Culture". *Handbook of Hyper-real Religions*. Hg. Adam Possamai. Leiden und Boston: Brill, 2012. 59–83.

Matthias Schaffrick
Popästhetik und Popularitätssehnsucht bei Rafael Horzon
Über Pop-Literatur, Moebel Horzon und Instagram

1 Möbel und Literatur

Man kennt Rafael Horzon entweder als Möbelhändler und Inhaber von Moebel Horzon, oder er ist einem als Vertreter der deutschsprachigen Pop-Literatur bekannt, als Autor von *Das weisse Buch* (2010) und *Das neue Buch* (2020). Dieser Beitrag stellt sich der Herausforderung, diese beiden Bereiche, Möbelunternehmen und Pop-Literatur, zueinander ins Verhältnis zu setzen und zu untersuchen, wie Pop und Popularität auf Horzons Instagram-Account zum Tragen kommen.

Horzon inszeniert sich in seinen Büchern, in Interviews, auf seiner Homepage und auf Instagram als ein schelmischer Tausendsassa. Sein ‚Werk' ist durchzogen von parodistischen Anspielungen auf kanonische Vertreter moderner Hochkultur aus den Bereichen Philosophie, Literatur und Kunst, darunter Friedrich Nietzsche, Arthur Rimbaud, Thomas Mann und Kasimir Malewitsch. Ebenso stößt man auf Vertreter:innen der Berliner Kunst- und Kulturszene der jüngsten Gegenwart (Gregor Hildebrandt, Andy Kassier, Alicja Kwade). Es spielen aber auch Waren, Produkte, Akteure und Werke der Populärkultur von SpongeBob bis zu den Beatles eine Rolle. In diesem ebenso kunsthistorischen wie zeitgenössischen Spektrum zwischen ‚high' und ‚low' bewegt sich Horzon mit seinen para- und intertextuellen Inszenierungsstrategien.

Der konzeptkünstlerische Kern dieser Selbstinszenierung ist die vehement verteidigte Behauptung, dass alles, was er schreibe, verantworte und verkaufe, *keine* Kunst sei (vgl. Kohout 2018, 50–52). Der Ich-Erzähler in *Das weisse Buch* beschreibt dieses Verfahren als Umkehrung der Duchamp'schen *ready made*-Ästhetik: „[A]lles, was ein Mensch zu Kunst erklärt, [ist] auch tatsächlich Kunst. Aber genauso gut ist auch alles, was ein Mensch *nicht* zu Kunst erklärt, *keine* Kunst" (Horzon 2010, 93). In dem Nachfolger *Das neue Buch* bekennt die Hauptfigur Rafael Horzon: „Ich möchte gar nichts mit Kunst zu tun haben. Ich möchte nur ein einfacher Möbelhändler sein" (Horzon 2020, 276).

Horzons ‚Werk', das trotz aller Beteuerungen nicht aus künstlerischen Zusammenhängen herauszulösen ist, stellt sich als Spielart eines heteronomen oder postautonomen Konzepts von Kunst dar, das Wolfgang Ullrich in seinem Essay über *Die Kunst nach dem Ende ihrer Autonomie* (2022) beschreibt. Ullrich beschäftigt sich mit Kunstgegenständen und -performances, die nicht nur Kunst sind, sondern „den Kriterien mehrerer Bereiche" (9) genügen, künstlerischen auf der einen Seite ebenso wie ökonomischen oder politischen auf der anderen Seite. Mittlerweile könnten auch „Möbel, Make-up, Protestkundgebungen oder Handtaschen Spielarten von Kunst sein" (9). Der bedeutendste und einflussreichste Faktor für die Transformation der Kunst und des Kunstbegriffs seien die „Sozialen Medien", insbesondere Instagram (67). Ullrichs Befund und seine These sind diskussionswürdig, weil sein Begriff von ‚Autonomie' ein „mit unnötig groben Strichen gezeichnete[r] Pappkamerad" sei, wie Diedrich Diederichsen zielgenau kritisiert hat (2022, 11). Mit Blick auf Horzon jedoch sind Ullrichs Überlegungen relevant und anschlussfähig, weil Horzons konzeptkünstlerisches Ensemble mit Gegenständen, die Möbel und eben nicht Kunst sein sollen, mit der Doppelcodierung als Kunst und Nicht-Kunst und mit der Bedeutung der Plattform Instagram einen Fall darstellt, auf den der Begriff des ‚Postautonomen' noch besser zutrifft als auf die Beispiele, die Ullrich anführt. Zugleich werden Ullrichs Ausführungen dadurch herausgefordert, dass Horzon darauf beharrt, dass das Regal von Moebel Horzon und seine als Wanddekorationsobjekte etikettierten Bilder keine Kunst seien, und es sich bei seinen Büchern nicht um (fiktionale) Literatur handele, sondern um Tatsachenberichte „in Form eines Sachbuchs" (Horzon 2010, 142; vgl. Krumrey 2015, 150–156).

Für Pop 3.0 ist Horzon ein Paradebeispiel, weil die Geschichte des Pop von Richard Hamilton über die Beatles bis zu Christian Kracht bei ihm im Modus einer „zitierenden und rekombinierenden Selbstaneignung" verarbeitet und archiviert wird (Penke und Schaffrick 2018, 136). Da sich Pop affirmativ zur Konsumorientierung der Rezipient:innen und zur Warenförmigkeit und Markenlogik der Produkte und Objekte verhält, zeichnen sich in der Popkultur seit jeher postautonome Konstellationen ab, wie sie auch bei Horzon zu beobachten sind. Diese postautonomen Elemente des Pop fallen in den Bereich der ästhetischen Programme (vgl. Luhmann 1997, 362), mittels derer ausgehandelt wird, warum etwas als Kunst gilt oder nicht. Die Semantik der Postautonomie stellt die Autonomie und Geschlossenheit des Kunstsystems aber nicht grundsätzlich infrage. Für Pop 3.0 ist Horzon nicht zuletzt deswegen mustergültig, weil er Instagram als Plattform seiner Selbstinszenierung und -vermarktung nutzt. Es scheint, als würde die popästhetische Gestaltung seiner Bücher in den sozialen Medien digital verdoppelt (vgl. Nassehi 2019, 139).

2 Pop

Pop hat etwas mit dem Populären zu tun. Das ‚Populäre' ist die übergeordnete Kategorie, die sowohl für den Begriff der Populärkultur als auch des Pop konstitutiv ist. „Populär ist, was viele beachten" (Hecken 2006, 85). Beachtung allein reicht jedoch nicht aus, um populär zu sein. Damit ein Roman, ein Film, ein Restaurant, ein Influencer oder eine Politikerin weithin Beachtung finden, muss diese Beachtung außerdem erfasst und inszeniert werden. Dies geschieht, indem Verkäufe, Zuschauerzahlen, Streams, Likes, Wahlentscheidungen etc. gezählt, die Ergebnisse dieser Messungen registriert und in Bestsellerlisten, Rankings, Charts oder Diagrammen präsentiert werden (vgl. Young 2017, 45–65). „Das einzige Prinzip der populären Kultur liegt im Addieren von Wahlakten und ihrer Präsentation in Ranglisten" (Hecken 2006, 87). Popularität ist daher immer relational: Etwas ist mehr oder weniger populär als etwas anderes. Die Charts, Bestseller- und Ranglisten dienen der „Herstellung von Vergleichbarkeit" (Mau 2017, 57), sie ermöglichen Popularitätsvergleiche. Die Prinzipien der populären Kultur sind Quantifizierung und Vergleich (vgl. Penke und Schaffrick 2018, 10–15).

Pop folgt im Gegensatz dazu einem ästhetischen Prinzip. Zum Pop zählen musikalische, literarische oder allgemein künstlerische Formen, die sich reflexiv zur populären Kultur verhalten. Phänomene aus der Waren-, Konsum- oder Medienkultur, die bei besonders vielen Beachtung finden, und Strategien, die darauf abzielen, breite Beachtung zu erzeugen und zu inszenieren, werden im Pop künstlerisch verarbeitet.

Aber nicht alles, was populär ist, erweist sich auch als poptauglich. Hier liegt der Kern der Differenz von *Populärkultur* auf der einen und *Popkultur* auf der anderen Seite. Nur Ausgewähltes aus der populären Kultur, zumeist Spektakuläres, Glamouröses, Süßes, Cooles, Überdrehtes oder technisch Avanciertes findet Eingang in die Sphäre des Pop. „Pop verhält sich selektiv zur Populärkultur" (Werber 2016, 324). Die Güte von Pop wiederum bemisst sich nicht nach quantitativen Popularitätskriterien, sondern erschließt sich häufig nur einer kleinen, manchmal auch nerdigen Stilgemeinschaft (etwa im Bereich der Musik oder bei Comics). Nichts spricht jedoch dagegen, dass z. B. Pop-Musiker:innen oder Superheld:innen auch eine außerordentliche Popularität erlangen können wie beispielsweise die Beatles, Michael Jackson oder Madonna.

Zum Autonomiepostulat der klassischen Ästhetik verhält sich Pop ambivalent. Einerseits akzentuiert Pop immer die eigene Künstlichkeit und technische Gemachtheit und stellt dadurch Distanz her. Mitunter setzt Pop formale Verfahren wie Entautomatisierung und Verfremdung ein, die man von Werken der Avantgarde kennt. Andererseits lädt Pop zum Mitmachen, Eintauchen und Dabeisein ein. Durch leuchtende oder glänzende Oberflächen wirkt Pop sinnlich einnehmend, ansteckend oder überwältigend (vgl. Diederichsen 2017, 16). Die Rezipient:innen solcher Kunstprodukte sind Fans, die sich einer Stilgemeinschaft zugehörig fühlen. Solche Stilgemeinschaften konstituieren sich über Semantiken und Praktiken des ästhetischen Urteilens (vgl. Baßler und Drügh 2021, 70). Zu den Fan-Praktiken dieser

Stilgemeinschaften gehört auch der Konsum. Die Nähe zur Welt des Konsums und die Markenlogik der Objekte kennzeichnet den – mit Ullrich gesprochen – postautonomen Charakter des Pop. Postautonome Kunst sei darauf ausgerichtet, „das Gefühl eines Habenwollens oder Dabeiseinwollens zu erzeugen" (2022, 24). Dieses Gefühl steht im Gegensatz zur Wirkung der Werke autonomer Kunst, die nach Maßgabe klassischer ästhetischer Theorien ein „interesselos-distanziertes Auf-sich-wirken-Lassen" verheißen (86). Für Ullrich stellen die kommunikativen Bedingungen von Social-Media-Plattformen einen Faktor dar, der zu folgenden Veränderungen in den Programmen des Kunstsystems beiträgt: Influencer:innen anstelle von Künstler:innen; Follower:innen und Fans, die potenziell selbst zu Influencer:innen werden können, ersetzen Leser:innen und Museumsbesucher:innen; an die Follower:innen adressierte Postings anstelle von Werken (vgl. 70); reagieren, folgen und vernetzen als dominante Praktiken (vgl. 68–69) sowie eine plattform-taugliche Ästhetik, die sich im Fall von Instagram vor allem als „witzig, niedlich, frech, verblüffend" darstellt (67).

Was hat das mit Horzon zu tun? Sehr viel, denn Horzons transmediales, konzeptkünstlerisches Gesamtwerk aus Büchern, Regalen, Wanddekorationsobjekten, Homepage und Instagram-Account berührt mehrere der hier genannten Merkmale des Pop: den postautonomen Charakter und die besondere Bedeutung von Social Media, das Verhältnis zum Populären und seinen Valorisierungstechnologien und stilprägende ästhetische Verfahren des Pop und der Popliteratur.

Ein Blick auf Horzons Bücher, also auf die Covergestaltung, genügt, um in den Sog popästhetischer Referenzen zu geraten (vgl. Hahn 2020, 351–353). *Das weisse Buch* von 2010 ist – wie sein Titel sagt – weiß. Der Umschlag und der Titel zitieren das sogenannte *White Album* der Beatles (1968). *Das weisse Buch* erinnert also rein äußerlich, noch bevor man es aufschlägt oder die Blurbs auf der Rückseite liest, an ein besonders populäres, durch die minimalistisch-konzeptuelle Gestaltung ikonisch gewordenes Album der populärsten Band der Popmusikgeschichte überhaupt. Das Album-Cover wurde von dem Pop Art-Künstler Richard Hamilton gestaltet, der zum Kreis der Londoner Independent Group gehörte. Hamiltons Collage „Just what is it that makes today's homes so different, so appealing?" aus dem Jahr 1956 wiederum zählt zusammen mit Elvis Presleys im gleichen Jahr erschienenem erstem Album zu den Anfängen der globalen Erfolgsgeschichte des Pop (vgl. Penke und Schaffrick 2018, 121–125).

Hamilton ist auch derjenige, der in einem Brief an Alison und Peter Smithson Merkmale der Pop Art aufgelistet hat, die bis heute viel zitiert werden. Mit u. a. „Witty, Sexy, Gimmiky, Glamorous" (1982, 28) findet Hamilton Begriffe für die Pluralisierung ästhetischer Kategorien, die sich in der Pop Art, Popmusik und später auch Pop-Literatur vollzieht.

Auch *Das neue Buch* von 2020 fällt durch seine Covergestaltung auf. Wie schon beim *weissen Buch* sind die Angaben – Autor, Titel, Verlag, Reihe – in den Umschlag des Buches eingestanzt. *Das neue Buch* ist aber nicht weiß, sondern sein Umschlag glänzt silbrig-verspiegelt und schimmert in Regenbogenfarben. Mit seiner visuell reizvollen Oberfläche scheint es wie für eine Instagram-Kampagne gemacht zu sein. Es ist ‚instagramable' (Ullrich 2022, 67). Die vielen Fotos des Buches, die Horzon in seinen Instagram-Stories teilt, zeugen davon. Zugleich entspricht das Äußere des Buches nicht nur den Prinzipien der Social-Media-Plattform, sondern auch den popästhetischen Vorlieben für auffällige, ansprechende oder attraktive Oberflächen, die ‚gimmiky' und ‚glamorous' sind.

Ein Werbefoto für das Buch, das sich auf der horzon.de-Seite[1] findet und am 24. September 2020 auf Instagram gepostet wurde, bringt die popästhetische Ambivalenz zwischen Autonomie und Postautonomie gut zum Ausdruck. Es zeigt Horzon, halbverdeckt durch *Das neue Buch*, das er aufgeschlagen in den Händen hält und in dem er mit weit aufgerissenen Augen, also offenbar gebannt, liest. Der Umschlag des Buches scheint mit seiner rötlich-gelben Färbung fast zu glühen. Horzon trägt weiße Handschuhe, entweder um sich vor der sichtlichen „Hitze" des Buches zu schützen, die bei der Lektüre auf die Leserin oder den Leser übergreift, oder um das Buch sorgsam zu behandeln, wie es einem besonders kostbaren Gegenstand oder einem Kunstobjekt angemessen ist. Nicht zuletzt wirken die Handschuhe aber auch cartoonesk, weil sie an die weißen Handschuhe von Cartoonfiguren wie Mickey Mouse oder Bugs Bunny erinnern. Daher lässt das Bild letztlich offen, ob es sich bei dem *neuen Buch* um eine sinnlich ansprechende, bunte Unterhaltung wie ein Comic-Heft handelt, oder um ein Werk, das einen besonders wertschätzenden Umgang einfordert.

Die popästhetische Verweis- und Übersetzungskette des Buchcovers reicht in den Text des *weissen Buches* hinein, in dem der Titel von Hamiltons Pop Art-Collage ins Deutsche übersetzt zitiert wird als: „Was ist es nur, das unsere heutigen Wohnungen so besonders, so ansprechend macht?" (Horzon 2010, 152). Das Zitat taucht in der Episode zu einer der vielen Firmen auf, die der Ich-Erzähler gründet: die Firma „Wanddekor". Dort heißt es:

> In nur einer Nacht entwarf ich ein weisses und ein schwarzes Quadrat von jeweils fünfzig Zentimetern Kantenlänge. Dazu zeichnete ich vierundsechzig Kombinationsmöglichkeiten auf, die sich ergeben, wenn man nur vier solcher WANDDEKOR-Elemente nebeneinander an die Wand hängt [...].
>
> Ich liess zwei Werbefotos anfertigen. Auf dem ersten waren zwei Stühle und ein Tisch vor einer kahlen Wand zu sehen. Auf diesem Tisch eine Vase. In dieser Vase rote Tulpen, die die Köpfe bis auf die Tischplatte herunterhängen liessen.

---

[1] https://www.horzon.de/dasneuebuch/index.html.

> Auf dem zweiten Foto hingen an der Wand über dem Tisch vier schwarze WANDDEKOR-Elemente. Und wie durch Zauberei standen die Tulpen auf diesem Foto stramm und gesund, senkrecht und glücklich in ihrer Vase.
>
> Darunter liess ich einen Satz schreiben, den ich in einer Illustrierten aufgeschnappt hatte: „Was ist es nur, das unsere heutigen Wohnungen so besonders, so ansprechend macht?" (151–152)

Die hier beschriebenen Werbebilder finden sich auf der Homepage von horzon.de hinter dem Link auf das Moebel Horzon-Subunternehmen „Wanddekor" wieder, wodurch sich der Text und die Bilder gegenseitig beglaubigen (auf der Homepage steht das übersetzte Hamilton-Zitat allerdings über – nicht unter – dem ersten Bild mit den welken Tulpen[2]). Das Hamilton-Zitat dient hier als Werbeslogan für Wanddekor-Elemente, weiße und schwarze Quadrate in unterschiedlichen Kombinationsmöglichkeiten, die ebenfalls auf der Homepage abgebildet werden. Das weiße Quadrat führt zurück zum Cover des Beatles-Album, während das schwarze Quadrat die Verweiskette zu Kasimir Malewitschs Schwarzem Quadrat als Inbegriff moderner, autonomer Kunst verlängert.

Das zitierende Nachahmen ist typisch für Horzons künstlerisches Konzept, sich von allem Künstlerischen zu distanzieren. Die Wanddekor-Episode beginnt mit der Beobachtung des Ich-Erzählers, dass es „in Berlin Mode geworden [sei], sich moderne Kunst an die Wände zu hängen. Eine Entwicklung, die ich natürlich verurteilte" (2010, 151). An die Wände sollten nicht „Gemälde oder Fotografien", sondern „Wand-Dekorations-Elemente!" (151). Diese Idee folgt dem Prinzip, die vorhandene Kunst als nicht-künstlerisches Dekorations-Element neu zu erfinden (vgl. Hahn 2020, 351). Im Ergebnis hängt etwas an der Wand, das genauso aussieht wie die „moderne Kunst", die sich alle an die Wände hängen, aber keine Kunst ist.

Mit diesem Verfahren, das die Differenz von Kunst und Nicht-Kunst hinterfragt, wird Postautonomie zum Programm. Die Wanddekor-Objekte werden nämlich nicht als autonome, Distanz fordernde, Wahrnehmungsroutinen durchbrechende Form verstanden, sondern als Gebrauchsobjekte. Diese Umcodierung zur Nicht-Kunst geht einher mit den passenden gebrauchsorientierten Paratexten, wie der Produktbeschreibung auf der Homepage, die eher an einen Waschtisch oder eine Küchenarbeitsplatte denken lässt als an ein kunstähnliches Objekt. „WANDEKOR-Elemente sind einfach zu montieren und besitzen eine strapazierfähige, abwaschbare Oberfläche in feiner Perlstruktur".[3] Die Funktionalität – auch eines der Merkmale der

---

2 vgl. https://www.horzon.de/wandekor/wandekor_vorher.htm.
3 https://www.horzon.de/wandekor/wandekor_produkt.htm.

Popästhetik (vgl. Hecken und Kleiner 2017, 7) – des Wanddekors steht der Funktionslosigkeit der autonomen Kunst entgegen.

Die vielen Möglichkeiten, schwarze und weiße Wanddekor-Elemente miteinander zu kombinieren, bringen Formen hervor, die an konkrete Poesie oder konzeptuelle Kunst erinnern. Im Text werden die Kombinationsmöglichkeiten im Stil permutationeller Poesie veranschaulicht (vgl. Ernst 1992):

> Schwarz weiss schwarz weiss
> Schwarz weiss schwarz schwarz
> Schwarz weiss weiss schwarz
> Schwarz weiss weiss weiss
> (Horzon 2010, 151)

Auf der Homepage sind diese und weitere Variationen der Kombination schwarzer und weißer Quadrate in Viererreihen zu sehen. Die Präsentation der schwarz-weißen „Wand-Dekorations-Elemente" referiert einerseits auf literarhistorische Traditionen der sprachkritischen konkreten Poesie und auf kunstgeschichtliche Vorläufer der Quadratkunst, die sich mit Verfahren wie Entautomatisierung und Abstraktion selbst als autonom definieren. Andererseits wird diese Darstellungsform mit Elementen der Vermarktung, Warenförmigkeit und des Konsums amalgamiert. Das zeigt sich daran, dass die Käuflichkeit der Objekte, wie für Markenprodukte typisch, dadurch herausgestellt wird, dass Preise genannt und ausgezeichnet werden. Die Preisliste für Wanddekor-Elemente sticht wiederum durch ein seriell-paradigmatisches Verfahren hervor:

> 1 WANDDEKOR-Element: 50 Euro
> 2 WANDDEKOR-Elemente: 100 Euro
> 3 WANDDEKOR-Elemente: 150 Euro
> 4 WANDDEKOR-Elemente: 200 Euro

Die Reihe wird fortgesetzt bis zu 10 Wanddekor-Elementen für 500 Euro. Durch die Auflistung wird die Preisliste zu einem Text, der weniger der Information dient, weil sich der Informationswert mit jedem weiteren Eintrag zunehmend erschöpft, als vielmehr der Durchführung eines Verfahrens, das auf den Text und seine Regelmäßigkeiten verweist.

Ein weiterer Bestandteil der Homepage, der auf die Marketing-Ambitionen hindeutet, ist, dass Werbeslogans und andere populäre Redewendungen oder Zeitschriftentitel zu Werbesprüchen für Horzons „Wanddekor" umgedichtet werden. So heißt es zum Beispiel auf der Internet-Seite mit dem Titel eines bekannten Einrichtungsmagazins: „WANDDEKOR – Schöner Wohnen." Und weiter unten wird ein populärer Werbeslogan der Firma IKEA, der 2004 eingeführt und mit einer großen Kampagne und Werbespots begleitet wurde, umformuliert zu: „Leben Sie noch oder wohnen Sie schon." Bei IKEA lautete der Spruch: „Wohnst du noch oder lebst du schon?" Horzons Slogan wirkt durch das „Sie" distanziert und förmlich. Die Umkehrung von Leben und Wohnen verleiht ihm eine existenzielle Dimension („Leben Sie noch"). Entscheidend ist aber, dass hier eine Beziehung zum populären Möbelhaus hergestellt wird. Das verwundert nicht, denn dieses Verfahren folgt der gleichen Logik wie die Umschlaggestaltung des *weissen Buches*, etwas sehr Populäres variierend zu zitieren und ihm dadurch zugleich die alltägliche Selbstverständlichkeit zu nehmen. Populäres auszuwählen, zitierend in Anführungszeichen zu setzen und in dieser Weise durch eine Verschiebung oder Umkehrung auf sich selbst verweisen zu lassen, gehört zu den ästhetischen Verfahren des Pop.

Als Ergebnis dieses Verfahrens entstehen oft Listen, weil Pop die populäre Kultur als Medium seiner künstlerischen Formen nutzt und das Wissen der Populärkultur in Listen sortiert, organisiert und geordnet ist (vgl. Schaffrick 2016). Außerdem sind Listen in der Pop-Literatur die paradigmatische Struktur, mit der Gegenwartskultur archiviert wird (vgl. Baßler 2005). Bei Benjamin von Stuckrad-Barre lassen sich viele solcher Listen finden. Bei Horzon auch. Bei ihm jedoch wird die Archivierung spielerisch-parodistisch überdreht. Die Werbeslogans für Moebel Horzon auf der Homepage („Bitte lesen Sie unsere Werbeslogans") persiflieren weitere populäre Werbesprüche so wie den IKEA-Slogan. Daher liest sich die Liste unter der Überschrift „Moebel Horzon Werbung" wie eine Liste populärer, leicht verfremdeter Werbesprüche.

> MOEBEL HORZON: Das wahrscheinlich längste Regal der Welt
> MOEBEL HORZON: Mit der Piemont-Kirsche
> MOEBEL HORZON: Genuss ohne Reue
> Ich will so bleiben wie ich bin: MOEBEL HORZON[4]

Die Kollision von Slogans aus der Lebensmittelwerbung mit dem Namen der Möbelfirma wirkt komisch und irritierend. Die Liste erschöpft sich also nicht in popliterarischer Archivierung, sondern ironisiert das eigene Auflistungsverfahren durch Nonsens- und Absurditätsgesten im Stil der Neuen Frankfurter Schule (vgl. Neuhaus 2008).

Ähnlich funktioniert eine Liste aus dem *neuen Buch*, das davon handelt, wie die autofiktionale Figur Rafael Horzon erfolglos versucht, ein neues Buch zu schreiben, um an den (vermeintlich) „überragenden Erfolg" (2020, 11) seines *weissen Buches* anzuschließen. Dabei erinnert sich die Figur Horzon an eine Liste mit möglichen Buchtiteln für das letztlich als *Das weisse Buch* publizierte Werk, die er mit „Christian Kracht" erstellt habe (198). Auf dieser zweieinhalb Seiten

---

4 https://www.horzon.de/moebelhorzon/werbung.htm.

langen Liste finden sich Titelparodien berühmter literarischer Werke, darunter „Das Zauberwerk", „Die Vermessung der Feuchtgebiete", „Feucht ist mein Gemüse" (199), „Der Wille zur Nacht" (200), „Die Bekenntnisse des Möbelhändlers Rafael H." (201) usw.

Der überbordende, exzessive Gebrauch von Zitaten und Verweisen führt zu einer komplexen intertextuellen und intermedialen Verstrickung literatur- und kunstgeschichtlicher Referenzen mit Materialien aus der Populärkultur. Die Popularität der Kunstwerke, der Popmusik, der Werbesprüche, der Buchtitel etc. stellt die Bedingung der Möglichkeit ihrer Parodie und Persiflage dar. Popästhetisch daran ist einerseits der Rekurs auf das Populäre, andererseits sind es die seriellen, teils avantgardistischen Verfahren, mit denen das Populäre in unpopulärer, selbstreferenzieller Weise gegen die eigene Selbstverständlichkeit vorgeht (vgl. Imdahl 2013 [1968], 64).

3 Popularität

Horzons autofiktionale Selbsterzählungen mit seinen Berichten über teils aberwitzige Geschäftsideen sind von einer Sehnsucht nach Popularität getrieben. Das Populäre stellt den Fluchtpunkt der Bücher, Firmen und Projekte dar, die von ihm verantwortet werden. Die beiden Bücher versammeln Episoden und Anekdoten immer neuer Versuche, Popularität zu erlangen. Dazu gehören neben dem *weissen* und dem *neuen Buch*, den schwarzen und weißen Quadraten, unter anderem auch bunt gestreifte Wanddekorationsobjekte und Tochterfirmen wie „Horzon's Dämm & Deko", „Horzon's Spülen Sparadies" und das Modelabel „Gelée Royale", außerdem die Partnertrennungs-Agentur „Separitas" und eine Wissenschaftsakademie.

Für die meisten Vorhaben wählt Horzon etwas Vorhandenes aus, das bereits populär und bestenfalls ökonomisch erfolgreich oder immerhin erfolgversprechend ist, und gestaltet es um oder kontextualisiert es neu: etwa Kunst als Nicht-Kunst. In einem Interview wird Horzon darauf angesprochen, dass seine „Wanddekorationsobjekte", die er seit 2014 vermarktet, Anselm Reyles Streifenbildern sehr ähnelten. Horzon räumt ein, dass sie sich „[m]öglicherweise ähneln", hält aber fest, dass sie sich auch in „einem zentralen Punkt" unterscheiden: „Die Streifenbilder sind Kunst. Die Wanddekorationsobjekte sind keine Kunst" (Horzon 2016, 48; die gleiche Gegenüberstellung findet sich im *Neuen Buch* in den Worten der Figur Rafael Horzon [2020, 266]).

Einen besonderen Stellenwert besitzt das Unternehmen Moebel Horzon mit seinem Laden in der Torstraße 106 in Berlin-Mitte. Moebel Horzon ist vor allem für sein Regal „Modern" bekannt, das mittlerweile auch als Schrank- und Sideboard-Variante erhältlich ist.[5] Das Regal entsteht also anders als die Wanddekor-Elemente nicht durch die Umwidmung von Kunst zu Nicht-Kunst, sondern indem ein Regal als Regal neu erfunden wird. „Bei den Geschäftsideen handelt es sich zumeist um die Wiederholung der Erfindung von Best-Selling Products" (Hahn 2020, 350), und um genau so ein populäres Produkt handelt es sich beim Billy Regal von IKEA.

Im zehnten Kapitel des *weissen Buches* schildert der Ich-Erzähler diese „Erfindungswiederholung" eines Regals ausführlicher: Am Morgen nach der Rückkehr von einer Reise durch die USA, die der Ich-Erzähler namens Rafael Horzon unternimmt, um Geschäftsideen zu sammeln, wird er durch einen ‚dumpfen Knall' aus seinem „traumlosen, siebenundreissig Stunden langen Schlaf" (2010, 87) geweckt. Der „rund tausend Seiten dicke Katalog eines skandinavischen Möbelhauses" (87) wurde vor seine Tür geworfen. Als dem Erzähler klar wird, dass „Hunderte von Millionen von Katalogen mit Hunderten von Millionen von fragwürdigen Produkten" (87) überall auf der Welt verteilt würden, um „[m]ithilfe von Hunderten von Millionen von identischen riesigen Verkaufscontainern, durch die Milliarden von Kunden getrieben wurden" (87–88), ‚drittklassiges Mobiliar' zu verkaufen, beschließt er, ein Möbelunternehmen zu gründen: „Ich musste sofort Geschäftsräume für mein Möbelhaus finden! Und in diesem Möbelhaus sollte es nicht Hunderte von Millionen von Produkten geben, sondern genau ein einziges!" (88). Das Ergebnis dieser Verknappung und Singularisierung des Angebots ist ein „199 Zentimeter hohes, 36 Zentimeter breites, 35 Zentimeter tiefes Regal mit fünf grossen Fächern" (89). Es handelt sich um ein Remake des Klassikers Billy, mit dem Horzon beabsichtigt, „den verhassten schwedischen Konkurrenten endlich vom Markt zu verdrängen" (94).

Horzon reizt die große Zahl („Hunderte von Millionen", „Milliarden"), also die Popularität des Einrichtungshauses. Das Billy Regal steht nicht nur metonymisch für die Marke IKEA, sondern auch für den Gegenstand Regal. Billy repräsentiert in hyperparadigmatischer Weise das Paradigma „Regal" gegen alle anderen Regale, die es bei IKEA oder anderen Möbelhändlern zu erwerben gibt (vgl. Werber 2016, 327). Bei Horzons Geschäftsidee handelt es sich um den Versuch, parasitär an dieser außergewöhnlichen Popularität des Regalklassikers teilzuhaben.

Der Ich-Erzähler berichtet mit demselben ‚fröhlichen Größenwahn' (vgl. Hahn 2020, 351) wie in anderen Episoden von der Feier, die zur Eröffnung des Möbelladens stattfand: „Alle wollten das neuartige Regal betrachten. Es war die wohl grösste Menschenmasse, die sich jemals in Berlin-Mitte versammelt hatte" (Horzon 2010, 93). Abgesehen davon, dass die Vermessenheit zum Eindruck erzähleri-

---

5 vgl. https://www.horzon.de/moebelhorzon/moebel_horzon.htm.

scher Unzuverlässigkeit beiträgt, erscheint die Popularität hier losgelöst von einer nachweisbaren Quantifizierung und ihrer Relationierung. Stattdessen behauptet Horzon unvergleichliche Superlative („die wohl grösste Menschenmasse [...] jemals") und konstruiert dadurch eine lediglich „prätendierte", nicht skalierbare Popularität (Multhammer 2022; vgl. Lickhardt 2022).

Dieses Prinzip wird im *neuen Buch* auf den Literaturbetrieb übertragen. Es handelt im Wesentlichen davon, wie Horzon versucht, einen Bestseller oder wahlweise ein nobelpreiswürdiges Buch zu schreiben (eben „Das neue Buch"), ohne eine Idee davon zu haben, wie er das anstellen soll. *Das neue Buch* erzählt von der Herstellung von Popularität. Es dreht sich um die Frage: Wie entsteht ein Bestseller? Horzons Antwort darauf steht auch hier im Zeichen einer prätendierten, parasitären Popularität, die über den Paratext hergestellt werden soll.

Im zweiten Kapitel schildert der Erzähler ein Gespräch zwischen Horzon und Jonathan Landgrebe, dem Geschäftsführer des Suhrkamp Verlags, sowie Horzons Lektor Thomas Halupczok. Die Episode ist die Satire eines in jeder Hinsicht scheiternden Pitches. Da Horzon keine Idee hat, wovon sein neues Buchprojekt handeln könnte, er vollkommen fantasielos ist und alle Vorschläge des Verlags zurückweist, sprechen die drei schließlich über den Titel des zu schreibenden Buches. Horzon kommt mit folgendem Vorschlag: „Der Koran!" (2020, 24) Das findet Landgrebe zurecht „absurd!" (24), während es aus Sicht der bei Horzon vorherrschenden satirisch-komischen Übertreibungspoetik genau das sein soll. Absurdität ist bei ihm Programm, wie die Erläuterung seines Vorschlags veranschaulicht:

> ‚Also, wenn wir das neue Buch *Der Koran* nennen, dann ist ja klar, dass es sofort ein paar hunderttausend Leute im Internet bestellen werden. Und selbst wenn, sagen wir mal, hunderttausend Käufer dann merken sollten, dass es ein ganz anderes Buch ist und es vielleicht zurückschicken, dann ist es trotzdem längst auf den Bestsellerlisten. Und dann beginnt der bekannte Automatismus: Die Leute kaufen, was auf der Bestsellerliste steht. Und dann geht alles ganz schnell, und *voilà*! Platz eins der Bestsellerliste ist Rafael Horzon mit *Der Koran*.' An dieser Stelle verliess Jonathan Landgrebe wortlos das Zimmer. (25)

Allein über den Titel, also das peritextuelle Äußere des Buches, möchte Horzon das neue Buch in einen Bestseller verwandeln, indem er einen vorhandenen Titel übernimmt. Es könne auch „Die Bibel" oder „Die Tora" heißen (25), wichtig sei, dass sich die Vorlage, die den Titel spendet, „jedes Jahr viele Millionen mal verkauft" (24). Dass es sich bei diesen Titeln um Long- und nicht um Bestseller handelt, wird dabei nicht unterschieden. In diesem Zusammenhang kommt es Horzon nur auf den ‚bekannten Automatismus' des Populären an: „Die Leute kaufen, was auf der Bestsellerliste steht." Das heißt: Die Leute kaufen, was populär ist. Es geht darum, die Bestsellerliste als Popularitätsindikator des Literaturbetriebs, der wiederum selbst sehr populär ist, auszunutzen, um Popularität zu generieren.

Über die Qualität, den Inhalt oder die Form des Buches ist damit nichts gesagt. Qualität spielt für die Messverfahren der Bestsellerliste keine Rolle. Entscheidend ist aus Horzons Sicht der Paratext „Titel", was nachvollziehbar ist, weil auf der Liste lediglich der Autor:innen-Name und der Buchtitel erscheinen. Sein erstes Buch sollte – mit ebensolcher Popularitätsbehauptung – „Das Meisterwerk von Bestsellerautor Rafael Horzon" (26) heißen. Dieser Titel hätte dann nämlich in jeder Besprechung gestanden. „Selbst in den Verrissen. Immer und überall hätte gestanden: Das Meisterwerk von Bestsellerautor Rafael Horzon. […] Und das brennt sich dann ein in den Köpfen!" (27) – im Sinne einer *self-fulfilling popularity*.

In den Zitaten zum Automatismus des Populären wird deutlich, dass das Populäre in einem *quantitativen* Sinne die Grundlage dieses Automatismus ist. Es geht um nachweisbar viel Beachtung, die sich in großen Zahlen ausdrückt: „ein paar hunderttausend Leute", „viele Millionen mal verkauft". Solche Beachtungs- und Verkaufserfolge führen zu einer Platzierung auf der Bestsellerliste, die für noch mehr Beachtung sorgt usw. Die Bestsellerliste fungiert als Maßstab und zugleich als Bedingung von Popularität (vgl. Schaffrick 2018). Popularität, die sie erfasst, bringt sie „durch die Veröffentlichung von quantifizierten Popularitätsrelationen" (Döring et al. 2021, 13) zugleich hervor.

Über verschiedene Episoden hinweg wird bei Horzon ein paradoxes Verfahren offengelegt, bei dem Popularität zugleich beansprucht, angestrebt, behauptet und ignoriert wird. Ignoriert wird Popularität insofern, als tatsächliche Quantifizierungen jenseits der bloßen Behauptung keine Rolle spielen. Horzons Popularität wird dadurch zu einer rein fiktiven, an keiner Stelle überprüfbaren oder relationierbaren Größe, sondern beliebig handhabbar wie die Preise seiner Objekte, die zwischen 50 Euro für die schwarzen und weißen Quadrate von „Wanddekor" und 600.000 Euro für die bunten Wanddekorationsobjekte „WDO klassisch" der ersten Generation rangieren.

4 Instagram. Popularität ohnegleichen

Durchbrochen wird dieses Spiel prätendierter Popularität von Horzons Präsenz auf Instagram. Denn auf Plattformen wie Instagram wird unweigerlich quantifiziert. „In den sozialen Medien und auf digitalen Plattformen muss man nicht lange danach suchen, was populär ist" (Döring et al. 2021, 15). Popularität wird unmittelbar quantitativ erfasst und für alle gut sichtbar jederzeit ausgestellt. „Durch die Digitalisierung lässt sich die Quantifizierung von Aufmerksamkeiten automatisieren und wird ubiquitär" (Reckwitz 2017, 177). Aber wie verhält sich die Quantifizierung von

Followerzahlen, Likes, Kommentaren und anderen Reaktionsformen zu den Verfahren der klassischen, institutionell gepflegten Bestsellerliste?

Mit „Valorisierungstechnologien" wie Bestseller- oder Ranglisten, Charts oder Ratings können „die Besonderheiten von Restaurants, Universitäten, Coaches oder potenziellen Ehepartnern miteinander verglichen werden" (Reckwitz 2017, 20). Solche Listen dienen der „Herstellung von Vergleichbarkeit" (Mau 2017, 57). Populär ist etwas immer im Vergleich zu etwas anderem, das weniger populär ist. Auf den ersten Blick aber scheint Vergleichbarkeit von der Plattform Instagram gar nicht vorgesehen zu sein. Die Followerzahlen eines Accounts oder die Anzahl der Kommentare und Likes stehen für sich, sind nicht *ad hoc* vergleichbar und daher wenig aussagekräftig.

Horzon ist der Plattform Instagram mit dem Acount @rafael_horzon im Juni 2014 beigetreten. Der erste Post ist auf den 8. Dezember 2016 datiert. Unter dem Namen RAFAEL „MOEBEL" HORZON hat dieser Account gegenwärtig (am 3. März 2023) 221 Beiträge gepostet. Er hat 10.200 Follower:innen und folgt 997 Accounts. Das sagt für sich genommen wenig aus. Erst im Vergleich wird daraus eine interessante Information. Benjamin von Stuckrad-Barres Account zum Beispiel hat (zum gleichen Zeitpunkt) 101.000 Follower:innen, Sibylle Bergs Account bei Instagram 92.900 Follower:innen, Stefanie Sargnagels Account 67.000, Heinz Strunks 21.900, Christian Krachts 14.900. Sie alle haben mehr Follower:innen als Horzon. Die Accounts von Nora Gomringer (8.023), Clemens Setz (3.991), Lisa Krusche (2.074) und Nora Bossong (2.057) haben hingegen weniger Follower:innen als Horzon.[6]

Die Zahlen, gleichwohl es sich um eine zugegebenermaßen nicht-repräsentative Stichprobe handelt, geben einen guten Eindruck von Horzons Position im literarischen Feld, nah an Kracht, aber weit entfernt von literarischen Social-Media-Größen des deutschsprachigen Raums wie Stuckrad-Barre, Berg oder Sargnagel. Noch populärer ist der Bestseller-Autor Sebastian Fitzek (183.000 Follower).[7] Unerreichbar hingegen ist Rupi Kaur als international erfolgreichste und bekannteste aller Vertreter:innen der Instapoetry mit 4,5 Millionen Follower:innen (vgl. Penke 2022). Die Nähe zu Kracht, der als Figur im *weissen Buch* auftritt und mit Horzon zusammen Regale ausliefert, der als Verfasser von Blurbs auf beiden Büchern erscheint, bildet sich auch auf Horzons Instagram-Account ab.

---

6 Man könnte auch andere Aspekte miteinander vergleichen wie die Vernetzung der Accounts, die Nutzungsfrequenz, die Gestaltung der Beiträge, die Reaktionsfreudigkeit der Follower:innen, die Anzahl von Likes und Kommentaren etc. Die Followerzahlen sind nur ein mögliches Vergleichskriterium, aber das aussagekräftigste im Hinblick auf die Popularität. Insofern bilden sie das Social-Media-Äquivalent zur Platzierung auf der Bestsellerliste.
7 Vgl. zu Fitzeks populärem Erzählen Baßler 2022, 15–18.

Dort taucht Kracht sowohl auf Fotos und in Reels als auch mit Likes und in den Kommentaren auf.[8]

Es gehört zur Politik der Plattform, die Popularitätsrelationen auf der Oberfläche nicht sichtbar zu machen, sondern für die algorithmische Sortierung im Hintergrund zu nutzen. Da Instagram nur absolute Zahlen angibt, wird der Indikator „Follower" um die für jede Popularität konstitutive Vergleichbarkeit gekürzt. Insofern unterscheiden sich die Praktiken der Bewertung auf Instagram von den Rankings der Bestsellerliste. Die Zahlen, die gleichermaßen Popularität messen, haben nur eine geringe Bedeutung für die Orientierung auf dem Feld der Literatur.

Wie ausschlaggebend die Followerzahlen letztlich sind, lässt sich aufgrund dieser Beobachtungen nicht verallgemeinern. Horzons vermessener Umgang mit Quantitäten macht aber deutlich, dass die großen Zahlen kaum als Bewertungsmaßstab oder Code der Literatur dienen, sondern als Semantik bzw. Programm für die popästhetische Inszenierung von Ware und Preis, Marketing und Verkauf. Instagram dient als Spielfeld, auf dem diese Inszenierung fortgesetzt wird. Der „Horzon" auf Instagram ist derselbe schelmische Tausendsassa wie die Figur „Horzon", die im *weissen* und im *neuen Buch* mit immer neuen witzigen Geschäftsideen scheitert.

Wie seine Regale und die Wanddekorationsobjekte hat Horzon auch *Das neue Buch* über Instagram promotet. Horzon ist allerdings kein Bookfluencer, sondern auch hier eher die satirische Persiflage eines Influencers, teils mit skurrilen Widergängern, die durch Face-Morphing entstehen und sein Buch als Meisterwerk loben.[9] Insbesondere für Autorinnen und Autoren der Pop-Literatur schaffen soziale Medien einen Resonanzraum, der von den unterschiedlichen Akteur:innen mehr oder weniger bespielt wird. Zum Teil entsprechen die strukturellen Möglichkeiten der Plattform ästhetischen Verfahren und Formen der Pop-Literatur wie Archivierung, Gegenwartsfixierung, Auflistungen und Text-Bild-Korrespondenzen. Horzons absurd-witzige und frech-vermessene Selbstinszenierungen scheinen die Instagram-Ästhetik, wie Ullrich sie beschreibt, vorwegzunehmen. Pop und Plattform bilden bei Horzon ein gelungenes Arrangement. Für das Gelingen popästhetischer Formate hatten Quantifizierungen schon in Pop I und Pop II keine Bedeutung. Das reflexiv-ästhetische Verhältnis zum Populären, also die Distanz zu den quantitativen Maßstäben, kennzeichnet ja gerade die Differenz von Pop und Populärkultur. Das gilt offensichtlich auch für Pop-Literatur 3.0, jedenfalls für Horzon, der sich den Valorisierungszwängen der Plattform entzieht.

---

8 Vgl. z. B. die Beiträge auf Horzons Account vom 21. Oktober 2022 oder vom 1. Dezember 2021.
9 Vgl. die Beiträge auf Horzons Account am 12. Oktober 2020.

Ein zweiter Punkt ist, dass sich mit der Digitalisierung, die für Pop 3.0 den entscheidenden Unterschied gegenüber den Vorläufern bedeutet, der Stellenwert des Buches verändert. Torsten Hahn vertritt unter anderem anhand des *weissen Buches* die These, „daß der Buchdruck und das materielle Buch unter der Bedingung von Datenbank und Bildschirm eine spezifische und eigene Funktion übernehmen können" (2020, 339). Das bleibt auch für das *neue Buch* richtig. Klassische Buchparatexte wie der Titel oder das Cover gewinnen in den digitalen Paratexten der Plattformen eine neue Bedeutung, wie etwa das schillernde Cover von Horzons *neuem Buch* beweist. Dieses Ineinander von digitalen Medien und Valorisierungstechnologien führt zu einer Neufunktionalisierung literarischer Paratexte, einer Restrukturierung des literarischen Feldes, neuen Umgangsweisen mit Literatur im Zeichen von Pop 3.0. Und im besten Fall zu einer Literatur, die sich dieser Herausforderungen annimmt.

Literatur

Baßler, Moritz. *Der deutsche Pop-Roman. Die neuen Archivisten*. München: Beck, 2005.
Baßler, Moritz. *Populärer Realismus. Vom International Style gegenwärtigen Erzählens*. München: Beck, 2022.
Baßler, Moritz, und Heinz Drügh. *Gegenwartsästhetik*. Göttingen: Konstanz University Press, 2021.
Diederichsen, Diedrich. *Körpertreffer. Zur Ästhetik der nachpopulären Künste. Frankfurter Adorno-Vorlesungen 2015*. Berlin: Suhrkamp, 2017.
Diederichsen, Diedrich. „Dieses Ende ist so hell, dass man sich eine Sonnenbrille aufsetzen muss". *Süddeutsche Zeitung*, 17. Mai 2022. 11.
Döring, Jörg et al. „Was bei vielen Beachtung findet: Zu den Transformationen des Populären". *Kulturwissenschaftliche Zeitschrift* 6.2 (2021): 1–24
Ernst, Ulrich. „Permutation als Prinzip der Lyrik". *Poetica* 24.3/4 (1992): 225–269.
Hahn, Torsten. „Die skulpturale Form der Literatur. Das Buch als ästhetisches Artefakt mit paradoxer Tiefe (Übersetzungsketten)". *Formästhetiken und Formen der Literatur. Materialität – Ornament – Codierung*. Hg. Torsten Hahn und Nicolas Pethes. Bielefeld: transcript, 2020. 337–355.
Hamilton, Richard. *Collected Works. 1953–1982*. London: Thames and Hudson, 1982.
Hecken, Thomas. *Populäre Kultur. Mit einem Anhang ‚Girl und Popkultur'*. Bochum: Posth Verlag, 2006.
Hecken, Thomas, und Marcus S. Kleiner. „Einleitung". *Handbuch Popkultur*. Hg. Thomas Hecken und Marcus S. Kleiner. Stuttgart: Metzler, 2017. 1–14.
Horzon, Rafael. *Das weisse Buch*. Berlin: Suhrkamp, 2010.
Horzon, Rafael. „‚Dieses Mal machen wir die Quadrate ganz bunt'. Der Berliner Autor, Unternehmer und Designer Rafael Horzon über seine Wanddekorationsobjekte". *Frankfurter Allgemeine Magazin*, 29. Oktober 2016. 48.
Horzon, Rafael. *Das neue Buch*. Berlin: Suhrkamp, 2020.
Imdahl, Max. „Probleme der Pop Art" [1968]. *Texte zur Theorie des Pop*. Hg. Charis Goer, Stefan Greif und Christoph Jacke. Stuttgart: Reclam, 2013. 64–75.
Kohout, Annekathrin. „Kunst und Erfolg". *Pop. Kultur und Kritik* Heft 12 (2018): 50–68.

Krumrey, Birgitta. *Der Autor in seinem Text. Autofiktion in der deutschsprachigen Gegenwartsliteratur als (post-)postmodernes Phänomen*. Göttingen: V&R unipress, 2015.

Lickhardt, Maren. „Name-Dropping. Prätendierte oder inkommensurable Popularität". *TDP Blog*, 2022. https://sfb1472.uni-siegen.de/publikationen/pop-als-praetendierte-oder-inkommensurable-popularitaet (3. März 2023).

Luhmann, Niklas. *Die Gesellschaft der Gesellschaft*. Frankfurt a.M.: Suhrkamp, 1997.

Mau, Steffen. *Das metrische Wir. Über die Quantifizierung des Sozialen*. Berlin: Suhrkamp, 2017.

Multhammer, Michael. „Prätendierte Popularität als Popularitäts-Generator". *TDP Blog*, 2022. https://sfb1472.uni-siegen.de/publikationen/praetendierte-popularitaet (3. März 2023).

Nassehi, Armin. *Muster. Theorie der digitalen Gesellschaft*. München: Beck, 2019.

Neuhaus, Stefan. „Die Neue Frankfurter Schule, oder: Literatur als Spiel". *Literatur als Lust. Begegnungen zwischen Poesie und Wissenschaft*. Hg. Lutz Hagestedt. München: Belleville, 2008. 225–230.

Penke, Niels. *Instapoetry. Digitale Bild-Texte*. Berlin: Metzler, 2022.

Penke, Niels, und Matthias Schaffrick. *Populäre Kulturen zur Einführung*. Hamburg: Junius, 2018.

Reckwitz, Andreas. *Die Gesellschaft der Singularitäten. Zum Strukturwandel der Moderne*. Berlin: Suhrkamp, 2017.

Schaffrick, Matthias. „Listen als populäre Paradigmen. Zur Unterscheidung von Pop und Populärkultur". *KulturPoetik* 16.1 (2016): 109–125.

Schaffrick, Matthias. „Paratext Bestsellerliste". *Paratextuelle Politik und Praxis. Interdependenzen von Werk und Autorschaft*. Hg. Martin Gerstenbräun-Krug und Nadja Reinhard. Köln, Wien und Weimar: Böhlau, 2018. 71–90.

Ullrich, Wolfgang. *Die Kunst nach dem Ende ihrer Autonomie*. Berlin: Wagenbach, 2022.

Werber, Niels. „Die Ausnahme des Pop". *Zeitschrift für Literaturwissenschaft und Linguistik* 46.3 (2016): 321–332.

Young, Liam Cole. *List Cultures. Knowledge and Poetics from Mesopotamia to BuzzFeed*. Amsterdam: Amsterdam University Press, 2017.

Christoph Jürgensen, Antonius Weixler
Das einfache wahre Abfotografieren der Welt?
Popliteratur *goes* Instagram am Beispiel von Christian Kracht und Lisa Krusche

1

Zugegeben, es mag ein generationentypischer Move sein: Auf der Suche nach gegenwartsliterarischen Spuren auf Instagram hielten wir wie selbstverständlich zunächst Ausschau nach Rainald Goetz. Aber diese Spur führte ins Leere, denn Goetz hat überhaupt keinen Instagram-Account. Rainald Goetz, der in seiner legendären Bachmannpreis-Erzählung *Subito* „das einfache wahre Abschreiben der Welt" (1986, 19) als Ziel formuliert hat, mag aus guten Gründen einst als ‚Medienbeauftragter' der deutschen Gegenwartsliteratur gegolten haben. In den sozialen Netzwerken allerdings taucht er kaum auf – durchaus häufig zwar als Hashtag, d. h. als Objekt verschiedener Posts, aber nicht als produktiver Akteur. In Zahlen:[1] Auf Twitter ist Goetz seit 2009, folgt 89 Accounts, hat selbst 113 Follower – und seither drei Tweets abgesetzt, nämlich am 22. Juli 2016 dem Leiter der Pressestelle des Münchner Polizeipräsidiums ein „Chapeau" zugerufen (anlässlich seiner Pressearbeit während des Amoklaufs am Münchener OEZ), dazu zwei Posts ebenfalls im Juli 2016 zum Putsch in der Türkei. Davor und danach: Schweigen, bzw. vielleicht besser, Bildlosigkeit.[2] Die spezifische Form des Gerade-Eben-Jetzt (siehe zu dieser Pophaltung grundsätzlich Schuhmacher 2003), die für Instagram stilbildend ist, scheint keinen ästhetischen oder reflexiven Impuls für das Goetz'sche Schreibprogramm zu haben. Letztlich kann man wohl schon *Abfall für alle* ablesen, dass Goetz eigentlich kein Autor für das Internet ist, einer zwar, der vielleicht immer notieren, aber keiner, der immer erreichbar sein will, immer auf Sendung, aber dabei nicht sichtbar, und sicher will er sich nicht der Marktlogik der Distributionsforen wie Instagram, Twitter oder Facebook unterwerfen, wie er sich überhaupt dem Zwang zum Ökonomischen verweigern will. Dagegen stellt er „das große schöne NEIN [...] des kleinen dicken Mannes Adorno" (Goetz 2008, 273).

---

1 Sämtliche Zahlen in diesem Beitrag beziehen sich auf den 1. März 2021.
2 Zumindest am Rande eingestanden sei, dass eine Restunsicherheit mitläuft, ob es tatsächlich ‚unser' Rainald Goetz ist, der diesen Account verantwortet, eine stabile Authentifizierung erlaubt er nicht. Eine Falsifizierung würde unser Argument aber nicht entkräften, sondern andersherum verstärken.

Die erste (sozusagen habitualisierte) heuristische Idee hat uns also zu einem Negativbefund geführt, zugleich aber auf die Dimensionen hingewiesen, um die es uns bei der Vermessung des Feldes zu tun sein muss, um Formen der Selbstpräsentation und Hochwertbegriffe wie Authentizität, generell um Fragen der Realitätskonstruktion – nicht zu schweigen von den marktlogischen Spielregeln und Valorisierungstechniken, die auf Instagram zu beachten sind. Aber welche Fälle wollen wir auf diese Ebenen hin in den Blick nehmen, wie soll die Korpusbildung erfolgen? Oder anders gefragt, ist Goetz in seiner Verweigerung der sozialen Netzwerke ein Sonderfall innerhalb der (deutschsprachigen) Gegenwartsliteratur, oder ist seine Haltung typisch? Sozusagen das eine Ende einer Skala, an dessen anderem Extrempunkt Rupi Kaur mit ihren 3 Millionen Followern angesiedelt ist? Schon durch eine einfache Browsingtour lässt sich in jedem Fall feststellen, dass Instagram (bislang zumindest) nicht in der Mitte des Literaturbetriebs angekommen ist, und zwar anscheinend nicht nur aus generationellen Gründen und, damit verbunden, aus Fragen der technischen bzw. medialen Sozialisation. Denn neben Goetz hat beispielsweise – um nur einige Autor:innen von der Longlist des Deutschen Buchpreises zu nennen, die dem Publikum weder vornehm den Rücken kehren noch rückhaltlos nach Anerkennung lechzen – Felicitas Hoppe keinen Account, wenn wir nicht diejenige Hoppe als ‚unsere' Autorin identifizieren wollen, die einen Dawanda-Shop betreibt (Felicitas Hoppe wäre dieses Spiel allerdings wohl zuzutrauen): Ebenso wenig ist Dietmar Dath auf Instagram zu finden, technikaffin sind er wie seine Poetologie zwar allemal, aber es mag der marxistische Habitus einer Selbsteingemeindung in den hochkapitalistischen Facebook-Kosmos im Wege stehen. Und auch die Suche nach Profilen von Dilek Güngör, Antje Ravik Strubel, Ferdinand Schmalz, Peter Karoshi und Yulia Marfutova verläuft ergebnislos, nach Autor:innen also, die zwischen 1974 und 1988 das Licht einer bald weitgehend digitalen Welt erblickten und damit eigentlich schon fast den *digital natives* zuzurechnen sind. Die Reihe ließe sich fast beliebig fortsetzen, aber der Befund sollte hinreichend anschaulich sein.

Auf den Begriff gebracht: Die Charakteristika von Instagram scheinen einem ‚klassischen' Autorenprofil und einem traditionellen Verständnis von Produktion und Rezeption zu widersprechen. Zu nennen ist hier das Verhältnis von Text und Bild, das die übliche Hierarchie invertiert und alles Skripturale zum Paratext degradiert. Vielmehr und vielleicht sogar vor allem konfligieren die ständige Konnektivität, die permanente Anwesenheit und ebenso ständige Beobachtung mit einem Literaturbegriff, der Schreiben als einsamen Prozess inszeniert. Kreativität läuft diesem Bild gemäß im Verborgenen, im einzelnen Subjekt ab, nicht öffentlich und erst recht nicht in Form einer kollaborativen Arbeit. Diese Tradition ist in der deutschsprachigen Literatur nur schwach ausgebildet, weil sie den ‚unzerstörbaren' Geniegedanken unterläuft. Schließlich muss die offenkundige Marktförmigkeit von

Instagram einem Verständnis von Autorschaft problematisch erscheinen, das, einer zentralen *illusio* des Feldes entsprechend, Interesse an Interesselosigkeit hat, sprich: auf weltliche Anerkennung und namentlich ökonomischen Gewinn nichts zu geben behauptet (vgl. Bourdieu 2001, 343).

Genau andersherum verhält es sich nun, so unsere These, mit einer Literatur, die im nahen oder weiten Umfeld einer solchen Ästhetik zu verorten ist, die wir behelfsmäßig als ‚Popliteratur' bezeichnen (und Goetz, nebenbei, ist vielleicht gar nicht so ‚Pop', wie wir gemeinhin urteilen). Denn grundsätzlich haben die literarischen Pop-Protagonist:innen ja mit Andy Warhol verstanden, wie Starkult funktioniert: „Weißt du, die Leute wollen dich sehen. Du bist nicht zuletzt für dein Aussehen berühmt" (Warhol 2013, 143). Und verstanden und in ihre poetologischen Programme integriert haben sie die Einsicht, dass sie sich in den Medien nicht nur zeigen, sondern die Medien zugleich Teil der Botschaft sind. Nicht zu schweigen davon, dass der einschlägige Hang der Popliteratur zu Listen geradezu eine Wesensverwandtschaft zur Ranglistenlogik der sozialen Netzwerke aufweist, zum Messen der Bedeutung in Follower:innen-Zahlen, Likes, Shares, Kommentaren. Damit aber zu den Sachen selbst, d. h. zwei Beispielanalysen, die uns für all dies an diametral entgegengesetzten Polen angesiedelt zu sein scheinen. Gewissermaßen konfrontieren wollen wir im Sinne der Bandkonzeption zwei Generationen, genauer: einen Vertreter, der eindeutig Pop 2.0 ist, und eine Vertreterin, bei der wir den begründeten Verdacht haben, dass sie der hier einleitend ausgerufenen Spielart eines Pop 3.0 zuzurechnen ist. Im ersten Fall handelt es sich um Christian Kracht, der ja fast unvermeidbar ist, wenn man sich mit der (mittlerweile nicht mehr ganz so) neueren deutschen Popliteratur beschäftigt, im anderen Fall um Lisa Krusche. Thesenhaft gehen wir dabei davon aus, dass Instagram in der Kracht'schen Spielart zwar in die Inszenierungslogik integriert wird, dem Werk aber ansonsten sozusagen äußerlich bleibt, während das Medium bei Krusche im literarischen Text selbst thematisch und stilbildend wird.[3]

2

Krachts Praxis der Selbstinszenierung ist von Beginn an bildmedial gestützt, integriert also eine resonanztaktisch kalibrierte Bildpolitik in das Arsenal der Positionierungshandlungen. Man denke nur an die im Verbund mit Stuckrad-Barre vollzogene, den Betrieb provozierende Werbung für Peek und Cloppenburg oder das intrikat komponierte Bandfoto auf der Rückseite von *Tristesse Royale*, um

---
3 Siehe zu Literatur auf Instagram Penke 2019.

nur die offenkundigsten Beispiele zu nennen (Röttel 2019). Nur folgerichtig ist daher, dass Kracht das Bildmedium Instagram feldstrategisch zu nutzen sucht. Ebenso konsequent angesichts der Entwicklung seiner Werkbiographie seit *Faserland* ist, dass er dabei andere Formen wählt als sein literaturpolitischer Bündnisgenosse Stuckrad-Barre. Verbunden sind die beiden allerdings weiterhin, sie ‚folgen' einander bei Instagram – und mehr noch, sie ‚liken' einander mit schöner medienbündischer Regelmäßigkeit.

Nähern wir uns Krachts Account mit einigen Zahlen: Unter dem Namen ‚mr.christiankracht' ist er seit dem 27. Juni 2016 auf der Plattform aktiv, seither wurden dort 234 Beiträge gepostet, die mittlerweile 13.900 Abonnent:innen erreichen; er selbst wiederum hat 461 Accounts abonniert[4] und folgt etwa Moritz von Uslar, ansonsten aber kaum Autor:innen, hingegen einigen Institutionen wie dem Literaturhaus Frankfurt, der edition text + kritik, der Hamburger Buchhandlung Felix Jud oder dem Deutschen Buchpreis sowie einer Reihe von Accounts, die anscheinend privat sind. Im Sinne einer breiten Netzwerkbildung nutzt er das Medium nicht, schmiedet keine medialen Allianzen, sondern bleibt eher Einzelner, und er kommentiert die Posts der anderen folgerichtig auch nicht.

Der logische nächste Analyseschritt, Krachts 234 Beiträge aus medienstruktureller Perspektive zu sortieren und zu typologisieren, kann ausfallen: und zwar deshalb, weil er sich auf eine Form beschränkt. Negativ gesagt, verzichtet er auf alle Spielformen, die Instagram seinen User:innen mittlerweile zur Selbstdarstellung anbietet und die das Netzwerk attraktiv und zeitgeistig halten sollen, die Anzahl der sämtlich als „Highlights" benannten Reels, sprich der kurzen Videos oder Stories, halten sich in Grenzen, und die Benennung als ‚Highlights' (anstatt ihnen ‚richtige' Namen zu geben) ist bereits eine ironische Kommentierung dieser exponierten Stellung. Hinzu kommt, dass er diese Ebene ohnehin nur äußerst selten aktualisiert, eine Verfolgung seiner Aktivitäten in Echtzeit wird somit verhindert – das älteste Highlight ist ein halbes Jahr alt, alle paar Wochen wird ein neues eingestellt. Nun positiv ausgedrückt: Kracht konzentriert sich darauf, Stills zu posten. Medienhistorisch nutzt er Instagram damit so, wie es der Frühphase des Kanals entsprochen hat, er historisiert das Medium letztlich. Freilich könnte man nun darauf hinweisen, dass Kracht ohnehin nicht für den ‚typischen' User postet, son-

---

[4] Diese Zahlen repräsentieren den Stand vom 1. März 2022. Aussagekräftig ist ihr Verhältnis zu denjenigen Zahlen, die wir am 22. September 2021 im Vortrag angegeben haben, auf dem dieser Artikel fußt: ‚Damals' konnten wir auf 226 Beiträge verweisen, die 13.100 Abonnenten erreichten, während Kracht andersherum gerade einmal 450 Accounts folgte. Gerade etwa ein Post ist seither im Durchschnitt monatlich dazugekommen, der Rezipientenkreis ist nur marginal gewachsen, wahrscheinlich ist er bei der Größenordnung angekommen, die sich mit seinem ‚Programm' erreichen lässt. Und offensichtlich strebt er auch keine weitere Vernetzung an.

dern für einen erweiterten Kreis der *happy few*, der wenig Sinn für den spezifischen Medienkonsum der ja meist jüngeren User hat. Aber uns scheint hier keinesfalls ein Desinteresse oder gar technisches Ungenügen aus Altersgründen für diese mediale Askese verantwortlich, sondern vielmehr eine Mediennutzung, die ein Zugleich aus seiner Affirmation und Distinktion, ein Spiel mit der Verunklarung von Abwesenheit und Anwesenheit anbietet. Sie ist typisch für die Werkstrategie Krachts generell und verhält sich insofern homolog zu den sonstigen Text-Paratext-Relationen wie zu seinen Vertextungsstrategien insgesamt (ähnlich verhält sich dies beispielsweise in Buchtrailern, siehe Jürgensen 2018).

Dieses Verhältnis zeigt sich etwa in Aufnahmen von Reisen oder Aufenthalten bei Freunden, die den medienspezifischen Anspruch einer bildgewordenen Alltagsaufzeichnung realisieren. Allerdings weisen diese Bilder die Forderung nach Nähe, Authentizität und Alltagsdarstellung durch eine konsistente Ästhetisierung zurück. Genauer gesagt: Jedes Bild ist mehr Gemälde als Schnappschuss, hochgradig komponiert, technisch bearbeitet, gefiltert und dabei häufig historisierend in Sepia getränkt (Abb. 1/2). Nun mag man einschränken, dass das bei Instagram mit den üblichen Fotofiltern inzwischen zum Standardrepertoire der Bildgestaltung gehört, doch eher nimmt Kracht die Sujets von Instagram auf und ästhetisiert bzw. historisiert sie, ähnlich wie in seinen Romanen, die sich *cum grano salis* allesamt als Genre-Pastiche lesen lassen.

Ebenfalls stimmig zu seiner Werkästhetik verhält sich, dass diese Bilder gewissermaßen nicht streng chronologisch angeordnet sind, sich also nicht auf die unmittelbare Gegenwart beziehen, auf dasjenige mithin, das ‚gerade eben jetzt' passiert. Denn sicher, vollkommen abgekoppelt von täglichem Erleben und Ereignissen im literarischen Feld ist die Bildfolge ja offenkundig nicht, sondern verweist immer wieder auf die genannten Reisen, sie zeigt Hotelzimmer oder Kracht postet jeweils am Geburtstag Selbstporträts (freilich ironisch und perspektivisch gebrochene Porträts; Abb. 3). Jenseits dieser biographischen Anbindung ist zudem beispielsweise die hohe Frequenz der Beiträge rund um das Erscheinen von *Eurotrash* auffällig, namentlich die vergilbten Fotos seiner Mutter sind hier zu nennen, der Protagonistin des Romans also (wenn wir Fragen der Autofiktion hier einmal ignorieren dürfen). Ebenso in diesen resonanztaktischen Zusammenhang eingerechnet werden kann ein Foto am Grab von Thomas Mann, „27 Jahre später" betitelt und dergestalt offenkundig autoreferentieller Hinweis auf das Ende von *Faserland*, und der abgelichtete Torso gehört wohl (suggerieren die Hashtags wie das weiße Hemd) zu ‚unserem' Autor.

Aber eine lineare Lebensmiterzählung in Bildern wird gerade durch diese historisierenden Rückverweise immer wieder gestört, deren Impuls häufig nicht zu identifizieren ist, ebenso wie durch Bilder einer früheren Version von Kracht oder kontextfrei eingestellte Settings von Innenräumen, Gemälden und Kunstwerken.

Abb. 1: Instagram, 14. April 2019, https://www.instagram.com/p/BwQFmD0nEnF/.

Abb. 2: Instagram, 5. November 2019, https://www.instagram.com/p/B4fbO4hnLHi/.

Abb. 3: Instagram, 9. April 2020, https://www.instagram.com/p/B-xcSZaHsJ0/.

Noch erschwert wird die zeitliche und lebenskausale Zuordnung dieser Fotos dadurch, dass Kracht nur wenig kommentiert – ausgerechnet der Schriftsteller verweigert häufig das Wort oder wählt, meist distanzmarkierend in Englisch, Titel für die Fotos, als wären es Titel in einer Gemäldegalerie. Dazu passt, dass Kracht immer noch Diskussionen um distinktive Setzungen von Lebensstil qua Mode triggert – ein seit *Faserland* und der topischen Barbourjacke eingespieltes Reiz-Reaktions-Schema – und sich dabei selbsttraditionsgemäß auf die Rolle als rätselhafter Impulsgeber beschränkt. Am 6. August 2021 beispielsweise stellt Kracht ein Bildnis des Autors als noch ziemlicher junger Mann ein und kommentiert dazu wie aus der Außenperspektive: „Nachdem 1995 sein Roman ‚Faserland' in Deutschland erschienen war, verbarg sich der junge Autor 6 Monate in Goa." (Abb. 4) Stuckrad-Barre bezieht sich postwendend auf den Style Krachts, mit dem eingeübt ironischen Kommentar: „Und zog dieses Shirt […] weitere 8 Jahre kaum aus. In der spukenden Krausnickhölle lag immer ein Ersatzexemplar, ganz hinten, im dunkelsten Schrank Deutschlands". Der übernächste Kommentar vom User ‚gfstieler' nimmt den Diskurs auf: „Ralph-Lauren-Polo-Hemden. Auch da frage ich mich, ob navy oder oliv besser ist" etc.

Abb. 4: Instagram, 6. August 2021, https://www.instagram.com/p/CSOzB8VMv4r/.

Alles in allem laufen diese medialen Verfahren auf eine Form der Werkherrschaft und Bildautorität hinaus, die auch in Krachts Frankfurter Poetik-Vorlesung offenbar wurde. Sicher, aufmerksamkeitsträchtig war vor allem die Schilderung seiner Missbrauchserfahrungen. In Sicht auf die Erhellung seiner werkbiographischen Kontur ertragreicher als eine Verfolgung dieser autobiographischen Spur ist jedoch wohl, der performativen Praxis seines Auftritts zu folgen, genauer: seine Strategie der Zeichenherrschaft in den Blick zu nehmen. Auf die Wand hinter dem Rednerpult war während Krachts Poetikvorlesung projiziert. „Auf Wunsch des Autors bitten wir darum, die Handys auszuschalten. Fotos oder Aufzeichnungen während der Vorlesung sind nicht gestattet" (zitiert nach Komfort-Hein und Drügh 2019, 10). Und weil der Redetext auch nicht veröffentlich wurde, sondern nach dem Willen seines Verfassers ‚verwehen' sollte, ist der viel zitierte und dennoch nicht dokumentierte Auftritt wie alle biographischen Zeichen von Kracht: gleichzeitig anwesend und abwesend.

3

Lisa Krusche scheint hinsichtlich ihrer Medienpraxis denkbar weit von Kracht entfernt bzw. typologisch gesprochen gar am entgegengesetzten Pol angesiedelt zu sein. Denn die Faktur von Krusches Debüt *Unsere anarchistischen Herzen* (2021) ist in einer Weise von Social Media im Allgemeinen und Instagram im Besonderen dominiert, wie man das wohl nur über wenige andere Romane der letzten Jahre behaupten kann. Hanna Engelmeier konstatiert in ihrer Rezension für die *Süddeutsche Zeitung* entsprechend einen „WhatsApp-Impressionismus" und ergänzt, dass die Instagram-Ästhetik und „[d]ie visuelle und ikonische Kommunikation mit Fotos und Emojis, die Referenzsysteme, die durch Vernetzung von Userinnen und Usern entstehen [...] stilbildend" für diesen Roman seien, ja, dass die „Fixierung aufs Visuelle [...] auch im Erleben der Figuren entscheidend" sei (2021). In einem ersten Schritt wollen wir diese Interpretation mit einem kurzen Blick in den Roman evaluieren, um in einem zweiten Schritt diese textinterne Ebene in Bezug zur paratextuellen und habituellen Inszenierungspraxis zu setzen – ausgehend von der Einsicht, dass Autorschaft aus dem Zusammenspiel aus textuellen, paratextuellen und performativen Elementen entsteht. Untersucht wird also, wie die Bildcodes oder genereller: die Schreibweisen von Instagram die Form wie die Ästhetik des Romantextes organisieren und wie eine offenkundig in sozialen Medien sozialisierte Autorin ihren Account wiederum selbst bespielt.

In *Unsere anarchistischen Herzen* wird in sehr kurzen Kapiteln und in sich abwechselnden Perspektiven die sich entwickelnde Freundschaft von Gwen und Charles erzählt. Der Text stellt damit zwei junge und starke Frauen ins Zentrum der Erzählung, was im immer noch von männlichen Helden dominierten Adoleszenzgenre schon allein eine Besonderheit darstellt. Im Roman ist eine instagramatische Prägung auf u. a. textueller, emotionaler, metaphorischer, visuell-ästhetischer sowie generationeller Ebene zu erkennen. Instagram und die sozialen Medien sind dabei mehr als bloß thematische Bezugspunkte:

> Auf Instagram entdecke ich ein Foto, darauf ein Schriftzug aus Wolken am Himmel: *I miss the future.*
> Ich reposte das Zukunftsbild auf Twitter. Mein Account ist privat, und niemand folgt mir. [...] Aber ich will mich auch in diesen Superorganismus eingliedern, der wie ein Pilz die Erde überwuchert, ich will mich auch selbst überdauern, als Teil einer endlosen Datenmasse. [...]
> ich will mich abdichten gegen die welt aber auch durchlässig bleiben
> & ich will das nicht alleine durchstehen
> Ich lege mein Telefon weg und gehe auf den Balkon [...]. (Krusche 2021, 238–239)

Im Roman sind immer wieder übergangslos solche kurzen Passagen eingebaut, an denen in Kleinschreibung und fehlender Interpunktion die typische WhatsApp-Diktion zu erkennen ist. Schon allein dadurch zeigt sich auf der textuellen Ebene, dass sich Gwen und Charles' Lebenswelten zu einem erheblichen Teil im Digitalen befinden. Im Zitat etwa reflektiert Gwen über ihre Zukunftsaussichten in einer saturierten, postideologischen und ‚wohlstandsverwahrlosten' Mittelschicht zwischen „Sicherheit", „Kreuzfahrtschiff" und „Sylt" sowie zwischen „Champagner in der Psychiatrie, wenn mein Mann mich verlässt, Beruhigungsmittel und Birkin zu Weihnachten, wenn er es nicht tut" (237). „Zukunftsperspektiven", die für Gwen allesamt „Verleugnung" sind, denn: „In Zuckerwatte eingepackt leben, alle Verbindungen im Herzen gekappt [...]. Was soll so ein isoliertes Leben wert sein?" (237). An dieser Stelle im Roman haben sich Gwen und Charles noch nicht kennengelernt, waren sich nur einmal kurz begegnet, d. h. der Text stellt in der Gegenüberstellung der beiden Perspektiven von Gwen und Charles vor allem auch ihre jeweilige Isolierung, ihr Verlorensein in der Innerlichkeit und digitalen Selbstbespiegelung dar. Die Plotstruktur einer Coming-of-Age-Geschichte ist ja stets eine *quest*, in der eine Abenteuerreise mit einer Identitätssuche verbunden wird, und dass die individuelle Identitätsfindung wiederum in Zeiten prekär wird, in denen man durch die digitale Kommunikation immer schon ein Teil einer „endlosen Datenmasse" und eines rhizomartigen „Superorganismus" ist, wird hier in Form wie Inhalt gleichermaßen verhandelt. Dass sich die beiden Mädchen schließlich kennenlernen und Freundinnen werden, ist letztlich auch eine Geschichte der Rettung: Zwar rettet ihre Freundschaft sie vor allem vor der „abgehalfterten Welt der Erwachsenen, besonders der männlichen" (Engelmeier 2021), ihre Freundschaft im *real life* rettet sie aber auch vor ihrem Identitätsverlust in Social Media.

Dieses Leben im Digitalen hat auch emotionssemantische Folgen – und vielleicht ist anhand dieses Phänomens sogar so etwas wie der Beginn einer emotionshistorischen Entwicklung zu antizipieren. So sind die Emotionen der Protagonistinnen sowie die Metaphorik, die diese versinnbildlichen, in *Unsere anarchistischen Herzen* wesentlich von den für Textnachrichten benutzten Emoticons beeinflusst, wie der folgende Ausschnitt zeigt, in dem Charles ihre Emotionen, als sie in typischer Teenager-Abgrenzung von ihren Eltern genervt ist, analog zum 🤯-Emoji ausdrückt:

> Das Hirn platzt mir weg, weil ich das Geballere hasse. Das Hirn platzt mir weg, weil ich nicht hier sein sollte. Das Hirn platzt mir weg, weil meine Eltern es einfach nicht auf die Reihe bekommen. Das Hirn platzt mir weg, weil es den anderen gar nichts auszumachen scheint. (Krusche 2021, 38)

Welt- wie Selbstwahrnehmung sind im Roman aber noch viel grundsätzlicher von der Visualität der sozialen Medien geprägt, als die Emoji-Metaphorik erkennen lässt. Man könnte in diesem Zusammenhang auf die ausgeprägte Intertextualität und Intermedialität des Textes verweisen, auf die Anspielungen auf Maler:innen (Hilma af Klint etwa) oder die noch viel häufigeren auf Computerspiele (z. B. Hyrule). Noch bedeutender, wenn auch auf der Textebene deutlich subtiler, weil in die Innerlichkeit oder Habitualisierung gewendet, ist, dass in der Welt- und Selbstwahrnehmung die instragramatische (oder vielleicht besser: instagramesque) visuelle Qualität des eigenen Lebens und Erlebens immer schon mitgedacht wird, ja gleichsam zum Apriori der Wahrnehmung wird: „Mo macht es mir mit dem Mund, ich sehe ganz schön aus dabei" (414; vgl. dazu auch Engelmeier 2021). Letztlich ist die Lebenswelt der beiden Protagonistinnen also vom visuellen Dispositiv von Postings vorgeprägt (vgl. dazu generell: Martínez und Weixler 2019).

Wenig verwundern kann angesichts dieser Bedeutung von Instagram für die Textwelt, dass die reale Autorin Krusche nicht nur *einen* Account pflegt, sondern gleich drei – mindestens, wir mögen weitere übersehen haben. Schon in dieser Aufspaltung auf mehrere Instagram-Ichs zeigt sich ein sowohl spielerischerer als auch selbstverständlicherer und medienaffinerer Umgang mit dem Kanal gegenüber der Medienpraxis des ‚Boomers' Kracht. Einer ihrer Accounts, „lisakrusche", ist rein privat, öffentlich also nicht zugänglich und vermutlich ausschließlich für Freunde und Familie reserviert, sodass wir über ihn hier keine Aussagen treffen können, allenfalls, dass es hier 52 Beiträge für 642 Follower zu sehen gibt, und sie wiederum 835 Accounts folgt.

Ein weiterer Account, „hall_uzination", ist dagegen ein genuin literarisches Projekt, mit dem sie das Stipendium als Stromboli-Stadtschreiberin in Hall in Tirol 2019 ausfüllte. Wenn man bedenkt, dass sich bei dieser Art von Literaturpreis die verleihenden Institutionen in der Regel erhoffen, dass die Stadtschreiber:innen sich während ihres geförderten Aufenthalts literarisch mit der jeweiligen Stadt oder Region auseinandersetzen (vgl. Jürgensen und Weixler 2021), hat Krusche diese Anforderung mit ihrem extra dafür eingerichteten Account sozusagen mustergültig erfüllt und dort ein bildlich-literarisches Tagebuch ihres Aufenthalts in Hall hinterlassen. Eigentlich stellt Instagram dafür auch ein ideales Medium dar mit der technisch möglichen bis gewollten Mischung aus Fotos und Text und insbesondere im Ideal der instantanen

Abb. 5: Instagram, 5. Mai 2019, https://www.instagram.com/p/BxFawBxHsDB/.

und unmittelbaren Lebensmiterzählung im Hier und Jetzt. Krusche versucht aber nicht nur, ihre Eindrücke von Hall in ihrem Instagram-Tagebuch literarisch zu verarbeiten, sondern sie reflektiert insbesondere auch auf diesem Account die mediale Wahrnehmungsprägung: „Ich schicke Bilder an alle über What's App, die aber nichtssagend sind, weil sie nichts transportieren, man kann die Berge ja nicht sehen. [...] Es macht einen Unterschied, ob man die Präsenz der Berge spüren kann oder hinter den Wolken nur die glatte Hülle des I-Phones fühlt" (vgl. Abb. 5). Den 35 Beiträgen zwischen dem 5. Mai und dem 13. Juni 2019 folgten 120 Accounts, seiner Funktion gemäß ist seither kein weiterer Post hinzugekommen.

Der Account „lisa.krusche" schließlich ist als ihr offizieller Autorinnen-Account markiert: „Lisa Krusche / Schriftsteller/in / 🐻🗨️🐻 / ‚Unsere anarchistischen Herzen' & ‚Das Universum ist verdammt groß und super mythisch'" lautet entsprechend selbstbewusst die Accountbeschreibung, die zudem Werbung für ihre beiden Romane prominent platziert. Beide Romane werden auch gleich in den ersten beiden Reels beworben. Genauer, diese Funktion nutzt Krusche gleichsam als Reels-Archiv, denn unter dem *Unsere anarchistischen Herzen* bezeichnenden Thumbnail-Feld werden nicht nur die aktuellsten, sondern alle von ihr bis dahin veröffentlichten Reels zu ihrem Debüt gesammelt: Zumeist handelt es sich dabei um Ankündigungen ihrer Lesereise von 2021. Dieser Kanal wird von Krusche seit dem 12. November 2017 bespielt, seitdem wurden 219 Beiträge für inzwischen knapp 1800 Follower eingestellt, ein vergleichsweise kleiner Kanal mit überschaubarer Reichweite also. Krusche selbst folgt mit diesem Account ca. 400 Leuten, darunter unter anderem Sharon Dodua Otoo, Mirna Funk, Sophie Passmann, Shida Bazyar und Vea Kaiser, die ihr alle wiederum ebenfalls folgen, einigen Literaturhäusern – erkennbar oft den ‚jungen' Ablegern wie dem Jungen Literaturhaus Schleswig-Holstein – sowie einer Reihe anderer literaturvermittelnder Kanäle. Auffallend ist also auch in dieser Vernetzung der ausgeprägte Generationen-Bias, von den etwas älteren Schriftsteller:innen folgt sie lediglich Clemens J. Setz sowie an Institutionen u. a. dem Bachmannpreis und dem Goethe-Institut.

Mit der Selbstauszeichnung des Accounts („Lisa Krusche / Schriftsteller/in") präsentiert sich allerdings nur auf den ersten Blick ein Autorinnenkanal. Folgt man den Posts chronologisch von 2017 bis März 2021, dann zeigt sich vielmehr eine Entwicklung vom Bild zum Text, von einer bildkünstlerischen zu einer zunehmend literarischen Kanalnutzung. Im Fall dieses Accounts von Krusche lässt sich also so etwas wie ein mit der Zeit sich vollziehendes *coming of authorship* nachvollziehen. Biografisch mag dies wenig überraschen, hat die 1990 geborene Hildesheimerin doch zunächst Kunstwissenschaft an der Hochschule für Bildende Künste in Braunschweig studiert, bevor sie dann zum Studium des Literarischen Schreibens nach Hildesheim zurückwechselte. Ihre ersten gut zweieinhalb Dutzend Postings bilden daher fast ‚naturgemäß' vor allem bildkünstlerische Arbeiten, tendenziell abstrakte Fotografien, aber auch eine ganze Reihe „Hildesheimer Stillleben". Diese ersten Fotoarbeiten kommen noch gänzlich ohne Bildunterschrift und von Hashtags abgesehen meist sogar vollständig ohne Text aus, bespielen dadurch aber das Medium natürlich einerseits letztlich in vollgültiger Konsequenz als Bildforum. Andererseits verstoßen diese Fotoarbeiten dezidiert gegen den medialen Imperativ des instantanen und ‚einfachen wahren Abfotografierens der Welt' und stellen dieser Instagram-Bildästhetik gerade das Hochwertphänomen abstrakter und ästhetisierter Fotografien entgegen. Bezeichnenderweise ist Krusche auf diesen ersten Bildern selbst auch nie zu sehen, vielmehr dominieren Abstraktion und Stillleben gleichsam als ausgestellte Selfie-Verweigerung (vgl. Abb. 6).

Mit der Zeit kommen erste Bildunterschriften hinzu und werden dann nicht nur zunehmend länger, sondern gewinnen die Dominanz gegenüber den Bildern; zumindest qualitativ, quantitativ hat es der Text in diesem Bildmedium im Kampf um Aufmerksamkeit freilich immer schwer, aber umso markanter ist freilich der ausgestellte literarische Anspruch, der sich in dieser Inszenierungsgeste zeigt. Ab wann sich dann sozusagen der Umschwung des Accounts von dem einer Bildkünstlerin hin zu dem einer Autorin vollzieht, ist so ohne weiteres nicht zu beantworten; und bei einer schreibenden Bildkünstlerin wie Krusche und einem transmedialen Medium wie Instagram letztlich auch nicht relevant. Tendenziell lässt sich aber konstatieren, dass Krusche ihren Account seit ca. Mitte/Ende 2018 vorwiegend als Autorin bespielt, d. h. dass die allermeisten Posts ab dann mit für Instagram überdurchschnittlich langen und zudem erkennbar um Poetizität und Lyrizität bemühten Texten versehen sind. Wobei der bildkünstlerische Anspruch zu keinem Zeitpunkt aufgegeben wird, sämtliche Posts zeichnen sich nach wie vor durch dezidiert ästhetisierte Bilder aus. Allerdings ändern sich auch die Bildmotive, Krusche ist zunehmend oft selbst zu sehen, selten aber in Selfies, sondern meist in hochästhetischen und deutlich inszenierten Portraits (meist von ihrer Schwester, der Fotografin Charlotte Krusche fotografiert; vgl. Abb. 7). Vom Kanal einer Bildkünstlerin ist ihr Account damit ab Mitte 2018 erkennbar zu dem ihrer autorschaftlichen Selbstinszenierung geworden. Wie sie sich dort selbstinszeniert, wollen wir an zwei kurzen Beobachtungen, die zugleich in ihrer Account-Entwicklung auch so etwas wie markante Wegmarken darstellen, exemplarisch untersuchen.

Einer der ersten Posts, der nicht nur mit einem Einzeiler und einigen Hashtags, sondern mit einem ersten etwas längeren Text versehen ist, ist am 5. Februar 2018 wie folgt untertitelt: „Wir waren im Wald. / Es sind zwei Rehe vorbeigelaufen. / Und zwei Hunde noch. / Es war sehr kalt. Wir haben ein paar Fotos gemacht, das hier ist eins davon" (Abb. 8). Hier zeigt sich eine Grundstruktur von Krusches Selbstinszenierung auf Instagram: Die erkennbar stilisierten und ästhetisch überinszenierten Bilder werden durch den Text ironisch kommentiert. Eine solche „Synthese [...] aus Ernst und herkömmlicher Ironie" hat Charlotte Krafft in ihrem Essay zum Sammelband *Mindstate Malibu* (2018) als „Hyperironie" beschrieben (2018, 168).[5] Im Prinzip versteht Krafft darunter eine „Hyperreflexivität" als ein „neues Phänomen der Popkultur", das die Schlegel'sche romantische Ironie, derzufolge in einem Kunstwerk die eigenen Entstehungsbedingungen mitbedacht und reflektierend ausgestellt werden, auf die postmodernen medialen Bedingungen überträgt und weiterdenkt. Im selben Sammelband wiederum veröffentlicht Krusche einen programmatischen Essay zur Unmöglichkeit von Authentizität in der Gegenwartskultur: „Authentizität ist over", heißt es hierzu in aller wünschbaren Deutlichkeit, denn:

> Die Wirklichkeit ist ein Wirbel aus Performances. Und du, du bist nur die Frage danach, wie konsequent ein Als-ob-Szenario durchgezogen ist. Wie stringent eine Performance, wie gewitzt ein Fake ist. Du bist eine bewusste künstlerische Strategie, eine kalkulierte artifizielle Technik. (102–104)

Dass hinter der Social-Media-Performance also nie Authentizität steckt und stecken kann, dass dieser bildmedialen Inszenierung in digitalen Zeiten schlicht nicht mehr zu entkommen ist, sondern diese Oberflächlichkeit die (neue) Wirklichkeit selbst ist: Von dieser Einsicht handelt Krusches Essay in *Mindstate Malibu*

---

5 Vgl. hierzu auch den Beitrag von Jano Sobottka für diesen Band.

Abb. 6: Instagram Beiträge von November – Dezember 2017.

und von dieser Einsicht ist auch ihre Autorschaftsinszenierung auf Instagram geprägt. Ja, wenn man vor diesem Hintergrund die oben skizzierte Verlorenheit von Gwen und Charles in digitalen Welten betrachtet, zeugt letztlich auch der Roman davon, wenn auch mit deutlich subtilerem hyperironischen Gestus.

Aus diesem Aspekt leitet sich unsere zweite Beobachtung ab. Zwischen Instagram und literarischem Werk lassen sich einige Querverbindungen erkennen, d. h. Instagram dient Krusche nicht nur der habituellen und autorschaftlichen Selbstinszenierung, sondern auch der textuellen, oder genereller: der ästhetischen. Letztlich zeigt sich darin ein transmediales Kunstverständnis, in dem Bilder und Texte, digitale und klassisch-literarische Medien ein transmediales Gesamtkunstwerk erge-

Abb. 7: Instagram Beiträge von September – Dezember 2021.

ben. Im ersten Post etwa, der am 11. Juli 2018 den ersten längeren literarischen Text in ihrem Account enthält, heißt es unter einem Einmachglas voller blauer Farbe:

> Ich hab da was für dich, sagt das Leben, ein Glas voller Melancholie / Und ehe ich mich versehe, kracht der Himmel zusammen und ich laufe mit dem Glas und dem ganzen Gewicht durch eine brüchige Gegend, nichts hält, was es verspricht, nichts hält und nichts verspricht. Flankiert von zerfallender Zärtlichkeit, Schutthaufen von Menschlichkeit. […] / Ich will dein Glas nicht, sage ich zum Leben. / Das Leben zuckt mit den Schultern. Keine Rücknahmegarantie, sagt es […]. (Abb. 9)

Nun gilt Blau nicht erst und nicht nur wegen der englischen Umschreibung ‚feeling blue' als Großmetapher für Melancholie, diese synästhetische Umschreibung hat bekanntlich eine lange literarische Tradition, um die es uns hier aber nicht gehen

Abb. 8: Instagram, 5. Februar 2018, https://www.instagram.com/p/Be1Jho2lMUr/.

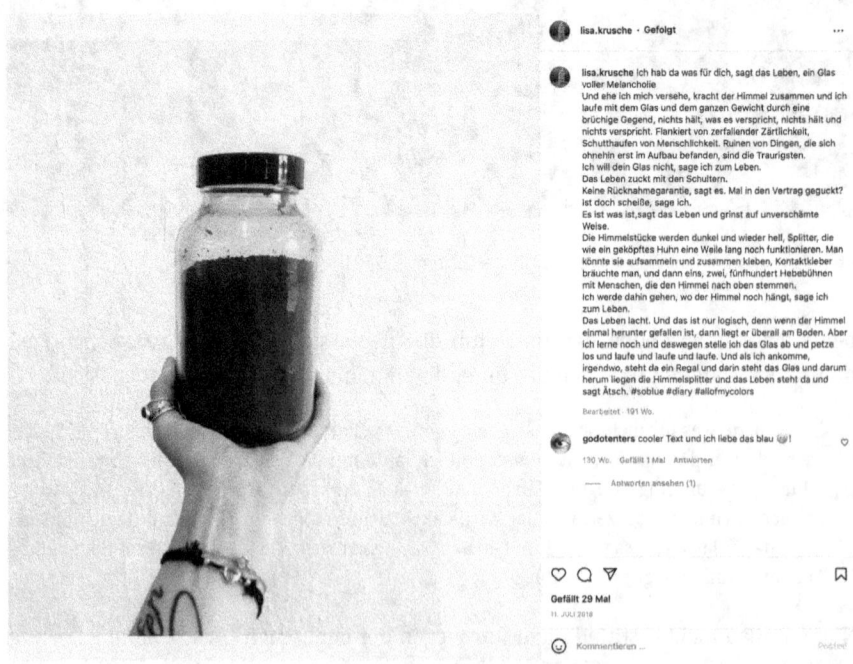

Abb. 9: Instagram, 11. Juli 2018, https://www.instagram.com/p/BlGSTf_l38Q/.

soll. Bedeutsamer ist, dass die Blau-Melancholie eines der zentralen Leitmotive von Krusches Debütroman ist und fortan ein wichtiges Leitmotiv für die paratextuelle Ausgestaltung und Bewerbung des Romans wird, zu der der Instagram-Account auch gezählt werden muss. Die Hauptfigur Gwen, die bezeichnenderweise blaue Haare hat, thematisiert im Roman wiederholt die durch die Identitäts- und Kommunikationsproblematik der sozialen Medien hervorgerufene Vereinsamung als „deep space blue", in Anspielung auf die blauschimmernden Handydisplays. Der das Internet symbolisierende Displayschimmer ist hier gerade kein aufklärerisches Licht, diese Utopie des Informationszeitalters ist in dieser Metapher erkennbar in die Dystopie des digital-medialen Inszenierungszwangs (und wohl auch der -sucht) verkehrt. Wir überspannen den Interpretationsbogen wohl nicht, wenn wir dieses *deep space blue* als eine systematische und generationenspezifische Weiterentwicklung der langen literarischen Tradition dieser Metapher verstehen. Solche intertextuellen Strukturanalogien zwischen der Bildästhetik des Instagram-Accounts und der Metaphorik in *Unsere anarchistischen Herzen* ließen sich noch um einige weitere, qualitativ indes ähnlich gelagerte Beispiele ergänzen (z. B. um die Funktion der Tiere und Pflanzen, genauer eines Hundes, eines Ponys, eines Stoff-Oktopusses und einer Bananenpalme für Charles). Strukturell etwas anders verhält es sich mit einer der wenigen sprachlichen Rückwirkungen vom Roman auf Instagram, wie sie sich in einem Post vom 5. Dezember 2021 und dem von Buchstabenperlen geformten Wort „UFF" zeigt: „All the feels in drei Buchstaben, praktisches kleines Wörtchen. #uff #guteerfindung" heißt es dazu in der Bildunterschrift (vgl. Abb. 7). Dieses „Uff" ist eines der Emotionswörter, die auch Gwen und Charles im Roman immer wieder in dieser beschriebenen Funktion gebrauchen. Diese intertextuellen Verweise zwischen Instagram und Roman, die bildlichen Überblendungen zwischen Autorin und Protagonistinnen stehen aber im Fall von Krusche gerade nicht für eine autofiktionale Nähe zwischen dem Instagram-Ich der Autorin und literarischer Welt, sondern stellen vielmehr ‚hyperironisch' die Unmöglichkeit aus, hinter das postmoderne Simulakrum – wie eine frühere Zeit gesagt hätte – bzw. die sozial-mediale Performance-Ebene zu gelangen.

4

Kracht und Krusche inszenieren sich bei Instagram folglich jeweils durchaus analog zu ihrer sonstigen Autorschaftsinszenierung sowie zu ihren literarischen Schreibprogrammen. Typologisch konträr sind unsere beiden Beispiele indes, insofern Kracht seine in der Phase von Pop 2.0 und sozusagen in ‚klassischen' Medien eingeübte Inszenierungsstrategie aus gleichzeitiger Anwesenheit und Abwesenheit auf Instagram reproduziert, für Krusche und „Pop 3.0" das visuelle Dispositiv der sozialmedialen Performance hingegen das Apriori der Selbst- und Weltwahrnehmung darstellt und dieses sodann im klassischen Medium der gedruckten Literatur thematisiert wird – letztlich handelt es sich werkgeschichtlich wie produktionsästhetisch um gegenläufige Bewegungen.

Darüber hinaus erscheint uns die Thematisierung von markenkultureller oder mediensemiotischer Oberflächlichkeit jeweils zentral und damit strukturanalog für sowohl Pop 2.0 als auch 3.0 zu sein. Die Inhalte, anhand derer dies diskutiert wird, mögen sich ändern, aber dass eine derartige kulturelle Oberflächlichkeit strukturell der zentrale ästhetische wie phänomenologisch-epistemologische Bezugspunkt von Pop wie von Popliteratur ist, daran ändert sich unserer Ansicht nach nichts. Pointiert gesagt: Was bei Kracht und Pop 2.0 die Barbourjacke, ist bei Krusche und Pop 3.0 das Hirn-Explosions-Emoji. Was ist dann aber so neu und anders an Pop 3.0? Eine Weiterentwicklung im Phänomen der „Hyperironie" zu konstatieren, scheint uns ebenfalls etwas zu kurz zu greifen, denn auch Kracht ist nie ,nur' einfach ironisch.[6] Krusche hingegen erscheint uns auf eine Art hyperironisch, in der sich weniger eine Mischung aus Ernst und Ironie zeigt – wie die Hyperironie von Charlotte Krafft definiert wurde –, sondern vor allem eine ausgeprägte (elegische) Sehnsucht nach Authentizität und Nähe in Zeiten der sozialen Medien, in Zeiten also, in denen man der Oberflächlichkeit und Performance nicht mehr zu entkommen vermag: kein einfaches wahres Abfotografieren der Welt nirgends mehr.

Literatur

Bourdieu, Pierre. *Die Regeln der Kunst. Genese und Struktur des literarischen Feldes*. Frankfurt a.M.: Suhrkamp, 2001.
Engelmeier, Hanna. „Heiliger Narzissmus, unbändige Leidenschaft". *Süddeutsche Zeitung*, 4. Juni 2021.
Goetz, Rainald (Hg.). „Subito". *Hirn*. Frankfurt a.M.: Suhrkamp, 1986. 9–21.
Goetz, Rainald. *Klage*. Frankfurt a.M.: Suhrkamp, 2008.
Jürgensen, Christoph. „Kino für Leser. Zur Inszenierung von Autorschaft in Buchtrailern". *Gelesene Literatur. Populäre Lektüre im Zeichen des Medienwandels*. Hg. Steffen Martus und Carlos Spoerhase. München: edition text + kritik, Sonderband, 2018. 181–192.
Jürgensen, Christoph, und Antonius Weixler (Hg.). *Literaturpreise. Geschichte und Kontexte*. Stuttgart: Metzler, 2021.
Komfort-Hein, Susanne, und Heinz Drügh (Hg.). „Einleitung". *Christian Krachts Ästhetik*. Stuttgart: Metzler, 2019. 1–14.

---

6 Vgl. exemplarisch dazu Pordzik, der Krachts Literatur eine „Ironie der Ironie" (2013, 574) attestiert.

Krafft, Charlotte. „Utopie der Hyperironie". *Mindstate Malibu. Kritik ist auch nur eine Form von Eskapismus*. Hg. Joshua Groß, Johannes Hartwig und Andy Kassier. Fürth: Starfruit/Verlag für moderne Kunst, 2018. 166–189.

Krusche, Lisa. „Eine Nuss aus Titan". *Mindstate Malibu. Kritik ist auch nur eine Form von Eskapismus*. Hg. Joshua Groß, Johannes Hartwig und Andy Kassier. Fürth: Starfruit/Verlag für moderne Kunst, 2018. 98–104.

Krusche, Lisa. *Unsere anarchistischen Herzen*. Frankfurt a.M.: Fischer, 2021.

Martínez, Matías, und Antonius Weixler. „Selfies und Stories. Authentizität und Banalität des narrativen Selbst in Social Media". *DIEGESIS. Interdisziplinäres E-Journal für Erzählforschung / Interdisciplinary E-Journal for Narrative Research* 8.2 (2019): 49–67.

Penke, Niels. „#instapoetry. Populäre Lyrik und ihre Affordanzen". *Zeitschrift für Literaturwissenschaft und Linguistik*, Themenheft *Medien der Literatur* 3 (2019): 451–475.

Pordzik, Ralph. „Wenn die Ironie wild wird, oder: lesen lernen. Strukturen parasitärer Ironie in Christian Krachts ‚Imperium'". *Zeitschrift für Germanistik* 23.3 (2013): 574–591.

Röttel, Ronald. „Ästhetik der Paratexte bei Christian Kracht: Zitate, Cover, Autorfiguren". *Christian Krachts Ästhetik*. Hg. Heinz Drügh und Susanne Komfort-Hein. Stuttgart: Metzler, 2019. 45–55.

Schumacher, Eckhard. *Gerade eben jetzt. Schreibweisen der Gegenwart*. Frankfurt a.M.: Suhrkamp, 2003.

Warhol, Andy. „POPism. Meine 60er Jahre". *Texte zur Theorie des Pop*. Hg. Charis Goers, Stefan Greif und Christoph Jacke. Stuttgart: Reclam, 2013. 142–155.

Caterina Richter
Found Poetry, Popfeminismus und Medienironie
Lyrikbeiträge deutschsprachiger Autor:innen auf Instagram
(Clemens Setz, Sibylle Berg, Stefanie Sargnagel, Cornelia Travnicek)

Wird über Lyrik auf Instagram geschrieben, gilt es, ihre Einbettung zu verdeutlichen: Schließlich wird sie in einem diffizilen Feld von kulturellen Codes, die untrennbar mit Popkultur verbunden sind und auf denen sich ihre (pop-)literarischen Qualitäten entfalten können, publiziert. So ist zum Beispiel die Inszenierung zu beachten, die „eben nicht den artifiziellen Schein der Identitätskonstruktion auf[zeigt], sondern [...] einen kaum zu überbietenden Authentizitätseffekt [erzeugt], da hier die Leser:innen am alltäglichen Leben der Autorin partizipieren" (Amlinger 2021, 600). Diese Selbstnarrationen sind sowohl auf die Bildsprache einzelner Posts als auch auf die Kuratierung des Profils bzw. dessen Kontextualisierung angewiesen, was bereits in Bezug auf Influencer:innen untersucht wurde (Löwe 2019) und Rückschlüsse darauf zulässt, dass diese auch bei Beiträgen von Autor:innen Relevanz haben. Wenn nun literarische, poetische Beiträge auf Instagram erscheinen, tragen sie bei zur Etablierung und zur Instandhaltung einer Persona, die Autor:innen in der Öffentlichkeit einnehmen – wodurch diese Artefakte weitere Facetten eines Authentizitätseffekts bilden. Mit genau diesem spielen Popliterat:innen wie Stefanie Sargnagel, indem sie sich über die Gleichsetzung beziehungsweise Irritation der Gleichsetzung von Post und postender Person von den üblichen Influencer-Profilen abgrenzen. Zudem wurde der jungen deutschsprachigen Lyrik attestiert, dass sie fast gleichermaßen geprägt sei von aktuellen Pop-Diskursen wie von den einflussreichen Avantgardebewegungen des einundzwanzigsten Jahrhunderts (vgl. Metz 2018, Pos. 147–160; Pos. 251–260): Wiederholt wurde in unterschiedlichen Zusammenhängen auf die Konjunktur kleiner Formen und ihre Verflechtung mit Instapoetry[1] hingewiesen (u. a. Penke 2019, 453–454). Es ist schlüssig, dass die Plattform grundsätzlich einen Nährboden für literarische Experimente bietet, vor allem für die jener (auch etablierter) Schriftsteller:innen, deren Schaffen sich nicht ausschließlich auf narratives Schreiben beschränkt. Beobachtbar sind zwei signifikante Varianten der auf Instagram publizierten experimentellen Lyrik: Die eine ist eine Art von *Found Poetry* – wer auf diese Art publiziert,

---

[1] Instapoetry wird als Begriff für eine spezifische Art der Lyrik auf Instagram verwendet, häufig erkennbar an Selbstzuschreibungen wie #instapoet/#instapoetry, die sich besonders „konservativer Bildsprache" bedient und tendenziell aus kurzen, schnell zu verstehenden Texten besteht (Penke 2019).

scheint sich im Gegensatz zur nächsten Variante dazu zu „committen" und dann gleich eine größere Anzahl an Posts zu veröffentlichen.[2] Die andere nimmt sich die Ästhetik der Instapoet:innen zum Vorbild, kontextualisiert sie aber teils so, dass es persiflierend wirkt und damit das Stereotyp unterwandert. Also gilt es beim Verfassen solcher Gedichte, sich entweder von der populärsten Form (Instapoetry) abzugrenzen und Neues zu schaffen (Clemens Setz mit *Found-Poetry*-Verfahren) oder sie aufzunehmen und mittels popfeministischen Inhalts (Cornelia Travnicek) bzw. Ironisierung (Sibylle Berg/Stefanie Sargnagel) Anschlüsse zu bestehenden Diskursen zu finden.

1 (Wieder-)Anwendung von Verfahren der ersten Pop-Literat:innen

Found Poetry bildet das erste der beiden dominanten Formate, auf Instagram Lyrik zu publizieren und ist doppelt in popliterarische bzw. popkulturelle Strukturen eingebettet. So wird Gedichten, die im Internet veröffentlicht werden, attestiert, dass Montage, Collage und Reproduktionspraktiken auf auffällige Weise (vor allem quantitativ) verwendet werden (Zemanek 2016, 480). Die besondere Relevanz dieses Themas zeigt sich nicht nur, aber auch in der Gründung des Journals *The Found Poetry Review* (2011), das sich von 2011 bis 2016 ausschließlich *Found Poetry* gewidmet hat. Und damit erschließt sich eine direkte Linie von der ersten Phase der Popliteratur, in der Textverfahren wie *poemes trouves* ob ihres subversiven Charakters verwendet wurden (vgl. Seiler 2016, 246), in Richtung der heutigen Lyrikpublikationen im Internet. Das, was *Found Poetry* zu künstlerischen Artefakten werden ließ und lässt, generiert sich aus dem Frame, in den sie gesetzt und in dem sie rezipiert werden. Über die Legitimation einer Autor:inneninstanz werden diese per se nicht als lyrisch wahrgenommene Texterzeugnisse des Alltags zu einem literarischen Objekt mit poetischem Anspruch. Clemens Setz ist ein Autor, der sich in genau diesem Spannungsfeld in verschiedenen Bereichen seines Schreibens bewegt und dieses auch auf Instagram weiterführt. Paradigmatisch dafür kann ein Post ohne Paratext[3] gelesen werden, auf dem ein Foto eines grün gestrichenen Kämmerchens mit der Aufschrift in der Komplementärfarbe Rot „Tu alles als wäre es Poesie" (Setz,

---

[2] Außer Acht gelassen ist hierbei die Möglichkeit der Autor:innen, ihr Profil selbst jederzeit zu verändern und Beiträge zu löschen. Die Ausführungen hier beziehen sich auf die Profile im Frühjahr/Sommer 2021, mit letzter Überprüfung im Jänner 2022.
[3] Als Paratext (Genette 2001) sei hier der dem Bild beigefügte Text verstanden.

22. März 2018) zu sehen ist. Dieses ästhetische Prinzip lässt sich auf fast alle von Setz' Beiträgen übertragen: Sein Profil ist weitgehend befreit von Hinweisen auf seine neuesten Buchpublikationen oder auf stattfindende Lesungen, stattdessen werden von ihm Alltagsbeobachtungen geteilt, deren poetisches Potential sich entweder über ihren Inhalt oder ihre paratextuellen Elemente entfaltet. Ob das nun Wolkenformationen seien, die bestimmte Interpretationen zulassen, oder Straßenschilder, die auch ganz etwas anderes bedeuten können – Setz hebt diese Motive aus ihrem alltagsweltlichen Kontext und setzt sie auf Instagram in einen neuen, poetischen Zusammenhang. In einigen seiner Posts wird die poetische Rahmung konkret thematisiert. Ihnen wird über den Paratext eine konkrete lyrische Textsorte zugesprochen wie etwa Haiku (Setz, 1. Mai 2016), Poem (Setz, 22. Dezember 2016) oder Short Story (Setz, 28. Februar 2016). Ein Beispiel für dieses Verfahren sei „Found Poetry ‚Felix'" (Setz, 7. Juli 2018, Abb. 1), in dem „Länge über alles/Breite über alles/Verdrängung/Geschwindigkeit/Dieselmotoren MVN/Fahrgäste max." als Verse unter dem als Titel definierten Wort „Felix" gezeigt werden. Besonders ist an diesem Post auch der Bildausschnitt, da er auch so gewählt werden hätte können, dass die auf der rechten Seite eingeblendeten Zahlenwerte unsichtbar geblieben und der Fokus allein auf den Textteilen gelegen wäre.

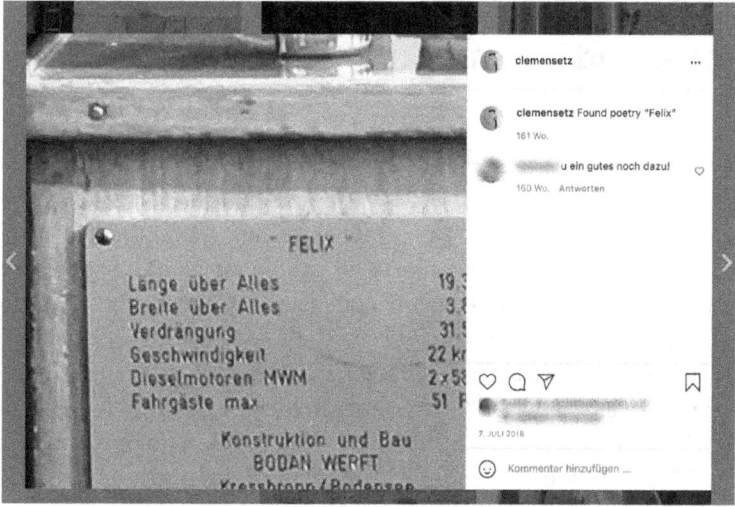

Abb. 1: Instagram Beitrag („Found Poetry ‚Felix'"), 7. Juli 2018, https://www.instagram.com/p/Bk7uiQTFSVn/.

Stattdessen ist das Bild so zugeschnitten, dass der Hintergrund erkennbar ist: Es handelt sich um eine Metallplakette, die auf einer Holzunterlage montiert ist und die nautisch zu sein scheint. Zudem sind unter den zusammenhängenden Zeilen die Worte „Konstruktion und Bau/BODAN WERFT/Kressboden/Bodensee" lesbar. Diese zeugen von dem geographischen und inhaltlichen Verweis auf die lebensweltliche Einbettung. In einer popliterarischen Analyse dieses *Found-Poetry*-Artefakts kann auf die mehrschichtigen Bedeutungen von Booten, von ihren popkulturellen Kontexten, von der Assoziation mit „den Schönen und Reichen", von der Relevanz solcher Längen- und Größenangaben hingewiesen werden. Und

> [d]ies ist, neben der subtilen Kritik an der Konsum- und Populärkultur, der zentrale Effekt des Pop-Verfahrens[…][:]Die poetische Funktion des Texts rückt phonetische Äquivalenzen, visuelle Aspekte und nachträgliche Eingriffe in den Fokus der Reflexion. (Pabst und Seidel 2019, 105–106)

Dies erzielt Setz auch durch andere Verfahrensweisen, in denen sich Bild- und Text inhaltlich fortschreiben (Setz, 20. Mai 2018) oder indem im öffentlichen Raum gefundene Schriftstücke modifiziert und ergänzt werden (Setz, 21. März 2017). Dadurch werden visuelle Leerstellen durch den Autor gefüllt und erfahren auf Instagram ihre eigene Pop-Rahmung.

2 Popfeministische Strategien bei Berg, Sargnagel und Travnicek

Instapoetry bezeichnet das zweite populäre Format der Lyrikproduktion, die nicht nur in einem Raum entsteht, in dem klassische Türsteher-Funktionen (das *gate keeping*) mehr oder weniger außer Kraft gesetzt sind, sondern zudem Gemeinschaften schafft, die sich – auch sprachenübergreifend – ähnlichen Themen widmen. Daher bestehen für Frauen: oder Women: of Color große Potenziale, hier zu veröffentlichen, um später Buchpublikationen folgen lassen zu können. Rupi Kaurs erster Gedichtband *milk and honey* (2014), in dem ihre Instagram-Gedichte erschienen sind, war und ist der erfolgreichste Lyrikband aller Zeiten (vgl. u. a. Penke 2019, 468; Baßler 2021, 132). Kaur gilt als Prototyp der Instapoetinnen und nutzt Verfahren, die auf Verständlichkeit, Klarheit und emotionalem Immersionspotential beruhen. Ihre Lyrik und damit auch ein großer Teil der Instapoetry gilt in jenen Kreisen, die wiederum im „klassischen" Literaturbetrieb *gate keeping*-Positionen einnehmen, oft als trivial (vgl. Miller 2019). Im Gegensatz dazu geht es aus Sicht der Instapoet:innen-Community vor allem darum, gehört zu werden und einen Resonanzraum zu schaffen, in dem man unabhängig von Urteilen anderer agiert. Die *Community*, ein Aspekt, den Felix Stalder (2016, Pos. 1755–2069) auch als *Gemeinschaftlichkeit* bezeichnet, steht bei dieser Lyrikform im Vordergrund, es gehe also mindestens gleich stark um kathartische Momente und persönliche Identifikation wie um die formalen Aspekte bei der Rezeption des Gedichts (Miller 2019). Diese Ausgangssituation bietet einen Nährboden für unterschiedliche popkulturelle Ansätze – zwei davon (Ironie und popfeministische Affirmation) werden in der Folge genauer analysiert.[4]

3 Einbettung der Instapoetry-Posts in das als ironisch zu verstehende Gesamtprofil

Zwei Autorinnen, die bekannt sind für ihre jeweils eigene, spezifische Art des literarisch-ironischen Ausdrucks, sind Sibylle Berg und Stefanie Sargnagel. Gemeinsamkeiten haben sie nicht nur in Hinblick auf ihre Inszenierungsstrategien, sondern auch auf ihre künstlerischen Ursprünge. Beide arbeiten unter anderem journalistisch, haben Schreibweisen, die als unmittelbar und weltverbunden wahrgenommen werden und durch die sich Leser:innen zur Kommentierung berufen fühlen.[5] Beide sind Produzentinnen ihres „Autor-Ichs", zu dem „literarische Texte, die selbstreferenziell den Akt des Schreibens thematisieren und [...] para-, vor allem epitextuelle [...] Aussagen wie Essays, Kolumnen, Interviews" (Catani 2020, 82–83) ebenso wie Posts auf sozialen Netzwerkplattformen gehören. Bergs Inszenierung, die bereits in den 1990er-Jahren, jener Phase, in der Ironie als das Kriterium schlechthin galt, zur neuen deutschen Popliteratur gezählt wurde, wird unter anderem als popfeministisch gedeutet; auch Sargnagels Schreiben bzw. ihre öffentlichen Stellungnahmen werden immer wieder auf diese Art interpretiert (vgl. Thiele 2019, 27).

Man könnte daher davon ausgehen, dass Sibylle Bergs Instagramprofil ironisch, kritisch und zynisch aufgebaut ist, dass sie Rezeption auch weiterhin dahingehend lenkt und dass in diesem Kontext publizierte Posts diese Merkmale aufweisen. Bereits mit ihrem ersten Beitrag wird diese Vorannahme erfüllt, nimmt Berg doch gängige Klischees in Bezug auf Instagram aufs Korn, indem sie mit den Hashtags „#hollywoodhair #ocean #beach #influencer bezahlte werbung für meer"

---

4 Eine Besonderheit, die an dieser Stelle erwähnt werden soll, ist, dass es nicht an meiner Auswahl liegt, dass in der Folge nur Autorinnen genannt werden – in der gesamten Datenmenge habe ich keinen Beitrag gefunden, der Instapoetry direkt unterwandert oder aufnimmt, der von einem Autor/Lyriker stammt. Und das andere ist der Zeitrahmen – man könnte sagen, dass diese Art der Auseinandersetzung nicht nur auf ein oder zwei Beiträge pro Poster:in beschränkt ist, sondern auch auf einen spezifischen Zeitraum. Vier der fünf hier genannten Beiträge sind von April bis Oktober 2018 erschienen; einer dann 2020 und dieser mit der Selbstzuschreibung #instapoet.
5 Zur Unmittelbarkeit/den Lesestrategien bei Berg siehe auch Biendarra 2020, 50–51.

(Berg, 3. August 2019) Influencer-Ästhetiken referenziert, die sich räkelnde Personen mit wallendem Haar am Strand zeigen. Durch das Video, das dieses Verhalten persifliert, entsteht die Ironie. In ähnlicher Form macht Berg dies mit Beiträgen zu ‚Foodporn'[6] (durch das Zeigen schimmligen Gemüses) oder Interior-Design (hier hat sie eine eigene Persona entworfen, in deren Rolle sie immer dann schlüpft, wenn ein entsprechender Clip gedreht wird). Als 2019 der Roman *GRM* erscheint, veröffentlicht sie mehrere Trailer zum Buch, bewirbt ihre Tour, zeigt Show-Ausschnitte und Kolleg:innen, die das Buch in die Kamera halten. Die Inhalte dieser Posts stehen zwischen Werbeinhalten einerseits und dem Aufzeigen bzw. Ironisieren dieser Bildästhetiken andererseits. Bergs aktuell einziger Post mit explizit lyrischem Inhalt ist einer ihrer frühesten: „Zum Feiertag der deutschen Menschen" (Abb. 2):

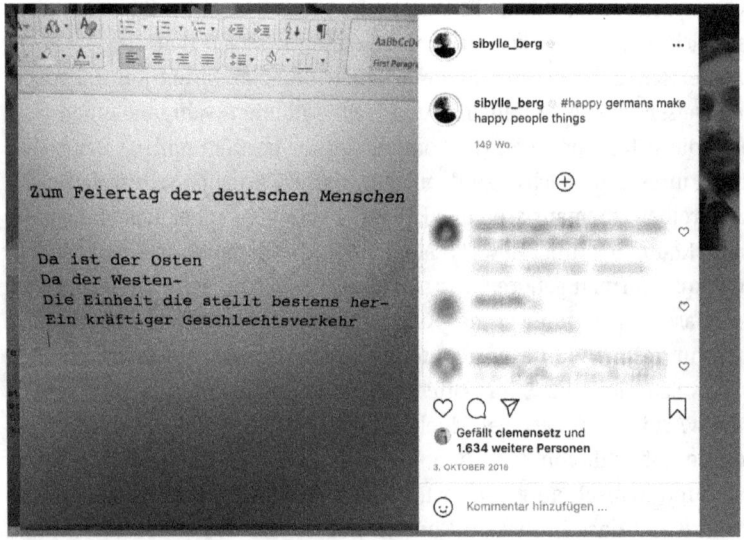

Abb. 2: Instagram Beitrag („#happy germans"), 3. Oktober 2018, https://www.instagram.com/p/Boday6QhN61/.

Im Gegensatz zu späteren Posts verwendet sie hier kaum Hashtags (außer #happy); der Text besteht aus einer einzigen Strophe, die vier Zeilen umfasst; es reimen sich nur die letzten beiden Verszeilen. In diesem Sinne sind die Instapoetry-Attribute

---

6 Bezeichnet einen Internet-Trend, bei dem Fotografien von Speisen – am beliebtesten sind besonders ästhetische Motive nach dem Motto „Das Auge isst mit" – auf sozialen Netzwerkplattformen geteilt werden (daher auch der zweite Teil des Neologismus „-porn", der für besonders ansprechende Bildkompositionen herangezogen wird, ein anderes Beispiele wäre *bookporn*).

der Einfachheit und leichten, schnellen Verständlichkeit umgesetzt. Das Bildsujet besteht aus einem Foto des Monitors, das Gedicht wird in der Benutzeroberfläche des Textverarbeitungsprogramms Microsoft Office Word angezeigt und gerade bearbeitet, was am eingeblendeten Cursor erkennbar ist. Dadurch entsteht der Eindruck absoluter Gegenwärtigkeit beziehungsweise Spontaneität des Posts. Zudem evoziert das Abfotografieren bei Rezipient:innen ein Gefühl der Authentizität – es inszeniert die Impression einer Autorin, die gerade eben das Gedicht verfasst hat und es sofort hochlädt. In Kontrast zu populären Instapoems hat das Thema einen ernsteren Hintergrund und wird dazu verwendet, Leser:innen zu amüsieren und nicht dazu, emotionale Immersion (wie bei Instapoetry üblich) auszulösen.

Ein ähnliches Vorgehen – also das des ironischen Framings – lässt sich in Anschluss an Antonia Thiele auch bei Stefanie Sargnagel beobachten:

> Das Posten im Internet, die mal vermeintlich intimen Details, humoristisch überhöht oder nicht, das alles bietet viel Interpretationsspielraum. Ist das Ironie oder meint sie das ernst? Was ist ihr ein wichtiges Anliegen und wann hat sie einfach mal aus einer Laune heraus einen Post veröffentlicht? Fragen, auf die es kaum eine eindeutige Antwort gibt. (2019, 27)

Diese Leerstelle, die Lücke, in der die Irritationen bei der Lektüre auftauchen, wird bereits beim ersten Anblick ihres Instagram-Profils deutlich, stellt sie es doch unter das Motto „Influencer". Nun muss man in ihrem Fall eigentlich zugestehen, dass es nicht ungerechtfertigt wäre, sich so zu bezeichnen; schließlich hat sie fast 52.000 Abonnent:innen und könnte damit ihren Einfluss geltend machen, um sich selbst, ihre Texte, Filme, Illustrationen oder Lebenseinstellungen zu bewerben. Sargnagel nimmt jedoch regelmäßig die Sujets der Posts von reklameorientierten Influencer:innen auf und setzt sie auf ironisch-persiflierende Art um, wodurch sie sich ebenso von den Klischees distanziert, wie durch die von ihr gewählten Inhalte selbst. Im April 2018 folgt ein Beitrag (Abb. 3), der – wird der Begleittext nicht gelesen – als ein Foto eines Gedichts von ihr und damit als Instapoetry interpretiert werden könnte.

Gerade wenn die kurze Rezeptionszeit und die Aufmerksamkeit der Nutzer:innen bzw. Leser:innen in Betracht gezogen werden, könnte sich folgende Interpretation ergeben: Sargnagel nehme hier die Schlichtheit des Instagramstils auf und hätte in wenigen Versen sprachlich ein Bild von Graz gezeichnet. Einen Verdacht erregt das Gedicht bei denjenigen, die über das Bewusstsein verfügen, dass Sargnagel nicht in Graz geboren ist. Aufschluss gibt Sargnagel im Paratext: „Habe mich wieder freiwillig als Jury für den Juniorbachmannpreis gemeldet". Diese Bild-Text-Schere erzeugt Irritation, wie die Nutzer:in @nomoredaisies ausführt: „Aso, ich dachte das hast eingreicht, jetzt war ich verwirrt wegen Graz und so, Oida ...". Über Ästhetik, Kontext und Schlichtheit der Sprache wird bei Leser:innnen hervorgerufen, dass hier – ganz im Sinne des Paktes zwischen Poster:in und User:in – ein authentisches Gedicht einer Autorin veröffentlicht wird. Dadurch, dass der

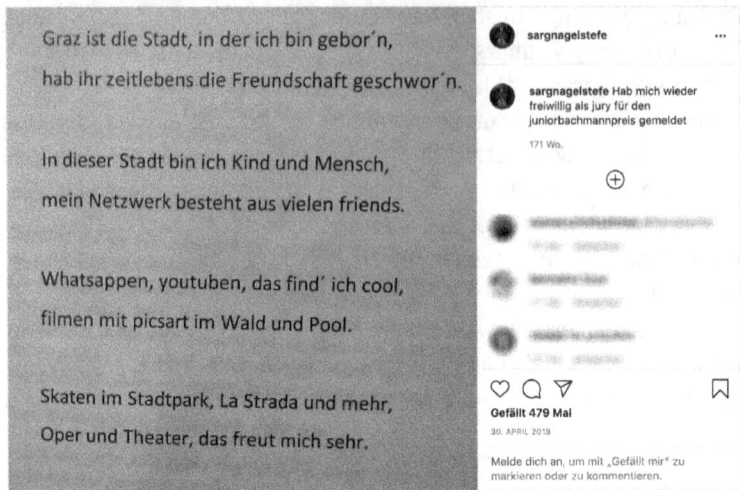

Abb. 3: Instagram Beitrag („Juniorbachmannpreis"), 30. April 2018, https://www.instagram.com/p/BiNCnYhAWgV/.

Post die Erwartung nicht einlöst, werden voreingenommene Rezeptionshaltungen aufgedeckt und können potenziell verändert werden. Außerdem weist dies auf einen Authentizitätspakt im Sinne der Übereinstimmung von Texturheberschaft und postender Person hin. Wenn eine Leserin/ein Leser eine Autorin/einen Autor abonniert, dann wird häufig davon ausgegangen, dass Beiträge von der profilbesitzenden Person verfasst und publiziert werden. Authentizität verursacht auf der Plattform zweierlei: Einerseits wird hinter dem Authentizitätsdispositiv versteckt, welche Inhalte von Influencern nur gepostet werden, um Aufmerksamkeit für bestimmte Produkte zu erhöhen und diese besser zu verkaufen. Andererseits sind die Lesenden der Posts oft genau darüber im Bilde, wobei dennoch der Wunsch nach Authentizität und dem Einblick in ein „echtes" Menschenleben vorhanden bleibt (vgl. dazu Nymoen und Schmitt 2021).

Beiträge wie die von Sibylle Berg und Stefanie Sargnagel könnten sich in Bezug auf die jeweilige Zielgruppe der Leser:innen unterscheiden. Es wäre anzunehmen, dass Berg, ob ihrer langjährigen literarischen Tätigkeit, die sie in den Köpfen der Leserschaft mit komplexen, intellektuellen, kritischen Denkfiguren, Aufführungen und Schreibweisen verbindet, überwiegend Personen unter ihren Follower:innen hat, die darüber Bescheid wissen und Berg genau deshalb schätzen. Demgegenüber konnte sich Stefanie Sargnagel über ihre Statusmeldungen auf Facebook etablieren, wodurch ein Teil des Publikums die oft als momentan und instantan bezeichnete Rezeptionshaltung auf sozialen Netzwerkplattformen internalisiert hat und auch auf das Lesen ihre Beiträge überträgt. Von diesen Leser:innen könnte Humor erhofft und Ironie durchaus erwartet werden, doch durch die enge Verknüpfung von Beitrag und postender Person – und damit die Gleichsetzung von Werk und Autor (vgl. z. B. Gamper und Wolff 2021) – folgt Irritation anders beziehungsweise früher als bei Rezipient:innen von Berg.

4 Instapoetry-Posts als popfeministische Affirmation

Die dritte Autorin, deren Texte ähnliche Motive aufgreifen, ist Cornelia Travnicek. Was sie von Berg und Sargnagel unterscheidet, ist, dass sie neben Erzähltexten auch Lyrik publiziert und keine enge Verbindung zum Journalismus hat. Auf Travniceks Profil lassen sich zwei Posts finden, die Ästhetiken der Instapoetry aufnehmen. Sie sind – gleich wie bei Sibylle Berg – Texte, deren instantanes Schreiben und Publizieren am Bild dargestellt werden. Handelt es sich 2018 (Abb. 4) augenscheinlich um einen Screenshot des Arbeitsblattes in einem Textverarbeitungsprogramm, wird im September 2020 (Travnicek, 4. September 2020) der Bildschirm abfotografiert, was sich vor allem an den Pixeln bzw. Schattenflecken im Foto erkennen lässt. Man könnte argumentieren, dass sich das Authentische bzw. Travniceks Beweis dafür, diese Posts selbst, durch den eigenen Schreibprozess hergestellt zu haben und bewusst auf Instagram zu posten, auch durch die Abwesenheit von visueller Perfektion der Fotografie generiert. Schließlich hindern die dunkleren Stellen am Bild nicht daran, das Gedicht zu lesen, sie zeigen aber deutlich, dass es sich hierbei um etwas Gemachtes handelt, um etwas Bewusstes und damit auch um einen ausdrücklichen Beitrag zur Inszenierung der eigenen Persona.

In „these boots" werden – wie oft bei Instapoesie (vgl. u. a. Miller 2019, Penke 2019) – feministische Motive aufgenommen und in den Kontext (hier) US-amerikanischer Popkultur gestellt, um „Feindbilder" wie beispielsweise „die traditionellen Rollenbilder, die patriarchalische Gesellschaftsstruktur, [...] und auch die sexistische Popkultur" (Kauer 2009, 8) zu bearbeiten, wodurch sie sich in eine Linie mit dem Popfeminismus stellen. Obwohl Kohout für die bildbasierte Internetkultur spezifisch nachgewiesen hat, dass es Unterschiede zwischen den popfeministischen Ansätzen der 1990er und den jetzigen netzfeministischen Ansprüchen gibt (2019), lässt sich an Travniceks Beispiel durchaus beides beobachten. So ist zunächst der Titel eine Referenz auf „These Boots are Made for Walking" (Nancy Sinatra, 1965). Dieses Lied wurde geschrieben von Lee Hazelwood (der ursprünglich eine männliche Gesangsstimme für den Song haben wollte, Walraven 2020), interpretiert von Nancy Sinatra und konnte große Erfolge (so gab es unter anderem über 70 Coverversionen) feiern, die nicht zuletzt auf den sexuellen Untertönen des Songs beruhten

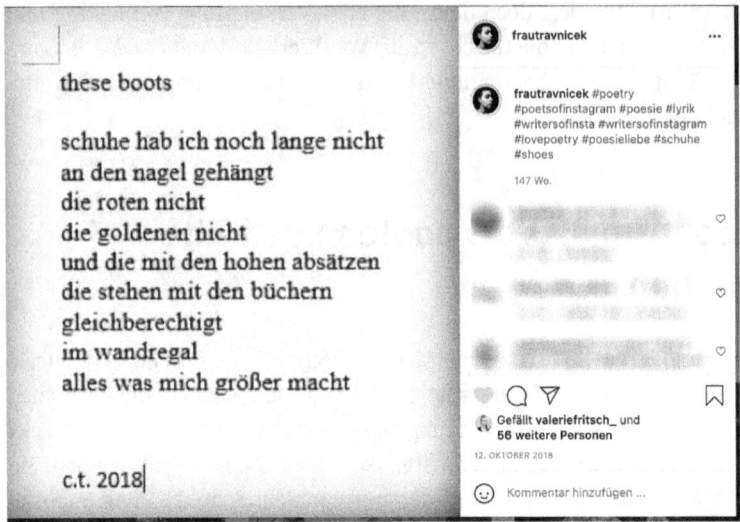

Abb. 4: Cornelia Travnicek, #poetry #poetsofinstagram #poesie #lyrik #writersofinsta #writersofinstagram #lovepoetry #poesieliebe #schuhe #shoes" (Instagram Beitrag, 12. Oktober 2018, https://www.instagram.com/p/Bo1EYn8ihW-/).

(Gebauer 2005). Das Lied über die Rachegelüste gegenüber einem untreuen Liebhaber und die Sängerin Nancy Sinatra, mit hohen Stiefeln auf dem Cover der Single zu sehen, wurden zu Symbolen der neuen Frauenbewegung (Walraven 2020). Der Titel setzt damit den Post Travniceks unter ein dezidiert popfeministisches Motto. Gleichzeitig wird mit dieser Referenz auf die Relevanz der US-amerikanischen Popkultur aufmerksam gemacht als auch die Lingua franca der Instapoeme aufgenommen. Die einzelnen Verse nehmen Töne der Diskurse über Schönheitsideale, Habitus und Intellekt auf, die auch im Popfeminismus präsent sind, indem die geschlechtsspezifisch mit Stereotypen versehene Schuhe dem Intellekt und der Bildung gegenübergestellt sind. Ihr Gegensatz wird aufgehoben, indem im Text weder das eine noch das andere „an den Nagel gehängt" wird und die Stiefel stattdessen als Empowerment fungieren.

5 Implikationen des spezifischen Umgangs mit Instapoetry für die aktuelle Popliteratur

Als eine der Konsequenzen der Popularität von Lyrik auf Instagram inklusive Instapoetry kann gesehen werden, dass sie sowohl die absolute Dominanz narrativer Texte in Frage stellt als auch die instantane und augenblickliche, auf den Moment gerichtete Rezeption der Posts unterwandert. Wird auf lyrische Artefakte zurückgegriffen, unterscheiden sich bei den untersuchten Autor:innen Stil und Herangehensweise mehrfach. Erstens irritiert Setz' Rückgriff auf lyrische Strategien (*Found Poetry*) mit Wurzeln in Popliteratur I die Rezeption seiner Posts, indem er augenscheinlich Alltägliches in einen poetischen Zusammenhang stellt und seine Fundstücke als Gedichte inszeniert. Zweitens unterwandern Sibylle Berg und Stefanie Sargnagel Instagram-Ästhetiken beziehungsweise ihr Verständnis, persiflieren sie und machen damit auf ihre Dynamiken aufmerksam. So ironisiert Berg unterschiedliche Internettrends, indem sich beispielsweise Hashtags und Bildinhalte konträr zueinander verhalten (#foodporn zu verdorbenem Gemüse), während Sargnagel unter anderem mittels ihres Spiels mit der (Lyrik-)Authentizität popkulturelle Strategien referenziert. Drittens können Cornelia Travniceks Beiträge als eine Art der Dokumentation der Lyrikmöglichkeiten von Instapoetry gesehen werden. Zudem affirmiert Travnicek mit ihren Posts intermediale und popfeministische Aspekte. Signifikant ist außerdem, dass es eine Publikationslücke von Instapoesie gab: Keine der untersuchten Autor:innen hat einen explizit an Instapoetry angelehnten Beitrag im Jahr 2019 vorzuweisen, erst 2020 erfolgt Cornelia Travniceks zweiter, 2021 publiziert Berit Glanz eine einzelne „Nachtvillanelle" (Glanz, 27. Juni 2021) und Lisa Krusche illustriert einen Eintrag ihres #ungeheimestagebuch visuell mit einem an Instapoetry anschließenden Spruch (Krusche, 3. Januar 2020). Keiner dieser Beiträge hat einen explizit subversiven Charakter, sie lesen sich stattdessen eher so, als hätten sie Eingang gefunden in das Repertoire, das popliterarisch zur Verfügung stünde.

Literatur

Amlinger, Carolin. *Schreiben. Eine Soziologie literarischer Arbeit*. Berlin: Suhrkamp, Kindle-Version, 2021.
Baßler, Moritz. „Der Neue Midcult. Vom Wandel populärer Leseschaften als Herausforderung der Kritik". *Pop. Kultur und Kritik* 18 (2021): 132–149.
Berg, Sibylle. „#happy germans". *Instagram Post*, 3. Oktober 2018. https://www.instagram.com/p/Boday6QhN61/ (25. Januar 2022).
Berg, Sibylle. „bezahlte werbung für meer". *Instagram Post*, 3. August 2019. https://www.instagram.com/p/B0sVCBiFudO/ (25. Januar 2022).
Berg, Sibylle. *GRM. Brainfuck*. Köln: Kiepenheuer & Witsch, 2019.
Biendarra, Anke S. „Sibylle Berg als Feministin. Über die popkulturellen Strategien ihrer journalistischen Texte". *Text + Kritik* 1.20 (2020): 51–58.
Catani, Stephanie. „,Aber wenn ich schon in dieses seltsame Leben geh, will ich Applaus'. Mediale Mechanismen der Autorschaftsinszenierung bei Sibylle Berg". *Text + Kritik* 1.20 (2020): 82–90.
Gamper, Michael, und Paul Wolff. „Call for Papers. Performanzen digitaler Autor:innenschaft. Praktiken und Politiken". *FU Berlin*, 20. September 2021. https://www.temporal-communities.de/calls/expired/call-for-papers-performanzen-2021.html (25. Januar 2022).

Gebauer, Jan. „Interview mit Nancy Sinatra. Die Sinatra und ihre schwulen Fans". *Queer.de*, 16. Februar 2005, https://www.queer.de/detail.php?article_id=2414 (25. Januar 2022).

Genette, Gerard. *Paratexte. Das Buch vom Beiwerk des Buches*, 7. Aufl. Berlin: Suhrkamp, 2001.

Glanz, Berit. „Nachtvillanelle". *Instagram Post*, 27. Juni 2021, https://www.instagram.com/p/CQoUn16rTxM/ (25. Januar 2022).

Kauer, Katja. *Popfeminismus! Fragezeichen! Eine Einführung*. Berlin: Frank & Timme, Kindle-Version, 2009.

Kaur, Rupi. *milk and honey*. Kansas City, MO: Andrews McMeel, 2014.

Kohout, Annekathrin. *Netzfeminismus*. Berlin: Klaus Wagenbach, E-Book-Ausgabe, 2019.

Krusche, Lisa. „#bitterfindeteinenzahnputzroboter". *Instagram* Post, 3. Januar 2020. https://www.instagram.com/p/B63W1Q3Ia7Y/ (25. Januar 2022).

Löwe, Sebastian. „Vom optimierten Selbst erzählen. Überlegungen zum transmedialen Phänomen der Instagram-Influencerin". *Diegesis* 8.2 (2019): 26–48.

Metz, Christian. *Poetisch denken. Die Lyrik der Gegenwart*. Frankfurt a.M.: Fischer, Kindle-Version, 2018.

Miller, Alysson. „POETRY'S BEYONCÉ". *Axon: Creative Explorations* 9.1 (2019).

Nymoen, Ole, und Wolfgang M. Schmitt. *Influencer. Die Ideologie der Werbekörper*. Berlin: Suhrkamp, 2021.

Pabst, Philipp, und Anna Seidel. „Strukturalismus, Semiotik und Pop". *Handbuch Literatur und Pop*. Hg. Moritz Baßler und Eckhard Schumacher. Berlin und Boston: De Gruyter, 2019. 96–108.

Penke, Niels. „#instapoetry. Populäre Lyrik auf Instagram und ihre Affordanzen". *Z Literaturwiss Linguistik* 49 (2019): 451–475.

Sargnagel, Stefanie. „juniorbachmannpreis". *Instagram Post*, 30. April 2018. https://www.instagram.com/p/BiNCnYhAWgV/ (26. Januar 2022).

Seiler, Sascha. „Lyrik und Pop". *Handbuch Lyrik. Theorie, Analyse, Geschichte*. Hg. Dieter Lamping. Stuttgart: Metzler, 2016. 243–259.

Setz, Clemens. „Short Story". *Instagram Post*, 28. Februar 2016. https://www.instagram.com/p/BCVrogRIrzy/ (25. Januar 2022).

Setz, Clemens. „Haiku an der Wand eines Urologen". *Instagram Post*, 1. Mai 2016. https://www.instagram.com/p/BE20v39or0A/ (25. Januar 2022).

Setz, Clemens. „Poem". *Instagram Post*, 22. Dezember 2016. https://www.instagram.com/p/BOUQt2Iho-u/ (25. Januar 2022).

Setz, Clemens. „Armer schwarzer Kater". *Instagram Post*, 21. März 2017. https://www.instagram.com/p/BR6BQ7EgtJb/ (25. Januar 2022).

Setz, Clemens. „Tu alles als wäre es Poesie". *Instagram Post*, 22. März 2018. https://www.instagram.com/p/BgoU_Vlg2-e/ (25. Januar 2022).

Setz, Clemens. „Verborgne Hasen". *Instagram Post*, 20. Mai 2018. https://www.instagram.com/p/Bi_t2okgWcu/ (25. Januar 2022).

Setz, Clemens. „Found Poetry Felix". *Instagram Post*, 7. Juli 2018. https://www.instagram.com/p/Bk7uiQTFSVn/ (25. Januar 2022).

Stalder, Felix. *Kultur der Digitalität*. Berlin: Suhrkamp, E-Book, 2016.

Thiele, Antonia. *Stefanie Sargnagel. Autorin, Burschenschafterin, Matriarchin, Rotkäppchen*. Frankfurt a.M. und Basel: kurz & bündig Verlag, 2019.

Travnicek, Cornelia. „these boots". *Instagram Post*, 12. Oktober 2018. https://www.instagram.com/p/Bo1EYn8ihW-/ (25. Januar 2022).

Travnicek, Cornelia. „mit courage rechnen". *Instagram Post*, 4. September 2020. https://www.instagram.com/p/CEuU9wOFul8/ (25. Januar 2022).
Walraven, Heidi. „These Boots Are Made for Walkin' (Nancy Sinatra)". *Songlexikon. Encyclopedia of Songs*, Dezember 2020. http://www.songlexikon.de/songs/these-boots-are-made-for-walkin (25. Januar 2022).
Zemanek, Evi. „Gegenwart (seit 1989)". *Handbuch Lyrik. Theorie, Analyse, Geschichte*. Hg. Dieter Lamping. Stuttgart: Metzler, 2016. 472–482.

Manuela Ruckdeschel

„Diese Empfindung ist clean"
Digitale Lyrik als Reflexion auf soziale Medien und ihre Öffentlichkeitsfunktion

@peoplearepoetry ist der Instagram-Account von Sean Carey, einem sich auf der Plattform selbst bezeichnenden *New York City Typewriter Poet*. Der Account dokumentiert seine Arbeit, die am besten als Street Art Performance verstanden werden kann. An zentralen Plätzen der Stadt – in der U-Bahn-Unterführung am Union Square oder im Washington Square Park – nimmt der Autor Schlagwörter, Motive und Ideen von zufällig vorbeikommenden Passant:innen entgegen und verarbeitet sie zu kurzen Gedichten. Careys Aktion ist eine Lyrik-Performance im öffentlichen Raum, die sowohl den analogen Stadtraum als auch den digitalen Raum sozialer Medien bespielt. Seit kurzem nimmt die deutsche Lyrikforschung speziell Lyrik im öffentlichen Raum in den Blick und schließt dabei an Forschungsbewegungen der Kunst-, Theater- und Medienwissenschaften an, die sich schon seit längerem an der Schnittstelle zur Urbanistik und Stadtsoziologie bewegen und Fragen nach dem Zusammenhang zwischen künstlerischer Praxis und sozialem Raum untersuchen (vgl. Benthien 2021; Hornig 2011). Es geht um Lyrik, die einen Einsatz in den geteilten Raum der Öffentlichkeit macht und dadurch immer auch eine politische Dimension im Sinne eines Miteinander-Handelns evoziert. Besonders sichtbar wird dieser Einsatz dann, wenn er Reibung erzeugt und auf die Bedingungen geteilter Räume verweist, an denen freier Austausch reglementiert wird. Beispielhaft gezeigt werden kann das an einem Video auf Sean Careys Instagram-Account. Dort zeigt ein Selfie-Clip den Lyriker, der davon berichtet, für seine Typewriter-Performance des Ortes verwiesen worden zu sein. Offenbar schätzte man im Irvine Spectrum Center, einer Shoppingmall im kalifornischen Orange County, seine literarische Performance nicht. Da sich auch das Außengelände des Südkalifornischen Shopping- und Entertainmentcenters in privater Hand befindet, kann der hauseigene Security-Dienst darüber entscheiden, welche Form von kultureller Praxis sich auf dem Areal präsentieren darf. Die Botschaft des Videos ist deutlich: Lyrik störe hier; die Interaktion des Autors mit dem Shoppingpublikum kreiere eine Ablenkung vom erwünschten Konsumverhalten. Das Erscheinen des Clips auf Instagram dokumentiert das Ereignis und verlängert Careys Performance hinein in den Raum sozialer Medien. Der Post wirft die Frage auf, in welche Form von Öffentlichkeit sich die lyrische Aktion einschaltet, wo und wie sie im wahrsten Sinn des Wortes eine Plattform erhält. Große Social-Media-Plattformen mit einer hohen Userzahl übernehmen mittlerweile eine Funktion der öffentlichen Sphäre. Medienwissenschaftliche Untersuchungen gehen davon aus, dass sich öffentliche Diskurse auch in den Raum sozialer Medien verlagert haben (vgl. Everett 2019). Posten, Kommentieren und Teilen sind nicht nur alltägliche Kommunikationspraktiken, sondern Diskussionsinstrumente öffentlicher Rede. Social-Media-Plattformen haben zur Monopolisierung des Internets beigetragen, aber auch neue Formen des öffentlichen Austauschs geschaffen, die die Möglichkeit zur absoluten Partizipation suggerieren. Anschlussfähig erweist sich hier die Vorstellung der öffentlichen Sphäre in Form der griechischen Agora: Der Marktplatz ist im antiken Griechenland das Symbol für den Ort des freien Meinungsaustausches, idealerweise frei von Kontrolle und Zensur (vgl. Riemer und Peters 2021, 409). Silicon-Valley-Firmen nutzen eine Rhetorik demokratischer Ideale. Der Marktplatz oder das „Town Square" (Zuckerberg 2021) stehen als Bezeichnungen für Social-Media-Plattformen ein. Jedoch findet der diskursive Austausch dort unter den Vorzeichen der Reglementierung durch private Konzerne statt. In den sozialen Medien ist die Sichtbarkeit der Inhalte von Beiträgen auch geprägt von den Interessen ihrer Betreiber (vgl. Riemer und Peters 2021). Tarleton Gillespie argumentiert, dass die Verschränkung der öffentlichen und der profitorientierten Funktionen sich bereits in der Metaphorik der ‚Plattform' zeige, mit der Tech-Firmen einerseits Offenheit gegenüber den Nutzern signalisierten, andererseits aber auch ihren Service als Marketingplattform präsentierten:

> The term „platform" helps reveal how YouTube and others stage themselves for these constituencies [advertisers and media producers], allowing them to make a broadly progressive sales pitch while also eliding the tensions inherent in their service: between user-generated and commercially-produced content, between cultivating community and serving up advertising, between intervening in the delivery of content and remaining neutral. (Gillespie 2010, 348)

Der Begriff der Plattform verschleiere, dass die sozialen Medien in einem Spannungsverhältnis zwischen kommerziellen und gesellschaftlichen Funktionen angesiedelt sind. Die Öffentlichkeiten sozialer Medien liegen nie ganz in den Händen der User:innen, sondern sind auch strukturiert durch die Interessen von Tech-Firmen, deren algorithmische Technologien den Rahmen für das Sammeln von Daten, die Sichtbarkeit von Beiträgen und die Bespielbarkeit der Foren vorgeben. Im Folgenden geht es um Lyrik, die in den sozialen Medien erscheint. Sie ist ein Beitrag von Autor:innen, die als User:innen soziale Medien bespielen. Ihr Erscheinen in den sozialen Medien bedeutet die Präsenz dieser Texte in einem digitalen Raum der Öffentlichkeit. Bei den Texten handelt es sich nicht um Lyrik im traditionellen Sinn; nicht um Gedichte, die in Versform verfasst und dann in Posts übertragen wurden. Es sind Texte, die nicht nur von menschlicher Hand verfasst sind, sondern durch den Einsatz digitaler algorithmischer Technologie entstehen. Die Autor:innen der vorgestellten Arbeiten sind auch Programmierer. Ranjit Bathnatar ist Verfasser des Bots *Pentametron*, der auf Twitter jambische Verse sucht und postet. Jörg Piringers App *tiny poems* vollführt algorithmische Sprachperformanzen auf der Apple Watch. *Eloquentron3000* ist ein Software-Bot von Fabian Navarro, dessen Texte der Autor in Form von Posts auf Instagram publiziert. Über die Funktionen seines Lyrikgenerators informiert Navarro in eigenen YouTube-Videos und mit einem Science-Slam-Programm. Darüber hinaus treten sowohl Piringer als auch Navarro als Kulturvermittler in Erscheinung, die in Vorträgen oder poetischen Essays über ihre künstlerische Arbeit mit algorithmischen Codes reflektieren. Öffentliche Aufmerksamkeit für digitale Lyrik ist seit kurzem gestiegen, wie junge Magazin-Neugründungen zeigen – *Lytter* ist ein Zine für Twitter-Lyrik und *Transistor. Zeitschrift für zeitgenössische Lyrik* ist mit einem eigenen Dossier für „Digitale Dichtung"[1] erschienen. Soziale Medien werden für Formen digitaler Lyrik vielfältig genutzt. *Eloquentron3000* nutzt Instagram als Forum zur Publikation. Ein Bot wie *Pentametron* greift auf Twitter-Posts als Spracharchiv zu und verarbeitet Alltagskommunikation zu einer lyrischen Form. Die im Folgenden vorgestellten Lyrik-Projekte können unter dem Vorzeichen einer Aneignung und Reflexion von digitalen Technologien verstanden werden. Wie von Gillespie beschrieben, stehen Kommunikationsforen sozialer Medien in einem Spannungsverhältnis zwischen einer Ausrichtung auf kommerzielle Inhalte und der Offenheit gegenüber den Nutzer:innen. Indem Autor:innen selbst zu Programmierenden werden und digitale Plattformen mit Lyrik-Projekten bespielen, nutzen sie die gesellschaftliche Funktion sozialer Medien. Ein Bot wie *Pentametron* erweitert den partizipativen Spielraum von Twitter, da er auf den Daten-Stream des Newsfeeds zugreift und ihn poetisch verarbeitet. Indem Autor:innen über die Verfahren ihrer Arbeiten konzeptuell reflektieren, schaffen sie poetische Transparenz. Es entstehen digitale Lyrik-Projekte, die Dialoge anstoßen und medienreflexives Engagement evozieren. Digitale Schreibweisen und Szenen generieren die Aneignung digitaler Welterfahrung und schaffen populäre Diskurse über Sprachräume sozialer Medien und deren Technologien. Dabei geht es um Aufmerksamkeit und das Erkunden von künstlerischem Potential, wie bei den vielfältigen Lyrik-Experimenten in dem Band *poesie.exe*. Andere Reflexionen nehmen kritische Stoßrichtungen ein, wie das Projekt *tiny poems*.

Digitale Lyrik ist im Folgenden eine Übertragung des Lyrik-Begriffs auf eine kleine Form der digitalen Literatur.[2] Die hier besprochenen Arbeiten sind durch

---

1 *Transistor. Zeitschrift für zeitgenössische Lyrik. Dossier Digitale Dichtung* 2 (2019).
2 Digitale Literatur – damit ist hier im Folgenden die Code-Literatur gemeint, deren Text durch eine computerbasierte Anwendung erzeugt ist. Sie ist in Abgrenzung zu allen anderen elektronischen Textformen zu verstehen, die erst nach ihrer Verfassung digitalisiert oder ‚per Hand' am Computer geschrieben wurden (vgl. Bajohr 2016, 8–9; Pressman 2014, 2). Zudem handelt es sich um eine Richtung der experimentellen Literatur, deren Ursprünge in analogen regelbasierten

Codes in generativen Verfahren erzeugt. Autor:innen schreiben die Codes, nicht jedoch die Texte und in manchen Fällen editieren Menschen die Maschinentexte nachträglich. Die Gattungsbezeichnung Lyrik bezieht sich auf die Seite der Textproduktion und wird dadurch relevant, dass Code-Autor:innen ihre Texte explizit als Gedicht klassifizieren, etwa in konzeptuellen Äußerungen, die ihre Arbeiten begleiten. Scott Rettberg merkt an, dass die Übertragung von literarischen Gattungsbegriffen auf experimentelle digitale Textformen ein pragmatisches Hilfsmittel sei:

> Ultimately, the reason for reading electronic literature from a perspective of genre is pragmatic. Genre provides a map to a certain territory, even as the process of mapping also defines the territory. [...] An understanding of genre begins to give us a sense of „how to read", and perhaps in the case of electronic literature, where and what to read, enabling movement past the interface to the content of the work that lies beyond its form and apparatus. (2019, 10)

Digitale Lyrik ist eine Textform, deren Genre durch einen Kontext markiert wird. Der Kontext weist an, bestimmte Texte als Lyrik zu lesen, die im Interface sozialer Medien auftauchen, das sonst oft von Gebrauchstexten bestimmt wird.

1 Algorithmische Verwaltung auf Social-Media-Plattformen

Öffentlichkeiten generieren sich zunehmend auch virtuell und so muss der Diskurs über Sprachkunst im öffentlichen Raum um medienorientierte Perspektiven erweitert und an zeitgenössische Analysen digitaler Kommunikationsräume angeschlossen werden. US-amerikanische Studien in den Bereichen Information Technology Studies und Algorithmic Culture Studies widmen sich der Untersuchung der Medienökologien digitaler Öffentlichkeiten. Sie geben Aufschluss über die Regulationsmechanismen, denen Kommunikation auf etablierten Community-Plattformen wie Twitter, Facebook und Instagram inzwischen unterliegt. Das Netzwerk zwischen Follower:innen, die sich direkt austauschen, wird von Firmen wie Meta und Google zunehmend umorganisiert, um es für *targeted advertisement* und längeres User:innen-Engagement nutzbar zu machen (vgl. Hwang 2020, 9–48). Algorithmen verwalten Posts in sozialen Medien gemäß Wahrscheinlichkeitsermittlungen, die User:

Verfahren der Texterzeugung liegen. Vor allem stehen sie in der Tradition von Poetiken und Konzepten historischer Avantgarden wie Dada, Situationismus, Conceptual Art und Oulipo (vgl. Bajohr 2016, 7).

innen dazu verleiten sollen, mehr Zeit auf einer Plattform zu verbringen, länger durch den Newsfeed zu scrollen oder kommerziellere Inhalte in ihr Netzwerk aufzunehmen (vgl. Kim 2017, 147–151). Verweildauer und Klicks der User:innen werden kontinuierlich aufgezeichnet und in Form von *behavioral data* als Wahrscheinlichkeitsprodukt gehandelt, das Informationen über zukünftige Interessen und Vorlieben verspricht (vgl. Zuboff 2019, 129–174). Diese Form der Spekulation führt auf den Plattformen sozialer Medien zu Phänomenen wie *algorithmic audiencing*, wo künstliche Intelligenz entscheidet, wer wann welchen Beitrag zu sehen bekommt (vgl. Riemer und Peters 2021). Der Informationsaustausch in einem Netzwerk von Follower:innen findet nicht mehr nur im Rahmen zeitlicher Synchronizität statt, sondern organisiert sich auch durch Spekulation mit individueller Zeit, der algorithmisch organisierten Wette auf die zukünftige Verweildauer der User:innen (vgl. Seaver 2019, 423–433). Algorithmen werten Inhalte im Hinblick auf ihre Reichweite aus und behandeln Texte dafür nicht im Hinblick auf ihren Gehalt, sondern im Sinne der Produktion von bloßem Content. Im Newsfeed von sozialen Medien werden Beiträge priorisiert, die dem ökonomischen Plattformmodel zuträglicher sind als andere (vgl. Gillespie 2021, 7). In diesem System algorithmischer *content distribution* spielt die Botschaft eines Textes, Videoclips oder Bildes eine untergeordnete Rolle. Content bezeichnet hier also nicht die Botschaft einer Nachricht, sondern ihre Verwertbarkeit im Informationsregime der Plattform. Als Content wird Sprache zu Material im Strukturzusammenhang einer determinierenden Ordnung. Lyrikprojekte, die in sozialen Medien generative Bots einsetzen, arbeiten mit dem Sprachmaterial und kreieren poetischen Sinn. Lyrik bedeutet dann eine Umnutzung der Informationsverarbeitungs-Tools sozialer Medienplattformen und einen künstlerischen Einsatz in deren Foren. Die Lyrik-Projekte reflektieren auf die Öffentlichkeitsfunktion der sozialen Medien, indem sie in partizipativer Weise algorithmische Verfahren einsetzen, die so in der Plattform-Architektur ursprünglich nicht vorgesehen sind.

2 Algorithmische Lyrik auf digitalen Plattformen

2.1 Bot-Lyrik auf Twitter – *Pentametron*

Der Twitterbot *Pentametron* ist ein algorithmischer Lyrik-Generator. Er scannt öffentliche Tweets auf Twitter und wählt diejenigen aus, die zufällig in jambischen Pentametern geschrieben sind. Dann kombiniert er sie zu Reimpaaren (vgl. Boluk et al. 2016b). Auf der Twitter-Seite des Bots werden die Zweizeiler gepostet und klingen zum Beispiel wie folgt: „I'm feeling sorry for myself today / I don't deserve a boyfriend anyway" oder „The robot stole a bowl and ran away / I've had the hiccups 7 times a day" (Pentametron 2012). Inhaltlich reflektieren die Verse das ‚internet of the everyday' und dessen Alltagssprache, deren Wendungen und Befindlichkeiten sich ähneln können. Dennoch arbeitet das Projekt vor allem mit dem Effekt der Überraschung und der Unterhaltung, wenn das Geplauder des Internets in gebrauchslyrische Form gebracht wird. Die unterhaltsame Kombinatorik, die hier den ästhetischen Rahmen bietet, ist traditionell das Prinzip von Gesellschaftsspielen wie Exquisite Corpse, die besonders von den Surrealist:innen geschätzt wurden.[3] Teilnehmer:innen produzieren auf einem Faltblatt einen Teil einer Zeichnung oder eines Textes, ohne die anderen Teile zu kennen. Improvisation erzeugt hier spontane semantische Nachbarschaft. In der digitalen Variante des Spiels besitzt das algorithmische Kombinieren und Retweeten der Verse durch den Bot einen performativen Aspekt, der an die ‚Netprovs' früher Social-Media-Sprachkunst anknüpft.[4] Es sind zudem nicht nur Versbausteine, die spontan in Verbindung gebracht werden, sondern auch die Urheber:innen der Tweets mit ihren Profilen. Algorithmische Performanz erzeugt hier einen unerwarteten Dialog zwischen unvernetzten User:innen. Die poetische Logik des Lyrik-Generators fügt dem Twitter-Netzwerk eigene Verbindungen hinzu, die die Sichtbarkeiten der Plattform anders herstellen als ihre eigenen Algorithmen. Das Verfahren mischt semantische und kommunikative Koordinaten; dem Crowdsourcing-Projekt liegt ein Konzept des Reshufflings zu Grunde. Urheber von *Pentametron* ist Ranjit Bathnatar, ein New Yorker Soundkünstler, Linguist und Programmierer. Um an sein Lyrikmaterial, die Tweets, zu gelangen, nutzt Bathnatar für seinen Bot einen Subscription Service, den Twitter zu Werbezwecken anbietet. Die ‚Spritzer' Daten-API stellt ein Sample von einem Prozent aller existierenden Tweets als Intervall-Stream zur Verfügung (vgl. Lunden 2013). Mit dem Zugang zu seiner Daten-API erlaubt Twitter ein gewisses Maß an Partizipation, jedoch beteiligen sich an der Verwendung und Auswertung seiner Inhalte vor allem Marketingfirmen. Eigentlich ist Spritzer ein Werbeinstrument für den *subscription service* Firehose, der Zugang zum gesamten *content stream* der Twitter-Plattform ermöglicht (vgl. Leetaru 2019). *Pentametron* nutzt algorithmische Technologie hingegen als künstlerisches

---

[3] *Pentametron* funktioniert als digitale Variante einer kollaborativen Schreibpraxis. Rettberg bezeichnet die Verfahren surrealistischer Schreibspiele als kollektiven Prozess von ‚Feedbackloops': „Surrealist automatic writing practices extended to social writing practices — writing games. In this social extension, the aleatory practices are less about the operation of any individual imagination, but instead reach toward an expression of a kind of collective unconscious. The random here is not access to one's own interiority but a social process of feedback loops" (2019, 24).
[4] Ein Experiment mit sprachkünstlerischer Improvisation im Netz war *everyword*. Das performative Twitter-Projekt von Allison Parrish dauerte von 2007–2014. In Intervallen von 30 Minuten twitterte der Bot „jedes Wort der englischen Sprache" (Boluk et al. 2016a). https://twitter.com/everyword?lang=en.

Werkzeug, das Textinhalte auf Twitter nach Kriterien einer formalen Poetik behandelt. Wo Algorithmen im Plattform-Modell vor allem die Reichweite und ökonomische Verwertbarkeit eines Beitrages erfassen, lassen algorithmische Lyrik- und Sprachkunstprojekte wie *Pentametron* im existierenden *content regime* eine andere, poetische und sprachspielerische Dimension aufscheinen. Es werden auch Posts von User:innen verwendet, die keine Follower der Twitter-Seite *Pentametrons* sind. So erreicht die lyrische Aktion ein breites Online-Publikum, und schafft Aufmerksamkeit für Lyrik und algorithmische Technologie. Aus dieser Perspektive reflektierten digitale Lyrik-Projekte den grundlegend partizipativen Charakter der sozialen Medien und erweitern ihn. Als Code-Autor seines Bots schaltet sich Ranjit Bathnatar in den Corporate Space einer Social-Media-Plattform ein, um ihn zu bespielen.

2.2 Algorithmen als soziotechnische Assemblage

Wie vorausgehend erläutert, stehen Diskurse digitaler Öffentlichkeiten nun mit den Bedingungen des Plattformkapitalismus in Verbindung. Wenn Lyrik- und Sprachkunstprojekte sich künstlerisch in die Öffentlichkeiten des Internets und der sozialen Medien einsetzen, arbeiten sie unter den Vorzeichen monopolgesteuerter Datenverwertung durch algorithmische Technologien. Die Art und Weise, wie diese Technologien zu diesem Zeitpunkt von Firmen eingesetzt werden, führt dazu, dass sie digitale Handlungsspielräume zunehmend überwachen und determinieren. Im populären Mediendiskurs um algorithmische Technologie besteht daher die Tendenz, ein Bild vom Algorithmus als ‚Blackbox' zu zeichnen. Grund dafür sind Vorstellungen von undurchsichtigen Funktionsprinzipien und die Angst vor Manipulation durch übermächtige Maschinen (vgl. Catani 2022). Gleichzeitig gibt es medienwissenschaftliche Positionen, die andere Denkrichtungen anstoßen und für ein transparentes Konzept der soziotechnischen Assemblage argumentieren (vgl. Gillespie 2016, 18–30). Ein Algorithmus sei nicht mehr als ein strukturierendes Ordnungsprinzip und produziere an sich keine Erkenntnis. Die Referenz auf den Begriff des Algorithmus verweise eigentlich auf die Art und Weise, wie ein Ordnungsverfahren in menschliche Wissenssysteme und damit verbundene soziale Verhältnisse eingesetzt werde. Dieser technische Einsatz liege vor allem in menschlichen Händen.[5] Dementsprechend sind Algorith-

---

5 „While it is important to understand the technical specificity of the term, ‚algorithm' has now achieved some purchase in the broader public discourse about information technologies, where it is typically used as an abbreviation for everything described above, combined: algorithm, model, target goal, data, training data, application, hardware. As Goffey puts it, ‚Algorithms act,

men nicht opak, sondern als Mensch-Maschine-Assemblagen können sie untersucht, verstanden und reflektiert werden. Der Medienwissenschaftler Nick Seaver schlägt vor, zeitgenössische digitale Algorithmen wie folgt als soziotechnische Verfahren beschreibbar zu machen:

> These algorithmic systems are not standalone little boxes, but massive, networked ones with hundreds of hands reaching into them, tweaking and tuning, swapping out parts and experimenting with new arrangements ... We need to examine the logic that guides the hands. (2013)

Ein Weg, algorithmische Systeme zu erschließen, ist, sie als künstlerisches Werkzeug zu nutzen und ihren Einsatz zu reflektieren. Im Bereich der experimentellen Literatur gibt es bereits seit einigen Jahren Projekte, die es sich zur Aufgabe machen, soziale und ästhetische Dimensionen algorithmischer Technologie zu erkunden und öffentlich zu diskutieren.

2.3 Die Lyrik-App *tiny poems*

Tiny poems ist ein Projekt von Jörg Piringer, der „in den Lücken zwischen Sprachkunst, Musik, Performance und poetischer Software" (poesie.exe 2019, 961) arbeitet. Es handelt sich um eine Sammel-App zur Lyrik-Generierung, die eigens für die Apple Watch geschrieben wurde. Die Smartwatch des großen Silicon Valley Unternehmens wird durch die Anwendung *tiny poems* als Plattform für kleine Gedichtformen bespielt. Die Gedichtformen oder ‚Stücke' entstehen durch die Ausführung verschiedener Quellcodes, zum Beispiel zur Permutation von Zeichenkorpussen oder der Ausführung generativer Grammatiken. Der Algorithmus des Stücks *alle möglichen gedichte* beispielsweise performt eine Permutation aller Zeichen des Alphabets inklusive des Leerzeichens, wodurch über eine unendliche Zeitspanne hinweg alle möglichen Kombinationen aller Zeichen auf dem Display erscheinen. Potenziell enthält die algorithmische Performance die Möglichkeit, unendlich viele Gedichte zu generieren. Jedoch würde ihre tatsächliche Ausführung die Lebensdauer des technischen Geräts und sicher auch der Leserschaft überschreiten (vgl. Piringer 2016, 241–244). Die Zeichendichtung des Programms erzeugt in der Praxis wenig Referenz und erscheint meist in Form von abstrakten Buchstabenfolgen wie ‚syg'. Das Gedicht

---

but they do so as part of an ill-defined network of actions upon actions' (2008, 19). It is this ill-defined network to which our more common use of the term refers. And this technical assemblage stands in for [...] the people involved at every point: people debating the models, cleaning the training data, designing the algorithms, tuning the parameters, deciding on which algorithms to depend on in which context" (Gillespie 2016, 22).

erscheint hier als minimale Form. Ein sinnhafter Text kann potentiell auf dem Display entstehen, jedoch nur innerhalb einer Zeitspanne, die so lange dauert, dass sie nicht wahrnehmbar ist. Eine gedehnte Temporalität unterwandert die industrielle Zeitlichkeit der digitalen Uhr. Der Umgang mit Kategorien von Zeit ist maßgeblich für das Konzept der Arbeit von *tiny poems*. Konzeptuelle und rezeptionsästhetische Überlegungen begleiten Piringers Arbeit. Er beschreibt seine Lyrik-Anwendung als sprachreflexiv und technikkritisch. Sie interagiere mit den Bedingungen der neuen Plattformtechnologie und stelle die Frage, inwiefern digitale Technologie dazu beitragen könne, Formen und Begriffe von Literatur zu erweitern (vgl. Piringer 2016, 241–243). Literatur verändere sich durch Aufschreibesysteme, nicht nur durch Konzepte, wie Swantje Lichtenstein in Bezug auf Friedrich Kittler anmerkt (2016, 59–70). Netzwerke von Institutionen und Medien der Informationsverarbeitung regeln die Verarbeitung von Daten. Literarische Formen werden durch diese Regime geprägt und entstehen nicht unabhängig von ihren politischen und medialen Bedingungen. Bei *tiny poems* ist die Reflexion des eigenen Aufschreibesystems metareferenziell in das Konzept des sprachkünstlerischen Werks miteinbezogen. Piringers poetologischen Überlegungen ist hinzuzufügen, dass sein Lyrik-Generator für die Apple Watch nicht nur die Form der Literatur verändert, sondern dass die literarische Form sich auch umgekehrt in das Datenregime des Plattformprodukts integriert und dieses erweitert. Tracking-Geräte wie die Apple Watch können in einem erweiterten Sinn als soziale Medien verstanden werden, da sie Unmengen an Daten ihrer User:innen aufzeichnen, deren kollektive algorithmische Auswertung wiederum auf die Gestaltung des Geräts, seine Anwendungen und dessen Interface zurückwirken. In diesem Zusammenhang eröffnet das Projekt *tiny poems* einen poetischen Reflexionsraum, indem es algorithmische Informationstechnologie als eigenes Werkzeug nutzt, deren sprachkünstlerische Potentiale erkundet und zur Diskussion anregen will.

3 Digitale Lyrik als Pop 3.0? Formen, Szenen und Publikationen

Die im Vorausgegangenen diskutierten Lyrik-Projekte sind im Umkreis weitreichender Auseinandersetzungen mit digitalen Schreibweisen entstanden, die gegenwärtig auf Blogs, in den sozialen Medien, in Literaturmagazinen und anderen Publikationen erscheinen. Neue digitale Schreibszenen sind in den letzten Jahren gewachsen. Neben Jörg Piringer und Ranjit Bathnatar sind es auch Protagonist:innen wie Hannes Bajohr, Gregor Weichbrodt, Berit Glanz und Swantje Lichtenstein, die digitale sprachkünstlerische Projekte an der Schnittstelle zwischen Praxis und Theorie durchführen. Ihre künstlerischen Einsätze als Code-Autor:innen,

Sound-Performer:innen und Romanautor:innen verbinden sie mit theoretischen und ästhetischen Überlegungen.[6] Vor allem auch im Zusammenhang mit einer jüngeren Generation von Digital-Poet:innen stellt sich die Frage nach einer Anschlussfähigkeit an Theorien der Pop-Literatur, da sie sich in subkulturellen Kontexten präsentieren. Zum Beispiel gibt es Magazin-Gründungen außerhalb etablierter Verlage, wie *Transistor. Zeitschrift für zeitgenössische Lyrik*, die von der Berliner Lyrikerin und Computerlinguistin Saskia Warzecha zusammen mit David Frühauf und Alexander Kappe herausgegeben wird.[7] In der Performance-Kultur der offenen Slam-Bühnen geht es nun um Interaktion mit digitalen Schreibverfahren. „[E]s rauschen die ginster / in dem bergkette flüstert es ganz leise: elfriede jelinek / hier in dem unterholz der empfindung / diese empfindung ist clean"[8], dichtet *Eloquentron3000*. Der Bot ist ein Instagram-Projekt von Fabian Navarro, der selbst als Vermittler digitaler Schreibweisen auftritt. Auf Bühnen von Science-Slam Formaten stellt er das Konzept seines Lyrikgenerators vor und schafft eine Auseinandersetzung mit dem Einsatz von codebasierten Anwendungen und künstlicher Intelligenz bei der Texterzeugung (vgl. Fabian Navarro 2020). Die Slam- und Social Beat Szenen der 1990er Jahre zeichneten sich als performative Form der Pop-Literatur durch „Spontaneität, Alltagsnähe, Gegenwartsbezug, Sprachwitz, Lustprinzip und Unmittelbarkeit" aus und vollzogen die Abwendung von einer „abstrakte[n], auf ein Expertenpublikum zielende[n] Kunstanstrengung" (Neumeister und Hartges 1996, 14). In den aktuellen Formaten des Science-Slams geht es ebenfalls um ein neues Literaturverständnis; Fabian Navarro tritt dabei allerdings als Vermittler von Formen und Technologien digitaler Literatur auf und verbindet Alltagsnähe mit Expertise. Erkundet wird das sich verändernde Verhältnis von Mensch und Maschine im Kontext von Kunstproduktion und -erfahrung. Im von Navarro herausgegebenen Band *poesie.exe: Texte von Menschen und Maschinen* sind experimentelle Texte von zwanzig Autor:innen veröffentlicht. Deren Verfahren reichen vom Einsatz des Sprachmodells GPT-2, dem eine künstliche Intelligenz zugrunde liegt, über Python-Scripts bis zu surrealistischen Regelwerken aus dem Umkreis von Oulipo, die für das Projekt digitalisiert und in einen zeitgenössischen Algorithmus übersetzt wurden (die Roussel-Maschine). Sie machen zudem keinen Halt vor einfachen Zufallstechniken und analogen Werkzeugen wie etwa handbeklebten Zauberwürfeln und dem willkürlichen Tippen auf der Tastatur. Die Texte erkunden generative Verfah-

---

6 Siehe beispielsweise den Blog *0x0a.li* des Textkollektivs *0x0a*, den Band *Code und Konzept* (Bajohr 2016). *Literatur und das Digitale*, oder Berit Glanz' Beitrag in der Kulturzeitschrift *Kursbuch*: „Sonnenaufgang im Uncanny Valley. Navigieren und Überleben im KI-Zeitalter" (2019).
7 *Transistor. Zeitschrift für zeitgenössische Lyrik. Dossier Digitale Dichtung* 2 (2019).
8 Eloquentron3000: https://www.instagram.com/eloquentron3000/?hl=en.

ren der Texterzeugung, die digital und analog sein können. Sie befassen sich damit, ihre Schreibstrategien zu formulieren und deren Konzepte offen zu legen. Betont werden dabei die Nähe zur Konzeptkunst sowie die Trennung zwischen Werk und Autor:in. Beschreibungen der angewandten Textverfahren, die Namen der Verfasser:innen und die Texte selbst sind getrennt voneinander veröffentlicht und können nur über eine externe Website einander zugeordnet werden. So bleibt beim Lesen des Bandes zunächst unklar, welche Texte durch digitale Technologien und welche analog erzeugt wurden, wo und wie menschliche Hände und Urteile in die Verfahren eingegriffen haben. Es werden produktions- und rezeptionsästhetische Fragen aufgeworfen und einem offenen Reflexionsraum überlassen, der schrittweise erkundet werden kann.

Zu den bereits erwähnten Magazinneugründungen, die sich mit der Publikation und theoretischen Reflexion digitaler Lyrik befassen, gehört auch *Lytter*. Das *Zine für Lyrik* widmet sich etwa ausschließlich dem Print von Twitter-Lyrik und ‚rettet' auf Twitter gepostete Verse vor dem Verschwinden im sich ständig erneuernden Newsfeed. Auch hier stehen Texte von Bots gleichberechtigt neben denen von menschlichen Autor:innen, deren natürliche oder technische Verfasstheit nicht explizit offen gelegt wird.[9] Digitale Poetiken stehen analogen gegenüber. Ratespiele dieser Art haben einen Unterhaltungswert, aber sie stoßen auch reflexive Rezeptionsprozesse an, die über das Spiel hinausweisen. Inwiefern Sinn erst beim Lesen entsteht oder im Konzept des Verfahrens liegt, ob digitale Sprachverarbeitung im Moment den menschlichen Umgang mit Sprache und dem Schreiben verändert, diese Fragen wirft digitale Lyrik auf. Bei den hier diskutierten Projekten geht es um Formen der Partizipation – digitale Lyrik bespielt Sprachräume des Internets, die zunehmend Verwertbarkeitslogiken unterworfen sind. Apple-Geräte, APIs, Twitter- und Instagram-Profile werden genutzt und umgenutzt, um Sprachexperimente zu generieren und zu veröffentlichen. Soziale Medien spielen dabei keine isolierte Rolle, sondern werden in Verschränkung mit anderen Medien und Präsentationsformen gebracht. Digitale Lyrik-Projekte erweitern das Dispositiv sozialer Medien um andere Erscheinungsorte – Magazine, Bände, Slam- und Tagungsbühnen, Shoppingzentren, U-Bahnhöfe. Soziale Medien werden von Netzautor:innen in öffentliche Experimentierfelder eingebunden und an ästhetische Diskurse angeschlossen. Somit wird die Öffentlichkeitsfunktion sozialer Medien erweitert. Subkulturelle Kontexte und gegenkulturelle Rhetoriken legen einen Vergleich zu Pop I

---

9 „wir meinen, es ist zeit für ein internet der künste. wie beeinflusst die plattform die produktion und rezeption? […] wie verändert sich das konzept von autor*innenschaft, wenn mehrere urheber*innen an einem gedicht schreiben? und was, wenn die*der* urheber*in kein mensch, sondern ein bot ist?" (Vorwort 2020, 8–9).

und dessen auf befreiende Wirkung zielenden Bewegungen nahe.[10] Es lassen sich Tendenzen der digitalen Literatur feststellen, denen es um poetische Lockerungen und diskursive Öffnung geht, und zwar in sich zunehmend durch Konsumlogiken verengenden Räumen. Der Code-Poet Jörg Piringer appelliert an die Rolle experimenteller Literatur,

> gesellschaftliche umgangsformen [sic] mit sprachtechnologien — und methoden der kritik an ihr — zu entwickeln und so die begehrlichkeiten der internetgiganten, nach netzen und kommunikationsgeräten auch noch die sprache zu kontrollieren, abzuwehren. (2019, 82–83)

In diesem Sinne könnte Pop 3.0 als sprachkünstlerischer Einsatz verstanden werden, der einerseits auf die (Wieder-)Aneignung von Skills und Ressourcen der digitalen Technologien, aber andererseits auch auf Kritik und Aufklärung zielt. Das schließt auch kritische Selbstreflexion mit ein: „Vieles was heute im Bereich der Künstlichen Intelligenz versprochen wird, ist Marketing. Die Produkte sind oftmals vom Kopf kuratiert und von der Hand retuschiert" (Schlederer 2020, 847), formuliert ein poetischer Text in *poesie.exe*. Im Alleingang dichtende Bots kommen in dem Band tatsächlich kaum vor. In den einigen Fällen werden die präsentierten Texte durch menschliche Autor:innen nachbearbeitet, zumindest editiert im Hinblick auf eine sinnfällige Auswahl. Digitale Lyrik-Projekte zeigen, dass algorithmische Codes und künstliche neuronale Netze Werkzeuge sind, deren Einsatz nach wie vor nicht unabhängig von menschlichen Autor:innen geschieht, auch wenn sie gegenwärtig deren Status durchaus kritisch reflektieren (vgl. Bajohr 2016; Catani 2020). Über aktuelle Auseinandersetzungen mit Technologien hinaus, könnte Pop 3.0 zudem bedeuten, dass digitale Welterfahrung in ihrer Konfrontation mit einer als traditionell-literarisch verstandenen Erfahrung erkundet wird. Fehlerhafte Grammatiken und brüchige Sinnzusammenhänge verweisen auf blinde Maschinenlogiken und die Automatisierung von Sprache, bewegen sich aber auch an der Grenze zu moderner Lyrik und konkreter Poesie. Trash-Ästhetiken, ‚Internetlingo' und Tippfehler gehören zum Vokabular digitaler Texterzeugnisse, die mit Symbolen und Referenzen versehen werden, die für ‚das Literarische' einstehen – poststrukturalistisch anmutende Wortspiele (*Lytter*), analoge Schreibgeräte oder Autorenbilder wie das Shakespeare-Icon im Twitter-Profil. Bot-Texte wie die von *Pentametron* und *Eloquentron3000* stellen ihre Artifizialität aus und spielen mit Formen des Literarischen als Pop-Zitat. Sprachkünstlerische Einsätze in die Öffentlichkeitsräume sozialer Medien müssen unter den Vorzeichen digitaler Pop-Äs-

---

10 In Diedrich Diederichsens Pop-Periodisierung bezeichnet ‚Pop I' den jugend- und gegenkulturellen Impuls der Bewegung, der sich gegen die „Untertanenkultur" der Nachkriegsgesellschaft richte (1999, 273–282). Charakteristisch ist u. a. auch die Hinwendung zu sprachlichen Oberflächen im Zuge einer Abkehr von Hermeneutik und Psychologie, wie in der Lyrik Rolf Dieter Brinkmanns (vgl. Drügh 2019, 249–251).

thetiken, neuer Schreibszenen und Schreibweisen gelesen werden, mit besonderer Aufmerksamkeit für ihr reflexives und diskursives Potential.

Literatur

Bajohr, Hannes. „Das Reskilling der Literatur". *Code und Konzept. Literatur und das Digitale*. Hg. Hannes Bajohr. Berlin: Frohmann, 2016. 7–21.

Benthien, Claudia. „Public Poetry: Encountering the Lyric in Urban Space". *Internationale Zeitschrift für Kulturkomparatistik. Contemporary Lyric Poetry in Transitions between Genres and Media* 2 (2021): 345–367.

Boluk, Stephanie, Leonardo Flores, Jacob Garbe, und Anastasia Salter (Hg.). „Everyword". *The Electronic Literature Collection*. Online-Magazin, 2016a. https://eliterature.org/collection.eliterature.org/3/work.html?work=everyword (3. Januar 2022).

Boluk, Stephanie, Leonardo Flores, Jacob Garbe, und Anastasia Salter (Hg.). „Pentametron". *The Electronic Literature Collection*. Online-Magazin, 2016b. https://collection.eliterature.org/3/work.html?work=pentametron (28. August 2021).

Catani, Stephanie. „,Erzählmodus an'. Literatur und Autorschaft im Zeitalter künstlicher Intelligenz". *Jahrbuch der Deutschen Schillergesellschaft*. Hg. Alexander Honold, Christine Lubkoll, Steffen Martus und Sandra Richter. Berlin und Boston: De Gruyter, 2020. 287–316.

Catani, Stephanie. „Generierte Texte. Gegenwartsliterarische Experimente mit Künstlicher Intelligenz". *Literatur, Film und Fernsehen der Gegenwart. Intermediale Schnittstellen und Verhandlungsräume*. Hg. Andrea Bartl, Corina Erk und Jörg Glasenapp. Paderborn: Fink, 2022. 247–266.

Hornig, Petra. *Kunst im Museum und Kunst im öffentlichen Raum. Elitär versus demokratisch?* Wiesbaden: VS Verlag für Sozialwissenschaften, 2011.

Diederichsen, Diedrich. *Der lange Weg nach Mitte. Der Sound und die Stadt*. Köln: Kiepenheuer & Witsch, 1999.

Drügh, Heinz. „Konsumästhetik". *Handbuch Literatur und Pop*. Hg. Moritz Baßler und Eckhard Schumacher. Berlin und Boston: De Gruyter, 2019. 247–266.

Everett, Colby M. „Free Speech on Privately-Owned Fora: A Discussion on Speech Freedoms and Policy for Social Media". *Kansas Journal of Law and Public Policy* 28 (2018/19): 113–145.

Fabian Navarro. „Fabian Navarro – Eloquentron3000 // Informatik & Literatur (Science Slam)". *YouTube*, 4. Februar 2020. https://www.youtube.com/watch?v=7NDXH2WUvbI (5. Januar 2022).

Gillespie, Tarleton. „The Politics of ,Platforms'". *New Media and Society* 12.3 (2010): 347–364.

Gillespie, Tarleton. „Algorithm". *Digital Keywords*. Hg. Benjamin Peters. Princeton: Princeton University Press, 2016. 18–30.

Gillespie, Tarleton. *Custodians of the Internet. Platforms, Content Moderation and the Hidden Decisions that Shape Social Media*. New Haven: Yale University Press, 2021.

Glanz, Berit. „Sonnenaufgang im Uncanny Valley. Navigieren und Überleben im KI-Zeitalter." *Kursbuch 199. Unglaubliche Intelligenzen*. Hg. Armin Nassehi und Peter Felixberger. Hamburg: Kursbuch Kulturstiftung, Kindle Edition, 2019. 47–61.

Hwang, Tim. *Subprime Attention Crisis: Advertising and the Time Bomb at the Heart of the Internet*. New York: Farrar, Straus and Giroux, 2020.

Kim, Sang Ah. „Social Media Algorithms: Why You See What You See". *Georgetown Law Technology Review* 147 (2017): 147–154.

Leetaru, Kalev. „Is Twitter's Spritzer Stream Really a Nearly Perfect 1% Sample of its Firehose?" *Forbes*, 27. Februar 2019. https://www.forbes.com/sites/kalevleetaru/2019/02/27/is-twitters-spritzer-stream-really-a-nearly-perfect-1-sample-of-its-firehose/?sh=44b9cd465401 3. September 2021).

Lichtenstein, Swantje. „Endlich eklektisch — elektrisch. Digitalität, Konzepte und Literatur". *Code und Konzept. Literatur und das Digitale*. Hg. Hannes Bajohr. Berlin: Frohmann, 2016. 59–70.

Lunden, Ingrid. „Pentametron Is A Twitter Poet That Gives Bots Some Literary Cred". *Techcrunch*, 14. Januar 2013. https://techcrunch.com/2013/01/13/pentametron-is-a-twitter-poet-that-gives-bots-some-literary-cred/ (28. August 2021).

Navarro, Fabian (Hg.). *poesie.exe: Texte von Menschen und Maschinen*. Berlin: Satyr, Kindle Edition, 2020.

Neumeister, Andreas, und Marcel Hartges (Hg.). *Poetry! Slam! Texte der Pop-Fraktion*. Reinbek bei Hamburg: Rowohlt, 1996.

„Pentametron". *Twitter Newsfeed*, 2012. https://twitter.com/pentametron (29. August 2021).

Piringer, Jörg. „tiny poems". *Code und Konzept. Literatur und das Digitale*. Hg. Hannes Bajohr. Berlin: Frohmann, 2016. 241–246.

Piringer, Jörg. „elektrobarden". *Transistor. Zeitschrift für zeitgenössische Lyrik. Dossier Digitale Dichtung* 2 (2019): 78–83.

Pressman, Jessica: *Digital Modernism. Making it New in New Media*. Oxford: Oxford University Press, 2014.

Rettberg, Scott: *Electronic Literature*. Cambridge/Medford, MA: Polity, 2019.

Riemer, Kai, und Sandra Peter. „Algorithmic Audiencing: Why We Need to Rethink Free Speech on Social Media". *Journal of Information Technology* 36.4 (2021): 409–426.

Schlederer, Florian. „19)". *poesie.exe: Texte von Menschen und Maschinen*. Berlin: Satyr, Kindle Edition, 2020.

Seaver, Nick. „Knowing Algorithms". Paper präsentiert bei *Media in Transition* 8, Cambridge, MA, 2013. *Nickseaver.net*, http://nickseaver.net/papers/seaverMiT8.pdf 7. Juli 2021).

Seaver, Nick. „Captivating Algorithms. Recommender Systems as Traps". *Journal of Material Culture* 24.4 (2019): 421–436.

„Vorwort". *Lytter. Zine für Lyrik* 1 (2020): 8–9.

Zuboff, Shoshana. *The Age of Surveillance Capitalism: The Fight for a Human Future at a New Frontier of Power*. New York: PublicAffairs, 2019.

Zuckerberg, Mark. „A Privacy-Focused Vision for Social Networking". *Facebook*, 2021. https://www.facebook.com/notes/2420600258234172/ (8. Juli 2021).

Jasmin Pfeiffer

„BIG BOOK HAUL BABY!" Literaturkritik auf YouTube

1 Literaturkritik auf YouTube

Die Verbreitung der digitalen Medien, des Internets und der sozialen Netzwerke hat nicht nur das Feld der literarischen Produktion nachhaltig verändert (vgl. z. B. Weel 2019; Grond-Riegler und Straub 2013; Bajohr und Gilbert 2021), sondern auch zu einer Herausbildung neuer Formen von Literaturkritik geführt. So hat heutzutage jede:r die Möglichkeit, Rezensionen zu literarischen Neuerscheinungen oder kanonischen Texten auf Buchblogs, bei Onlinehändlern oder auf Facebook, Twitter und Instagram zu veröffentlichen. Auch auf YouTube finden sich mittlerweile zahlreiche Videos rund um das Themenfeld der Literatur. Die Bandbreite des angebotenen Contents reicht dabei von pädagogisch ausgerichteten Kanälen wie „Sommers Weltliteratur To Go"[1] über YouTuber:innen, die aufstrebenden Autor:innen Tipps zum Schreiben von Romanen oder sonstigen fiktionalen Texten geben[2] bis hin zu Verlagen wie Suhrkamp, die ihren Channel als Instrument zur Vermarktung ihrer Bücher nutzen.[3]

Der folgende Beitrag wird sich mit zwei spezifischen, auf Literatur ausgerichteten YouTube-Formaten auseinandersetzen, nämlich mit drei ausgewählten BookTube-Kanälen einerseits und mit PewDiePies Book-Club andererseits. Der Terminus „BookTube" bezeichnet YouTube-Kanäle, die sich mit verschiedensten Aspekten der Buchkultur befassen. Typische Videos sind neben Buchrezensionen etwa „Bookshelf tours", bei denen die BookTuber:innen ihre Bücherregale und deren Inhalt präsentieren, „Unboxings", in denen sie vor laufender Kamera Pakete mit neuen Büchern auspacken, oder Vlogs, die sie beim Besuch eines Bücherladens zeigen. BookTube-Kanäle erfreuen sich seit den 2010er Jahren insbesondere bei einem jüngeren Publikum einer großen Beliebtheit, was sich in den bei bekannteren BookTuber:innen häufig im sechsstelligen Bereich liegenden Abonnent:innenzahlen widerspiegelt.

---

1 Sommers Weltliteratur to go. *YouTube* Kanal, https://www.youtube.com/c/mwstubes (15. Januar 2022).
2 Vgl. z. B. Hello Future Me. *YouTube* Kanal, https://www.youtube.com/channel/UCFQMO-YL87u-6Rt8hIVsRjA (18. Januar 2022).
3 Suhrkamp Verlag. *YouTube* Kanal, https://www.youtube.com/user/SuhrkampVerlag (15. Januar 2022).

∂ Open Access. © 2024 bei den Autorinnen und Autoren, publiziert von De Gruyter. [(cc) BY] Dieses Werk ist lizenziert unter der Creative Commons Namensnennung 4.0 International Lizenz.
https://doi.org/10.1515/9783110795424-016

PewDiePies Book-Club ist eine Videoreihe von Felix Kjellberg, der unter dem Pseudonym PewDiePie mit 111 Millionen Followern[4] einen der größten YouTube-Kanäle der Welt betreibt.[5] Berühmt wurde der schwedische Videoproduzent vor allem durch seine Let's-Plays des Horror-Games *Amnesia: The Dark Descent* und seine übersteigert panischen Reaktionen auf unheimliche Szenen. In seiner Book-Club-Reihe, die insgesamt elf Videos umfasst,[6] stellt er verschiedene von ihm gelesene Texte vor, wobei Sachbücher wie *Life 3.0: Being Human in the Age of Artificial Intelligence* von Max Tegmark ebenso besprochen werden wie kanonische literarische Werke – hier wären etwa Dostojewskis *Schuld und Sühne*, Dantes *Göttliche Komödie* oder Camus' *Der Fremde* zu nennen – und Gegenwartsliteratur wie Murakamis *Kafka am Strand*.

Sowohl BookTuber:innen als auch PewDiePies Book-Club – und freilich auch andere YouTube-Formate, die eine große Reichweite erzielen – können als einflussreiche Akteure auf dem zeitgenössischen Buchmarkt betrachtet werden. Durch ihre Rezensionen haben sie zweifelsohne einen Einfluss auf die Meinungen ihrer Zuschauer:innen, vor allem aber wirken sich die Videos auf die Verkaufszahlen aus. Insbesondere BookTuber:innen mit vielen Followern erreichen eine große Zahl an Views und können somit zur Steigerung der Bekanntheit eines Texts beitragen. Entsprechend ist es kaum verwunderlich, dass die Verlage BookTuber:innen in ihre Marketingstrategien einbeziehen und ihnen kostenlose Rezensionsexemplare zuschicken oder eine Provision bieten, wenn die Bücher über von den BookTuber:innen verbreitete Affiliate-Links verkauft werden (vgl. Neshitov 2015).

PewDiePies Book-Club-Videos wurden jeweils mehrere Millionen Mal angeschaut, und darüber hinaus sind auf zahlreichen Internetseiten, beispielsweise auf Reddit oder goodreads.com, Listen mit allen jemals von ihm besprochenen Büchern zu finden. Entsprechend ist davon auszugehen, dass auch er einen Einfluss auf die Verkaufszahlen hat.

Die Content Creator in den sozialen Medien müssen folglich als ernstzunehmende Größe neben etablierten Akteuren wie etwa dem Feuilleton betrachtet werden. Wie ein Artikel der *Süddeutschen Zeitung* betont, unterscheiden „viele Verlage […] nicht mehr zwischen klassischen Medien und Bloggern" (Neshitov 2015) – Random House etwa „pflegt gute Kontakte sowohl zu den Literaturkritikern etablierter Medien als auch zu Literaturbloggern wie Sophie Weigand von literatourismus.net oder Booktuberinnen wie Sara Bow" (Neshitov 2015). Formal

---

4 Dies entspricht dem Stand im Oktober 2022.
5 Zum Zeitpunkt der Erstellung dieses Artikels im Januar 2022 liegt PewDiePie auf Platz 4 der Kanäle mit den meisten Abonnent:innen.
6 Die Playlist findet sich hier: https://www.youtube.com/playlist?list=PLp0EO0adDVsQY7jO0I QuYyYay3NB3C8O6 (2. Februar 2022).

und inhaltlich allerdings unterscheiden sich die Videos der Booktuber:innen sowie von PewDiePie stark von den Rezensionen im Feuilleton. Wie im Folgenden gezeigt werden soll, können sie in vieler Hinsicht selbst als popkulturelle Artefakte betrachtet werden, die sich Verfahren und Ästhetiken des Pops aneignen und sich an die medialen Gegebenheiten der Plattform YouTube anpassen.

2 BookTube, PewDiePie und Pop

Wie von der Forschung mehrfach konstatiert wurde,[7] ist es schwierig, den Begriff des Pop eindeutig zu definieren. Ullmaier etwa spricht von einer „Kriterienvielfalt" und „formalen Offenheit" (2001, 18), und Savage betont, dass Pop eine „multitude of meanings" (1995, xxiv) hat. Entsprechend möchte der vorliegende Artikel keine eindeutige Definition liefern, sondern lediglich auf einige häufig angeführten Merkmale verweisen und herausarbeiten, inwiefern diese auf die BookTuber:innen und auf PewDiePies Book-Club zutreffen. Dabei werden insbesondere drei größere BookTube-Kanäle in den Fokus genommen werden, nämlich A Clockwork Reader,[8] polandbananasBOOKS[9] und jessethereader.[10]

2.1 ‚High' und ‚Low'

Baßler und Schumacher nennen in Anlehnung an Fiedler die „Abgrenzung gegenüber einem tradierten Kunst-Verständnis" und das „Projekt einer Unterminierung überkommener Grenzziehungen zwischen high und low" (Baßler und Schumacher 2019, 4) als eine der typischen Eigenschaften von Pop. Die BookTuber:innen stellen in ihren Videos vor allem Texte der Jugend- und Gegenwartsliteratur vor, von denen viele eher in den Bereich dessen fallen, was man als ‚Massenkultur' betrachten würde; vereinzelt befassen sie sich aber auch mit kanonischen Werken, die als Teil der ‚high culture' gelten. A Clockwork Reader beispielsweise nennt *Rebecca* von Daphne du Maurier als eines von „7 Books You NEED To Read" (A Clockwork Reader, 9. August 2018). PewDiePie dagegen bespricht in sei-

---

[7] Einen konzisen Überblick über die verschiedenen Definitionen des Begriffs und seine Mehrdeutigkeit bieten z. B. Baßler und Schumacher (2019, 1–30).
[8] A Clockwork Reader. *YouTube* Kanal, https://www.youtube.com/aclockworkreader (4. Februar 2022).
[9] polandbananasBOOKS. *YouTube* Kanal, https://www.youtube.com/c/polandbananasBOOKS (4. Februar 2022).
[10] jessethereader. *YouTube* Kanal, https://www.youtube.com/c/jessethereader (4. Februar 2022).

nem Book-Club überwiegend solche literarischen oder philosophischen Werke, die zumindest in gewissem Maß als Klassiker betrachtet werden können, wie etwa *Schuld und Sühne, Brave New World, 1984, Die Verwandlung* oder Platons *Republik*. Manchmal werden auch gut verkaufte Sachbücher, beispielsweise *12 Rules for Life*, und Gegenwartsliteratur wie Kazuo Ishiguros *Never Let Me Go* rezipiert.

Eine Zusammenführung dessen, was man traditionell als ‚high' und ‚low' culture etikettiert, lässt sich vor allem darin erkennen, dass sich die Videos inhaltlich mit literarischen Texten befassen, filmisch und stilistisch aber ganz klar die Ästhetik des Massenmediums YouTube bedienen und auf das aufbauen, was man vielleicht als Internet- und Memekultur bezeichnen könnte. So weisen vor allem die Videos der BookTuber:innen, aber auch die von PewDiePie die für YouTube typische, sehr hohe Schnittfrequenz auf. Deren Verwendung hat einerseits praktische Gründe: Die Content Creator nehmen einen oder wenige Sätze häufig mehrmals auf und schneiden sie dann zusammen, statt längere Passagen am Stück einzusprechen. Andererseits werden die schnellen Wechsel der Einstellungen und der Kameraperspektive auch bewusst als ästhetisches Element eingesetzt, das die Videos abwechslungsreich gestalten und die Aufmerksamkeit der Zuschauer:innen aufrechterhalten soll. Zum selben Zweck werden häufig Texte, Bilder oder Memes eingeblendet oder sonstige visuelle Effekte verwendet, wie etwa eine Schwarz-Weiß-Färbung, Verdopplung oder Verzerrung des Bilds. Jessethereaders Video „It's a big book haul, baby!" (jessethereader, 8. Februar 2022) zum Beispiel beginnt mit einem Herein- und einem Herauszoomen der Kamera, anschließend ist Jesse in einer nahen Einstellung zu sehen und es werden für Millisekunden kurze Textpassagen eingespielt, die über das Thema des Videos informieren. Wenige Augenblicke später wird sein Gesicht in Großaufnahme gezeigt. Das alles geschieht innerhalb der ersten fünfzehn Sekunden des Videos und setzt sich in einem ähnlichen Tempo fort.

In PewDiePies Book-Club-Videos finden sich tendenziell weniger Effekte und Schnitte – zumeist ist er in einer Nahaufnahme an seinem Schreibtisch zu sehen. Nichtsdestoweniger werden die oben genannten Strategien immer wieder angewendet, beispielsweise wenn er in einem der Videos für eine Sekunde in einer Großaufnahme gefilmt und das Bild um seinen Kopf herum rosa und lila eingefärbt ist (PewDiePie, 4. Februar 2018, 00:50), wenn Texte wie der Titel des Videos oder des besprochenen Buchs eingeblendet werden oder Musik, wie beispielsweise das Intro des Videospiels *Doki Doki Literature Club* (PewDiePie, 3. März 2018, 00:00–00:09) eingespielt wird. Insgesamt kann also festgehalten werden, dass die BookTuber:innen und PewDiePies Book-Club durch die inhaltliche Thematisierung verschiedenster Arten von Literatur und durch die Einbindung der Ästhetik von YouTube durchaus mit den Grenzen zwischen ‚Massen'- und ‚Elite'-

Kultur spielen und damit das oben angeführte Kriterium einer Unterminierung von ‚high' und ‚low' erfüllen. Auch die Tatsache, dass Literaturkritik in videoästhetischer Form und auf einer Plattform wie YouTube betrieben wird, kann bereits als eine Verbindung der beiden Bereiche betrachtet werden.

2.2 Populäre Gegenstände, Kritik und Äußerlichkeit

Baßler und Schumacher betonen, dass „Pop Art und [...] Pop-Literatur Populäres darstellen" und dadurch zwar „(potentiell) selbst in gewissem Maße populär [werden]", jedoch „ohne [...] in ihrer Warenform aufzugehen" (2019, 5), denn: „Ihre Repräsentation populärer Kultur bleibt als solche eben (potentiell) auch immer in einer Distanz zu ihren Gegenständen verhaftet, die beispielsweise zum Zwecke der Kritik genutzt werden kann" (5).

Über die BookTube-Videos lässt sich sagen, dass sie in der Tat „Populäres darstellen". Zwar werden gelegentlich auch unbekanntere Neuerscheinungen besprochen, aber die meisten in den Rezensionen oder Buchregal-Präsentationen vorgestellten Texte erfreuen sich eines gewissen Bekanntheitsgrads. Auch Vlogs gehören ins Repertoire der BookTube-Channel, in denen sich die Content Creator bei Shoppingtouren, bei Ausflügen in die Natur oder in ihrem Zuhause filmen. Die in diesen Videos gezeigten Aktivitäten – vom Besuch im koreanischen Restaurant oder im Merchandise Store auf dem Time Square (vgl. A Clockwork Reader, 10. Juni 2019) bis hin zur Tour über die BookCon (polandbananasBOOKS, 7. Juni 2018) – können ebenfalls als Bestandteile der Populärkultur betrachtet werden. In PewDiePies Book-Club liegt der Fokus auf bekannten kanonischen Texten.

Weiterhin können die hier schwerpunktmäßig analysierten BookTube-Channel und PewDiePie auch als selbst populär betrachtet werden: A Clockwork Reader hat 389.000 Abonnent:innen, jessethereader 399.000 und polandbananasBOOKS 422.000,[11] und PewDiePie ist wie schon erwähnt ohnehin einer der bekanntesten You Tuber:innen der Welt. Entsprechend lässt sich also konstatieren, dass zwei der von Baßler und Schumacher angeführten Dimensionen von Pop – die Darstellung populärer Gegenstände und die eigene Popularität – auf die hier analysierten Channel zutreffen.

Komplizierter verhält es sich mit der kritischen Distanz zu den populären Gegenständen. In Hinblick auf BookTube kann festgehalten werden, dass diese bei A Clockwork Reader, polandbananasBOOKS und jessethereader eher schwach ausgeprägt ist. Ihre Buchrezensionen beschränken sich überwiegend auf eine Zusam-

---

11 Diese Zahlen gelten zum Zeitpunkt der Erstellung des Artikels im Januar 2022.

menfassung des Inhalts und die emphatische Wiedergabe ihrer eigenen Emotionen und Leseeindrücke. Exemplarisch zeigt sich das etwa in A Clockwork Readers Kommentar zu Taylor Jenkins Reeds Buch *After I Do*:

> I love those books with my whole heart. I talk about them endlessly because they're so good. [...] I liked it [the book] so much that I was like I need to read everything else by Taylor Jenkins Reid. [...] This book is so phenomenal. I don't know how to tell you how often I think about this book. I don't talk about it very often, but I think about this a lot because it was really really touching, and I feel like this book is evidence of how good of a writer and storyteller Taylor Jenkins Reid really is (A Clockwork Reader, 20. Februar 2021, 05:10–06:13).

Wie der Auszug zeigt, liegt der Fokus hier nicht auf einer kritischen, in die Tiefe gehenden Analyse, wie es der Anspruch an Feuilleton-Artikel ist. Vielmehr schildert A Clockword Reader mit vielen wertenden und auf ihr subjektives Empfinden verweisenden Begriffen („good", „love", „phenomenal") ihre persönlichen Eindrücke. BookTube-Videos funktionieren, wie auch Tim Neshitov in der *Süddeutschen Zeitung* betont, folglich anders als ‚klassische' Literaturkritik:

> Literaturkritik auf Youtube unterscheidet sich vor allem in einem Punkt von Rezensionen in Zeitungen und Magazinen, die noch professionelle Literaturkritiker beschäftigen: Das Youtube-Urteil basiert meistens auf Geschmack, selten auf Analyse. Als mündliches Genre ist diese Kritik zudem direkter in der Ansprache. (2015)

Auch die kritische Distanz gegenüber YouTube, dem Persönlichkeitskult, der häufig um die Content Creator aufgebaut wird, oder der in den Videos omnipräsenten Konsumkultur[12] ist bei den BookTuber:innen eher gering. Zwar lassen sich auch (selbst-)ironische Passagen finden – so bezeichnet A Clockwork Reader ihr Video „I'm tired of booktube & other assumptions about me" (A Clockwork Reader, 15. März 2021), in dem sie auf Vorurteile gegenüber ihrer Person eingeht, durchaus kritisch als „the most self-indulgent YouTube video in existence" (00:31–00:33) –, jedoch sind diese eher selten und stellen die Formate keinesfalls grundsätzlich in Frage.

Bei PewDiePie verhält es sich etwas anders: Die meisten seiner Buchbesprechungen sind ebenfalls stark auf den Inhalt der Texte fokussiert und erheben keinen Anspruch auf literaturwissenschaftliche Genauigkeit, allerdings lässt sich durchaus ein gewisses Maß an kritischer Diskussion erkennen. So reflektiert er etwa, warum manche Bücher nie verfilmt wurden, wie sich die Protagonist:innen charakterisieren lassen, welche Rolle einzelne Episoden für den Plot spielen oder in welchem Verhältnis verschiedene Texte zueinander stehen (so vergleicht er bspw. *Brave new world* und *1984*). Zudem legt er zumeist eine grobe Interpreta-

---

12 Hierauf wird an späterer Stelle genauer eingegangen.

tion sowie eine Zusammenfassung der wichtigsten Themen und Aussagen des jeweiligen Textes vor. Manche seiner Videos gehen sogar recht detailliert auf einzelne Werke ein; hier wäre etwa seine 45-minütige Abhandlung zu Platons *Republic* zu nennen. PewDiePies Urteil und seine persönlichen Leseerfahrungen spielen in seinen Videos ebenfalls eine wichtige Rolle, aber es lässt sich zugleich eine gewisse analytische Distanz konstatieren.

Auch gegenüber YouTube sowie gegenüber der eigenen Person zeigt PewDiePe eine etwas stärkere kritisch-selbstironische Haltung als die Book Tuber:innen. Gleich zu Beginn seines ersten Book-Club-Videos beispielsweise hebt er hervor, dass er eigentlich keine fachliche Kompetenz besitzt, um über Literatur zu sprechen: „It feels kind of stupid making a video like this because who cares what PewDiePie has to say about literature?" (4. Februar 2018, 01:03–1:10).

Bei den BookTuber:innen und insbesondere bei PewDiePie finden sich also durchaus (selbst-)ironische und kritische Elemente und interpretatorische Überlegungen zu den vorgestellten Werken, aber alles in allem zielt keiner der Channel auf eine analytische Tiefe oder auf grundlegende Kritik ab. Während Baßler und Schumacher, wie das oben angeführte Zitat hervorhebt, die kritische Distanz zu den populären Gegenständen zumindest als potentielles Merkmal von Pop betrachten, verweisen Hecken und Kleiner in ihrem *Handbuch Popkultur* mit dem Kriterium der Funktionalität darauf, dass Pop zwar Gefühle hervorrufen möchte, aber es dabei gerade nicht um „weltanschauliche[] Programme[]" oder um „eine Intensität, die das Gewohnte radikal aufsprengt" (2017, 7) geht. Als weitere Merkmale von Pop nennen sie Oberflächlichkeit und Äußerlichkeit. Mit Oberflächlichkeit ist gemeint, dass Pop-Gegenstände den Fokus eher auf die Form und die äußere Erscheinung denn auf tiefgehende Inhalte legen. In eine ähnliche Richtung zielt das Kriterium der Äußerlichkeit, demzufolge die Poprezeption „das äußerlich, sinnlich Gegebene" (8) bevorzugt und die unmittelbar zugängliche Bedeutung eines Artefakts den Vorrang gewinnt vor „möglichen Sinndimensionen, die eine biografisch, mythologisch oder weltanschaulich inspirierte Interpretation mit einigem zusätzlichen Zeitaufwand zutage bringen müsste" (8). Auch Fiedler situiert Pop „weit entfernt von Innerlichkeit, Analyse und Anspruch" (1994 [1969], 22). All das trifft auf die hier analysierten YouTube-Formate zu, die sich, wie oben dargelegt, durch eine aufwändige ästhetische und filmische Gestaltung, etwa durch viele Einblendungen oder unterschiedliche Kameraeinstellungen, und eine eher geringe inhaltliche Tiefe auszeichnen. Dabei sind die Videos sowohl in ihrem Inhalt als auch in ihrer Präsentation sehr zugänglich gestaltet: Sie erfordern keine große intellektuelle Anstrengung der Zuschauenden und enthalten keine versteckten Sinndimensionen, die durch Interpretation erst aufgedeckt werden müssen.

3 Relationen zur Konsumkultur

Mit dem Kriterium des Konsumismus verweisen Hecken und Kleiner auf die enge Verbindung zwischen Pop und Konsum: „Pop ist mit Konsum innig verbunden" (2017, 7). Dies gilt auch für die hier analysierten Videos. Manche der für die Book-Tube-Channel typischen Formate drehen sich klar um Elemente der Konsumkultur – so etwa die Videos, in denen die BookTuber:innen shoppen gehen und dabei sowohl Bücher als auch Bubble Teas, Sandwiches oder Merchandise kaufen. In diesem Format, aber auch in den Book-Hauls, in denen die Content Creator Bücher vorstellen, die sie kürzlich erworben haben, fungiert das Buch nicht so sehr als intellektuelles denn als Konsumgut: Was hier in Szene gesetzt wird, ist zumindest nicht nur der geistige Gewinn, den das Lesen mit sich bringt, sondern auch der Akt des (käuflichen) Erwerbens, der dabei häufig auch in gewissem Maße fetischisiert wird.

Als Beispiel kann hier etwa A Clockwork Readers 22 Minuten langes Video „come book shopping with me in LA | visiting beautiful bookstores + a haul" (A Clockwork Reader, 31. August 2022) genannt werden, in dem sie die Zuschauer:innen mitnimmt auf ihre Tour durch verschiedene Buchläden in Los Angeles. Der Besuch der Ladengeschäfte wird hier visuell ansprechend in Szene gesetzt und durch die Untermalung mit Pianomusik zusätzlich romantisiert. Gleich zu Beginn kündigt A Clockwork Reader an, dass sie plant, einige Bücher zu erwerben, und diese am Ende des Videos zu präsentieren. Durch Sätze wie „I can't help myself, I love collecting books" wird zugleich der Akt des Kaufens weiter in den Fokus gerückt.

Bei PewDiePie steht eher die bildende, horizonterweiternde Komponente von Büchern im Vordergrund. Die Book-Club-Reihe besteht ausschließlich aus Videos, in denen er Texte vorstellt oder rezensiert; Book-Hauls oder Shopping-Touren gehören nicht zum Format. Er verweist oft darauf, dass er seine Lektüren als Bereicherung empfindet und lädt seine Zuschauer:innen dazu ein, die besprochenen Texte selbst zu lesen. Zu Beginn seines Jahresrückblicks auf die Bücher, die er 2018 gelesen hat, betont er: „I also wanted to make this video to hopefully inspire you guys, or more people in general, to read as well" (PewDiePie, 29. Dezember 2018, 00:29–00:35). In seinen Rezensionen geht er häufig darauf ein, was er aus den Texten gelernt hat und für welche Probleme, Themen oder Fragen sie ihn sensibilisiert haben. Stärker als die BookTuber:innen hebt er also die intellektuelle Dimension der Literatur hervor und folgt mit seiner Reihe durchaus auch einem pädagogischen Impetus.

Nichtsdestoweniger sind seine Videos, wie auf YouTube üblich, in den Kontext der Konsumkultur eingebunden. So beginnt „BOOK REVIEW January" mit einer Passage, in der PewDiePie Werbung für die Firma Origin PC macht, die sein

Video gesponsert hat. Weiterhin sind in den Beschreibungstexten seiner Videos immer die Links zu seinem Bürostuhl und seinen Kopfhörern sowie zu den Amazon-Seiten der besprochenen Bücher angegeben. Auch die Videos der Book-Tuber:innen sind häufig von Firmen gesponsert und enthalten entsprechende Werbeblöcke (jessethereader, 10. Februar 2022) Insgesamt lässt sich also sagen, dass die YouTube-Kanäle sehr eng in kapitalistische Mechanismen eingebunden sind und ihre Zuschauer:innen zum Erwerben bestimmter Güter, vorrangig natürlich von Büchern, anregen.

4 Sekundarität

Dadurch, dass Pop Elemente aus der populären Kultur aufgreift und verarbeitet, entsteht, so Baßler und Schumacher, eine „basale Sekundarität von Pop, indem dieser mit bereits zeichenhaftem Material arbeitet; wobei diese Zeichen sowohl empathisch übernommen als auch ironisch oder kritisch umcodiert werden können" (2019, 5). Eine solche Sekundarität zeichnet auch die hier vorgestellten YouTube-Channel aus, insofern als ihr Konzept darauf beruht, existierende literarische Texte vorzustellen, zu kommentieren und manchmal auch zu interpretieren. Diese Form der ‚Second-Hand-Rezeption' stellt auf YouTube ein verbreitetes Phänomen dar: Zahlreiche Channels setzen sich mit den Inhalten anderer Medien oder sonstigen Phänomenen der Popkultur auseinander. Das Spektrum reicht dabei von Meme Reviews, Reaction Videos, Let's Plays und Parodien bis hin zu sozial- oder filmwissenschaftlich inspirierten Analysen und dokumentarischen Aufarbeitungen von popkulturellen Phänomenen. Beispiele wären etwa Jenny Nicholson,[13] die neu erschienene Filme bespricht oder in ihrem Video „The last Bronycon: a fandom autopsy" die Fandom-Kultur rund um *My Little Pony* aufarbeitet; der Kanal Pitch Meeting,[14] der sich auf humoristische Weise mit Logiklücken in bekannten Filmen auseinandersetzt oder die Beiträge von Pop Culture Detective,[15] die ethische und soziologische Fragestellungen in Filmen, Serien oder Videospielen analysieren.

Diese Sekundarität von YouTube-Videos im Allgemeinen und BookTube und PewDiePie im Speziellen kann auch als Merkmal einer neuen Phase der Popkultur,

---

[13] Jenny Nicholson. *YouTube* Kanal, https://www.youtube.com/c/JennyNicholson/videos (14. Oktober 2022).
[14] Pitch Meetings. *YouTube* Kanal, https://www.youtube.com/channel/UC9Kq-yEt1iYsbUz NOoIRK0g (14. Oktober 2022).
[15] Pop Culture Detective. *YouTube* Kanal, https://www.youtube.com/c/PopCultureDetective (14. Oktober 2022).

des Pop III, betrachtet werden. Diese zeichnet sich, so Penke und Schaffrick, dadurch aus, dass sich Pop „das Populäre des historisch gewordenen Pop neu an[eignet]" (2018, 136) und so, mit den für das Digitale und die sozialen Medien spezifischen Ausdrucksmitteln, aus bestehenden neue Pop-Formate und -Werke erschafft.

5 Fazit

Die vorhergehenden Ausführungen haben gezeigt, dass sowohl die Videos der BookTuber:innen als auch PewDiePies Book-Club viele typische Merkmale von Pop erfüllen und eine neue Form der Literaturkritik darstellen, die in vielerlei Hinsicht durch die Logik und die Ästhetik der Plattform YouTube geprägt ist. Die Einbindung in kapitalistische Strukturen durch gesponserte Videos und Affiliate Links, die Verwendung filmischer und gestalterischer Mittel, die dazu dienen, die Aufmerksamkeit der Zuschauer:innen aufrechtzuerhalten und die Videos möglichst kurzweilig zu gestalten, oder die aus der Analyse bestehender medialer Inhalte resultierende Sekundarität stellen Merkmale dar, die nicht nur für die hier vorgestellten Kanäle, sondern für YouTube-Content im Allgemeinen typisch sind. Hier zeigt sich einmal mehr, wie sehr das Medium den Inhalt beeinflusst: Wie eingangs bereits angedeutet, unterscheiden sich die vorgestellten Formate stark von Literaturkritiken, wie sie in traditionellen Medien wie dem Feuilleton zu finden sind. Zwar gibt es auf YouTube durchaus auch Literaturkanäle, die stärker an ‚traditionelle' Formate in Fernsehen oder Zeitung angelehnt sind – hier wäre etwa die YouTube-Präsenz von Suhrkamp zu nennen, deren Videos sowohl in der filmischen Gestaltung als auch in ihrem Inhalt einem Kulturmagazin aus dem öffentlichen Fernsehen ähneln. Diese Kanäle haben jedoch häufig nur wenige Abonnent:innen und erzielen mit ihren Beiträge nur wenige hundert Views. Um hohe Zahlen an Zuschauer:innen zu erreichen, müssen, so scheint es, die Konventionen der Plattform zumindest in gewissem Maß bedient werden. Entsprechend steht zu erwarten, dass sich im Zuge der fortschreitenden Digitalisierung die Formate der Literaturkritik weiter verändern und entwickeln werden.

Interessant ist auch, dass sich die Literaturkritik auf YouTube dadurch, dass sie selbst als Pop betrachtet werden kann, ihrem Gegenstand in gewissen Maß annähert. Eine ähnliche Entwicklung konstatiert Schumacher bereits in Hinblick auf die Relation zwischen Popliteratur und Popjournalismus der 1990er-Jahre, wenn er hervorhebt, dass die „Grenzen zwischen Pop-Journalismus, Feuilleton und Literatur [...] zunehmend durchlässiger [werden], wenn sie denn überhaupt noch als Grenzen begriffen werden" (2019, 55). Hierin zeigt sich einmal mehr das die Gegenwärtigkeit immer auch mitgestaltende, grenzüberschreitende Potential von Pop.

Literatur

A Clockwork Reader. *YouTube* Kanal, https://www.youtube.com/aclockworkreader (4. Februar 2022).
A Clockwork Reader. „7 Books You NEED To Read". *YouTube*, 9. August 2018. https://www.youtube.com/watch?v=uGKZcxu2NK0 (2. Januar 2022).
A Clockwork Reader. „bookexpo & bookcon 2019!" *YouTube*, 10. Juni 2019. https://www.youtube.com/watch?v=8X4TvhoGrNY (2. Februar 2022).
A Clockwork Reader. „7 great books you NEED to read". *YouTube*, 20. Februar 2021. https://www.youtube.com/watch?time_continue=371&v=U7rNWmAL3mY&ab_channel=AClockworkReader (4. Februar 2022).
A Clockwork Reader. „I'm tired of booktube & other assumptions about me". *YouTube*, 15. März 2021. https://www.youtube.com/watch?v=kFmoJ1A9NbU&t=227s (6. Februar 2022).
A Clockwork Reader. „come book shopping with me in LA | visiting beautiful bookstores + a haul". *YouTube*, 31. August 2022. https://www.youtube.com/watch?v=mZbhnN7Cv9o (15. Oktober 2022).
Bajohr, Hannes, und Annette Gilbert (Hg.). *Text + Kritik. Sonderband Digitale Literatur II*. München: edition text+kritik, 2021.
Baßler, Moritz, und Eckhard Schumacher (Hg.). „Einleitung". *Handbuch Literatur & Pop*. Berlin und Boston: De Gruyter, 2019. 1–30.
Fiedler, Leslie. „Überquert die Grenze, schließt den Graben! Über die Postmoderne" [1969]. *Roman oder Leben. Postmoderne in der deutschen Literatur*. Hg. Uwe Wittstock. Leipzig: Reclam, 1994. 14–39.
Grond-Rigler, Christine, und Wolfgang Straub (Hg.): *Literatur und Digitalisierung*. Berlin und Boston: De Gruyter, 2013.
Hecken, Thomas, und Marcus S. Kleiner (Hg.). „Einleitung". *Handbuch Popkultur*. Stuttgart: Metzler, 2017. 1–15.
Hello Future Me. *YouTube* Kanal, https://www.youtube.com/channel/UCFQMO-YL87u-6Rt8hIVsRjA (18. Januar 2022).
Jenny Nicholson. *YouTube* Kanal, https://www.youtube.com/c/JennyNicholson/videos (14. Oktober 2022).
jessethereader. *YouTube* Kanal, https://www.youtube.com/c/jessethereader (4. Februar 2022).
jessethereader. „It's a big book haul, baby!" *YouTube*, 8. Februar 2022. https://www.youtube.com/watch?v=NEmXiF6S5hw (20. Januar 2022).
jessethereader. „THE BOOK HEARTBREAK GAME!" YouTube, 10. Februar 2022. https://www.youtube.com/watch?v=afp1zcM4nOI&ab_channel=jessethereader (9. Januar 2022).
Neshitov, Tim. „Buchkritikerin auf Youtube. Sehrsehrsehr lustig! Lest es!" *Süddeutsche Zeitung*, 9. Juli 2015. https://www.sueddeutsche.de/kultur/buchkritikerin-auf-youtube-sehrsehr-lustig-lest-es-1.2558228 (10. Februar 2022).
Penke, Niels, und Matthias Schaffrick (Hg.). *Populäre Kulturen zur Einführung*. Hamburg: Junius, 2018.
PewDiePie. *YouTube* Kanal, https://www.youtube.com/channel/UC-lHJZR3Gqxm24_Vd_AJ5Yw (8. Februar 2022).
PewDiePie. „BOOK REVIEW January". *YouTube*, 4. Februar 2018. https://www.youtube.com/watch?v=oZ_qiYc133U&list=PLp0EO0adDVsQY7jO0IQuYyYay3NB3C8O6 (8. Februar 2022).
PewDiePie. „Are all YouTubers Psychopaths? – BOOK REVIEW – February". *YouTube*, 3. März 2018. https://www.youtube.com/watch?v=s7u-xAWWyK4&list=PLp0EO0adDVsQY7jO0IQuYyYay3NB3C8O6&index=3 (8. Februar 2022).

PewDiePie. „I read 721 books in 2018". *YouTube*, 29. Dezember 2018. https://www.youtube.com/watch?v=pNar3Dh9zDk&list=PLp0EO0adDVsQY7jO0IQuYyYay3NB3C8O6&index=7&ab_channel=PewDiePie (9. Januar 2022).

Pitch Meetings. *YouTube* Kanal, https://www.youtube.com/channel/UC9Kq-yEt1iYsbUzNOoIRK0g (14.2022).

polandbananasBOOKS. *YouTube* Kanal, https://www.youtube.com/c/polandbananasBOOKS (4. Februar 2022).

polandbananasBOOKS. „BEA & BOOKCON 2018". *YouTube*, 7. Juni 2018. https://www.youtube.com/watch?v=lxzxp650ygw (4. Februar 2022).

Pop Culture Detective. *YouTube* Kanal, https://www.youtube.com/c/PopCultureDetective (14. Oktober 2022).

Ullmaier, Johannes. *Von Acid nach Adlon und zurück. Eine Reise durch die deutschsprachige Popliteratur*. Mainz: Ventil, 2001.

Savage, Jon. „"The simple things you see are all complicated"". *The Faber Book of Pop*. Hg. Hanif Kureishi und Jon Savage. London und Boston: Faber, 1995. xxi–xxxiii.

Schumacher, Eckhard. „Pop-Journalismus, Feuilleton,Literatur". *Handbuch Literatur & Pop*. Hg. Moritz Baßler und Eckhard Schumacher. Berlin und Boston: De Gruyter, 2019. 55–71.

Sommers Weltliteratur to go. *YouTube* Kanal, https://www.youtube.com/c/mwstubes (15. Januar 2022).

Suhrkamp Verlag. *YouTube* Kanal, https://www.youtube.com/user/SuhrkampVerlag (15. Januar 2022).

Weel, Adrian van der. „Literary Authorship in the Digital Age". *The Cambridge Handbook of Literary Authorship*. Hg. Ingo Berensmeyer, Gert Buelens und Marysa Demoor. Cambridge: Cambridge University Press, 2019. 218–234.

Christoph Kleinschmidt, Stephanie Catani

„Eher Plastik als Wald"

Gespräch mit Leif Randt über Popliteratur, Digitalisierung und postromantische Liebe

Stephanie Catani: Leif Randt wurde 2011 in einem Interview mit der *Zeit* einmal gefragt, zu welcher Kategorie der deutschen Gegenwartsliteratur er denn nun zähle. Darauf antwortete Randt: „Wichtiger deutschsprachiger Schriftsteller der Gegenwart. Das wäre das Wunschlabel" (Thurm 2011). Zehn Jahre später kann man getrost feststellen: Das Wunschlabel ist in Erfüllung gegangen – Leif Randt *ist* ein wichtiger deutschsprachiger Schriftsteller der Gegenwart. Umso mehr freuen wir uns, dass er Teil dieser Tagung ist und ich ihn nun etwas ausführlicher vorstellen darf.

Nachdem Leif Randt in Gießen, London und Hildesheim die Fächer Kulturwissenschaften und Kreatives Schreiben studiert hat, veröffentlichte er 2009 seinen Debütroman *Leuchtspielhaus*, für den er sogleich mit dem Nicolas-Born-Debütpreis der Niedersächsischen Literaturkommission ausgezeichnet wurde. Die Kritik hebt bereits bei diesem ersten Roman ein popaffines Erzählen vor, attestiert Randt, mit diesem London-Roman ein präzises Beobachten seiner Generation und ein distanziert-ironisches Erzählen umzusetzen, das – so urteilt etwa Maximilian Link in der *Kritischen Ausgabe* – „seit dem inszenierten Treffen der ‚Pop-Autoren' der 90er in Tristesse Royale nicht mehr so angeregt wurde" (Link 2011).

Bei den Klagenfurter Tagen der deutschsprachigen Literatur 2011 erhielt Leif Randt den Ernst-Willner-Preis für einen Auszug aus dem Roman *Schimmernder Dunst über CobyCounty*. Der Romantext wurde im gleichen Jahr veröffentlicht und unter anderem in der *Frankfurter Allgemeinen Zeitung* als „fast epochaler Generationenroman" (Bopp 2011) gefeiert. Weitere Auszeichnungen folgten, etwa der Düsseldorfer Literaturpreis sowie ein Stipendium in der Villa Aurora in Los Angeles. Spätestens mit diesem zweiten Roman, der in der fiktiven, U.S.-amerikanisch anmutenden Wohlfühlwelt CobyCounty spielt, wird Randt endgültig zum Nachkommen der deutschen Popliteratur der 1990er erklärt. Moritz Baßler und Heinz Drügh jedenfalls stellen 2012 in einem Essay zur Gegenwärtigkeit der Pop-Literatur fest, dass mit *Schimmernder Dunst über CobyCounty* das „kultursensible-kritische Poten-

---

Anmerkung: Das Gespräch wurde im Rahmen der Tagung „Popliteratur 3.0? Soziale Medien und Gegenwartsliteratur" im September 2021 an der Universität Tübingen geführt. Es ist im Anschluss transkribiert und an einigen Stellen überarbeitet worden.

zial, das Pop in seiner Einlässlichkeit für die Konsumkultur immer schon gehabt hat [...] [,] erkennbar in der Mitte der Literatur angekommen" (2012, 62) sei.

Mit *Planet Magnon* erscheint 2015 ein Roman, der als Science-Fiction-Erzählung nicht mehr auf die Gegenwart, sondern in eine Zukunft blickt, die gleichsam als postpragmatischer Schwebezustand daherkommt. Gleich geblieben ist auch hier ein sachlich-distanziertes Erzählen, das sich durchgehend selbst reflektiert, eine Sprache, die, so hat das Eva Menasse in ihrer Laudatio auf Leif Randt bei der Verleihung des Erich-Fried-Preis 2016 formuliert, „so modern und glatt, ironisch und cool daherkommt", zugleich aber, „zwischen den Zeilen [...] Melancholie und sanfte Bedrohung einfließen" lässt, „in feinen Lücken, gefährlich wie Gletscherspalten" (2016). Im Jahr 2020 erscheint schließlich *Allegro Pastell*, ein Bestseller, der bald verfilmt werden soll – das Drehbuch wird Leif Randt höchstpersönlich schreiben. Publikum wie Literaturkritik feiern diesen Roman, der, so urteilt emphatisch Ijoma Mangold in der *Zeit*, das „absolute Jetzt" darzustellen vermag. „Von diesem Buch", prognostiziert Mangold, „könnte eine neue Jugendbewegung ausgehen" – eine, die „den Fetisch der Unmittelbarkeit durch ein Konzept reflexiver Hippness ersetzt" (2020). Auch bei Mangold bleibt der Vergleich mit der Popliteratur der 1990er nicht aus, für ihn ist *Allegro Pastell* eines der wichtigsten Bücher der deutschen Gegenwartsliteratur seit Christian Krachts *Faserland*.

Leif Randt ist dabei nicht allein ein erfolgreicher Autor, sondern auch ein Online-Verleger: Seit 2017 co-kuratiert er gemeinsam mit dem Schriftsteller Jakob Nolte die Online-Plattform *Tegel Media*, auf der vorwiegend kleinere und größere Geschichten, Tagebücher, Anekdoten, Cartoons und Gespräche als PDF-Inhalt erscheinen. Auch hier sind programmatische Label und Etiketten gleich zur Hand, wenn etwa der Journalist Fabian Dietrich im Deutschlandfunk diesen Internet-Verlag als „seltsames Pop-Universum eines Buchpreis-Nominierten" (2020) vorstellt.

In seinem Gespräch mit Dietrich äußert sich im Übrigen auch Leif Randt zum Thema Pop – ein Etikett, das er für seine eigenen Texte selbst nie eingefordert hat. Die Kommerzialisierung des Pop in den 1990ern habe den Begriff im Grunde kaputt gemacht, erklärt Randt, räumt aber ein: „Wenn ich historisch sehe, was eigentlich als Pop galt, habe ich mit dem Begriff gar kein Problem" (Dietrich 2020). Daher dürfen wir uns jetzt auf ein Gespräch über Pop und Literatur, vor allem aber über die Texte von Leif Randt freuen.

Christoph Kleinschmidt: Wir haben im Rahmen der Einführung von Stephanie Catani schon Einordnungen des Schreibens von Leif Randt in den Rahmen der Popliteratur gehört. Gerade auch vor dem Hintergrund, dass wir mit dieser wissenschaftlichen Tagung eine Popliteratur 3.0 ausloten, deren wesentliches Kennzeichen in der Digitalisierung und den sozialen Medien liegt, stellt sich uns die

Frage: Sehen Sie Ihre Texte und Projekte in diesen Zusammenhang treffend eingeordnet?

Leif Randt: Also erst einmal vielen Dank für die Einladung und für die fantastische Einführung. Ich glaube, das war eine der umfassendsten Einführungen, die ich je gehört habe. Und es kommt tatsächlich nicht oft vor, dass Einführungen so schön sind. Vielen Dank dafür. Wenn ich zurückdenke an die Zeit, als ich anfing, das mit dem Schreiben ernster zu nehmen – ungefähr im Alter von 20 oder 21 Jahren –, war der Begriff Pop für mich persönlich schon da. Beim Pop ging es für mich um Konsumgüter und um ein Leben, das sich immer eher mit Plastik beschäftigt als mit Wald. Meine erste Publikation, ein Text mit dem Titel *Cyberkid Jefferson – Terry Indanger*, kam in der Studiengangsanthologie heraus und war eine Art Formexperiment. Es handelte sich dabei im Prinzip um einen aufgeschriebenen Comic, der über Beschreibungen von Comic-Bildern auf der einen und Sprechblasen aus dem Comic auf der anderen Seite funktionierte. Die Handlung spielte in einer Stadt namens Staple County, wo ein Teenager-Superheld in einer relativ billigen Comic-Geschichte seinen Freund Terry, der in den Space gesogen wird, befreien muss. Was die Motive angeht, ist alles total bubblegum, dabei aber formal ambitioniert. Diese Kombination war seither immer der Wunschraum für mein Schreiben. So war es dann auch bei meinem ersten Roman *Leuchtspielhaus*, wo der Klappentext vom Verlag zunächst so grauenvoll war, dass ich darum gebeten habe, ihn neu schreiben zu dürfen. Diese Version ist dann auch beim Verlag durchgegangen, was ihn jetzt zu einem derart skurrilen Klappentext macht. Es ging mir also immer um die Kombination aus formal-literarischem Anspruch mit dieser Motivik aus Dingen, die ich mit Pop assoziiere, dabei aber immer mit der Ambition, etwas zu machen, was noch nicht gemacht wurde. Hierin sehe ich den Unterschied zu dem Erzählen, das als leicht bekömmliche Popliteratur gilt, wie Nick Hornby oder Benjamin von Stuckrad-Barre. Beim Begriff Popliteratur selbst hatte ich dagegen nie Abwehrreflexe und dachte nur, den müsste man neu beleben.

CK: Wenn Sie so über Ihre Texte sprechen, sind die Ihnen eigentlich alle gleich nah oder werden Sie selber als Leser ihrer Texte auch überrascht?

LR: Je länger sie her sind, desto größer ist teils die Überraschung. Und übrigens auch die Enttäuschung, wenn mir zum Beispiel auffällt, dass ich etwas schon einmal gesagt habe, oder dass in *Terry Indanger* schon Spuren für zwei ganze Bücher gelegt sind. *Terry Indanger* war zwar nur eine kurze Erzählung, aber gerade eine, in die ich so viel hinein gelegt habe, weil es die erste Veröffentlichung war. Für die Lesung heute habe ich Stellen aus *CobyCounty* und *Allegro Pastell* ausgesucht, weil das in meinen Augen die beiden Bücher sind, die ich aus einer entspannten

Haltung heraus geschrieben habe. Sie liefen auch, was das Timing angeht, am besten, weil es genug Zeit für das Lektorat gab. Ich finde die beiden Bücher am gelungensten und würde sie immer am meisten empfehlen. Die anderen beiden, *Leuchtspielhaus* und *Planet Magnon*, sind viel komplizierter und vielleicht auf eine Art ambitionierter, die teilweise nicht gut aufgeht. Sie waren auch die härtere Arbeit und sind mir schwerer gefallen als die anderen beiden. Ich bin gespannt, wie es jetzt weitergeht, denn der Logik zufolge müsste jetzt wieder ein verspanntes Buch kommen. Ich merke auch tatsächlich schon Tendenzen, dass ich mir bestimmte Dinge überlege oder vornehme, bei denen ich denke: Ja, das wird jetzt wieder eine anstrengende Zeit und ein mäßiges Buch und danach kann ich wieder etwas Gutes schreiben – es kann sein, dass es so kommt. *Fair enough*, wenn jedes zweite Buch okay ist, bin ich damit auch zufrieden.

CK: Die Frage nach der Überraschung den eigenen Texten gegenüber stelle ich auch vor dem Hintergrund, dass Sie in einem Radio-Feature für Deutschlandfunk Kultur gesagt haben, dass Ihnen aufgefallen sei – so war die Formulierung –, dass alle Ihre Romane die Digitalisierung thematisieren und es sich lohnen würde, sich das einmal vergleichend anzuschauen. „Das ist mir aufgefallen" klingt, als sei das etwas, was Sie erst im Nachhinein beobachtet haben. Kann man daher sagen, dass die Digitalisierung einfach selbstverständlicher Teil der Welten ist, die Sie beschreiben, sodass Sie sie im Schreibprozess gar nicht selbst reflektieren? Oder bildet die Digitalisierung doch ein eigenständiges Themenfeld, das Sie ganz bewusst in Ihre Literatur einbauen?

LR: Ich glaube, das ist unterschiedlich. Rückblickend kann man natürlich einen Bogen spannen; so ähnlich, wie man das auch bei seinem eigenen Leben macht: Was hat mich mit zwanzig Jahren interessiert, was ist es mit dreißig Jahren und was wird mich mit vierzig Jahren interessieren? Das alles hängt irgendwie zusammen; oder zumindest erzählt man es sich zusammenhängend. Damals bei dem ersten Buch *Leuchtspielhaus* war ich gerade in London im Auslandssemester und fing an, das Buch mit der Absicht zu schreiben, dass es auch in London spielen wird. Das war die Zeit, als es in Deutschland StudiVZ gab und in England Facebook groß war, etwa ein Jahr früher als in Deutschland. Wirkliches Reizthema war damit für mich die Frage, ob man sich nun am Web 2.0 beteiligt oder ob man es durch die Fremdspiegelung wahnsinnig belastend findet und sich in der Konsequenz dafür zu schade ist, was ein narzisstisches Problem ist. Vielleicht verspürt man auch ein Unbehagen gegenüber einer derartig verallgemeinernden großen Plattform. Insofern war die Distinktion der *Leuchtspielhaus*-Friseursalonmitarbeitenden sofort, nicht bei Facebook sein zu dürfen und bestenfalls auch gleich die eigene E-Mail-Adresse aufzugeben. Die Digitalisierung war damit Thema in ihrer Verneinung, was etwas hochgradig Romantisierendes hatte und folglich cool war. Damals in den 00er Jahren in East London kam mir das selbst auch recht cool vor und ich fand die Verweigerungshaltung als Denkmodell ästhetisch interessant. Gleichzeitig spiegelt die *Members-Only*-Community des Friseursalons auch einen Facebook-Freundeskreis im Analogen. In *CobyCounty* habe ich nicht bewusst über Digitalisierung als Thema geschrieben; sondern sie schlich sich deshalb mit ein, weil es eben unter anderem um E-Mails, SMS und so weiter geht. Ich hätte mich damals auch weiter mit sozialen Medien beschäftigen können, was ich aber nicht getan habe, weil ich zu der Zeit – biografisch gesehen – noch auf der eher ablehnenden Seite stand. Nur die Kommunikationswege in CobyCounty sind schon recht digitalisiert. In *Planet Magnon* gibt es die künstliche Intelligenz, was gewissermaßen auf den Google-Diskurs verweist – also auf die Frage, ob ein solches System den Staat ersetzen könnte. Und in *Allegro Pastell* geht es dann um den realistischen Alltag eines bestimmten Milieus, in dem soziale Medien eine Rolle spielen. Insofern zieht sich das Thema Digitalisierung zwar durch, es war allerdings nie die Überschrift meines Schreibens und wird es, glaube ich, auch nicht werden. Stattdessen wird es einfach aus dem eigenen Lebenskosmos heraus immer eine Rolle spielen. Wie sollte man die Digitalisierung auch jetzt noch ausblenden können, wenn man so viel Zeit seines Tages am Bildschirm verbringt? Auf meiner Zugfahrt heute wollte ich zum Beispiel eigentlich an meinem Drehbuch zu *Allegro Pastell* arbeiten, war dann zur Zerstreuung aber doch zwischendurch auf Instagram und TikTok und zudem mit meinen E-Mails konfrontiert. Und damit ging die Zeit einfach so vorbei – das ist eigentlich ein bisschen schade.

CK: Wenn man die Funktion der Digitalisierung in Ihrem ersten und dem dritten Roman zusammenfasst, dann könnte man sagen, dass *Leuchtspielhaus* eine kritische Begleitung der erstarkenden sozialen Medien darstellt und *Planet Magnon* bereits ein Post-Internetzeitalter sondiert, da das Internet dort ja abgeschaltet wird. In dem Glossar zu dem Roman heißt es, es habe sich „nach einer anfänglichen Welle der Irritation […] im Laufe der Zeit ein Befreiungsgefühl" (Randt 2015, 286) durchgesetzt. Vor diesem Hintergrund scheint die Digitalisierung bei Ihnen noch Ende der 2010er Jahre eher negativ besetzt zu sein.

LR: Wenn man über das Internet nachdenkt – vor allem in den Lockdown-Monaten fragte ich mich, worüber man eigentlich sonst noch nachdenken kann –, dann würde ich sagen, dass die Digitalisierung den Alltag in den letzten fünfzehn Jahren fortwährend verändert hat. Leicht vergisst man, wie relativ neu bestimmte Verhaltensweisen sind, obwohl sie längst zur Alltagstrance gehören. Morgens mit dem Handy im Bett liegen bleiben und zehn Minuten Nachrichten und E-Mails lesen. Ich selbst muss mich immer wieder daran erinnern, dass das Internet auch etwas Tolles ist. Nach *Planet Magnon* war vielleicht der Zeitpunkt erreicht, als ich dachte: Gar nicht mitzumachen, ist auch kein Zustand auf Dauer. Das ist einfach prätentiöses *old man behavior*. Ich habe mich deshalb, als ich im Frühling 2016 mit einem Stipendium in Japan war, gemeinsam mit meinem Freund Jakob Nolte entschieden, ein PDF-Magazin herausgeben zu wollen, woraus dann ein Jahr später *Tegel Media* entstanden ist. Das heißt, ich war ab diesem Zeitpunkt beschäftigt mit all diesen lange ignorierten Medien wie Tumblr, Instagram und YouTube, die ich alle nur am Rande mitbekommen hatte. Ich war auch sofort aktiv auf Snapchat und zum ersten Mal völlig hingerissen von dem Story-Format, das es damals ja nur dort gab. Ich dachte: Wow, ich wäre gerne noch einmal fünfzehn Jahre alt und hätte diese Funktion schon gehabt. Ich erinnere mich, dass ich mit vierzehn, fünfzehn und sechzehn Jahren oft keine Lust hatte, auf eine Party zu gehen, aber trotzdem gerne gesehen hätte, was dort los war. Diese Utopie ist jetzt schon lange erreicht: Seit es Stories gibt – ich glaube seit Anfang 2015 – kann man in Echtzeit mehr oder weniger kuratierte Aufnahmen davon auf seinem Handy sehen. Diese frühe Phase der Story war damals ein Gefühl von Gänsehaut, mittlerweile ist sie völlig in den Alltag eingesickert und auf eine Art langweilig geworden – wie das eben mit diesen kleinen Revolutionen immer der Fall ist. Das sieht man beispielsweise auch jetzt gerade an diesen pointierten, schnellgeschnittenen TikToks, über die ein Freund neulich zu mir sagte, „TikTok is bringing out the best in people creativity-wise", weil in diesem Medium mitunter lustige kleine Formen entstehen können, auch wenn es sich meistens wie düsterstes Privatfernsehen aus der alten Zeit anfühlt. Aber zumindest das formale Potenzial ist da, was mich daran auch plötzlich so fasziniert hat. Aus der generellen Entscheidung heraus, sich dem Internet nicht mehr zu verschließen, wurde das *Tegel Media*-Projekt geboren, zwischen 2015 und 2016. Die Auseinandersetzung mit dem Internet durch aktive Teilnahme kam insgesamt also sehr spät bei mir. Entsprechend floss der Kommunikationsalltag in den sozialen Medien dann auch erst in den letzten Roman *Allegro Pastell* ein.

CK: Dieser Kommunikationsalltag in den sozialen Medien ist aber auch schon in *CobyCounty* angelegt; vor allem fällt dabei die Stelle auf, in der Carla, die Freundin des Protagonisten Wim, per SMS Schluss macht. Lakonisch heißt es da: „‚Ich habe versucht es anzudeuten. Jetzt weiß ich es sicher. Mit einem Jungen namens Dustin fängt für mich eine neue Zeitspanne an. Das wird besser für uns beide sein. Ich bleibe deine Vertraute. In allgemeiner Liebe. *C.'"* (Randt 2011, 65). Vielleicht wäre das jetzt eine gute Gelegenheit, die Stelle im größeren Kontext des siebten Kapitels aus *CobyCounty* vorzulesen.

LR: Genau. Ein bisschen ärgerlich ist, dass es die gleiche Stelle ist, die vorhin (*im Vortrag von Gerhard Kaiser*) zitiert wurde. Aber dafür kann ich sie jetzt so vorlesen – so färben –, dass sie vollkommen anders wirkt. In erster Linie kann ich nun auch nachforschen, was ich mir damals schreibend dabei gedacht habe; welche Wirkung ich persönlich der Figur zugeschrieben habe; oder was ich dachte, wie man die Stelle selbstverständlich lesen muss.

Leif Randt liest das siebte Kapitel aus *Schimmernder Dunst über CobyCounty*.

CK: Durch Ihre Einleitung haben Sie schon deutlich gemacht, dass man diese Stelle ganz unterschiedlich intonieren und damit auch unterschiedlich deuten kann. Bleiben wir erstmal bei dem Handlungselement an sich: Das Schlussmachen per SMS galt ja lange Zeit als schlimmstmöglicher Trennungsmodus. In Benjamin von Stuckrad-Barres Pop-Roman *Soloalbum* zum Beispiel stürzt das Schlussmachen der Freundin den Protagonisten auch deshalb in eine so tiefe Krise, weil sie per Fax erfolgt. Dagegen scheint Wim aus *CobyCounty*, das wäre jetzt meine Deutung, mit der Form des Schlussmachens durch die sozialen Medien wenig Probleme zu haben.

LR: Ich glaube, die Reaktion von Wim hat verschiedene Ebenen. Aus rein erzählerischer Sicht halte ich ihn in diesem Moment nicht für einen sonderlich zuverlässigen Erzähler. Er muss auf dem Parkplatz weinen und versucht, seine Souveränität zurückzugewinnen, indem er eine Metaebene einzieht und diese dann gegenüber dem Jungen behauptet. Ich glaube, dass er in diesem Moment eigentlich eher geschockt darüber ist, dass Carla einfach eine SMS schreibt und diese so sachlich ist. Wahrscheinlich hat er nicht gesehen, wie sehr er Carla ab einem gewissen Punkt vor den Kopf gestoßen und verletzt hat – Wim hat immerhin viele autistische Züge, weshalb er auch sozial sehr unsouverän ist. Außerdem redet er sich die Dinge hier zum wiederholten Male schön und spricht sich selbst Mut zu. Rückblickend ist er deshalb auch ein einigermaßen unzuverlässiger Erzähler. Aus diesem Grund sehe ich die Stelle auch gar nicht so sehr als medientheoretische Setzung, sondern tatsächlich vielmehr als eine der Erzählung innewohnende Situation. Dass ich den Roman geschrieben habe, ist allerdings mittlerweile über zehn Jahre her, weshalb ich mich nicht mehr so hineindenken kann. Viele Dinge sind bei *CobyCounty* aus dem reinen Joke heraus entstanden, also aus einer relativ großen Albernheit und Leichtigkeit. Zumindest kann ich mich nicht erinnern, später viele Sachen herausgeworfen zu haben, um den Text zu glätten.

CK: Wir haben im Rahmen der Tagung schon viel über die Frage nach der romantischen Liebe bei Niklas Luhmann und dem Postromantischen bei Eva Illouz diskutiert, und es kam die Überlegung auf, dass in Ihren Texten genau dieser Abschied von der romantischen Liebe und der Übergang zum Postromantischen stattfindet. In *CobyCounty* kann man das zum Beispiel daran sehen, dass noch alle Insignien der Romantik im Moment der scheiternden Liebe abgerufen werden – das Weinen, das

Zurückziehen in den Privatraum mit Pizza und Fernsehkonsum –, diese dann aber zum Postromantischen überwunden werden, wenn Wim äußert, dass ihm nichts anderes übrig bleibe, als den Zustand hinzunehmen und er vielleicht „insgeheim einen der schönsten Zustände seit Wochen" (Randt 2011, 68) erlebe. Wenn Sie nun die Unzuverlässigkeit des Erzählers anführen, während ich Wim eher als zuverlässigen Vertreter der Postromantik lese, dann ließe sich möglicherweise vor dem Hintergrund der Selbstreflexivität Ihrer Romane beides zusammendenken im Sinne eines Schwebezustands des Erzählens. Dann wäre beides möglich bzw. es bliebe unklar, ob man das Ganze nun als Joke oder eben in seiner Ernsthaftigkeit lesen muss.

LR: Ja, stimmt genau. Jokes, die mir gefallen, sind immer recht uneindeutig oder lassen sich in einer anderen Stimmung auch als wahrhaftige Aussagen empfinden. Durch diese Ausdeutungsprozesse sind die Schwebezustände in den Texten entstanden und sie werden in ähnlicher Form wahrscheinlich auch wieder entstehen, weil das, wenn man will, die grundsätzliche ästhetische Haltung ist. Möglicherweise ließe sich das auf einen bestimmten Humor zurückführen oder eben doch auf die Unfähigkeit, sich zu entscheiden. Wenn sie funktionieren, dann steckt in Texten immer mehr, als man beim Schreiben weiß. Ich habe vieles über die Texte und über mich selbst erst im Nachhinein erfahren; nachdem die Bücher schon jahrelang veröffentlicht waren. Ich habe dann den Eindruck, sie neu zu lesen, und das ist schließlich auch ein Teil des Vergnügens daran.

CK: Sie haben in verschiedenen Kontexten für diese ästhetische Haltung, der Sie nachspüren, den Begriff der Balance geprägt. Wäre als poetologische Kategorie auch der Begriff der Vagheit passend?

LR: Ich würde eher Balance wählen, weil die Aussagen selbst, trotz solcher Einschränkungen wie ‚eigentlich' oder ‚relativ', in der Regel recht genau sind. Daher würde ich es nicht vage nennen, denn das ist es eigentlich nicht; eher ein Austarieren und Ausbalancieren.

CK: Die Art des Aufwachsens in *CobyCounty* im Sinne einer Kollektivzugehörigkeit ist ja ein zentraler Aspekt Ihrer Bücher, was sich zum Beispiel auch an *Planet Magnon* mit den Kollektiven, etwa den Dolfins, zeigt. Zugleich werden beide Romane aus einer Ich-Perspektive heraus erzählt. Wie kriegt man da die Balance hin? Würden Sie das mit Ihrer PostPragmaticJoy-Theorie in Verbindung bringen, bei der es um das Überwinden von Widersprüchen geht? Individualität und Kollektivität auszutarieren, ist ja ein Modus des Schreibens, der sehr viel abverlangt.

LR: Ja, das habe ich jetzt mit dem letzten Roman *Allegro Pastell* heruntergedimmt, wo es nur noch um zwei Figuren geht. Im Nachhinein war die Entscheidung, bei *Planet Magnon* auf einen Ich-Erzähler zu setzen, glaube ich, falsch. Ich hätte mich schon dort trauen sollen, die Geschichte personal zu erzählen – und also zwischendurch einen allwissenden Weg einzuschlagen –, um noch mehr aus einer Außenperspektive erzählen zu können. Denn die Rollenprosa – wenn man es so nennen will – des ganz liniengetreuen Dolfins schränkt die Erzählung natürlich sehr stark auf diese Welt ein und ist darin *CobyCounty* sehr ähnlich. Ich wollte eigentlich viel mehr über die Konkurrenz verschiedener Entwürfe erzählen, aber dann wurde es eben dieser sehr genaue Blick auf die Dolfins, was *Planet Magnon* zu einem stark ausformulierten, härteren *CobyCounty* macht. Hier wird alles plötzlich überführt in Regeln und Kodizes, nach denen man sich zu verhalten hat. In *CobyCounty* war das weicher erzählt. Dabei interessiert mich die Zugehörigkeit zu Kollektiven vielmehr als *wanna be*-Soziologe. Wie strukturieren sich Milieus? Will man ein Teil davon sein oder will man sich davon distanzieren? All das sind Themen, die mich seit Jugendtagen beschäftigen. Ich wurde als Skateboarder sozialisiert und habe mich als Teenager stark mit dieser – man könnte sagen – Szene oder diesem Hobby identifiziert. Später habe ich dann beobachtet, dass manche Leute angefangen haben, Kunst zu studieren, oder in eine ganz andere Richtung gegangen sind; in die freie Wirtschaft oder ins Lehramt zum Beispiel. Es waren aber immer diese Aushandlungsprozesse – wie man sich als Individuum in der Gesellschaft positioniert – im Spiel. All das ist thematisch angelegt und spielt sicherlich auch in die Ästhetik, *wie* ich schreibe, mit hinein. Ich glaube aber, ich würde das trennen.

CK: Kommen wir zum Schluss zu Ihrem jüngsten Roman *Allegro Pastell*, in dem sich die Erzählweise stark verändert hat. Sie funktioniert quasi ein bisschen wie das Panoptikum, das Sie im Roman beschreiben, indem wir wechselnde Perspektiven auf die beiden Hauptfiguren Jerome Daimler und Tanja Arnheim haben, technisch gesprochen: eine variable interne Fokalisierung. Dadurch, dass beide eine Fernbeziehung zwischen Maintal und Berlin führen, die der Roman über den Zeitraum eines Jahres hinweg verfolgt, spielen auch soziale Medien eine wichtige Rolle. Ob diese Liebesbeziehung scheitert oder nicht, ist die große Frage des Romans, auch wenn das zwischenzeitliche Schlussmachen von Tanja eigentlich eindeutig erscheint.

LR: Zumal das Schlussmachen ja auch ausgespart wird. Es gibt eine Szene, in der Tanja zu Jerome sagt: „Sorry, könntest du still sein, bitte? Ich fand den Abend ziemlich anstrengend" (Randt 2020, 92). Darauf folgt ein Cut, und Tanja sitzt bei ihrer Mutter und spricht mit ihr darüber, eine Art Blackout gehabt zu haben. Anschließend kommt ein Zeitsprung in die Zeit des Getrenntseins – und jetzt lese ich das erste Kapitel von Phase Neu, Kapitel achtzehn.

Leif Randt liest das achtzehnte Kapitel aus *Allegro Pastell*.

CK: Anhand dieser Szene ließen sich ganz viele Fluchtlinien des Romans aufmachen, einen Satz finde ich aber herausstechend, insbesondere auch für den Rahmen unserer Tagung: „Das Internet als schönen praktikablen Raum begreifen, nutzen und gestalten – es gab an dieser Maßgabe nichts auszusetzen" (Randt 2020, 248). Die Erzählinstanz verbindet hier zur Beschreibung des Internets das Schöne als klassisch ästhetisches Kriterium mit dem Praktikablen, was auch das Finanzielle einschließt, weil Jerome schließlich mit dem Programmieren Geld verdient. Beides wird nicht – wie sonst üblich – gegeneinander ausgespielt, sondern gleichberechtigt nebeneinander gestellt. Ist das als ernstzunehmende ästhetische Aussage zu verstehen, oder auch wiederum Teil eines unzuverlässigen Erzählers, der unter dem Schlussmachen leidet?

LR: Das ist mit Jerome gesehen eine Selbstvergewisserung, dass er trotz der Trennung an seinem Leben nichts fundamental ändern muss; aus Sorge, die Website, die er sich als kleines, rein kreatives Projekt aufgebaut hat, nicht umsetzen zu können. Seine anderen Tätigkeiten sind schließlich Dienstleistungen, die er erbringt, weil er Webdesigner auf Zuruf ist. Jerome sieht ein: Okay, wahrscheinlich wird erst einmal niemanden die Website erreichen. Wenn man sie einfach online stellt, ohne Leute zu haben, die sich um das Marketing oder die Multiplikation kümmern, dann wird das ein zäher, langer Ritt. Anschließend entscheidet er aber nichtsdestotrotz: Was soll's, dann ist das eben so. Es handelt sich hier sozusagen um *empowerment*. In *Allegro Pastell* lässt sich also ein Sich-produktiv-Mut-Zusprechen finden, während Wim in *CobyCounty* geschockter von der akuten Trennung ist und in der Folge versucht, sich Distanz zu sich selbst einzuräumen. Jerome als zehn Jahre älterer Mann hingegen versucht, wieder klarzukommen. Auch das ist, glaube ich, eine Grundfrage, die sich durch die Bücher, durch meine Texte zieht: Wie kommt man unter den Bedingungen, in denen man eben lebt, möglichst gut klar.

CK: Und Marlenes Reaktion auf seine Homepage scheint ja genau richtig zu sein, während umgekehrt Tanjas Reaktion auf die Homepage, die er für sie gestaltet hat, der Auslöser für sie war, eine Pause einzulegen; das ist hier schon gegeneinander gestellt, oder?

LR: Ja, das stimmt; auf der einen Seite ist da die geheimnisvollere Tanja, die die Dinge lieber unausgesprochen lässt und auf der anderen Seite die – schlimmes Adjektiv – patente Marlene, mit der es für Jerome eigentlich verheißungsvoll läuft. Sie trifft Aussagen wie, ‚nimm dir erstmal Zeit', bedient dadurch also wandelnde Stereotype. Bei Marlene handelt es sich aber nicht um eine Figur, die diese Stereotype nicht ernstnehmen würde, während Tanja – als narzisstische Künstlerin, die Marlene gerade nicht ist – hingegen vermutlich einen doppelten Boden einziehen und sich über die Situation erheben müsste. Ich würde sagen, dass das die beiden Frauen in Jeromes Leben voneinander unterscheidet. Gerade in der fragilen, vulnerablen Phase macht Marlene dann genau die richtigen Punkte, um Jerome Halt zu geben, wodurch sie plötzlich gute Chancen bei ihm hat. Daran hätte Jerome selbst anfangs vielleicht nicht unbedingt geglaubt.

CK: Um noch einmal auf die sozialen Medien zurückzukommen: Es sind unter anderem Emojis in den Text integriert und damit wird der Versuch unternommen, die Typographie digitaler Kommunikation in den Roman zu integrieren. Das dreizehnte Kapitel besteht zum Beispiel ausschließlich aus Imitationen digitaler Kommunikationsarten: E-Mails, Telegram-Nachrichten, Instagram-Messages und so weiter ...

LR: Genau, das sind alles Nachrichten, die Tanja erhalten hat, wodurch über Umwege erzählt wird, was bei ihr zur gleichen Zeit los war – denn den Rest kann man sich ja dazu denken. Das Kapitel war eine relativ große Herausforderung, weil ich natürlich versuchen musste, so zu klingen wie der Vater und mir zu überlegen, was er für Mails schreibt. Dafür musste ich wieder in eine Art Rollensprechen hineinfinden.

CK: Gab es im Hinblick auf die Form noch avantgardistischere Ideen, wie man die sozialen Medien integrieren könnte – im Druck oder in der Erzählweise?

LR: Nein, ich habe das Buch wirklich als konservativen Roman gedacht, empfunden und geschrieben, glaube ich. Ich hatte tatsächlich nie die Ambition, irgendetwas daraus auszulagern. Ich denke hierbei in erster Linie an den geschätzten Kollegen Juan Guse, der für seinen Roman *Miami Punk* mit seinem Lektor im Vorhinein einen Twitter-Account gebaut hat, sodass sich der Text teilweise im Internet fortsetzt. Das sind recht umfangreiche Projekte rund um diesen ohnehin schon sehr umfangreichen Roman; für *Allegro Pastell* hatte ich solche Ideen nicht. Ich habe den Roman als ein realistisches Nachdenken über Paarbeziehungen in einem bestimmten Milieu angelegt und wollte mir keinesfalls zu viel Arbeit machen.

CK: Wir haben schon viel über den Begriff des Paratextes bzw. der Paramedien gesprochen. Auch Sie nutzen Instagram oder kuratieren mit *Tegel Media* ein Internetprojekt; aber Sie sind nicht wie zum Beispiel Clemens Setz oder Saša Stanišić mit Ihrem Klarnamen als Autorperson in den sozialen Medien aktiv. Warum eigentlich nicht?

LR: Ja, das frage ich mich manchmal auch. Ich hätte bestimmt mehr Reichweite, wenn ich als Leif Randt mit Alltagsstories auf Instagram werben würde. Es macht mir aber einfach viel mehr Spaß, als ein kryptisches Label dort zu sein, weil es das für mich schönere Projekt ist. Schließlich habe ich ja auch genug zu tun, um das auch noch mit Anspruch bespielen zu können. Denn ich hätte auch einen gewissen Kunstanspruch an meine Seite, den für mich die *Tegel Media*-Fanpage erfüllt, da sie auf eine mitunter etwas krude Art Werbung für eine etwas krude Website macht. Bei *Tegel Media* ist zwar nicht die Riesenreichweite zu erwarten, die Seite wird aber tatsächlich mit relativ viel Mühe und aufrichtigem Interesse von Jakob Nolte und mir betrieben. Dazu passt dieser Instagram-Auftritt auch. Außerdem lief es bisher auch ohne Selbst-Werbung ganz okay mit meinen Romanen. Hinzu kommt, dass soziale Medien einfach ein *loophole* sind, denn fängt man erst einmal damit an, sich selbst zu promoten, ist es komisch, damit wieder aufzuhören; man holt sich also noch einen weiteren Beruf dazu. Das ist jetzt alles rein pragmatisch beschrieben; ich bin aber auch ein pragmatischer Mensch...

CK: ... oder postpragmatisch?

LR: *(lacht)* Ja, genau.

CK: Okay, also vielen Dank bis zu dieser Stelle schon einmal. Im Anschluss an unser Gespräch haben jetzt alle aus dem Publikum die Gelegenheit Fragen zu stellen.

SC: (Stephanie Catani) Erstmal möchte ich mich sehr bedanken; ich bin erleichtert über das, was Sie zur Digitalisierung und über das Internet gesagt haben, weil wir heute sehr viel Kulturpessimistisches und Kapitalismuskritisches gehört haben, was zumeist auch sehr berechtigt war. Aber das, was Sie im Gespräch gesagt haben, ist eben das, was uns eigentlich zu dem Thema Popliteratur 3.0 gebracht hat, nämlich das ungeheuer Produktive und Kreative dieses Mediums, wie das Storytelling durch neue digitale Formate, sei es Snapchat, TikTok oder Instagram. Und deshalb schätze ich das sehr, dass auch *Tegel Media* einen Instagram-Account hat, der als kreatives Tool begriffen wird und eben nicht als Instrument einer ständigen Selbstbespiegelung, wie wir sie auf anderen Kanälen erleben. Genau da wollten wir auch hin: Das ist eben auch das Neue am Digitalen, dass daraus neue Formen von Kunst und Literatur entstehen.

LR: Ich glaube sogar, dass das in den ersten Jahren von Instagram noch mehr der Fall war. Es war auch noch interessanter, weil ich fast niemanden kannte, der dort mit seinem Klarnamen angemeldet war, sondern es wurden eher skurrile Bildergalerien gepostet. Dadurch, dass Instagram jetzt in der Ablösung von Facebook zum offiziellen sozialen Medium geworden ist, wirkt es oft viel formeller, es gibt mehr Selbstwerbung und Firmen- und Politikerrepräsentanzen. Dadurch bekommt alles einen wahnsinnigen Ernst. Es gibt zwar auch Meme Pages, die aber auch eindeutig schubladisiert sind. Es geht immer um Accounts, die klar greifbar sind und funktionieren. Andere Accounts bekommen einfach keine große Reichweite. Auch das ist ein bisschen schade. Gleichzeitig ist mir persönlich ein Account viel lieber, der 340 Abonnenten hat und alle zwei Monate etwas Interessantes postet. Das ist etwas, das ich total schätze, solche geheimen Fundstücke. Ich denke da zum Beispiel an den Account eines jungen Norwegers, dem ich folge. Er hat erst Anfang des Jahres 2021 mit Instagram angefangen und ist dann schnell ziemlich populär geworden über diese Strategien, die man in den sozialen Medien eben befolgen muss, wie täglich posten, den *steady outcome* halten. Das ist aber auch der Grund, warum das Niveau nicht zu halten ist. Mir hätte es besser gefallen, wenn von ihm einmal pro Woche etwas Cooles gekommen wäre als jeden Tag mediokre Sachen. Dadurch wurde er aber wahnsinnig reichweitenstark, verkauft seinen Merchandise und macht Instagram vollberuflich. Das ist ein Beispiel für die Wendung der sozialen Medien in ein Business, die ein bisschen schade ist. Es widerspricht sich gleichzeitig aber auch nicht damit, dort etwas Spielerisches oder zum Spaß machen zu können.

SC: Mit Blick auf Ijoma Mangolds Urteil, dass *Allegro Pastell* das „absolute Jetzt" darstellt, und vorausgesetzt, dass Sie selbst überhaupt noch zum Lesen kommen, würde mich Leif Randt als Leser interessieren. Von den Büchern, die Sie selbst lesen: Gibt es eines, das Sie als „absolutes Jetzt" empfinden, und bei dem Sie sagen, das ist für mich die Gegenwart?

LR: Nein.

SC: Außer ihren eigenen.

LR: Nein, von meinen eigenen Büchern kann ich das auch nicht sagen. Bei einer Lesung von *Allegro Pastell* in Münster habe ich allerdings mal gefragt, wer das Buch denn gelesen hat und alle Hände gingen hoch. Das waren Leute, die teils fünfzehn Jahre jünger als ich waren, die sich sehr dafür bedankt haben, sich darin so sehr gesehen zu fühlen. Insofern ist es schon richtig, dass *Allegro Pastell* viele mitgenommen hat. Das darin beschriebene Milieu ist eben insgeheim doch viel größer, als ich es vielleicht selbst angenommen hätte. Gewissermaßen stimmt es also, dass es die Realität der letzten Jahre streift oder zum Ausdruck bringt. Natürlich aber eben nur in Hinblick auf einen ganz bestimmten Teil von Gesellschaft, denn das Buch erhebt schließlich absolut keinen universellen Anspruch. In dieser Hinsicht gibt es ganz andere Romane, wie beispielsweise *Miami Punk*, das ja ein noch spezielleres Publikum anspricht. Allerdings gibt es auch von diesen Computerspiel-Leuten mittlerweile richtig, richtig viele. Man vergisst gerne, dass sich mehr Leute Computerspiel- als Champions-League-Finals anschauen. Mir fällt aber tatsächlich kein Buch ein, bei dem ich das Gefühl habe: ‚Das ist jetzt absolut die Gegenwart'. Vielleicht ist das absolut Gegenwärtige auch eine Kategorie, die diese Mangold-Rezension überhaupt erst eingeführt hat. War das denn schon so in den 90ern? Lautete da die Sprachregelung: Das ist die Gegenwart?

SC: Also, dass man im Jetzt abgeholt wird, war sicherlich etwas, was Pop auch in den 1990ern begleitet hat. Was für die einen Vorwurf war, war für die anderen eben Distinktionsmerkmal.

CK: Wenn man bedenkt, dass Christian Krachts *Faserland* in den Feuilletons verrissen wurde.

SC: Was übrigens Ihnen nicht passiert. Das ist nahezu erstaunlich, wie einheitlich das Lob für alle Ihre Romane ausfällt.

LR: Ja, und ich bin Christian Kracht wahnsinnig dankbar dafür, dass er gewissermaßen diese Vorleistung geschaffen hat. Wäre er in den 1990er Jahren nicht verrissen worden, um dann von der Leserschaft und der Germanistik entdeckt und gutgeheißen zu werden, hätte *CobyCounty*, glaube ich, gar keinen Boden gehabt. 2011 hingegen hatte die Literaturkritik schon gelernt, dass so etwas auch Literatur sein kann. Das hat es möglich gemacht, dass *CobyCounty* von Kritikern von Anfang an für gut befunden wurde.

KF: (Kirsten Frank) Ich habe eine Anschlussfrage zu *Allegro Pastell* und der Website, die schon angesprochen wurde. Zu Beginn des Romans hegt Tanja dieses Unbehagen in Bezug auf die Festlegung auf eine Website und deren vereinheitlichte Formen und Farben. Zunächst denkt man, Jerome würde alles richtig machen, weil er Tanjas Geschmack mit der Website genau trifft, sie aber fühlt sich daraufhin sehr durchleuchtet von dem fertigen Produkt. Daraus ergibt sich für mich die Frage, ob diese Idee, dass ein Mensch durch digitale Codes in seiner Persönlichkeit abgebildet werden kann, aus Leif Randts persönlicher Involvierung in solche Webprojekte erfolgt, ob es sich dabei um eine Überzeichnung handelt oder ob es auf eigenem Empfinden basiert, dass man sich selbst ins Web übertragen und dort fortschreiben kann.

LR: Das Web 2.0. angefangen mit MySpace – eine tolle Plattform übrigens; schade, dass sie verschwunden ist – entstand, weil es eine Möglichkeit brauchte, keine eigene Webseite mehr bauen zu müssen. Aus diesem Grund sagt Jerome auch den Satz, „Ein Geschenk wie in längst vergessenen Zeiten [...], die erste eigene Homepage" (Randt 2020, 21–22). Als ich noch zur Schule gegangen bin, hatten Mitschüler oft Webseiten, wo mitunter zum Beispiel Fotos von irgendwelchen Klassenfeten hochgeladen wurden. Diese Webseiten musste man damals allerdings noch mit viel Aufwand selbst programmieren. Später hingegen konnte sich jeder ohne Weiteres einen MySpace-Account erstellen. Dieser Account ist gewissermaßen wie ein digitaler Avatar, bei dessen Erstellung man Entscheidungen 1:1 treffen kann. Zum Beispiel entscheidet man, ob man sich authentisch abbilden oder sich eine Figur oder Wunschfigur erschaffen möchte. Die meisten Leute – würde ich annehmen – erschaffen eine Wunschfigur von sich, die natürlich extrem *telling* darüber ist, wie sich jemand gerne online sehen möchte. Es gibt aber, selbst im eigenen Umfeld, auch immer noch jene Leute, die so unbedarfte Accounts erstellen, dass man den Eindruck hat, diese Profile würden wirklich rein gar nichts über sie erzählen. Sie erzählen höchstens deren Unbedarftheit und dass sie mit den sozialen Medien nicht umgehen können. Auf seine Art ist das dann schockierend oder rührend, bis Leute irgendwann ganz aus diesem Raum des Internets verschwinden. Verfügen Menschen über gar keinen Account, kann es – grade jetzt zu Zeiten von Corona – leicht passieren, dass man sie völlig vergisst. Bezogen auf die Frage würde ich also sagen, dass der Webauftritt für jemanden, der sich ästhetisch äußert oder sich wie Tanja als Künstlerin betrachtet, natürlich von Bedeutung ist und stimmen muss. Tanja hat ihn mehr oder weniger aus der Hand gegeben oder Jerome hat ihn an sich gerissen. Über diese Frage denke ich persönlich gerade sehr viel nach, weil es für das Drehbuch zur Verfilmung von *Allegro Pastell* natürlich relevant ist. Für diesen Zweck habe ich gerade ein Voice Over geschrieben, das es Tanja erlaubt, sich im Rückblick selbst zu reflektieren. Es geht dabei auch um Kontrollverlust; darum, etwas abzugeben, das auch für okay zu befinden, gleichzeitig aber zu denken, jetzt nicht mehr überrascht werden zu können. Dieses Gefühl habe ich zum Beispiel selbst oft, wenn ich jemandem im Verlag oder Design einen genauen Pitch gebe, wie ein Buch aussehen soll. Wenn dann ein Entwurf kommt, der genau so ist, wie ich ihn in Auftrag gegeben habe, dann bin ich immer erst einmal enttäuscht, weil ich eigentlich doch gerne überrascht worden wäre.

KK: (Katja Kauer) Leider ist das jetzt keine sonderlich theoretische Frage zum Pop, sondern eher eine neugierige Frage. Diese Textpassage, die eben vorgelesen wurde aus *Allegro Pastell*, hatte ich persönlich so gar nicht mehr im Ohr. Laut der philosophischen Gegenwartsanalyse ist man dann nicht glücklich, wenn man darüber nachdenkt, ob man glücklich ist. Oder – um ein anderes Beispiel zu geben – wenn man darüber nachdenkt, ob der Sexflow gut ist, ist er wahrscheinlich nicht gut. Vor diesem Hintergrund wäre der eben vorgelesene Abschnitt übelst trist, denn Jerome denkt schließlich die ganze Zeit darüber nach, dass Marlene nicht okay ist. Meine Frage ist nun, ob der Autor das ähnlich sieht oder ob er widerspricht und sagt, dass es sich hierbei um Posttristesse handelt.

LR: Ich halte diese Grundannahme, glaube ich, für falsch. Es gibt eine Ideologie, die besagt, dass man nur dann bei sich ist oder glücklich sein kann, wenn man völlig im Moment ist. Das entspräche einer spirituellen Ideologie, wie man sie von Eckart Tolle oder Slavoj Žižek kennt, die ich beide mag und deren Fan ich gewissermaßen bin. Dennoch liegt die Antwort nahe, dass die Szene eine Posttristesse darstellt. Es gibt sicherlich Typen oder Persönlichkeiten, für die das Ins-Grübeln-geraten etwas Leidvolles ist. Literaturwissenschaftler:innen hingegen sind vermutlich auf der anderen Seite angesiedelt, indem sie glauben, dass es auch freudvoll sein kann, die Dinge extrem zu überdenken, sie zu theoretisieren und in Kontexte zu stellen. Ich persönlich würde mich auch auf dieser Seite ansiedeln, weil ich glaube, dass Schleifen dieser Art etwas Freudvolles sein können. Dahingehend würde ich auch die Reflexion, Jerome würde einen Schritt nach draußen machen – insbesondere in Zusammenhang mit der neuen Frau Marlene – nicht als Zustand von Tristesse, sondern vielmehr als Mehrwert bezeichnen. Im Umkehrschluss würde das, was Sie eben skizziert haben, schließlich auch bedeuten, dass man Glück nur dann erfahren kann, wenn man davon überwältig wird, geblendet ist und die Kontrolle verliert – und diese Vorstellung ist mir zu einseitig.

JP: (Jasmin Pfeiffer) Ich habe zwei Fragen. Mit Blick auf das Drehbuch von *Allegro Pastell* würde mich zum einen interessieren, ob der Schreibprozess ein anderer ist, also ob er sich im Vergleich zu einem Roman anders anfühlt. Vorhin sagten Sie, dass man aus dem Schreiben eines Romans immer auch etwas über sich selbst lernt – ist das denn beim Drehbuch ähnlich oder hat man beim Schreiben eines Drehbuchs möglicherweise eine größere Distanz dazu? Und die zweite Frage wäre, ob Sie auch mal Lust hätten, irgendetwas anderes auszuprobieren, also beispielsweise so etwas wie YouTube-Videos oder andere Ausdrucksformen.

LR: Das Drehbuchschreiben ist ziemlich interessant und macht Spaß, ist aber ein völlig anderer Prozess. Es wäre dem Romanschreiben ähnlich, wenn es ein ganz neuer Stoff wäre, den ich schreiben würde. Weil es aber schließlich die Adaption eines alten Stoffes ist, von einer Geschichte, die bereits existiert, geht es vielmehr um die Transformation eines Mediums in ein anderes und darum, wie es gelingen kann, dass sich die Story für mich und das Publikum, das den Roman schon kennt, frisch anfühlt. Ganz grundsätzlich gesprochen mag ich es, unterschiedliche Dinge zu machen. Eigentlich wollte ich auch nie 100% Romancier sein, sondern bin in diesen Beruf mehr oder weniger hineingerutscht, weil Prosa am besten für mich funktioniert hat und mir am besten lag. Möglicherweise lag es auch daran, dass zu der Zeit gesagt wurde, man würde Erzählbände kaum noch veröffentlicht bekommen. Daraufhin probierte ich die Romanform dann einfach mal aus und schätze sie mittlerweile sehr. Ich freue mich darauf, irgendwann wieder einen Roman zu schreiben. Mir gefällt daran auch dieser altmodische Denkprozess, der sich über Monate hinzieht und dass am Ende etwas herauskommt, das einigermaßen lange verfügbar bleibt. Andere Formate wie Theater oder Radio mag ich an sich total gerne, sehne mich aber dennoch nach diesem ruhigen Zustand zurück, wieder einfach Prosa zu schreiben, weil alle anderen Sachen mit viel mehr Organisation einhergehen, die mich teilweise belastet.

MB: (Marvin Baudisch) Was hat denn bei *Allegro Pastell* zu der Entscheidung geführt, das erste Mal einen auktorialen Erzähler zu verwenden? Als ich den Roman gelesen habe, hatte ich das Gefühl, es würde sich teilweise um eine Ich-Perspektive handeln, weil der Roman ein abgefahrenes Vexierspiel zwischen Distanz und Nähe betreibt, bei dem sich der auktoriale Erzähler immer wieder anschmiegt an die Perspektive, an die Sprache, sogar an die Gedanken der Figuren. Mein Eindruck ist, dass durch dieses Schlingern zwischen Distanz und Nähe und auktorialer und Figurenperspektive eine Aushandlung zwischen öffentlichem und privatem Selbst entsteht. Was ist das denn eigentlich noch für eine Grenze? Werden öffentliches und privates Selbst durch die sozialen Medien nicht eigentlich ineinander gefaltet? Vor diesem Hintergrund hat mich schon im ersten Kapitel etwas entsetzt, dass Jerome sagt, er entscheidet noch spielerisch zwischen innerer und äußerer Person, dabei ist die innere Stimme, die er sich vorstellt, illustrer Weise diejenige seines Laptops. Daraus ergibt sich eine ebensolche Ineinanderfaltung, was ich in dieser Erzählperspektive spannend umgesetzt finde. Was hat also zu dieser Entscheidung geführt?

LR: Es hatte einerseits ein bisschen mit sportlicher Motivation zu tun. Kann ich überhaupt einen auktorialen Erzähler schreiben, kriege ich das hin? Es hatte aber auch damit zu tun, wieder einen frischen Blick auf das Schreiben bekommen zu wollen, denn einen Ich-Erzähler zu erfinden, der eine leicht verschobene Figur darstellt, hatte ich einfach schon zu oft gemacht. Andererseits hat mir die Entscheidung neue Freiheiten gegeben. Anfangs hatte ich begonnen, mit vielen auktorialen Kommentaren zu schreiben, wodurch der Text sehr langsam wurde – was das erste Kapitel zugegebenermaßen ja auch immer noch ist. Im zweiten Kapitel war für mich dann schon entschieden, dass der Fokus nur bei Tanja liegen wird, womit die Grundlage für den Verlauf des ganzen Buchs gelegt war. Ich selbst bin ja kein Germanist und arbeite immer noch mit den Schulbegriffen allwissend, personal, Ich-Erzähler und Du-Perspektive. Deshalb würde ich auch sagen, dass die Erzählweise – bis auf wenige millimikroskopische Ausnahmen – eigentlich gar nicht auktorial, sondern bloß immer an die Figuren gekoppelt ist. Ich habe allerdings mal mit Germanisten aus Brasilien ein Zoom-Gespräch geführt, wo jemand sehr lange über die Erzählperspektive in *Allegro Pastell* gesprochen hat. Das, was dort gesagt wurde, hat mir so eingeleuchtet, dass ich einsehe, dass die Erzählperspektive eigentlich immer an den Figuren dran ist. Dass die Kommentare auch von den Figuren selbst stammen könnten, liegt unter anderem an deren Charakter. Im Endeffekt ist diese Erzählweise damit mehrschichtiger, als diesem einen Ich einfach zuzuhören. Auf diese Weise ist man mal bei der einen Figur, dann bei der anderen Figur und gleichzeitig erzählt schließlich auch irgendjemand die Geschichte. Im Moment bin ich ziemlich Fan von dieser Erzählweise und wahrscheinlich wird es beim nächsten Roman wieder eine ähnliche sein.

Literatur

Baßler, Moritz, und Heinz Drügh. „Schimmernder Dunst. Konsumrealismus und die paralogischen Pop-Potenziale". *Pop. Kultur und Kritik* 1 (2012): 60–65.

Bopp, Lena. „Die fetten Jahre sind die besten. Leif Randt: Schimmernder Dunst über CobyCounty". *Frankfurter Allgemeine Zeitung*, 5. August 2011. https://www.faz.net/aktuell/feuilleton/buecher/rezensionen/belletristik/leif-randt-schimmernder-dunst-ueber-coby-county-die-fetten-jahre-sind-die-besten-11115233.html (5. Oktober 2022).

Dietrich, Fabian. „Das seltsame Pop-Universum eines Buchpreis-Nominierten. Leif Randts Internet-Verlag Tegel Media". *Deutschlandfunk Kultur*, 16. März 2020. https://www.deutschlandfunkkultur.de/leif-randts-internet-verlag-tegel-media-das-seltsame-pop-100.html (15. Februar 2023).

Link, Maximilian. „Wortlose Kulturen. Die Kommunikationskrise in Christian Krachts Faserland und Leif Randts Leuchtspielhaus". *Kritische Ausgabe* 21 (2011): 69–72.

Mangold, Ijoma. „Das absolute Jetzt. Über Leif Randts Allegro Pastell". *Die Zeit*, 5. März 2020. https://www.zeit.de/2020/11/leif-randt-allegro-pastell-rezension-buch-literatur (5. Oktober 2022).

Menasse, Eva. „Eva Menasse über Leif Randt: Das Kollektiv der gebrochenen Herzen". *Der Standard*, 20. November 2016. https://www.derstandard.at/story/2000047788633/eva-menasse-ueber-leif-randt-das-kollektiv-der-gebrochenen-herzen 5. Oktober 2022).

Randt, Leif. *Schimmernder Dunst über CobyCounty*. München: Berlin Verlag, 2011.

Randt, Leif. *Planet Magnon*. Köln: Kiepenheuer & Witsch, 2015.

Randt, Leif. *Allegro Pastell*. Köln: Kiepenheuer & Witsch, 2020.

Thurm, Frida. „'Mein Buch ist aus Versehen politisch.' Interview mit Leif Randt". *Die Zeit*, 30. Mai 2011. https://www.zeit.de/kultur/literatur/2011-05/interview-leif-randt-prosanova (15. Februar 2023).

www.ingramcontent.com/pod-product-compliance
Lightning Source LLC
Chambersburg PA
CBHW050531300426
44113CB00012B/2038